电力网线损计算分析与降损措施

张弘廷 陈 锐 张 杰 王建伟 孟现通◎编著

中国电力出版社
CHINA ELECTRIC POWER PRESS

内 容 提 要

  本书是作者根据多年工作实践和培训心得总结而来。本书内容共分为七章,分别为:电力网及线损基础知识、电力网线损理论计算、电力网线损分析、降低电力网线损的管理措施、降低电力网线损的技术措施、电力网线损计算分析软件、就地平衡降损法。

  本书适宜做线损管理人员的培训教材和工矿企业节电降耗培训教材,也可用作从事城乡电网规划、运行及管理等工作的专业人员的工作手册或工具书;并可供农村电工和乡镇电工阅读;同时对城市供用电的管理人员和厂矿企业电工、电气技术人员,以及相关专业在校师生,也有一定的参考价值。

图书在版编目(CIP)数据

电力网线损计算分析与降损措施 / 张弘廷等编著. —北京:中国电力出版社,2023.3
ISBN 978-7-5198-7216-8

Ⅰ. ①电… Ⅱ. ①张… Ⅲ. ①电网-线损计算②电网-降损措施 Ⅳ. ①TM744②TM714.3

中国版本图书馆 CIP 数据核字(2022)第 209488 号

出版发行:中国电力出版社
地 址:北京市东城区北京站西街 19 号(邮政编码 100005)
网 址:http://www.cepp.sgcc.com.cn
责任编辑:马淑范(010-63412397)
责任校对:黄 蓓 常燕昆
装帧设计:赵姗姗
责任印制:杨晓东

印 刷:北京雁林吉兆印刷有限公司
版 次:2023 年 3 月第一版
印 次:2023 年 3 月北京第一次印刷
开 本:787 毫米×1092 毫米 16 开本
印 张:24.5
字 数:551 千字
定 价:86.00 元

前 言 Foreword

线损是电网企业一个综合性的核心经济技术指标，不仅反映了电网设备经济运行水平，更是衡量一个区域能源消纳的重要指标。因此，加强线损管理既是实现电网企业设备经济运行的重要手段，也是服务国家碳达峰碳中和能源战略目标的有效途径，对建设"节能型"社会具有重要理论意义和实际应用价值。

线损计算分析对线损管理具有一定的先导作用，而各种降损措施的实施，则是比计算更重要的工作。因为只有把各种降损措施有效地实施了，真正地落实了，才能使线损降下来，并达到国家要求的达标值，线损才算管理好了；企业才能从中获得较好的经济效益，才能减轻城乡居民的电费负担，特别是农民的电费负担；也才能称得上是以实际行动支持国家乡村振兴建设。降损措施很多，要多举措同时进行，比如推行就地平衡降损法等，把有效的、可操作性强的方法进行推广，全面落实，把成效巩固以致扩大。因此，各级供电企业和农电部门，应当重视并积极开展此项工作。总之，对供电企业来说，安全生产是硬道理，供电量增长、降低线损率、年度电费回收结零是硬道理！

基于以上原因，编写了本书。本书是作者根据多年工作实践和培训心得总结而来。本书内容共分为七章，分别为：电力网及线损基础知识、电力网线损理论计算、电力网线损分析、降低电力网线损的管理措施、降低电力网线损的技术措施、电力网线损计算分析软件、就地平衡降损法。

本书适宜做线损管理人员的培训教材和工矿企业节电降耗培训教材，也可用作从事城乡电网规划、运行及管理等工作的专业人员的工作手册或工具书；并可供农村电工和乡镇电工阅读；同时对城市供用电的管理人员和厂矿企业电工、电气技术人员，以及相关专业在校师生，也有一定的参考价值。

由于作者水平有限，书中缺点和错误在所难免，恳请广大读者朋友提出批评和宝贵意见，敬请专家、学者们不吝赐教匡正。

编者（13707695131）

目 录 Contents

电力网及线损基础知识

第一节　电力生产及电网

一、电力生产过程

目前，电源主要有火电、水电、核电以及太阳能、风力等新能源。火电是利用煤、石油、天然气为燃料，加热水蒸气推动汽轮机转动，带动发电机发电；水电是利用水的落差冲击水轮机带动发电机发电，如装机21台、271.5万kW的葛洲坝水电站，以及26台、1820万kW的三峡水电站；核电与火电原理不同，通过核燃料铀235可控核裂变反应加热冷却剂，通过蒸气发生器产生蒸汽发电。

煤、石油、天然气、太阳能、风力、潮汐能、地热、核燃料是一次能源，电是二次能源。

由于电是二次能源，受生产条件的限制，电厂大都建在离用电点较远的地方，为了减少电能的损失，一般要把各发电厂的输出电压（6.3、10.5、13.8、15.75、18kV）经过升压（如升至35、110、220、500kV等），然后再逐次降压，数字由电力线路把电送到用电点（小发电机组的输出电压为400V，一般只供给附近用户用电）。电能不能大量储存，生产、输送与消耗是同时完成的，并且随时保持平衡。

二、电网

通常将发电、输电、变电、配电到用电的有机整体称为电力系统。电力网络则是将输电、变电、配电联系起来的总称，称作电力网，简称电网，由电网企业管理运营。

电网按其在电力系统中的作用不同，分为输电网和配电网。输电网是以高电压甚至超高电压将发电厂、变电站或变电站之间连接起来的电力网络，所以又可称其为电网中的主网架，其作用是输送电力，而不直接和用户打交道。直接将电能送到用户的网络称为配电网，即分配电力给各个用户的网络。配电网的电压因用户的需要而定，因此，配电网又分为高压配电网（电压在35kV及以上，配接特大负荷用户；电压在10、6kV，配接较大和中等负荷用户和公用变压器）及低压配电网（电压380/220V，配接较小负荷用户，以及广大居民用电户）。

市县电网一般采用高压（220~110~35kV）输电网，和高、低压配电网。高压配电网以 6~10kV 为主，由市县供电企业营销部门归口、各乡镇供电所直接管理，其中高压专用线路配接较大负荷用户（如配电变压器在 3150kVA 及以上的用户），高压公用线路配接中等负荷用户和公用变压器。低压配电网由乡镇供电所归口、农电工直接管理，低压公用线路配接较小负荷用户，以及广大居民用电户。

从功能元件上分，电网是由电力线路（输电线路和配电线路）、电力变压器（升压变电站和降压变电站中的主变压器及电力用户的配电变压器）、电气开关设备（油断路器、断路器、熔断器、隔离开关等）、电气测量仪表（含电能计量装置）、功率补偿设备（如并联电容器等）、继电保护装置等元件所组成。这就是说，在电力系统中，除发电厂（火力发电厂、水力发电厂和核能发电站等）和电力用户的用电设备、器具之外，具有承担输送和分配电能功能（或任务）的电气线路和设备（或元件、装置）按照一定规则所联结成的网络，就是电网。

三、用电网络

用户侧的电网称作用电网络，简称用电网。市县供电公司管理的用户有 3 类：特大用户和大用户（例如大企业、大矿山等，一般 110kV 或 35kV 供电）、中小用户（一般工矿企业、事业单位、行政单位、商场、学校、居民小区等，6~10kV、或 0.4kV 供电）、居民用户（家庭、小商户、农副业加工户、养殖户等，一般 0.4kV 或 0.22kV 供电）。

与电力网不同的是：① 电力网的线路、变压器，都是为了供电，没有用电设备；而用电网络中除了有供电线路外，还有众多用电设备。所以"供电"与"用电"是相对的，相对于用户来说，供电企业的线路是供电线路；而在用电网络内部，亦可分为"供电线路"与"用电设备"。② 用电网络是用户自己出资建设的，产权属用户，电网中的电能损耗也由用户负责。

总之有线路，就会有线路损耗。但同样是降低线路损耗，叫法不同：供电行业叫降损节能，用电行业叫节电降耗。供电企业降损，除对自己有利外，对用户也是有利的（提高电能质量、连续可靠供电）；同样用户节电降耗，除对自己有利外，对供电行业和电力网也是有利的（降低线损、减少供电线路设备损坏）。

第二节　电能质量及电力负荷知识

一、电能质量

电能的质量是保证供给用户额定合格的电压、频率和正弦波形，如 35 kV 电压允许波动±15%，10kV 电压允许波动±7%（波动范围 9300~10 700V），400V 低压三相用户电压允许波动±7%（波动范围 353.4~406.6V），220V 低压单相用户电压允许波动

+7%、−10%（波动范围 198~235.4V）。频率额定值为 50 Hz，允许范围为±0.20%。电压波形为正弦波，其畸变率极限值不得超过表 1−1 规定的数值。

表 1−1　　　　　　　　　　　　电网电压正弦波形畸变率极限值

用户供电电压 （kV）	总电压正弦波形畸变率 DFV 极限值（%）	各奇、偶次谐波电压正弦波形畸变率 DFV_n 极限值（%）	
		奇次	偶次
0.38	5	4	2
6 或 10	4	3	1.75
35 或 63	3	2	1
110	1.5	1	0.5

表 1−1 中第 n 次谐波正弦波形畸变率 DFV_n 为第 n 次谐波电压有效值 U_n 与基波电压有效值 U_1 的百分比，即

$$DFV_n = (U_n / U_1) \times 100\%$$

假如电能质量不合格，对厂矿企业来说，会影响电动机转速，造成产品厚薄不均、精密测量不准、自控程序打乱等，不能正常生产，容易导致设备损坏。对于家庭用户来说，影响较大的主要是电压质量，即供电电压是否合格，低电压可能造成家用电器启动不起来、工作不正常、甚至发热烧毁等问题；电压过高可能造成家用电器击穿烧毁。

二、电力负荷

电力系统中，在某一时刻所承担的各类用电设备消费电功率的总和，叫电力负荷。单位用千瓦（kW）、兆瓦（MW）表示，1MW = 1000kW = 10^6W。按照各种统计要求，电力负荷可有不同分类。

1. 按用电类型分类

（1）用电负荷。是指用户的用电设备在某一时刻实际取用的功率的总和。

（2）线路损失负荷。电能从发电厂到用户的输送过程中，不可避免地会发生功率和能量的损失，与这种损失相对应的发电功率，叫做线路损失负荷。

（3）供电负荷。用电负荷加上同一时刻的线路损失负荷，是发电厂对外供电时所承担的全部负荷，称为供电负荷。

2. 按负荷发生的时间不同分类

（1）高峰负荷。又称最大负荷，是指电网或用户在一天内所产生的最大负荷值。为了分析方便，常以 1h 用电量作为负荷，如选一天 24h 中最高的一个小时的平均负荷作为高峰负荷。

（2）低谷负荷。又称最小负荷，是指电网或用户在一天内所产生的最少的小时平均电量。

（3）平均负荷。是指电网或用户在一段时间内的平均小时电量。为了分析负荷率，常用日平均负荷，即一天的用电量被一天的用电小时来除，较宏观的有月平均负荷和年

平均负荷。

3. 按供电对象的不同分类

（1）工业用电负荷，主要为三相动力负荷和电热负荷。又可分为连续工作制负荷、短时工作制负荷和反复短时工作制负荷。

（2）农业用电负荷，主要为三相动力负荷，使用时间受季节、昼夜影响较大。

（3）照明及生活用电负荷，绝大多数为单相负荷，容量变化较大，使用时间受昼夜、季节、生活习惯、工作规律等因素的影响。

4. 按用电的重要性和中断供电以后可能在政治上、经济上所造成的损失或影响程度分类

（1）一级负荷。也称一类负荷，是指突然中断供电，将会造成人身伤亡，或会引起对周围环境严重污染；将会造成政治上的严重影响，或会造成经济上重大损失者。一级负荷应由两个电源供电。

（2）二级负荷。也称二类负荷，是指突然中断供电，将会造成政治上较大影响，或会造成经济上较大损失者。二级负荷亦应由两个电源供电。

（3）三级负荷。也称三类负荷，是指不属于上述一级和二级负荷者。对这类负荷突然中断供电，所造成的损失不大或不会造成直接损失。对供电电源无特殊要求。

5. 按党和国家各个时期的政策，和季节、自然灾害等的要求分类

（1）优先保证供电的重点负荷。

（2）一般性供电的非重点负荷。

（3）可以暂时限制或停止供电的负荷。

三、负荷率

负荷率是指在规定时间内的平均负荷与最大负荷之比的百分数。平均负荷是整个运行期间内所供应或耗用的总电量除以该期间的小时数。最大负荷是指同一期间（1日、1月或1年）内，按15min、30min或1h计算的最大平均负荷。负荷率用来衡量在规定时间内负荷变动情况，以及考核电气设备的利用程度。负荷率用f表示，例如日平均负荷率：$f=I_{pj}/I_{max}$，式中I_{pj}为平均负荷电流值，I_{max}为最大负荷电流值。

某电网的负荷率，是电网一定时间内的平均有功负荷与最高有功负荷的百分比，用以衡量平均负荷与最高负荷之间的差异程度。

负荷率是反映发电、供电、用电设备是否充分利用的重要技术经济指标。从经济运行方面考虑，负荷率愈接近100%，表明设备利用程度愈高；或者说在供用电设备不变的情况下，多供电量。

四、线路负荷曲线形状系数

电力系统中的负荷是不断变化着的，把负荷随时间的变化画成曲线，就是负荷曲线，常用的有日负荷曲线、月负荷曲线、季负荷曲线、年负荷曲线。

实用中，为了画出负荷曲线，常以线路首端整点电流代表负荷，则在平面坐标系中，以横坐标表示整点（以日负荷曲线为例：1h 整、2h 整……，24h 整），纵坐标表示整点电流，标出各点，连接各点就形成负荷曲线。

负荷起伏变化情况，既可通过观察负荷曲线的陡急程度和平缓程度，来定性看出，也可用线路负荷曲线形状系数 K 来定量描述：

$$K=\frac{I_{jf}}{I_{pj}}=\frac{\sqrt{(I_1^2+I_2^2+\cdots+I_n^2)/n}}{(I_1+I_2+\cdots+I_n)/n}$$

式中　I_{jf}——均方根电流；

　　　I_{pj}——平均电流；

　　　K——两种电流的比值，没有单位。

线路负荷曲线形状系数 K 比较抽象，但其在线损理论计算和线损定量分析中经常用到，很有用处。为了增加理解，下面我们举实际数量例子，见表 1-2，供比较、体会。

表 1-2　　　　　　　　　　　　负荷变化与 K 值的关系

负荷变化规律	I_1	I_2	I_3	I_4	I_5	K 值
均衡	1	1	1	1	1	1.000
+1 等差递增	1	2	3	4	5	1.106
2 倍+1 等差递增	2	4	6	8	10	1.106
+2 等差递增	1	3	5	7	9	1.149
10 倍+2 等差递增	10	30	50	70	90	1.149
+3 等差递增	1	4	7	10	13	1.169
+4 等差递增	1	5	9	13	17	1.181
+5 等差递增	0	5	10	15	20	1.225
+7 等差递增	0	7	14	21	28	1.225
+10 等差递增	0	10	20	30	40	1.225
×5 等比递增	1	5	25	125	625	1.826
指数+1 递增	1	10	100	1000	10 000	2.023

从表 1-2 中可看出，线路负荷曲线形状系数 K，表征了线路负荷变化的剧烈程度，最小为 1，变化越剧烈其值越大，一般在 1~1.2 之间。

第三节　线损基础知识

一、线损

从发电厂发出来的电能，在通过电网输送、变压、配电的过程中所造成的损耗，叫做线损。即，电网的线损=发电厂（站）发出来的输入电网的电能量-电力用户消耗的电能量。把电网的电能损耗叫"网损"、把线路上的电能损耗叫"线损"更确切些，但考虑到实际应用中，感性元件的线圈也可视为导线，断路器的刀闸也是导体，因此，"线损"的含义更宽泛。

线损在理论上的特点，是电流通过有一定电阻的导体，电能以热能和电晕的形式散失于电网元件的周围空间。这就是说，电力网的线损是一种客观存在的物理现象，不可能完全避免。但是线损中还有可以避免和不合理的部分，因此，各级电网、同级各个电网的线损大小是有区别的，可以采取措施使它降低到合理值之内。

据统计分析，在我国城乡电网全网线损电量中，35（66）~110（220）kV 输电网的线损电量约占 22%，10kV 配电网的线损电量约占 36%，0.4kV 配电网的线损电量约占 42%。而国外有关资料介绍，德国、英国等西欧主要国家的高压配电网的线损电量约占全部网损的 38%~44%。

二、线损率

电网中的线损电量对电网购电量（或供电量）之百分比，称为线路损失率，简称线损率。即

$$线损率\% = （电网线损电量/电网购电量）\times 100\%$$

式中，电量的单位为千瓦时（kWh）。

其中，线损电量不能直接计量，它是用购电量与售电量相减计算得出的，统计学上称为余量法。故在实际工作中，线损率依下式算出：

$$线损率 = [（购电量-售电量）/购电量]\times 100\%$$
$$= [1-（售电量/购电量）]\times 100\%$$

对于低压配电网，购电量为配电变压器低压计量箱中表计抄见电量，售电量为低压电力用户电能表抄见电量之和；对于高压配电网，购电量为变电站线路首端表计抄见电量，售电量为各配电变压器低压计量箱中表计抄见电量之和。市县供电企业一般管理模式为每月月初同步抄一次各关口电能表，算出当月的各级线损率。把数个月（如一季度 3 个月、半年 6 个月、一年 12 个月）的购、售电量加起来，可算出该时期（季度、半年、年度）的平均线损率；乡镇供电所和农电工为加强管理有时几天抄一次表，算出该时段的线损率。

由于线损率不同于线损电量，它是一个用百分比表示的相对值，因此线损率是衡量电网结构与布局是否合理、运行是否经济的一个重要参数，是考核供电企业经营管理和技术管理水平是否先进及工作成效大小的一项重要技术经济指标。

三、电网线损产生的原因

电网中电能损耗产生的原因，归纳起来，主要有三个方面的因素：电阻作用、磁场作用和管理方面的因素。

1. 电阻作用

由于电路中存在电阻，所以电能在传输中，电流必须克服电阻的阻碍作用而流动，也就是说，必须产生电能损耗。随之引起导体温度升高和发热，即电能转换为热能，并以热能的形式散发于周围的介质中。因这种损耗是由导体电阻对电流的阻碍作用而引起的，故称为电阻损耗；又因这种损耗是随着导体中通过的电流的大小而变化的，故又称为可变损耗。

2. 磁场作用

在交流电路中，电流通过电气设备，使之建立并维持磁场，电气设备才能正常运转，带上负载而做功。如电动机需要建立并维持旋转磁场才能正常运转，带动机械负载做功。又如变压器需要建立并维持交变磁场，才能起到升压或降压的作用，把电能输送到远方，而后又把电能变压为便于用户使用的电能。

众所周知，在交流电路系统中，电流通过电气设备吸取并消耗系统的无功功率，建立并维持磁场的过程，即是电磁转换过程。在这一过程中，由于磁场的作用，在电气设备的铁心中产生磁滞和涡流现象，使电气设备的铁心温度升高和发热，从而产生了电能损耗。因这种损耗是交流电在电气设备铁心中为建立和维持磁场而产生的，故称为励磁损耗（涡流损耗相比之下很小）；又因这种损耗与电气设备通过的电流大小无关，而与设备接入的电网电压等级有关，即电网电压等级固定，这种损耗也固定，故又称之为固定损耗。

3. 管理方面的因素

电力管理部门线损管理制度不健全，管理水平落后，致使工作中出现一些漏洞。如抄表及核算有差错等，导致线损电量中的不合理成分增大，给电力部门造成了损失。由于这种电能损失没有一定的规律，只能由最后的统计数据确定，而不能运用表计和计算方法测算确定，并且各电网之间差异较大，管理部门掌握的不是那么确切和具体，故称之为不明损失；又因这种损失是由电力部门管理方面的因素（或在营业过程中）造成的，故又称之为管理损失（或营业损失）。

4. 其他因素

比如高压和超高压输电线路导线上产生电晕损耗等。

四、线损的分类

1. 按各级电网分类

一般市县供电企业分为 5 个关口、5 级线损：低压线损、6~10kV 线损、网损、高压综合线损和综合线损，见图 1-1，图中各关口方框内"Wh"表示有功电能表，方框内"varh"表示无功电能表。

其中，与 6~10kV 线损有关的电网范围包括 6~10kV 线路、配电变压器、低压计量箱电能表。与低压线损有关的电网范围包括低压计量箱出线、低压配电屏、低压线路、下户线、低压电力用户电能表。以上均属市县供电企业的资产，电能表以下是用户资产。

2. 按产生的原因分类

电网线损按产生的原因可分为电阻损耗、励磁损耗和不明损失；按与电网中负荷电流的关系，又分为可变损耗和固定损耗；按产生在电网的元件部位，可分为线路导线线损、变压器铜损、变压器铁损、电容器介质损和计量表计中的损失等。

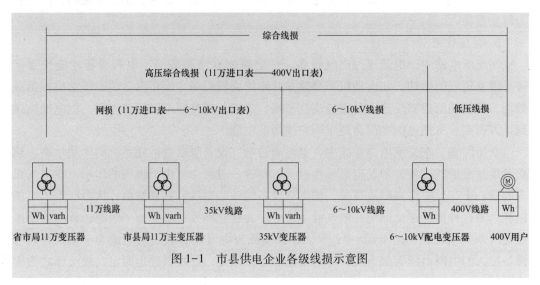

图 1-1　市县供电企业各级线损示意图

3. 按实际工作需要分类

市县供电企业根据线损管理工作需要，还分有以下几类。

上级规定的线损指标：如农网改造后要求一般县级供电企业，0.4kV 低压配电网线损率达到 12% 及以下，6~10kV 高压配电网达到 7.5% 及以下，35~110（220）kV 输电网达到 4% 及以下；而"一流县级供电企业"则分别要求达到 11%、6.5%、3.5% 及以下。

理论线损：即只考虑电网技术因素（不考虑管理因素）推算出的线损水平。理论线损率计算公式为

$$理论线损\% =（理论电网线损电量/电网购电量）×100\%$$
$$=［（固定损耗+可变损耗）/购电量］×100\%$$

最佳理论线损：对电网技术因素优化推算出的线损水平。

管理线损：管理不善导致的线损。

规划线损（计划线损）：预计经过努力可以完成的线损指标。

考核线损：对电网、线路、配电台区每月进行线损考核、执行奖罚的线损指标。

实际线损：一般指某月的实抄线损率，或数个月的实抄平均线损率。在正常情况下，电力网的实际线损率略高于理论线损率。

以城乡 6~10kV 高压配电网线损为例，如表 1-3 所示。

表 1-3　　　　　　　　　　电网元件部位的线损及所属类别

城乡高压配电网总电能损耗（实际线损、统计线损）	可变损耗	（1）线路导线中的线损 （2）变压器绕组中的损耗（铜损） （3）电能表电流线圈中的损耗	理论线损（技术线损）
	固定损耗	（1）变压器的铁损（空载损耗） （2）电容器的介质损耗 （3）电能表电压线圈和铁心中的损耗	
	不明损耗	（1）用户违章用电和窃电损失 （2）电网元件漏电与故障损失 （3）营业中抄核收差错损失 （4）计量表计误差与故障损失	管理线损（营业损失）

五、技术线损、管理线损与实际线损间的关系

一个电网硬件（变压器、供电线路、无功补偿装置等）确定之后，其技术线损（正确计算得出的理论线损）就稳定在某一数值附近，并保持较长一段时间。

管理线损则是由人的因素引起的。

实际线损，就是以技术线损为基础，管理线损围绕着这一基础上下波动，形成实际线损，如图 1-2 所示。明了这一点，对线损分析很有作用。

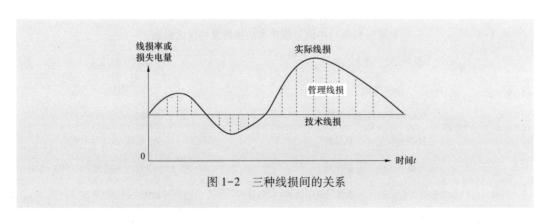

图 1-2　三种线损间的关系

六、影响线损的四大要素

影响电网线损的因素可概括为电流、电压、功率因数和负荷曲线形状系数等四大要素。

1. 电流

负荷电流增大则线损增加，负荷电流减小则线损降低。但是任何一条运行中的配电线路，都有一个经济负荷电流范围，当实际负荷电流保持在这一范围运行时，就可以使线损率接近或达到极小值。

2. 电压

供电电压提高，线损中的可变损失减少，但固定损失却随着电压升高而增加。总的线损随着电压的升高是降低还是增加，视线损中的固定损失（铁损）在总线损中所占的比重而定。当固定损失在总线损中所占比重小于 50% 时，供电电压提高，线损中可变损耗减少较多，总线损将下降。这时，提高电压运行对降低线损有利。当固定损失在总线损中所占比重大于 50% 时，供电电压提高，固定损失的增大超过了可变损失的减少，从而使总线损增加。这时提高供电电压则线损增加。在这种情况下，当运行电压超过额定电压的 50% 时，线损率上升幅度可达 30% 左右。

3. 功率因数

功率因数提高，线损中的可变损耗将减少，功率因数降低，则线损中的可变损耗将大幅度增加。

4. 负荷曲线形状系数

负荷曲线形状系数 K 值越大，曲线起伏变化越大，高峰和低谷相差越大，线损就越大；反之，K 值越小，线损就越小。当 K 值接近于 1 时，负荷曲线趋于平坦，线损最小。

七、城乡电网线损构成比例及主攻方向

通过多年大量电网线损理论计算和分析，得知多数城乡配电网线损构成比例如表 1-4 所示。

表 1-4　　　　　农网（城网）中高压配电网线损数量构成比例表

高压配电网线损类别	构成比例（%）
总电能损耗	100
线路导线中的电能损耗	一般为 10~20（20~30）
变压器的铜损（负载损耗）	一般为 7~13（15~20）
变压器的铁损（空载损耗）	55~85（50~70），多数为 70（60）左右
其他元件（如电容器、电能表、互感器、继电器等）的损耗	一般为 1~1.5（0.5~1）

由表 1-4 可见，在城乡 6~10kV 高压配电网中，变压器的铁损在总损耗中所占比重最大，线路导线中的线损和变压器的铜损次之，而其他元件中的损耗最小。这是农村配电网和城市配电网相比大同小异之处。因此，降低变压器的铁损，即电网中的固定损耗，是降低城乡高压配电网总电能损耗的主攻方向。

目前，多数供电单位在进行线损理论计算时，为了简化方便，考虑到电网中各种线损量的大小及主次位置的实际情况，一般只计算变压器的铁损、变压器的铜损和线路导线的线损三种损耗，以及由这三种损耗组合而成的总损耗。城乡电网的线损构成比例，

实际上是指这三种损耗在总损耗中分别所占的百分比。其他损耗，如电容器的介质损耗，电能表、互感器、继电器及自动监控装置等元件中的损耗，由于所占比例极小（一般不足 1.5%），是不做专项计算的。只是在计算上述三种主要损耗时，对有关参数（如线路与各台变压器的实际运行时间）取值时，予以适当考虑即可。

400V 低压配电网中，没有变压器，故只需考虑线路导线中的电能损耗；由于低压用户数量众多、电能表数量众多，故电能表的损耗不可小觑，要计算在内。可见，降低城乡低压配电网总电能损耗的主攻方向，就是降低线损。

八、降损节电工作的意义

降损节电要做好两方面的工作：① 供电单位要经济高效地传输电能，降低传输和分配过程中的损耗，在满足社会和人民需要而尽可能多供的基础上，实现少损；② 用户（用电工矿企业、单位等）要合理利用电能，降低电能消耗，提高企业在生产过程中的电能利用效率。

1. 降损节电工作对社会的意义

（1）节约发电所需用的煤炭、燃油、天然气等燃料（如每节约 1kW·h 的电能，相当于节约了 0.4kg 的标准煤），为国家节约一次能源，减少矿山、油气田事故，减轻运输负担，保护生态环境，既利于当前，又为子孙千秋万代谋福祉。

（2）降损节电可促进社会生产发展，每节约 1kW·h 的电能，可多冶炼优质钢2kg，可多采煤 30kg，可多产原油 0.03kg，可多生产复合肥 56kg，可多生产水泥14kg……

（3）促进节能高效新技术、新设备（产品）、新工艺的推广应用，促进现有高能耗老设备的更新改造，促进科技创新、科学发展。

（4）减少对发供电设备（发电机、供电线路、变压器等）需求，节省资源。

（5）对于某些电能短缺、短时间内不可能明显改善的地区，降损节电，在一定程度上可起到缓解电力供应紧张的作用。

2. 降损节电工作对供用电行业的意义

在实际工作中，降损节电是一项长期的、深入细致的工作，技术含量高、需要真才实学的技术人员、需要投入设备材料，技改投入需要一定时间（例如数月或一二年）等，总之有一定难度，但其意义却重大。

（1）供电企业降低线损，可以提高市县供电企业经济效益，增加企业收入；有效防止供用电设备损坏，提高供电企业的服务水平和信誉，从而减少维修开支，减少供电成本，多供电能；提高供电可靠性，促进连续可靠供电，提高电压合格率，多供优质电能，社会效益显著，用户缴费积极性高；提高员工技术素质和管理技能，全面发展，争创一流企业。

（2）工矿企业、生产单位节电降耗，可以减少电费开支，降低生产成本，提高产品竞争力；减少设备事故，减少维修开支，产量大幅提高；连续可靠用电，电压质量高，生产更多合格及优质产品，企业经济效益明显提高；净化周围环境，提高空气质量，改善工人生产条件，促进良性循环，促进持续长久发展。

（3）一般用电单位和家庭节电降耗，既可减少电费开支，又能减少内部线路设备事故，可提高节俭意识，提高技能。

总之，站得高一点来看，降损节电从根源上避免了无谓的电能损失，净化了电网，挖掘出电网的内部潜力，电网技术性能达到最优，从而实现供电网络、用电网络的经济、安全、可靠、理想运行。

第四节　线损与电力三要素

线损工作是供用电领域最烦难的工作之一。所以，正确理解、抓住主要矛盾，认清线损工作的本质，才能尽快入门、在降损实践中抓住要害、灵活运用。

电力三要素，指电学最重要、最常用的欧姆定律 $I=U/R$ 的三个物理量。

一、线损只与电阻有关，与电抗无关

问题的提出：在交流电路中，存在电阻、电感、电容器等元件，这些元件都对交流电有阻碍作用，统称阻抗，用符号 Z 表示，其中感抗和容抗统称电抗，用 X 表示，单位为欧姆（Ω）。那为什么，电能损耗 $\Delta W=I^2Rt$，只与 R 有关，而与电抗无关？

电阻，是物质阻碍电流通过的一种性质。电阻代表符号是 R，计量单位是欧姆（Ω）。电阻的概念并不局限于一个具体的电阻器，一段有一定电阻的导线，可用一个电阻来表示；用电器如电热毯、电炉子、白炽灯等，也可用一个电阻来表示。由于电阻无处不在，因此，电阻是电学中用得最多、最活的概念。

焦耳一楞次定律，是确定电流通过导体时产生热量的定律，$Q=0.24I^2Rt$，热量 Q 的单位为卡。供电线路有一定电阻，运行时通过电流，就有电能变成热能散发到空中损耗掉，称为线路损耗，简称线损。

电流在一段导线上所做的功（即电能损耗 ΔA），跟这段导线两端的电压（即电压降 ΔU）、通过的电流和通电时间成正比，即 $\Delta A=I\Delta Ut$，因 $\Delta U=IR$，故 $\Delta A=I^2Rt$，称为电阻损耗，单位为焦耳、千瓦时（度）。

热量的单位如果取焦耳，因为 1 卡 = 1/0.24J，故 $Q=I^2Rt$（焦耳），与电阻损耗一致，表明导线的电阻损耗等于电流通过导体所产生的热量，因这热量散发到空中损耗掉了，故又叫热量损耗，即电阻损耗=热量损耗。

供电必须利用导体，导体总有一定电阻，导体构成的线路有一定电阻，运行时通过电流，就有电能变成热能散发到空中损耗掉，称为线路损耗，简称线损。故线损不可避免，只有大小之分。

感抗和容抗统称电抗，用 X 表示，$X=X_L-X_C=\omega L-1/（\omega C）$，单位为欧姆（$\Omega$）。

电抗在理论上不消耗能量，因为电源在四分之一周期的时间内使电容器充电（电感线圈充磁）所做的功，以电（磁）能的形式储存起来，在下一个四分之一周期里，又把全部储藏的电（磁）能送回电源。即充充放放，充多少放多少，从电源拿到多少再反馈给电源多少，并不消耗电能。

所以，线损（电能损耗 $\Delta A = I^2 Rt$），只与 R 有关，而与电抗无关。故在实际工作中，想降损出成效，只需针对线路、绕组的电阻，想方设法降低其电阻，而不必考虑降低电感器件、电容器的电抗。

但要注意的是：电抗不消耗能量，并非电感器、电容器不消耗能量：① 电容器和电感线圈不可能没有电阻，故有一定的损耗；② 电感器、电容器的运行需要无功功率，无功电流在线路中流动亦增大了线损（电能损耗 $\Delta A = I^2 Rt$），当然这种增大还是因为"导体总有一定电阻"。从中再次深切体会到：线损是电阻（R）做的怪。

二、电流的重要性，电流与电能的关系

1. 电流是电力的实体

电力——电所产生的做功能力，或者说，电是一种力量。

在电学欧姆定律 $I = U/R$ 三要素里，哪个才是最实际因而最重要的？电压 U 是推动电流的动力，R 是电流通路的必然属性（导体对电流的阻碍作用），两者是产生电流的条件，而电流才是实体。没有电流，就没有电功率 $P = UI$，就没有电能 $A = UIt$，就什么也不会产生。所以电流 I 才是最实际因而最重要的。对于一个既定电网（如一个企业、一个家庭）来说，"有没有电？"是指有没有电压，"用电没有？"是指有没有电流。

形象地说：电压 U 是爸爸，导体是妈妈，电流是其爱情的结晶。

电流 I 是电力的实体；电功率 $P = UI$ 是电力的强度——不仅与电流有关，也与电压成正比，220V 1A 与 1.5V1A 是有巨大差别的，这是因为电压是克服电阻的能力，克服不了电阻就形不成电流。电能 $A = UIt$ 是电力的累积量——时间是个重要的东西，没有时间电力就不会累积很多，例如 2kW 的电磁炉通电 1 秒几乎不会发热，而 800W 的电饭锅通电 10min 就能将水煮沸；人体触电以 30mA·s 为安全界限，电流小了或时间很短就不致死伤。

2. 电能损耗 $\Delta A = I^2 Rt$　随 I 的变化而变化

近年来电网建设改造，都是国家投资、由社会上的电力安装公司来具体实施的，市县供电公司不自行建设改造，管理一个小范围电网（如一条 10kV 线路、或几个 400V 台区）的电业职工、农电工更不可能对电网做较大的改动。则电网改造后的数月甚至数年时间内，电网参数一定，R 不变或基本不变，在电能损耗式中可近似看做常数，时间则是自己选定的常数，则显然电能损耗只随电流 I 的变化而变化。

3. 电能 $A = UIt$　也是随 I 的变化而变化

电压 U 虽然也波动，但变化范围不大，尤其是近年来通过电网改造，显著增多了配电变压器、供电半径显著减小、导线直径显著增加，使得供电线路中的电压降 ΔU 明显

减小，电压 U 变化很小（例如线路首尾仅相差几伏），可近似看做常数，则电能亦只随电流 I 的变化而变化。

4. 电流如此重要，但又波动难得，一般从电能间接求得

在电网各级计量关口，一般都装有电流表、电压表、电能表。电流是瞬时值，不断波动，难以记录，某一时段平均值只能说明大致情况；但电能（电量）是积算值（累计值），稳定增长，某一时段平均值能说明电流的准确情况。

所以要准确计算电能损耗，电流参数一般都从电能间接求得 $I=A/Ut$。

三、电压与电压降

以人们体会最深的低压单相用电为例，配电变压器以 220V 供电，末端家庭的用电器（例如微波炉）得到的就是 220V 电压吗？不是，是低于这个电压，例如 210V。那么其中的 10V 到哪里去了？损失到线路上了，其差值称作电压降 $\Delta U = IR$。所以你的用电器与电源间线路的电阻越大、电流越大、电压降 ΔU 就越大，得到的电压就越低。低到一定程度就形成"低电压问题"，需要治理。

电能损耗 $\Delta A = I^2Rt = I \cdot IRt = I\Delta Ut$，所以降损就是减小 ΔU（用电器电流 I 不能减小），故降损就能治理低电压，与千家万户、各种各类用电企业、单位能否正常用电息息相关。

第五节　城乡电网建设改造及降损效果

"十三五"（2015~2020 年）以来，我国电网投资建设向配网、农网倾斜。国务院部署实施新一轮农网改造升级，共计安排下达农网改造升级中央预算内投资 532 亿元，撬动企业自有资金、银行贷款等社会资金 1259 亿元。国家新一轮农网改造升级工程共完成 160 万口农村机井通电，涉及农田 1.5 亿亩；为 3.3 万个自然村通上动力电，惠及农村居民 800 万人。

截至 2020 年，配电网投资连续 7 年超过输电网。

截至 2020 年，新一轮农网改造升级、"三区三州"和抵边村寨农网改造升级、世界一流城市配电网建设、小康用电示范县等配电网工程圆满收官，取得显著成效：中心城市（区）智能化建设和应用水平大幅提高，供电质量达到国际先进水平；城镇地区供电能力和供电安全水平显著提升，有效提高供电可靠性；显著改善了深度贫困地区 210 多个国家级贫困县、1900 多万群众的基本生产生活用电条件，定点扶贫县（区）全部脱贫摘帽。我国农村平均停电时间从 2015 年的 50h 降低到 2020 年的 15h 左右，综合电压合格率从 94.96% 提升到 99.7%，户均配电容量从 1.67kVA 提高到 2.7kVA。乡村地区电网薄弱等问题得到有效解决，可以切实保障农业和民生用电。

到 2020 年底，经过全党全国各族人民共同努力，在迎来中国共产党成立一百周年的重要时刻，我国脱贫攻坚取得了全面胜利，现行标准下 9899 万农村贫困人口全部脱贫，832 个贫困县全部摘帽，12.8 万个贫困村全部出列，区域性整体贫困得到解决，完

成了消除绝对贫困的艰巨任务，全面建成小康社会，创造了又一个彪炳史册的人间奇迹！

随着网架持续改善和设备设施的不断升级，供电质量逐步提升，用户停电时间采集更加准确、电网抵抗自然灾害能力更加强。据国家能源局信息，2020 年第四季度，全国 50 个主要城市供电企业用户供电可靠性继续保持较高水平，平均供电可靠率为99.948%，用户平均停电时间为 1.15h/户，用户平均停电次数为 0.26 次/户。

全面完成北方地区"煤改电"。2020 年完成北方 15 省份 10 248 项"煤改电"配套电网工程建设任务，总投资 199 亿元，惠及北方地区 17 028 个村 271 万户居民。累计完成取暖电量 367 亿 kW·h，相当于在居民冬季取暖领域减少散烧煤 2055 万 t，减排二氧化碳 3658 万 t，减排二氧化硫、氮氧化物和粉尘等污染物 1162 万 t。同时在钢铁、铸造、玻璃、陶瓷等重点行业推广工业电锅炉、电窑炉等技术，因地制宜制定"一户一策"替代改造方案，替代燃煤锅炉、冲天炉，累计替代项目 2.5 万个，完成替代电量1145 亿 kW·h。

截至 2020 年 10 月，我国公共充电桩保有量 66.65 万台，充电站 4.33 万座，配建私人充电桩数量 83.11 万台。我国建成了世界上充电设施数量最多、辐射面积最大、服务车辆最全的充电设施体系。

截至 2020 年 12 月底，全国分布式光伏装机 7831 万 kW，占光伏总装机比重30.9%。分布式电源装机规模快速增长，分布式电源占配网接入电源额定容量比重持续攀升，分布式电源渗透率由 2015 年的 1.70% 至 2019 年已上升至 4.70%。

2020 年据中电联数据，受新冠肺炎疫情影响，全国发电量 77 790.6 亿 kW·h，全社会用电量 75 110 亿 kW·h，城乡居民生活用电量 10 950 亿 kW·h。

新一轮电网改造升级工程，省市县供电公司作为建设单位调研、规划、设计、管理，招投标社会上专业电力安装公司作为施工单位组织安装施工，招投标专业电力工程监理公司作为监理单位，由监理单位和建设单位的人员进行质量监督和验收。改造升级中统一开展城乡配电网规划，以 5 年为周期，展望 10~15 年，按照"满足城乡快速增长的用电需求。结合国家新型城镇化规划及发展需要，适度超前建设配电网"，大大加大了高低压线路导线直径并采用绝缘导线（如低压架空线路由原来的 LGJ35、LGJ16 换为 JKLYJ-1-240、JKLYJ-1-120），提高电缆化率；大大增加了配电变压器台数及容量（如一个三四千人的中等村，由原来的一二台增加到五六台），选用节能型变压器、配电自动化以及智能配电台区等新设备新技术，淘汰老旧高损配变，供电半径大为缩小；增大下户线直径（如由 $4mm^2$ 更换为 $16mm^2$），推广智能电子表并集中安装，建设智能计量系统。电网改造升级大大提升了城乡电网质量，加上电力企业持续加强线损管理，有效地降低了电网损耗。

根据中国电力企业联合会数据：2015　2020 年中国电力企业线损情况如图 1-3所示。

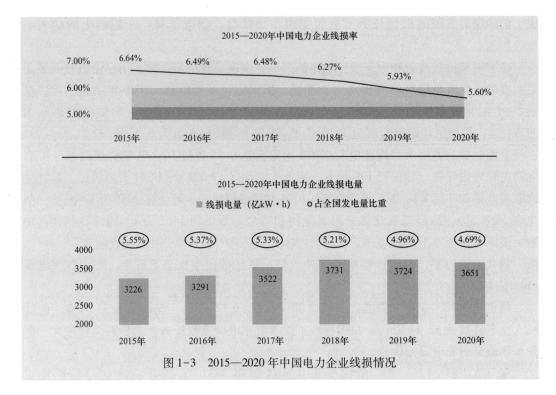

图 1-3　2015—2020 年中国电力企业线损情况

从图 1-3 中看到，我国电力企业线损率不断下降，由 2015 年的 6.64% 下降至 2020 年的 5.60%，连续两年保持在 6% 以下，已经达到电力发展"十三五"规划中"到 2020 年，电网综合线损率控制在 6.5% 以内"的目标。2020 年中国电力企业线损电量为 3651 亿 kW·h（占全国发电量的 4.69%），比 2015 年减少 425 亿 kW·h。

2020 年共有西藏、黑龙江、湖南、四川、新疆、河南、吉林、甘肃、安徽、河北 10 个省市电力企业线损率超全国平均值，其中西藏地区由于环境恶劣，平均海拔在 4000m 以上，高原环境区域辽阔，海拔高，昼夜温差较大，输电线路工程施工困难，其配电线路较长，对配电网技术及设备提出了更高要求，因此西藏地区 2020 年电力企业线损率达 13.1%，为各地最高值。

通过电网设施改造更新等技术手段，以及更加科学的管理考核等诸多措施，据国家能源局发布的数据，全国线损率十年累计降低 0.9 个百分点。在全社会用电量超过 7.5 万亿 kW·h 的情况下，这一成绩单相当于每年节约用电 676 亿 kW·h。

第二章

电力网线损理论计算

第一节　线损理论计算的作用、条件及要求

一、线损理论计算的含义

电力网线损理论计算属于电网计算技术之一，是一项对线损管理具有一定指导性的超前工作。

线损理论计算，是指从事线损管理的工作人员根据掌握的电网结构参数和运行参数，运用电工原理和电学中的理论，将电网元件中的理论线损电量及其所占比例、电网的理论线损率、最佳理论线损率和经济负荷电流等数值，以及功率（电流）分布计算确定，并进行定性和定量分析。

二、线损理论计算的作用

线损理论计算具有指导降损节能，促进线损管理深化、细化、科学化的作用。具体地说，它的作用有以下几点：

（1）计算出来的理论线损率，可以为实际线损率提供一个"对比"，根据这个"对比"可以确定电网中不明损失是多少，审定企业的管理水平是高是低，其实际线损率的统计是否合理。

（2）计算出来的最佳线损率，可以为理论线损率提供一个"对比"，根据这个"对比"，可以知道电网的运行是否经济，电网的结构和布局是否合理，电网的技术装备水平及其组成元件的质量与性能是否精良。

（3）计算出来的各种线损电量所占比重，可以为线损分析提供可靠依据，进而摸清电网中线损的存在特点、变化规律，寻找出电网的薄弱环节，或线损过大的元件，乃至线损过高的原因，确定降损主攻方向，采取有针对性的措施，以期获取事半功倍的降损节电效果。

（4）线损理论计算所提供的各种数据，是合理下达线损考核指标，按线路或设备分解指标，推行电网降损承包经济责任制的基础。

（5）线损理论计算所提供的各种资料，是企业的技术管理和基础工作的一个重要组成部分，因此，线损理论计算是推动企业做好此两项工作的一个具有重要环节性的工作。

（6）电力网线损理论计算所提供的各种数据和资料，及其分析得到的线损变化规律，是进行新电网规划、建设的必要参考蓝本，是进行老电网调整改造的重要依据，只要我们有意识地吸取过去所有的有益教训，借鉴现有的所有成功经验，遵循电网内在客观规律，就可以避免电网规划、建设和调整改造中的盲目性和新电网（含经调整改造后的电网）的"先天不足"性；这样的电网，就是一个布局和结构基本合理，运行损耗相应较低而安全经济的电网。

（7）企业供用电管理人员，尤其是电网线损管理人员，通过参加线损管理培训，特别是通过自身参加线损理论计算分析，降损节电计划拟定及实施等实际工作，将促进其电气理论、技术水平的进一步提高和实践经验的大大丰富，从而使企业中懂业务、有技术、通管理的人才更多，其素质、能力及水平再上一个新台阶，进而更有利于创一流企业或企业升级。

三、开展线损理论计算的条件

线损理论计算是在一定条件下进行的，必须事先做好以下准备工作。

（1）计量仪表要配备齐全。电网线路出口应装设电压表、电流表、有功电能表、无功电能表等仪表；每台配电变压器二次侧应装设有功电能表、无功电能表（或功率因数表）等；并要求准确、完整地做好这些仪表的运行记录。

（2）要准备一份网络接线图。在这份网络接线图上，应能反映出线路上各种型号导线的配置、连接状况，以及每台配电变压器的安放位置、挂接方式等。

（3）计算用的数据和资料应准确而齐全。计算用的数据和资料是指线路结构参数，包括线路导线型号及其长度、配电变压器的型号容量及台数等；线路运行参数包括有功供电量、无功供电量、运行时间、负荷曲线特征系数、每台配电变压器二次侧总表抄见电量等。为了计算使用方便起见，要求把这些数据标在网络接线图上。

四、关于线损理论计算的要求

目前，线损理论计算的方法很多，不同的方法适用于不同的场合或电网（城市电网和农村电网、配电网和输电网、高压电网和低压电网）。但是，不管采用哪种方法进行计算，都应达到下列要求。

（1）所采用的方法不应过于复杂或繁琐，而应较为简便、易于操作，计算过程应简洁而明晰。

（2）计算用的数据或资料，在电网一般常用（或现有）计量仪表配置下，应易于采集获取，而不是再装设昂贵的特殊（或专用）记录仪表或仪器；某些参数的取值也应较为简便易得。

（3）所采用的方法的计算结果应达到足够的精确度，应能满足实际工作的需要。

如有误差，应在允许范围之内。

（4）输电网的线损计算应该用潮流分布计算法或矩阵法，10（6）kV 配电网的线损计算应该用等值电阻·电量法，0.4kV 配电网的线损计算应该运用考虑其三相负荷不平衡影响的方法。

第二节　电力网线损计算的原理及基本方法

一、恒定负荷电流·单一元件电路的线损计算

恒定负荷电流·单一元件电路的线损计算是一种最简单、最基本的线损计算，它是后面复杂网络、随机变化的负荷电流的线损计算的基础；反之，后者是前者的深入和发展。单一元件电路，是指电路中只有一个电阻元件或一个用电负载；恒定负荷电流，是指电路中的负荷电流大小和方向不随着时间的变化而变化，在线损测算期间始终保持一固定数值和方向而不变。如图 2-1 所示。

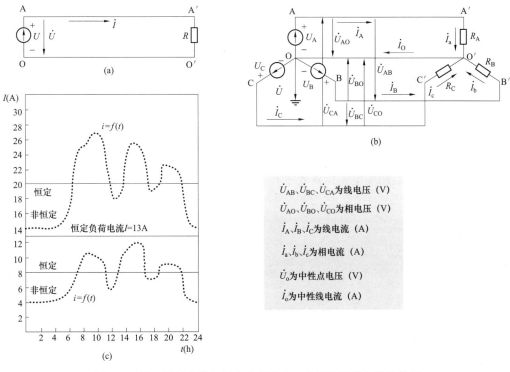

图 2-1　单一元件电路与恒定负荷电流、非恒定负荷电流示意图
（a）单相单一元件电路示意图；（b）三相单一元件电路示意图；
（c）恒定负荷电流与非恒定负荷电流示意图

由电工原理可知，在单一元件电路中，对于单相恒定负荷电流和三相恒定负荷电流（当三相负荷平衡）产生的电能损耗或电能消耗，是分别可由下式计算确定，即

19

$$\Delta A_1 = I^2 R t \times 10^{-3} \quad (\text{kW} \cdot \text{h}) \tag{2-1}$$

$$\Delta A_3 = 3 I^2 R t \times 10^{-3} \quad (\text{kW} \cdot \text{h}) \tag{2-2}$$

式中　ΔA——电路中的电能损耗或电能消耗，kW·h；

　　　I——通过电路的恒定负荷电流，A；

　　　R——电路中的负载电阻值，Ω；

　　　t——电路通电所历时间，h。

【例 2-1】 某单相单一元件电路，其负载电阻为 6.993Ω，电路通过的恒定负荷电流为 13A，通电所历时间为 11h，试计算该电路的电能损耗为多少？此单一元件电路若为三相时（当三相负荷平衡），其电能损耗又为多少？

解　为单相单一元件路时

$$\Delta A_1 = I^2 R t \times 10^{-3} = 13^2 \times 6.993 \times 11 \times 10^{-3} \text{kW} \cdot \text{h} \approx 13 \text{kW} \cdot \text{h}$$

若为三相单一元件电路时（设三相负荷平衡）

$$\Delta A_3 = 3 I^2 R t \times 10^{-3} = 3 \times 13^2 \times 6.993 \times 11 \times 10^{-3} \text{kW} \cdot \text{h} \approx 39 \text{kW} \cdot \text{h}$$

二、线路等值电阻和复杂网络的线损计算

对于实际的电力网，由于线长面广，用电设备和线路分支线较多，所以实际的电力网是由众多元件组成的复杂电路。对于这样复杂网络的线损计算比单一元件电路线损计算复杂得多；为了使线损分析方便、线损计算式表达直观化和规范化，在此，我们引入了一个新概念，即线路等值电阻。

设有一简单电力网和线路，由若干分支线或线段组成，各支线的电阻分别为 R_1、R_2、R_3、…、R_n，电网或线路首端（总）实际负荷电流为 I_Σ，实际运行时间为 t，如图 2-2 所示（负荷点用配电变压器表示）。

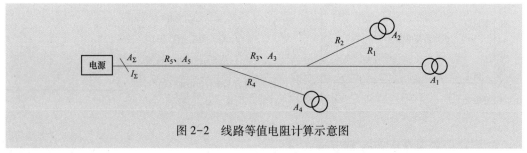

图 2-2　线路等值电阻计算示意图

那么，根据电能损耗计算的原理，这个电网的电能损耗是各分支线或线段电能损耗之和。

设备分支线路或线段的实际负荷电流分别为 I_1、I_2、I_3、…、I_n，则

$$\Delta A = 3 \times (I_1^2 R_1 + I_2^2 R_2 + I_3^2 R_3 + \cdots + I_n^2 R_n) t \times 10^{-3} (\text{kW} \cdot \text{h}) \tag{2-3}$$

因各分支线路一般不装设电流表，故其负荷电流不易测得；但各负荷点一般都装设有电能表，其电量容易获得，而且它们之间存在如下比例关系（设各负荷点的电压、功

率因数、负荷曲线特征系数之值相同，且分别与线路首端相应值相等），即

$$
\left.\begin{array}{c}
\dfrac{I_1}{I_\Sigma}=\dfrac{A_1}{A_\Sigma}\\[2mm]
\dfrac{I_2}{I_\Sigma}=\dfrac{A_2}{A_\Sigma}\\[2mm]
\dfrac{I_3}{I_\Sigma}=\dfrac{A_3}{A_\Sigma}\\[1mm]
\cdots\\[1mm]
\dfrac{I_n}{I_\Sigma}=\dfrac{A_n}{A_\Sigma}
\end{array}\right\} \tag{2-4}
$$

故可得

$$
\left.\begin{array}{c}
I_1=\dfrac{A_1}{A_\Sigma}I_\Sigma\\[2mm]
I_2=\dfrac{A_2}{A_\Sigma}I_\Sigma\\[2mm]
I_3=\dfrac{A_3}{A_\Sigma}I_\Sigma\\[1mm]
\cdots\\[1mm]
I_n=\dfrac{A_n}{A_\Sigma}I_\Sigma
\end{array}\right\} \tag{2-5}
$$

其中

$$A_3=A_1+A_2$$
$$A_5=A_3+A_4=A_1+A_2+A_4=A_\Sigma$$

将这些电流值代入上面线损计算式中，可得

$$
\Delta A =3I_\Sigma^2\left[\left(\frac{A_1}{A_\Sigma}\right)^2R_1+\left(\frac{A_2}{A_\Sigma}\right)^2R_2+\left(\frac{A_3}{A_\Sigma}\right)^2R_3+\cdots+\right.
$$
$$
\left.\left(\frac{A_n}{A_\Sigma}\right)^2R_n\right]t\times10^{-3}\ (\text{kW}\cdot\text{h}) \tag{2-6}
$$

令

$$
R_{dz}=\left(\frac{A_1}{A_\Sigma}\right)^2R_1+\left(\frac{A_2}{A_\Sigma}\right)^2R_2+\left(\frac{A_3}{A_\Sigma}\right)^2R_3+\cdots+\left(\frac{A_n}{A_\Sigma}\right)^2R_n\ (\Omega) \tag{2-7}
$$

得

$$
\Delta A=3I_\Sigma^2R_{dz}t\times10^{-3}\ (\text{kW}\cdot\text{h}) \tag{2-8}
$$

式中　　 t——电网线路的实际运行时间，h；

　　　 I_Σ——电网线路首端（一般都装有表计）的负荷电流（实际值），A；

　　　 A_Σ——线路总电量，即各负荷点（一般都装有表计）抄见电量之和，kW·h；

I_1、$\cdots$、I_n——各分支线路或线段（一般都不装表计）的实际负荷电流，A；

A_1、$\cdots$、A_n——各分支线路或线段的抄见电量，kW·h。

在上列线损计算式中，R_{dz}即为电网线路的**等值电阻**或称**等效电阻**。

有了电网线路等值电阻这一参数后，就可以用它来替代复杂的电网线路，使复杂的网络简化，使线损计算的表达式更直观和规范化，而且有利于线损分析。

对于实际电网中的线路，要指出两点：

（1）总抄见电量等于各负荷点抄见电量之和，但不等于线路各分支线或线段输送电量之和，一般前者小后者大，即前者小于后者。

（2）对于如图 2-2 所示的接线形式电力线路，其支路数或线段数=2×负荷点-1；一般一条线路有 30 台配电变压器或 30 个负荷点，可想而知其支路数或线段数是相当多的；此时线路等值电阻 R_{dz} 的计算就相当麻烦了，手算时就要耗费相当多的工时。

三、线路均方根负荷电流和非恒定负荷电流的线损计算

今设有一电网线路首端负荷电流随时间（昼夜）变化的日负荷曲线 $i=f(t)$，如图 2-3 所示。

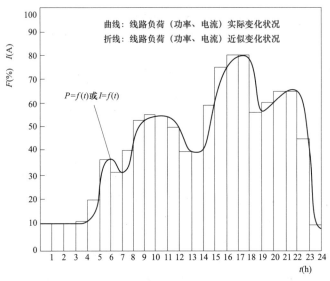

图 2-3　某线路日负荷变化曲线

由日负荷曲线 $i=f(t)$ 可见，由于它的变化没有固定规律（每日都不相同），不能用一确定的函数式表示，故不能直接运用积分的方法，将它在电网中的日线损电量计算出来。为此，只能运用间接的方法进行计算，这就是把 $i=f(t)$ 按所经历的时间分成 24 个等份，每个等份记作 Δt（显然，此处的 $\Delta t=1$）；而且认为在每一个时段 Δt 内的负荷电流是恒定不变的，这样便得到一条折线，如图 2-3 所示。那么这条折线就是原实际电流曲线的近似表示。

有了这条折线之后，即可将线路 24h 内的线损电量计算出来，即

$$\Delta A = 3R\int_0^{24} i^2 dt \times 10^{-3}$$

$$= 3R(I_1^2\Delta t + I_2^2\Delta t + I_3^2\Delta t + \cdots + I_{24}^2\Delta t) \times 10^{-3}$$

$$= 3R\left(\frac{I_1^2 + I_2^2 + I_3^2 + \cdots + I_{24}^2}{24}\right) 24 \times 10^{-3} \text{ （kW・h）}$$

根据线损电量计算规范表示式，即相当于

$$I_{if}^2 = \frac{I_1^2 + I_2^2 + I_3^2 + \cdots + I_{24}^2}{24}$$

则 $$\Delta A = 3R I_{if}^2 \times 24 \times 10^{-3} \text{ （kW・h）} \tag{2-9}$$

如果线路的实际运行时间不是 24h，而是任意时间 t，则线路的线损电量为

$$\Delta A = 3 I_{if}^2 R t \times 10^{-3} \text{ （kW・h）} \tag{2-10}$$

从上面的日线损电量计算式中可见

$$I_{if} = \sqrt{\frac{I_1^2 + I_2^2 + I_3^2 + \cdots + I_{24}^2}{24}} = \sqrt{\frac{1}{24}\sum_{i=1}^{24} I_i^2} \text{ （A）} \tag{2-11}$$

或 $$I_{if} = \sqrt{\frac{I_1^2 + I_2^2 + I_3^2 + \cdots + I_i^2}{n}} = \sqrt{\frac{1}{n}\sum_{i=1}^{n} I_i^2} \text{ （A）}$$

式中 R——电网线路的等值电阻，即 R_{dz}，Ω；

         t——电网线路的实际运行时间，h；

I_1、I_2、$\cdots$、I_i——线路在每小时抄见的负荷电流值，A；

         n——线路负荷电流值的抄录个数或抄录次数。

上面式中的 I_{if} 为电网线路首端负荷电流的均方根值，即线路首端均方根电流（这是在线损理论计算中引入的又一个新概念）。由此可见，线路首端均方根电流的物理意义，是用它这样一个电流替代原实际的负荷电流，两者在相同的时间内，通过同一个等值电阻所消耗的电能量相等。

有了电网线路首端"均方根电流"这一参数之后，就可以使线路中变化多种多样的非恒定的负荷电流简化，即它可以用一个易于计算求取的均方根电流近似代表，从而使本来复杂的线损计算简化。这就是说，只要我们先将线路首端的均方根电流计算出来，线损的计算就方便多了。总而言之，**用均方根电流计算电网电能损耗的方法，是其线损计算的经典方法。**

这里需要说明两点：

（1）电网线路首端每小时的抄见电流值可以从变电站运行记录中查取。这里介绍的运用均方根电流计算电网线损的方法虽然是经典的方法，但并不是最方便、最精确的计算方法。既方便又精确的计算方法，是直接运用电网有功供电量、无功供电量和线路负荷曲线特征系数计算线损的方法，这将在后面的章节中作专门的介绍。

（2）线路负荷电流 $i = f(t)$ 所产生的电能损耗，是有它的物理意义的，是可以用图形表示出来的，即其损耗的数值，反映在负荷曲线坐标上，就是 $i^2 = f(t)$ 曲线与横坐标 t 时间内所包含的面积，如图 2-4 中的线条部分。

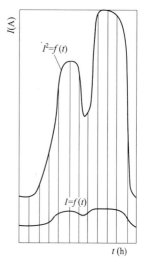

图 2-4 电能损耗物理意义

第三节　高压配电网线损理论计算的方法

前面曾经讲过，高压配电网是电网的重要组成部分，这是因为它所输送的电量较大，与供电企业的经济效益关系较为密切，并且线路的总条数和总长度，以及所挂接的变压器等设备的数量都相当可观。它是供电企业电网运行管理的重点，也是讲述线损理论计算的重点。

一、高压配电线路理论线损计算的总体表达式

（1）当线路首端装设有有功电能表和无功电能表时（一般都应当装设此表，这也是笔者力荐的方法）。

线路导线中的线损为

$$\Delta A_1 = (A_{p\cdot g}^2 + A_{Q\cdot g}^2)\frac{K^2 R_{d\cdot d}}{U_{pj}^2 t_1}\times 10^{-3}\ (\text{kW}\cdot\text{h}) \tag{2-12}$$

变压器的负载损耗为

$$\Delta A_b = (A_{p\cdot g}^2 + A_{Q\cdot g}^2)\frac{K^2 R_{d\cdot b}}{U_{pj}^2 t_b}\times 10^{-3}\ (\text{kW}\cdot\text{h}) \tag{2-13}$$

线路的可变损耗为

$$\Delta A_{kb} = (A_{p\cdot g}^2 + A_{Q\cdot g}^2)\frac{K^2 R_{d\cdot\Sigma}}{U_{pj}^2 t_{j\cdot\Sigma}}\times 10^{-3}\ (\text{kW}\cdot\text{h}) \tag{2-14}$$

线路的固定损耗为

$$\Delta A_{gd} = \Big(\sum_{i=1}^{m}\Delta P_{o\cdot i}\Big) t_b\times 10^{-3}(\text{kW}\cdot\text{h}) \tag{2-15}$$

线路的总损耗为

$$\Delta A_{\Sigma} = \Delta A_{kb} + \Delta A_{gd} = \Delta A_1 + \Delta A_b + \Delta A_{gd}\ (\text{kW}\cdot\text{h}) \tag{2-16}$$

式中　$A_{p\cdot g}$——线路有功供电量，kW·h；

　　　$A_{Q\cdot g}$——线路无功供电量，kvar·h；

　　　　K——线路负荷曲线特征系数；

$R_{d\cdot d}$、$R_{d\cdot b}$——线路导线等值电阻、变压器绕组等值电阻，Ω；

　　　$R_{d\cdot\Sigma}$——线路总等值电阻，$R_{d\cdot\Sigma}=R_{d\cdot d}+R_{d\cdot b}$，Ω；

　　　U_{pj}——线路平均运行电压，为方便计，可取 $U_{pj}\approx U_e$，kV；

　　　　t_1——线路实际运行时间，h；

　　　　t_b——线路上变压器综合运行时间，h；

　　　$t_{j\cdot\Sigma}$——线路与变压器综合平均运行时间，h；

　　　$\Delta P_{o\cdot i}$——线路上投运的每台变压器的空载损耗，W。

（2）当线路首端装设有有功电能表和功率因数表，而未装设无功电能表时（不推荐采用此种方法）。

线路导线中的线损为

$$\Delta A_1 = 3I_{jf}^2 R_{d \cdot d} t_1 \times 10^{-3} \quad (\text{kW} \cdot \text{h}) \tag{2-17}$$

或

$$\Delta A_1 = 3I_{pj}^2 K^2 R_{d \cdot d} t_1 \times 10^{-3} \quad (\text{kW} \cdot \text{h}) \tag{2-18}$$

变压器的负载损耗为

$$\Delta A_b = 3I_{jf}^2 R_{d \cdot b} t_b \times 10^{-3} \quad (\text{kW} \cdot \text{h}) \tag{2-19}$$

或

$$\Delta A_b = 3I_{pj}^2 K^2 R_{d \cdot b} t_b \times 10^{-3} \quad (\text{kW} \cdot \text{h}) \tag{2-20}$$

线路的可变损耗为

$$\Delta A_{kb} = \Delta A_1 + \Delta A_b \tag{2-21}$$

或

$$\Delta A_{kb} = 3I_{jf}^2 R_{d \cdot \sum} t_{j \cdot \sum} \times 10^{-3} \quad (\text{kW} \cdot \text{h}) \tag{2-22}$$

或

$$\Delta A_{kb} = 3I_{pj}^2 K^2 R_{d \cdot \sum} t_{j \cdot \sum} \times 10^{-3} \quad (\text{kW} \cdot \text{h}) \tag{2-23}$$

式中　I_{jf}、I_{pj}——线路首端均方根电流、平均电流，A。

线路的固定损耗，总损耗的计算式与上相同，在此省略。

从上述高压配电线路的线损计算式可见，电网或线路的各种电能损耗计算的关键是：

线路导线等值电阻、变压器绕组等值电阻、线路负荷曲线特征系数、线路首端平均负荷电流、线路实际运行时间、变压器综合运行时间、线路与变压器综合平均运行时间等几个参数的计算，这也是线损理论计算的前提和基础，为此，下面我们将对它们一一进行分述。

二、高压配电线路与变压器等值电阻的计算方法

在高压配电线路中，由于线路的分支线、配置的导线型号、挂接的变压器、用电的负荷点较多，且电网的结构与负荷变化较为复杂，所以，与之有关的线路导线等值电阻和变压器绕组等值电阻的计算最为繁琐，工作量最大，最费工时。因线路总等值电阻是由线路导线等值电阻和配电变压器绕组等值电阻组成的，故分别介绍。

1. 线路导线等值电阻的计算

为了计算方便起见，在计算之前要首先将线路的计算线段划分出来。

　划分的原则是：凡输送的负荷或电量、导线型号及线段长度均相同者为一段；否则只要有一项不相同就不能为同一段。

考虑计算的方便，划分的次序按负荷递增方式进行，即从线路末端到首端、从分支线到主干线。一般来说，变压器与节点之间、节点与节点之间、节点与电源之间为一计算线段。要注意的是不要漏划。

其次，为了计算方便，还要做几点假设，即线路上的各个负荷点的功率因数、负荷曲线特征系数、实际运行的电压值认为是相同的，且分别等于线路首端的相应值；即各负荷点的上述三个参数之值认为是互补的，其综合值与线路首端值相平衡对应。

接着，就按计算线段逐一地进行线路导线等值电阻的计算。目前，此参数的计算方法也较多；有的精确度较高，但较为繁杂；有的较为简便，但精确度较低。为了使读者有所了解和在使用中有所选择，下面分别介绍。

（1）第一种方法是"按电量求阻法"，简称"精算法"，其实质是各计算线段的输送负荷认为是按由该线段供电之变压器的抄见电量成正比例分配，计算时已考虑了变压器抄见电量对其值的影响。因此，此种"求阻法"无论线路上各台配电变压器的负载率是相同还是不相同，或有较大差别，其计算结果均较为确切、精确。

"按电量求阻法"的计算式为

$$R_{\mathrm{d \cdot d}} = \frac{\sum\limits_{j=1}^{n} A_{j \cdot \Sigma}^{2} R_{j}}{\left(\sum\limits_{i=1}^{m} A_{\mathrm{b \cdot i}} \right)^{2}} \ (\Omega) \tag{2-24}$$

$$R_{j} = r_{\mathrm{o} \cdot j} L_{j} \ (\Omega)$$

式中　$A_{j \cdot \Sigma}$——各计算线段供电之变压器抄见电量之和，$kW \cdot h$；

　　　　R_{j}——各计算线段导线的电阻值，Ω；

　　　　$A_{\mathrm{b} \cdot i}$——线路上各台配电变压器的抄见电量，$kW \cdot h$；

　　　　$r_{\mathrm{o} \cdot j}$——各计算线段导线单位长度的电阻值，Ω/km；

　　　　L_{j}——各计算线段的长度，km。

（2）第二种方法是"按容量求阻法"，简称"近似算法"，其实质是各计算线段的输送负荷认为是按由该线段供电的变压器的容量成正比例分配，计算时仅仅考虑了变压器额定容量对其值的影响。因此，此种"求阻法"在线路上各台配电变压器的负载率相同或基本相同时，其计算结果与上一方法基本吻合；反之，在线路上各台配电变压器的负载率不相同（这是实际存在的情况）或有较大差异时（即"大马拉小车"或"小马拉大车"情况），其计算结果与上一方法相比将会有一定误差，差异越大、误差越大。但是，变压器的额定容量是一个标准化的固定数字，比变压器的抄见电量简单而易于记忆，故计算起来较为方便快捷。因线路上各台变压器负载率高与低的互补性，因此，即或有误差，一般也在允许范围之内。

"按容量求阻法"的计算式为

$$R_{\mathrm{d \cdot d}} = \frac{\sum\limits_{j=1}^{n} S_{\mathrm{e \cdot j \Sigma}}^{2} R_{j}}{\left(\sum\limits_{i=1}^{m} S_{\mathrm{e \cdot i}} \right)^{2}} \ (\Omega) \tag{2-25}$$

式中　$S_{\mathrm{e \cdot j \Sigma}}$——各计算线段供电之变压器额定容量之和，$kVA$；

　　　　$S_{\mathrm{e} \cdot i}$——线路上投运的各台配电变压器额定容量，kVA。

线路导线等值电阻的计算还有一种方法，即按线路各种型号导线输送的等效负荷（等效电量或等效容量）的计算方法；即先按划分出来的各计算线段实际的输送负荷（电量或容量）求算出各种型号导线输送的等效负荷，然后以其为依据计算。由于此种方法仍未能脱离计算线段，故计算仍然较为麻烦，因而没有多大的实用价值。

（3）第三种方法是"按线号求阻法"，即"速算法"，亦称"经验法"。此种方法是根据线路输送的负荷认为是与导线截面积成正比例分配的原理得来的；计算时不是按划分出来的线段，而是按线路配置的导线型号进行计算。故计算起来较为快速、方便；但是一般会有一定的误差，经验不足者误差较大。

此外，此种求阻法的运用要有一定的条件，即线路配置的导线型号要在三种及以上，且配置基本合理，即首端线粗于主干线，主干线粗于分支线。其中又有两种方法，一种是以各种型号导线的相应输送容量为依据的计算方法；对此，首先确定线路首端线即最大型号导线的输送容量，应为线路上投运的配电变压器之总容量，即各台配变容量之和；其后确定线路分支线即最小型号导线的输送容量，应为单个配电台区的平均容量，即总容量除以台区数；最后确定线路主干线，即次大型号导线的输送容量，是根据本型导线的截面、上述两型导线截面与输送容量，以及两个两型导线截面比值和的平均值计算确定的（见本节的实例计算）。另一种方法是直接以各种型号导线的截面积为依据，并对后面型号导线的计算项考虑一个小于1的经验修正系数后进行计算。可见，直接法比前一种的间接法更快，但误差也更大。

虽"按线号求阻法"有一定原理作基础，但它含有经验的因素，且未经较多实例计算作验证，又加上文字数量较大而过于繁琐，故此计算式在此不便表述，只能在后面举例说明。

2. 变压器绕组等值电阻的计算

为了计算方便起见，在计算之前，同计算线路导线等值电阻一样，首先要将线路上投运的配电变压器按台区（或台）编上号码，然后逐一进行计算。编码的次序从线路首端或者末端开始，对计算是否方便均无影响。但切记不要漏编。

同样的，变压器绕组等值电阻的计算方法也有三种方法。

（1）第一种方法是"按电量求阻法"，简称"精算法"，这种方法的特点是考虑了**变压器抄见电量的影响**，即无论线路上各台配电变压器的负载率有多大的差别，是"大马拉小车"，还是"小马拉大车"，对计算结果均无影响。所以这种方法较为确切且精确度较高。

变压器"按电量求阻法"的计算式为

$$R_{d \cdot b} = \frac{\sum\limits_{i=1}^{m} A_{b \cdot i}^2 R_i}{\left(\sum\limits_{i=1}^{m} A_{bi} \right)^2} \ (\Omega) \tag{2-26}$$

$$R_i = \Delta P_{k \cdot i} \left(\frac{U_{e \cdot 1}}{S_{e \cdot i}} \right)^2 \ (\Omega) \tag{2-27}$$

式中　R_i——线路上投运的各台配电变压器绕组归算到一次侧的电阻值，Ω；

$S_{e \cdot i}$——线路上投运的各台配电变压器的额定容量，kVA；

$\Delta P_{k \cdot i}$——线路上投运的各台配电变压器的短路损耗，W；

$U_{e \cdot 1}$——线路上配电变压器的一次侧额定电压，kV。

（2）第二种方法是"按容量求阻法"，简称"近似算法"，这种计算方法的特点是考虑了**配电变压器额定容量的影响**，在线路上各台变压器的负载率相同或基本相同时，其计算所得结果与"电量法"基本吻合。由于变压器额定容量的标准化而有一固定数字，且数字简单易于记忆，故此法用起来比较方便。但是，当线路上各台变压器负载率有差别（这是实际存在的情况）或差别较大时（即"大马拉小车"或"小马拉大车"的现象），其计算所得结果同"电量法"相比将有一定误差；即其误差随着线路上各台变压器的负载率差别的增大而增大。然而，由于线路上各台变压器负载率高与低的互补性，使其计算所得结果的误差，一般在允许范围内。

变压器"按容量求阻法"的计算式为

$$R_{d \cdot b} = \frac{U_{e \cdot l}^2 \sum\limits_{i=1}^{m} \Delta P_{k \cdot i}}{\left(\sum\limits_{i=1}^{m} S_{e \cdot i} \right)^2} \ (\Omega) \tag{2-28}$$

式中符号含义同前。

（3）第三种方法是"按一台代表型配电变压器求阻法"，简称"速算法"。此种计算方法的特点是计算时不是按线路上每台配变压器逐台进行的，而是**按线路上选定的某一台代表型的配电变压器**，考虑变压器容量的影响而进行的。当线路上的配电变压器特别多或较多时（例如百台以上或近百台），运用此"速算法"更方便、快捷。而且所得结果的误差一般均在允许范围之内。

线路上配电变压器绕组等值电阻的"速算法"的计算式为

$$R_{d \cdot b} = \frac{\Delta P_{k \cdot d} U_{e \cdot l}^2}{S_{e \cdot d} S_{pj} m} \ (\Omega) \tag{2-29}$$

$$S_{pj} = \sum_{i=1}^{m} S_{e \cdot i} / m \ (\text{kVA}) \tag{2-30}$$

式中　m——线路上投入运行的配电变压器的总台数；

$\quad S_{pj}$——线路上投运的配电变压器的单台平均容量，kVA；

$\quad S_{e \cdot d}$——线路上选定的某一台代表型配电变压器的标称容量，即其与 S_{pj} 最接近一台变压器的标称容量（从变压器技术性能参数表中查取），kVA；

$\quad \Delta P_{k \cdot d}$——线路上选定的某一台代表型配电变压器的短路损耗（从变压器技术性能参数表中查取），W；

$\quad U_{e \cdot l}$——线路上配电变压器的一次侧额定电压，kV。

这里应当说明两点，一是当线路上有多种标准（或系列）的配电变压器时，$\Delta P_{k \cdot d}$值也有多个，此时应取它们的加权平均值，即

$$\Delta P_{k \cdot d} = \frac{\Delta P_{k \cdot d \cdot 1} m_1 + \Delta P_{k \cdot d \cdot 2} m_2 + \Delta P_{k \cdot d \cdot 3} m_3 + \cdots + \Delta P_{k \cdot d \cdot i} m_i}{m_1 + m_2 + m_3 + \cdots + m_i}$$

$$= \frac{\sum \Delta P_{k \cdot d \cdot i} m_i}{\sum m_i} \ (\text{W}) \tag{2-31}$$

二是当 $S_{e.d}$ 值选定为两种变压器标准容量时，会出现两种标称容量（如在农网改造前，线路上有 64 标准的变压器时），此时 $S_{e.d}$ 也应取它们两者之间的加权平均值。通过上述两点处理，可降低变压器等值电阻"速算"值的误差，提高其精确度。

3. 线路总等值电阻的计算

线路导线等值电阻 $R_{d.d}$ 和变压器绕组等值电阻 $R_{d.b}$ 都可用"按电量求阻法""按容量求阻法"，并分别可用"按线号求阻法"和"按代表型配电变压器求阻法"求得它们的"精算"值、"近似计算"值和"速算"值。根据线路总等值电阻是这两个等值电阻之和的原理（这是由线路导线线损电量与变压器铜损电量相加而演变成两个等值电阻的相加），总等值电阻 $R_{d.\Sigma}$ 也有精确计算、近似计算和速算三个值。因目前微型计算机已普遍应用，故应推广应用"按电量求阻法"，即"精算法"。

【例 2-2】设在全国农网改造前，某省农网中有 3 条变压器台数颇多但特点较分明的 10kV 配电线路，第 1 条线路含有 JB 500—64 型高能耗变压器等 7 种型号变压器，其总台数为 100 台，总容量为 7741kVA（具体配置情况见表 2-1）。第 2 条线路不含 JB 500—64 型，但含 JB 1300—73 组Ⅱ、组Ⅰ型高能耗变压器等 6 种型号变压器，其总台数为 94 台，总容量为 7266kVA（具体配置情况见表 2-1）。第 3 条线路仅含 S_9、新 S_9、S_{11} 型 3 种低损耗变压器，其总台数为 64 台，总容量为 4914kVA（具体配置情况见表 2-1）。请试用"速算法"计算这 3 条 10kV 配电线路的变压器绕组等值电阻。也可用"按容量求阻法"进行计算，通过两种求阻法的运用和比较，体会"速算法"的快速、方便、简捷、准确性能。

表 2-1　　　　　[例 2-2] 中三条 10kV 配电线路变压器配置情况表

线路名称	序号	配电变压器型号	配电变压器的容量（kVA）及台数			
第 1 条 10kV 线路	1	JB 500—64	50×2	—	75×1	100×3
	2	JB 1300—73 组Ⅱ	50×1	63×1	80×3	100×2
		JB 1300—73 组Ⅰ	50×2	63×1	80×2	100×3
		SL₇	50×3	63×2	80×5	100×5
	3	S_9	50×5	63×3	80×8	100×6
		新 S_9	50×6	63×3	80×9	100×7
		S_{11}	50×4	63×2	80×5	100×6

注　第 2 条线路包含序号 2、3 对应的配电变压器配置，第 3 条线路包含序号 3 对应的配电变压器配置。

解　（1）对于第 1 条 10kV 配电线路

$$S_{pj} = \frac{\sum S_{e.i}}{\sum m} = \frac{7741}{100} = 77.41 \text{（kVA／台）}$$

参照配电变压器技术性能表，上选值

$$S'_{e.d} = 75\text{kVA（套 JB 500—64 型变压器）}$$

下选值

$$S'_{e \cdot d} = 80 \text{kVA}（套表 2-1 中 6 种型号变压器）$$

计算得

$$S_{e \cdot d} = \frac{S'_{e \cdot d} m' + S''_{e \cdot d} m''}{m} = \frac{75 \times 6 + 80 \times 94}{100} = 79.7 \ （\text{kVA}）$$

查阅 10/0.4kV 配电变压器技术性能参数表得

JB 500—64 型　　$\Delta P_{k \cdot d \cdot 1} = 1875$（W）（对应于 $S'_{e \cdot d} = 75 \text{kVA}$）

JB 1300—73 组 II 型　　$\Delta P_{k \cdot d \cdot 2} = 1800$（W）（对应于 $S''_{e \cdot d} = 80 \text{kVA}$）

JB 1300—73 组 I 型　　$\Delta P_{k \cdot d \cdot 3} = 1700$（W）（对应于 $S''_{e \cdot d} = 80 \text{kVA}$）

低损耗变 S_7 型　　$\Delta P_{k \cdot d \cdot 4} = 1650$（W）（对应于 $S''_{e \cdot d} = 80 \text{kVA}$）

低损耗变 S_9 型　　$\Delta P_{k \cdot d \cdot 5} = 1250$（W）（对应于 $S''_{e \cdot d} = 80 \text{kVA}$）

低损变新 S_9 型　　$\Delta P_{k \cdot d \cdot 6} = 1250$（W）（对应于 $S''_{e \cdot d} = 80 \text{kVA}$）

低损耗变 S_{11} 型　　$\Delta P_{k \cdot d \cdot 7} = 1250$（W）（对应于 $S''_{e \cdot d} = 80 \text{kVA}$）

计算线路上代表型变压器的短路损耗

$$\Delta P_{k \cdot d} = \frac{\Delta P_{k \cdot d \cdot 1} m_1 + \Delta P_{k \cdot d \cdot 2} m_2 + \Delta P_{k \cdot d \cdot 3} m_3 + \cdots + \Delta P_{k \cdot d \cdot 7} m_7}{m_1 + m_2 + m_3 + \cdots + m_7}$$

$$= \frac{1875 \times 6 + 1800 \times 7 + 1700 \times 8 + 1650 \times 15 + 1250 \times 64}{100}$$

$$= \frac{142\ 200}{100} = 1422 \ （\text{W}）$$

计算第 1 条 10kV 线路变压器绕组等值电阻

$$R_{d \cdot b} = \frac{\Delta P_{k \cdot d} U_{e \cdot 1}^2}{S_{pj} S_{e \cdot d} m} = \frac{1422 \times 10 \times 10}{77.41 \times 79.7 \times 100} = 0.23 \ （\Omega）$$

（2）对于第 2 条 10kV 配电线路。计算线路上配电变压器的台均容量

$$S_{pj} = \frac{\sum S_{e \cdot i}}{\sum m_i} = \frac{7266}{94} = 77.3 \ （\text{kVA/台}）$$

查阅 10/0.4kV 配电变压器技术性能参数表，选得线路上代表型配电变压器标称容量 $S_{e \cdot d} = 80 \text{kVA}$（因下选值比上选值接近得多，两值与 S_{pj} 值并非等距或接近等距，故只取下选值 $S_{e \cdot d} = 80 \text{kVA}$，不需取上选值 $S_{e \cdot i} = 63 \text{kVA}$ 再取它们的加权平均值；而在第 1 条线路中 $S_{e \cdot i} = 63 \text{kVA}$ 与 $S_{e \cdot i} = 80 \text{kVA}$ 虽然同属于一个容量等级，且 S_{pj} 值与它们两值接近等距，但是不同属于一个系列标准，故需取上选与下选两值及其两值的加权平均值）。

查阅 10/0.4kV 配电变压器技术性能参数表，得这条线路上 6 种型号变压器的短路损耗 $\Delta P_{k \cdot di}$ 值（见上列述，此处略）；计算这条线路上代表型变压器的短路损耗

$$\Delta P_{k \cdot d} = \frac{\sum \Delta P_{k \cdot d \cdot i}}{\sum m_i}$$

$$= \frac{1800 \times 7 + 1700 \times 8 + 1650 \times 15 + 1250 \times 64}{94}$$

$$= \frac{130\ 950}{94} = 1393.1 \ （\text{W}）$$

计算第 2 条 10kV 线路变压器绕组等值电阻

$$R_{\mathrm{d \cdot b}} = \frac{\Delta P_{\mathrm{k \cdot d}} U_{\mathrm{e \cdot l}}^2}{S_{\mathrm{pj}} S_{\mathrm{e \cdot d}} m} = \frac{1393.1 \times 10 \times 10}{77.3 \times 80 \times 94} = 0.24 \ (\Omega)$$

（3）对于第 3 条 10kV 配电线路。计算线路上配电变压器的台均容量

$$S_{\mathrm{pj}} = \frac{\sum S_{\mathrm{e \cdot i}}}{\sum m_{\mathrm{i}}} = \frac{4914}{64} = 76.78 \ (\mathrm{kVA/台})$$

查阅 10/0.4kV 配电变压器技术性能参数表，选得线路上代表型变压器标称容量 $S_{\mathrm{e \cdot d}} = 80\mathrm{kVA}$（只取下选值，原因同上）。

查阅 10/0.4kV 配电变压器技术性能参数表，得这条线路上 3 种型号变压器的短路损耗 $\Delta P_{\mathrm{k \cdot di}}$ 值（见上列述，此处略）；计算这条线路上代表型变压器的短路损耗

$$\Delta P_{\mathrm{k \cdot d}} = \frac{\sum \Delta P_{\mathrm{k \cdot d \cdot i}}}{\sum m_{\mathrm{i}}} = \frac{1250 \times 64}{64} = 1250 \ (\mathrm{W})$$

计算第 3 条 10kV 线路变压器绕组等值电阻

$$R_{\mathrm{d \cdot b}} = \frac{\Delta P_{\mathrm{k \cdot d}} U_{\mathrm{e \cdot l}}^2}{S_{\mathrm{pj}} S_{\mathrm{e \cdot d}} m} = \frac{1250 \times 10 \times 10}{76.78 \times 80 \times 64} = 0.32 \ (\Omega)$$

随着 3 条线路变压器绕组等值电阻"速算值"的求得，计算也就完毕。

从以上三个结果来看，第一条线路挂接的高能耗变压器较多，第二条线路挂接的高能耗变压器较少，第三条线路挂接的全部是低损耗变压器，而线路变压器绕组等值电阻，为什么反而一个比一个要大？这是因为：一是高能耗变压器比低损耗变压器的短路损耗降低幅度或比例并不大（后面两式比前式分别下降 2.03% 和 12.1%，可见这并不是它们的着重点，降低空载损耗才是它们的着重点）；二是后面两条线路比前一条线路的变压器台数减少比例较大（对应分别为 6.0% 和 36.0%），即后面线路比前面线路在计算变压器绕组等值电阻 $R_{\mathrm{d \cdot b}}$ 式中，分母之值比分子之值降低幅度较大，反之降低幅度较小；三是变压器的单台平均容量和代表型变压器的选定容量之变化比例不像上述两个参数 $\Delta P_{\mathrm{k \cdot d}}$ 和 m 来得较大或较悬殊（其变化比例略）。

通过实例计算还可看出，线路上变压器绕组等值电阻的"速算法"，不仅方便、简明、快捷，而且其误差一般均在允许范围之内，即有相当高的精确度和可信度。因此，此法不仅可用于"精算值"和"近似计算值"的检验，而且还可用于电网的规划，即当线路上的变压器计划安装型号和台数确定后，就可以知道其总容量、总空载损耗、总短路损耗等，进而运用"速算法"求取变压器绕组等值电阻，运用线路规划的供电负荷水平（即负荷值）求取变压器总负载损耗。又根据变压器的损耗（铁损+铜损）和线路导线线损分别占线路总损耗的 70% 与 30%（或 75% 与 25% 、65% 与 35% 等），在求得变压器损耗的情况下，求取线路导线线损、线路的总损耗；再根据线路规划的供电负荷水平（即负荷电量），求取线路规划（理论）线损率。由此可判断线路运行是否经济，线路结构是否合理。否则，应再调整线路的导线型号及长度，变压器的型号容量及台数，重新进行上述的简易计算；如此反复调整和计算，直到满足要求为止。

三、线路首端负荷曲线特征系数的计算确定方法

顾名思义，线路首端负荷曲线特征系数是描述线路首端负荷起伏变化特征的一个参数，它描述了线路首端负荷曲线的陡急程度和平缓程度。由于它在数值上等于线路首端负荷电流的均方根值对平均值之比，故又称之为负荷均方根系数；显然，它是一个大于1或等于1的系数。又因为只有线路平均负荷电流乘以它之后才等于线路均方根电流（实际负荷电流的代表者），故又称之为线路负荷电流的等效系数，还有的称之为负荷曲线形状系数。

线路负荷曲线特征系数的表示式如下：

（1）在一昼夜 24h 内，如果当记录（或抄录）电网（或线路）24 次（个）负荷电流值时（每间隔 1h 一抄），则

$$K = \frac{I_{jf}}{I_{pj}} = \frac{\sqrt{\dfrac{1}{24} \displaystyle\sum_{i=1}^{24} I_i^2}}{\dfrac{1}{24} \displaystyle\sum_{i=1}^{24} I_i} \tag{2-32}$$

（2）如果当记录（或抄录）电网（或线路）n 次（个）负荷电流值时（每次抄录间隔时间应均等），则

$$K = \frac{I_{jf}}{I_{pj}} = \frac{\sqrt{\dfrac{1}{n} \displaystyle\sum_{i=1}^{n} I_i^2}}{\dfrac{1}{n} \displaystyle\sum_{i=1}^{n} I_i} \tag{2-33}$$

（3）如果当设法跟踪记录电网（或线路）负荷电流的随机变化情况时（此方法最精确最接近实际工况，但一般需要借助仪器如电网线损测试仪才能完成），则

$$K = \frac{I_{jf}}{I_{pj}} = \frac{\sqrt{\dfrac{1}{T} \displaystyle\int_0^T i^2(t)\,\mathrm{d}t}}{\dfrac{1}{T} \displaystyle\int_0^T i(t)\,\mathrm{d}t} \tag{2-34}$$

由式（2-32）~式（2-34）也可以看出，K 值是一个恒大于（或等于）1 的系数，而且每条线路的首端有一个不尽相同的 K 值。下面就介绍线路负荷 K 系数之值的两种计算确定方法。

1. 依据线路有功供电量确定 K 系数的方法

可想而知，如果我们每月都按式（2-32）~式（2-34）计算，那就太麻烦了。这里有一个较为简单方便的方法，即只要计算确定线路用电高峰季节月份的 K 值和线路用电低谷季节月份的 K 值，就可满足工作需要了。因为其他用电季节月份的 K 值介于上述两个 K 值之间，可直接查取。

线路在用电高峰季节，由于变压器的负载率和线路的负荷率都较高，供用电量较

大，供用电负荷较为均衡，故存在一个较小的 K 值；反之，线路在用电低谷季节，线路负荷起伏变化较大，一日形成多次明显的峰谷负荷，峰谷差较大，供用电量较小，供用电负荷极不均衡，故存在一个较大的 K 值。这两个 K 值可通过选取代表日的电流值，运用式（2-32）~式（2-34）计算确定。

为了今后方便起见，可将线路用电高峰月份的较大有功供电量和相对应的较小 K 值，以及线路用电低谷月份的较小的有功供电量和相对应的较大 K 值，同绘于一坐标图中，其他一般用电月份的 K 值，可根据该月的有功供电量（一般在上述最大值和最小值之间）从图中直接查取。这就是线路负荷曲线特征系数 K 值的"电量确定法"，见图 2-5。

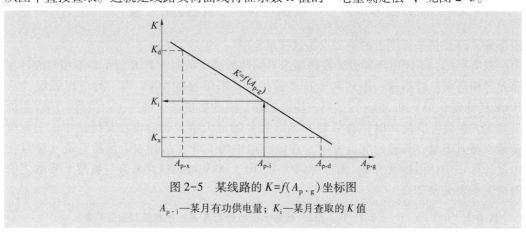

图 2-5　某线路的 $K=f(A_{p \cdot g})$ 坐标图

$A_{p \cdot i}$—某月有功供电量；K_i—某月查取的 K 值

2. 依据线路负荷电流及其负荷性质确定 K 系数的方法

上述首先依据线路负荷电流进行计算，而后依据线路有功供电量确定 K 系数之值的方法，较为科学，也较为确切，应尽量应用，特别是对于重要的线路或供电量较大的线路，更应该尽量应用。但是，这一方法也有不方便之处，那就是首先要依据线路用电高峰季节的月份和线路用电低谷季节的月份，选取代表日的负荷电流值进行计算，而后才能将对应的 K 系数两个值确定下来，这就比较麻烦和繁琐。

为了更方便地绘制出 K 系数的坐标图，可采用 K 系数的第二种确定方法，即依据线路负荷电流值或线路上配电变压器综合负载率，以及线路负荷性质确定 K 系数的方法，简称为 K 系数的近似确定方法或 K 值速定法。这种方法也有一定的理论依据和确切性，但还是不如前者。总之，它的特点就是坐标图绘制方便，K 值与真实值有误差但不大，一般在允许范围之内。K 值速定法的坐标图绘制原理如下：

对于 10kV 配电网（或线路）而言，当线路上的负荷电流达到足够大，且接近线路额定负荷电流值时，我们认为线路负荷率和线路上变压器综合负载率是比较高的（后者接近满载），线路供用电负荷是比较均衡的，因此存在一个小的 K 值。即

当有
$$I_{pj} \approx I_e = \frac{\sum_{i=1}^{m} S_{e \cdot i}}{\sqrt{3} U_e} \text{（A）}$$

则有
$$\beta_\Sigma = 100\%$$

$$I_{jf} \approx I_{pj} \approx I_e = \frac{\sum\limits_{i=1}^{m} S_{e \cdot i}}{\sqrt{3}\,U_e} \text{ (A)}$$

故得

$$K = \frac{I_{if}}{I_{pj}} \approx \frac{I_e}{I_e} = 1.00$$

（在绝对多数情况下为 $K>1$，很少有 $K=1$）

有了 $K=1.00$ 和 $I_{pj}=I_e = \dfrac{\sum\limits_{i=1}^{m} S_{e \cdot i}}{\sqrt{3}\,U_e}$ 或 $\beta_\Sigma = 100\%$，就能够将 K 值坐标图上的第一点确定下来。而 K 值坐标图上的第二点是这样确定的。

众所周知，不同电压等级的线路输送不同性质的负荷时，其 K 值是各不相同的，甚至差异相当大。根据这一原理和运行经验，以及所掌握的 10kV 等三种电压等级（从 10kV 延伸到 0.4kV 和 35kV）线路在输送三种不同性质负荷（即纯工业负荷、纯农业负荷和工农业混合负荷）时将会呈现 K 系数相关的最大值；若假设在某线路中，工业负荷量（按其电量计算较为准确方便）在该线路中的工业负荷和农业负荷总量（建议按电量计算）中所占比重为 x，则可得到 0.4、10、35kV 电力线路 x 值与负荷 K 系数之值对应关系表见表 2-2。

表 2-2　　　　　0.4、10、35kV 线路 x 值与负荷 K 系数控制值对应关系表

适用线路的电压 U_e (kV) ＼ x 值	1.0	0.9	0.8	0.7	0.6	0.5	0.4	0.3	0.2	0.1	0.0
0.4	1.20	1.21	1.22	1.23	1.24	1.25	1.26	1.27	1.28	1.29	1.30
10	1.15	1.16	1.17	1.18	1.19	1.20	1.21	1.22	1.23	1.24	1.25
35	1.10	1.11	1.12	1.13	1.14	1.15	1.16	1.17	1.18	1.19	1.20

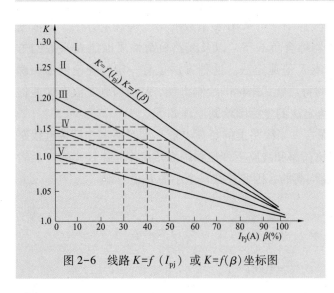

图 2-6　线路 $K=f(I_{pj})$ 或 $K=f(\beta)$ 坐标图

显然，表 2-2 中的比重系数（也可称为线路负荷性质特征系数）x 值所对应的线路负荷 K 系数相关最大值就是我们所需要寻求的第二点，这样，就比较方便地将 $K=f(I_{pj})$ 或 $K=f(\beta)$ 的坐标图绘制出来，如图 2-6 所示。

为了明确图 2-6 的使用方法，特作如下说明：

Ⅰ——适用于 0.4kV 纯农业负荷线路时，K 在其线上及其

下缘取值；

Ⅱ——适用于 0.4kV 混合型负荷线路时，K 在其线上及上下缘取值；

Ⅲ——适用于 0.4kV 纯工业负荷线路时，K 在其线上及其上缘取值；

Ⅱ——适用于 10kV 纯农业负荷线路时，K 在其线上及其下缘取值；

Ⅲ——适用于 10kV 混合型负荷线路时，K 在其线上及上下缘取值；

Ⅳ——适用于 10kV 纯工业负荷线路时，K 在其线上及其上缘取值；

Ⅲ——适用于 35kV 纯农业负荷线路时，K 在其线上及其下缘取值；

Ⅳ——适用于 35kV 混合型负荷线路时，K 在其线上及上下缘取值；

Ⅴ——适用于 35kV 纯工业负荷线路时，K 在其线上及其上缘取值。

从图 2-6 可见，10kV 纯工业负荷、工农业混合负荷、纯农业负荷线路的负荷 K 系数的最大值分别为 1.15、1.20、1.25；而 0.4kV 线路其对应值分别为 1.20、1.25、1.30；35kV 线路其对应值分别为 1.10、1.15、1.20。它们的最小值均为 1.00 或接近于 1.00。工业负荷也有起伏波动较大的时候，例如，是否昼夜，是否双休日，是否节假日等；农业负荷也有起伏波动较小的时候，例如在三夏期间和抗旱排涝期间；因此，有时不能仅仅看负荷类型性质；还要看负荷起伏波动是大是小或有多大，即还要看负荷的均衡程度，或者是重负荷运行线路还是轻负荷运行线路。但是，总体来讲工业性质的负荷还是比农业性质的负荷在线路中起伏波动较小，故图中的负荷 K 系数值较小；而工农业混合型负荷起伏波动程度和负荷 K 系数值介于它们两者之间。还有，三个等级电压的线路在通过导线上下直接连接和相近性质的负荷下，应该有：35kV 负荷 K 值<10kV 负荷 K 值<0.4kV 负荷 K 值。

在 $K=f(I_{pj})$ 坐标图中，对 10kV 线路而言，线路额定负荷电流 I_e 值（不管是大于100A，还是小于100A）总是定格为 100A，而线路中其他任意一个平均负荷电流 I_{pj} 值在 0～100A，坐标图的横坐标以 10A 为单元分成 10 个等份，根据线路输送的实际负荷量（即电量）计算求得的实际平均负荷电流 I_{pj} 值，不一定和图中定格电流值（即坐标值）相吻合，此时应根据式（2-35）转换计算确定，即

$$I_{pj} \text{的坐标值} = \frac{I_{pj} \text{的计算值} \times 100}{I_e \text{的计算值}} \text{（A）} \tag{2-35}$$

而

$$I_e = \frac{\sum_{i=1}^{m} S_{e \cdot i}}{\sqrt{3}\, U_e} \text{（A）}$$

$$I_{pj} = \frac{1}{U_e t} \sqrt{\frac{1}{3}(A_{pg}^2 + A_{Qg}^2)} \text{（A）}$$

或

$$I_{pj} = \frac{A_{pg}}{\sqrt{3}\, U_e t \cos\phi} \text{（A）}$$

经换算求得线路某个月份的实际平均负荷电流 I_{pj} 的坐标值后，根据它和线路负荷的性质，即可从 $K=f(I_{pi})$ 坐标图中确定该月份该线路的负荷 K 系数值。

全国大量的调查统计资料表明，近年来农村 10kV 配电网中的配电变压器的年均综合负载率约为 $30\% \sim 50\%$，因此由 $K=f(\beta)$ 坐标图查得负荷 K 系数值见表 2-3。

表 2-3   10kV 配电网负荷 K 系数近年年均值

K 系数 配变 β（%）	纯工业负荷 （或重负荷运行线路）	混合型负荷 （或中负荷运行线路）	纯农业负荷 （或轻负荷运行线路）
年均综合 $\beta=30$	$K=1.11$（及上缘）	$K=1.14$（及左右）	$K=1.17$（及下缘）
年均综合 $\beta=40$	$K=1.09$（及上缘）	$K=1.12$（及左右）	$K=1.15$（及下缘）
年均综合 $\beta=50$	$K=1.07$（及上缘）	$K=1.10$（及左右）	$K=1.13$（及下缘）

由资料分析可知，表 2-3 中所查得的对应于配电变压器 β 的线路负荷 K 系数之值，基本上是符合实际情况的，或者说基本上是合理的。这说明线路负荷 K 系数速定法不仅较为方便，而且较为确切和可行。

四、线路首端平均负荷电流的计算方法

线路首端实际负荷电流是随时间的变化而变化的，即随着线路上用电设备的投退和用电量的增减，以及运行方式的改变等因素而变化。实际负荷电流用均方根电流替代表示。平均负荷电流即实际负荷电流在某一时间内的平均值。用它来乘以负荷曲线特征系数就可得到均方根电流。一般情况下，平均负荷电流比均方根电流容易计算求得。

线路首端在一日 24h 内或在任意时间内的平均负荷电流的计算式为

$$I_{pj} = \frac{1}{24} \sum_{i=1}^{24} I_i$$

或
$$I_{pj} = \frac{1}{n} \sum_{i=1}^{n} I_i = \frac{1}{T} \int_0^T i(t)\,\mathrm{d}t \qquad (2\text{-}36)$$

式中 I_i——线路实际负荷电流每日抄录的个数或次数。

由于式（2-32）～式（2-34）和式（2-36）中的电流值是从变电站的盘上电流表抄录下来的，而此种表计准确等级较低，且不作定期校验，指示的是瞬时值，抄表时常有估抄或偶然现象，故此电流值一般不够确切。同时，用式（2-36）计算，若要准确，必须多选几天代表日，多取几个电流值，但计算较为繁琐；否则只选三天作代表日，只取 72 个电流值，又不够准确。

为此，建议运用下面方法计算求取线路首端平均负荷电流，计算公式如下

$$I_{pj} = \frac{S}{\sqrt{3}\,U_e} = \frac{\sqrt{P^2+Q^2}}{\sqrt{3}\,U_e} = \frac{\sqrt{\left(\dfrac{A_P}{t}\right)^2 + \left(\dfrac{A_Q}{t}\right)^2}}{\sqrt{3}\,U_e} = \frac{\sqrt{A_P^2+A_Q^2}}{\sqrt{3}\,U_e t} \quad (\mathrm{A}) \qquad (2\text{-}37)$$

式中 S——线路输送的视在功率，kVA；

       P——线路输送的有功功率，kW；

       Q——线路输送的无功功率，kvar；

A_P——线路有功供电量，$kW \cdot h$；

A_Q——线路无功供电量，$kvar \cdot h$；

U_e——线路额定电压，kV；

t——线路实际运行时间，h。

从式（2-37）可见，计算取值来自电能表，而且只要两个取值就够了，即一个是有功电能表的读数，另一个是无功电能表的读数。由于电能表的准确等级比盘上的电流表高得多，且要作定期检验，指示的是累计值，抄表时数字不存在偶然性，也很少有估抄现象。所以运用此种方法计算求取线路首端平均负荷电流，既简单、方便、快捷，又准确。

五、线路运行时间、变压器运行时间、线路与变压器的综合运行时间的确定方法

这几个运行时间由于数字位数和变动范围较大，各线路和各设备的差异也较大。因此，对它们的计算确定是否准确，不仅影响线路可变损耗计算结果的精确度，而且更影响线路固定损耗和线路总损耗计算结果的精确度。所以计算时对这几个运行时间取值的精确度要求更高，应力求准确和符合实际工况。

1. 线路实际运行时间的确定

此时间用于计算确定线路导线线损电量。它的确定有两种方法：一是当线路上首端装有计时钟时，可直接按其记录的时间确定；二是当线路首端未装有计时钟时，可按每月的日历时间扣除线路停电时间（此停电时间可从变电站运行记录中查取）的方法来确定，即

$$线路实际运行时间＝24×当月天数-线路当月停电时间（h） \tag{2-38}$$

2. 线路上配电变压器综合运行时间的确定

此时间用于计算确定线路中的固定损耗电量和配电变压器铜损电量。它的确定方法有两种：

（1）当线路上的配电变压器都安装有计时钟，并且台数较少时，可按下式计算确定，即

加权平均值 $$t_b = \frac{\sum_{i=1}^{m} t_i S_{e \cdot i}}{\sum_{i=1}^{m} S_{e \cdot i}} （h） \tag{2-39}$$

代数平均值 $$t'_b = \frac{\sum_{i=1}^{m} t_i}{m} （h） \tag{2-40}$$

式中 t_i——线路上每一台配电变压器的实际运行时间，h。

其他符号含义同前。

此种方法虽然比较麻烦，但却较为确切，有微机的单位应尽量采用。

（2）当线路上挂接的配电变压器较多时（这是多数线路的实际情况，一般都挂接30台左右，最多者达100台左右），如果运用加权平均值法或代数平均值法来确定线路上配电变压器的实际运行时间，是比较麻烦和繁琐的，甚至是比较困难的。但是为了计算简便，可以认为线路投入运行，变压器也投入运行，把变压器运行时间与线路运行时间视为同等。

实际情况中，在线路运行时，个别或少数的变压器由于管理部门为降低电能损耗而停用"空轻载"，或因发生故障而需检修停电等，使变压器在运行、停用方式中有较多的反复变动，不可能完全与线路同期同步运行。这是在确定变压器运行时间需要考虑到的。否则，变压器停用当作运行参加计算，变压器运行时间取得过大，将造成线路固定损耗和变压器铜损算得过大，使理论线损率可能比实际线损率还要大；这就不正常了。因此，线路上配电变压器的实际运行时间，应按比线路实际运行时间适当小些的原则来估算确定，即

配电变压器综合实际运行时间≤线路实际运行时间

或 $$t_b \approx t_1(0.7 \sim 0.9) \quad (h) \tag{2-41}$$

3. 线路与变压器综合平均运行时间的确定

此时间用于计算确定：线路中的可变损耗电量（为线路导线线损电量与配电变压器铜损电量之和）；不宜用于括号内两个电量中任意一个电量的计算。

当线路导线等值电阻 $R_{d \cdot d}$、变压器绕组等值电阻 $R_{d \cdot b}$、线路实际运行时间 t_1、线路上配电变压器实际运行时间 t_b 计算确定之后，则线路与变压器综合平均运行时间 $t_{j \cdot \Sigma}$ 也可确定，其计算公式为

$$t_{j \cdot \Sigma} = \frac{t_1 R_{d \cdot d} + t_b R_{d \cdot b}}{R_{d \cdot d} + R_{d \cdot b}} = \frac{t_1 R_{d \cdot d} + t_b R_{d \cdot b}}{R_{d \cdot \Sigma}} \quad (h) \tag{2-42}$$

六、线路实际运行电压的确定方法

线路实际运行电压是随着负荷的变化而变化的。从理论上讲，前面介绍的线路平均负荷电流等有关参数的计算，应该取线路实际运行电压的平均值，即 U_{pj}。但是这样太繁琐、太困难，因此为了方便起见，同时考虑实际运行电压对线路可变损耗与固定损耗的互补性，对线路总损耗影响较小的情况，一般以线路额定电压替代其实际运行电压，即

$$U_{pj} \approx U_e \quad (kV)$$

七、线路负荷功率因数（力率）的确定方法

电网和电力线路及变压器是否经济、高效运行，是否有较好的降损节能效果，负荷功率因数起着极其重要的作用，长期以来它是衡量电网及设备运行是否经济合理的一个最经典、最科学的尺码（标准），因此它是线损计算与管理用得较多的一个参数。它的计算方法如下

| 第一种 | $\cos\phi = \dfrac{A_P}{\sqrt{A_P^2 + A_Q^2}} = \dfrac{1}{\sqrt{1 + \left(\dfrac{A_Q}{A_P}\right)^2}} = \dfrac{1}{\sqrt{1 + \tan^2\phi}}$ | (2-43) |

| 第二种 | $\cos\phi = \dfrac{A_P}{\sqrt{3}\, U_e I_{pj} t}$ | (2-44) |

| 第三种 | $\cos\phi = \dfrac{P}{S} = \dfrac{P}{\dfrac{I}{I_e} S_e} = \dfrac{P}{\beta S_e}$ | (2-45) |

相比较而言，第一、第二种方法适宜于计算确定线路供电负荷的功率因数。而第三种方法更为直观，一看便知它适宜于计算确定变压器等相关设备的用电负荷功率因数。比如，当需要确定变压器一次侧负荷功率因数时，就用其一次侧的实际有功功率、一次侧的实际视在功率或一次侧的实际负荷电流（即均方根电流）、一次侧的额定负荷电流、变压器的额定容量，代入公式计算。反之亦然，当需要确定变压器二次侧负荷功率因数时，就用其二次侧的相应参数代入公式计算（表5-5说明变压器一、二次侧的功率因数值不同）。

八、高压配电线路线损理论计算的终结性计算

将各等值电阻、线路负荷曲线特征系数、各运行时间等有关参数计算确定后，就可以将它们代入线损电量计算式中，将各种线损电量计算出来；但这样还不算线损计算结束，还要进行下列各项的计算，即在电网或线路的线损理论计算中，具有可分析、对比作用的终结性计算。

（1）电网或线路的理论线损率为

$$\Delta A_1\% = \frac{\Delta A_{kb} + \Delta A_{gd}}{A_{p \cdot g}} \times 100\% = \frac{\Delta A_\Sigma}{A_{p \cdot g}} \times 100\% \qquad (2-46)$$

（2）电网或线路的**最佳理论线损率**为（亦称经济运行理论线损率）

$$\Delta A_{zj}\% = \frac{2K \times 10^{-3}}{U_e \cos\phi} \sqrt{R_d \cdot \sum_{i=1}^{m} \Delta P_{o \cdot i}} \times 100\% \qquad (2-47)$$

（3）电网或线路中固定损耗电量所占的比重为

$$\Delta A_{gd}\% = \frac{\Delta A_{gd}}{\Delta A_{kb} + \Delta A_{gd}} \times 100\% = \frac{\Delta A_{gd}}{\Delta A_\Sigma} \times 100\% \qquad (2-48)$$

（4）电网或线路的经济负荷电流为

$$I_{jj} = \sqrt{\sum_{i=1}^{m} \Delta P_{o \cdot i} / 3K^2 R_{d \cdot \Sigma}} \ (A) \qquad (2-49)$$

（5）线路上配电变压器的经济综合平均负载率为

$$\beta_{jj}\% = \frac{U_e}{K \sum\limits_{i=1}^{m} S_{e \cdot i}} \sqrt{\frac{\sum\limits_{i=1}^{m} \Delta P_{o \cdot i}}{R_{d \cdot \Sigma}}} \times 100\% \qquad (2-50)$$

九、 10kV 配电线路线损理论计算实例

【例2-3】某 10kV 配电线路，导线型号有 LGJ—50、LGJ—35、LGJ—25 三种，配电变压器 7 台 373kVA，某月实际投入运行时间为 555h，有功供电量为 35 460kW·h，无功供电量为 26 140kvar·h，配电变压器总抄见电量为 34 010kW·h，已测算得线路负荷曲线特征系数为 1.08，其他参数及线路结构如图 2-7 所示，试进行线损理论计算。

解 首先将线路的计算线段划分出来，并逐一编上序号，将配电变压器按台数（或台区）也逐一编上号码，然后开始计算。

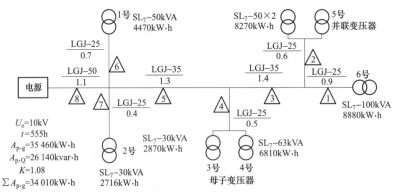

图 2-7 某 10kV 线路结构图

$$\sum S_e = 373\text{kVA}; \quad \sum \Delta P_o = 1410\text{W}; \quad \sum \Delta P_K = 8450\text{W}; \quad L_\Sigma = 6.9\text{km}$$

先计算线路导线等值电阻，为使读者掌握多种计算方法，精算、近似计算、速算分别予以介绍。

$R_{d \cdot d}$的精算	$R_{d \cdot d}$的近似计算
1 段：$8880^2 \times 1.38 \times 0.9 =$（略）	1 段：$100^2 \times 1.38 \times 0.9 =$（略）
2 段：$8270^2 \times 1.38 \times 0.6 =$（略）	2 段：$100^2 \times 1.38 \times 0.6 =$（略）
3 段：$17\ 150^2 \times 0.95 \times 1.4 =$（略）	3 段：$200^2 \times 0.95 \times 1.4 =$（略）
4 段：$9680^2 \times 1.38 \times 0.5 =$（略）	4 段：$93^2 \times 1.38 \times 0.5 =$（略）
5 段：$26\ 830^2 \times 0.95 \times 1.3 =$（略）	5 段：$293^2 \times 0.95 \times 1.3 =$（略）
6 段：$4470^2 \times 1.38 \times 0.7 =$（略）	6 段：$50^2 \times 1.38 \times 0.7 =$（略）
7 段：$2710^2 \times 1.38 \times 0.4 =$（略）	7 段：$30^2 \times 1.38 \times 0.4 =$（略）
8 段：$34\ 010^2 \times 0.65 \times 1.1 =$（略）	8 段：$373^2 \times 0.65 \times 1.1 =$（略）
$R_{d \cdot d} = \dfrac{8 \text{项总和}}{34\ 010^2} = 2.03$（Ω）	$R_{d \cdot d} = \dfrac{8 \text{项总和}}{373^2} = 2.07$（Ω）

式中，数字 0.65、0.95、1.38 分别为导线型号 LGJ—50、LGJ—35、LGJ—25 的单位长度电阻值，单位为 Ω/km，此值由其技术性能参数表查得。

$R_{\mathrm{d\cdot d}}$的速算，不需将线路的计算线段划分出来，按段逐一计算；只需按线路具有的导线型号直接求出的输送容量进行计算。

因线路首端导线 LGJ—50 的输送容量为 373kVA（全部投运配电变压器容量之和）；线路分支线 LGJ—25 的输送容量为 74.6kVA（全部投运配电变压器容量之和/配电台区数）；而线路主干线 LGJ—35 的输送容量为

$$S_{\mathrm{cd}}=\left(\frac{373}{50}\times35+\frac{74.6}{25}\times35\right)\times\frac{1}{2}\times K_{\mathrm{sz}}$$

式中　K_{sz}——线路输送容量修正系数，$K_{\mathrm{sz}}>1$。

（1）当取 $K_{\mathrm{sz}}=\dfrac{50}{35}=1.43$ 时（大者），得

$$S_{\mathrm{cd}}=\left(\frac{373}{50}\times35+\frac{74.6}{25}\times35\right)\times\frac{1}{2}\times1.43=261.36\ (\mathrm{kVA})\ （大者）$$

$$R_{\mathrm{d\cdot d}}=\frac{373^{2}\times0.65\times1.1+261.36^{2}\times0.95\times2.7+74.6^{2}\times1.38\times3.1}{373^{2}}$$

$$=2.15(\Omega)（大者）$$

此结果与精算值相比，误差为+5.91%（高）。

（2）当取 $K_{\mathrm{sz}}=\dfrac{35}{25}=1.40$ 时（小者），得

$$S_{\mathrm{cd}}=\left(\frac{373}{50}\times35+\frac{74.6}{25}\times35\right)\times\frac{1}{2}\times1.40=255.878\ (\mathrm{kVA})\ （小者）$$

$$R_{\mathrm{d\cdot d}}=\frac{373^{2}\times0.65\times1.1+255.878^{2}\times0.95\times2.7+74.6^{2}\times1.38\times3.1}{373^{2}}$$

$$=2.09(\Omega)（小者）$$

此结果与精算值相比，误差为+2.96%（低）。

（3）当取 $K_{\mathrm{sz}}=\left(\dfrac{50}{35}+\dfrac{35}{25}\right)\times\dfrac{1}{2}=1.4143$ 时（中者），得

$$S_{\mathrm{cd}}=\left(\frac{373}{50}\times35+\frac{74.6}{25}\times35\right)\times\frac{1}{2}\times1.4143=258.49\ (\mathrm{kVA})\ （中者）$$

$$R_{\mathrm{d\cdot d}}=\frac{373^{2}\times0.65\times1.1+258.49^{2}\times0.95\times2.7+74.6^{2}\times1.38\times3.1}{373^{2}}$$

$$=2.12(\Omega)（中者）$$

此结果与精算值相比，误差为+4.43%（中）。

从以上三种结果来看，当取小值的 $K_{\mathrm{sz}}=1.40$，得小值的 $S_{\mathrm{cd}}=255.878$（kVA），小值的 $R_{\mathrm{d\cdot d}}=2.09$（$\Omega$），其误差最低 $\delta=+2.96\%$，因此，如果没有精算值或近似值作比较，建议一般就选用 $R_{\mathrm{d\cdot d}}$ 的三个值中最小者，较为可靠放心。

接着计算配电变压器绕组等值电阻，同样，为使读者掌握多种计算方法，精算、近似计算、速算分别予以介绍。

$R_{d\cdot b}$ 的精算　先计算 $R_{d\cdot b}=\dfrac{\sum\limits_{i=1}^{m}A_{b\cdot i}^2 R_{b\cdot i}}{\left(\sum\limits_{i=1}^{m}A_{b\cdot i}\right)^2}=\dfrac{\sum\limits_{i=1}^{m}A_{b\cdot i}^2 \Delta P_{k\cdot i}\left(\dfrac{U_{e\cdot 1}}{S_{e\cdot i}}\right)^2}{\left(\sum\limits_{i=1}^{m}A_{b\cdot i}\right)^2}$ 中的 $\dfrac{A_{b\cdot i}^2 \Delta P_{k\cdot i}}{S_{e\cdot i}^2}$ 部

分，即

第一台：$4470^2\times\dfrac{1150}{50^2}=$（略）；　　第二台：$2710^2\times\dfrac{800}{30^2}=$（略）；

第三台：$2870^2\times\dfrac{800}{30^2}=$（略）；　　第四台：$6810^2\times\dfrac{1400}{63^2}=$（略）；

第五台：$8270^2\times\dfrac{2300}{100^2}=$（略）；　　第六台：$8880^2\times\dfrac{2000}{100^2}=$（略）。

$$R_{d\cdot b}=\dfrac{U_{e\cdot 1}^2\times 6\text{ 项总和}}{\left(\sum\limits_{i=1}^{m}A_{b\cdot i}\right)^2}=\dfrac{10^2\times 6\text{ 项总和}}{34\,010^2}=6.13\ (\Omega)$$

$R_{d\cdot b}$ 的近似计算

$$R_{d\cdot b}=\dfrac{(1150+800+800+1400+2300+2000)\times 10^2}{373^2}=6.07\ (\Omega)$$

此结果与精算比，误差为 0.98%。

$R_{d\cdot b}$ 的速算

因 $S_{p\cdot j}=\dfrac{\sum\limits_{i=1}^{m}S_{e\cdot i}}{m}=\dfrac{373}{7}=53.29$（kVA），故取 $S_{e\cdot d}=50$kVA，查 $\Delta P_{k\cdot d}=1150$W，

所以

$$R_{d\cdot b}=\dfrac{10^2\times 1150}{50\times 53.29\times 7}=6.17\ (\Omega)$$

此结果与精算比，误差 0.65%。

式中，800、1150、1400、2000、2300W 分别为配电变压器 SL$_7$—30、SL$_7$—50、SL$_7$—63、SL$_7$—100 及 SL$_7$—50×2 的短路损耗值；此值可由变压器技术参数表查取。

综上所述，求得线路总等值电阻值为

精算值　　　　$R_{d\cdot\Sigma}=R_{d\cdot d}+R_{d\cdot b}=2.03+6.13=8.16\ (\Omega)$

近似值　　　　$R_{d\cdot\Sigma}=R_{d\cdot d}+R_{d\cdot b}=2.07+6.07=8.14\ (\Omega)$

速算值　　　　$R_{d\cdot\Sigma}=R_{d\cdot d}+R_{d\cdot b}=2.09+6.17=8.26\ (\Omega)$

近似值与速算值分别与精算值比较的误差为 -0.25%、+1.23%。

下面用 $R_{d\cdot\Sigma}$ 的精算值、近似值、速算值计算下列各项。

线路的可变损耗电量为

$$\Delta A_{kb}=(A_P^2+A_Q^2)\dfrac{K^2\times R_{d\cdot\Sigma}}{U_e^2\times t}\times 10^{-3}$$

$$= (35\ 460^2 + 26\ 140^2) \times \frac{1.08^2 \times 8.16}{10^2 \times 555} \times 10^{-3}$$

$$= 332.82 \ (kW \cdot h)$$

ΔA_{kb} 的近似值为 332.0kW·h；速算值为 336.9kW·h。

线路的固定损耗电量为

$$\Delta A_{gd} = \left(\sum_{i=1}^{m} \Delta P_{o \cdot i} \right) t \times 10^{-3}$$

$$= (150 \times 2 + 190 \times 3 + 220 + 320) \times 555 \times 10^{-3}$$

$$= 782.55 \ (kW \cdot h)$$

线路的总损耗电量为

$$\Delta A_{\Sigma} = \Delta A_{kb} + \Delta A_{gd} = 332.82 + 782.55$$

$$= 1115.37 (kW \cdot h)$$

ΔA_{Σ} 的近似值为 1114.55kW·h；速算值为 1119.45kW·h。

线路的理论线损率为

$$\Delta A_1\% = \frac{\Delta A_{\Sigma}}{A_{p \cdot g}} \times 100\% = \frac{1115.37}{35\ 460} \times 100\% = 3.15\%$$

$\Delta A_1\%$ 的近似值为 3.14%；速算值为 3.16%。

线路固定损耗在总损耗中所占比重为

$$\Delta A_{gd}\% = \frac{\Delta A_{gd}}{\Delta A_{\Sigma}} \times 100\% = \frac{782.55}{1115.37} \times 100\% = 69.9\%$$

$\Delta A_{gd}\%$ 的近似值为 70.21%；速算值为 69.83%。

线路经济负荷电流为

$$I_{jj} = \sqrt{\frac{\sum_{1}^{m} \Delta P_{o \cdot i}}{3K^2 R_{d \cdot \Sigma}}} = \sqrt{\frac{150 \times 2 + 190 \times 3 + 220 + 320}{3 \times 1.08^2 \times 8.16}} = 7.03 \ (A)$$

I_{jj} 的近似值为 7.04A；速算值为 6.98A。

线路最佳理论线损率为

$$\Delta A_{zj}\% = \frac{2K \times 10^{-3}}{U_e \cos \phi} \sqrt{R_{d \cdot \Sigma} \sum_{i=1}^{m} \Delta P_{o \cdot i}} \times 100\%$$

$$= \frac{2 \times 1.08 \times 10^{-3}}{10 \times 0.8} \times \sqrt{8.16 \times 1410} \times 100\%$$

$$= 2.9\%$$

$\Delta A_{zj}\%$ 的近似值为 2.89%；速算值为 2.91%。

线路上配电变压器经济综合负载率为

$$\beta_{jj}\% = \frac{U_e}{K \sum_{1}^{m} S_{e \cdot i}} \sqrt{\frac{\sum_{1}^{m} \Delta P_{o \cdot i}}{R_{d \cdot \Sigma}}} \times 100\%$$

$$= \frac{10}{1.08 \times 373} \times \sqrt{\frac{1410}{8.16}} \times 100\%$$

$$= 32.63\%$$

$\beta_{jj}\%$ 的近似值为 32.67%；速算值为 32.43%。

从以上计算可见，这条 10kV 配电线路的固定损耗电量在总损耗电量中所占比重比可变损耗电量比重大得多，故这条线路是轻负荷线路，或当时处在轻负荷运行状态。

至此，全部理论计算完毕。

为了便于对比分析，现将各项计算结果分三种情况列于表 2-4 中。

表 2-4　　　　　　　　　　　　　　计 算 结 果 汇 总 表

线路名称：某变电站至某乡线路				电压等级：10kV	
线路结构参数	导线型号及长度			配电变压器型号、容量及台数	
	$\dfrac{LGJ-50}{1.1}$　$\dfrac{LGJ-35}{2.7}$			$\dfrac{SL_7-30}{2}$　$\dfrac{SL_7-50}{3}$	
	$\dfrac{LGJ-25}{3.1}$			$\dfrac{SL_7-63}{1}$　$\dfrac{SL_7-100}{1}$	
线路运行参数	线路供用电量			线路运行时间及负荷特征	
	有功供电量：35 460kW·h			运行时间：$t = 555$h	
	无功供电量：26 140kW·h			负荷曲线特征系数：$K = 1.08$	
	有功用电量：34 010kW·h			负荷功率因数：$\cos\phi = 0.8$	
计 算 结 果 对 比					
计算参数	理 论 计 算 值			非理论值或非经济运行值	
	精算值	近似计算值	速算值		
1. 导线等值电阻	2.03Ω	2.07Ω	2.09Ω	从计算结果比较可见，速算与精算比，相对误差很小，一般均在允许范围内	
2. 配电变压器等值电阻	6.13Ω	6.07Ω	6.17Ω		
3. 线路总等值电阻	8.16Ω	8.14Ω	8.26Ω		
4. 可变损耗	332.82kW·h	332.0kW·h	336.9kW·h		
5. 固定损耗	782.55kW·h	782.55kW·h	782.55kW·h		
6. 总损耗	1115.37kW·h	1114.55kW·h	1119.45kW·h		
7. 理论线损率	3.15%	3.14%	3.16%	实际 $\Delta A\% = 4.09\%$	
8. 固定损耗比重	70.16%	70.21%	69.9%		
9. 经济电流	7.03A	7.04A	6.97A	非经济 $I_{pj} = 4.61$A	
10. 最佳理论线损率	2.90%	2.89%	2.91%	非经济 $\Delta A_L\% = 3.14\%$	
11. 配电变压器经济负载率	32.63%	32.67%	32.43%	非经济 $\beta\% = 20.54\%$	

🌱 第四节　10kV 重负荷线路的线损理论计算

重负荷线路是可变损耗较大（大于固定损耗）的线路。就线路本身（导线部分）而言，线路（包括每一个线段或每一条支路）导线的线损，既取决于下列因素，又检验或衡量这些因素是否合理；这些因素是指线路导线的截面积（是否过细小）、线路输送的负荷量（是否超重）、线路输送负荷的距离（是否超长）、线路的无功补偿情况（是否足够）等。就变压器而言，线路中每一台（或每一个台区）变压器的负载损耗，既取决于下列因素，又检验或衡量这些因素是否合理；这些因素是指变压器的技术性能（是否优良）、变压器的容量（是否偏小而过载）、变压器的随器无功补偿情况（是否足够）等。因此，对于重负荷运行线路，掌握线路每一个线段或每一条支路导线的线损，以及线路中每一台或每一个台区变压器的负载损耗，作用很大。

为此，对于重负荷运行线路的线损理论计算，建议采取将线路分段、变压器分台（或台区）逐一分别直接计算其线损的方法；即先计算线路导线损耗和变压器绕组负载损耗，而后从线损或损耗计算式中，把线路导线等值电阻、变压器绕组等值电阻〔见式（2-51）和式（2-52）〕，以及线路总等值电阻梳理出来。这个计算先后次序，与一般轻负荷线路正好颠倒相反（当然，两种计算方法，两种负荷线路，可互换运用，关键要看用哪种方法更为适宜，让读者便于理解）。为了使叙述更清晰、方便，确切领会此方法及其全过程，下面我们将以实例线路的线损理论计算，向读者朋友作详细介绍。

【例 2-4】 某 10kV 配电线路，有导线型号 LGJ—50、LGJ—35、LGJ—25 三种，总长度 10.8km；配电变压器 S_{11} 型 7 台 353kVA，某月投入运行时间为 720h，首端有功供电量为 88 560kW·h，无功供电量为 54 910kvar·h，配电变压器总抄见电量为 85 010kW·h，已测算的线路负荷曲线特征系数为 1.15，其他参数及线路结构如图 2-8 所示，试进行线损理论计算。

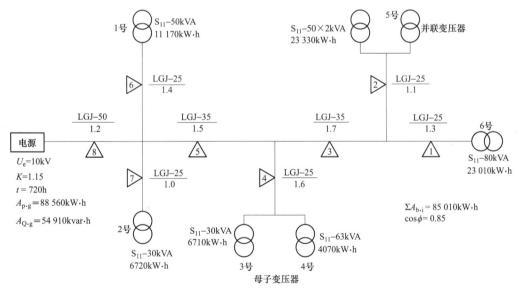

图 2-8 某 10kV 线路结构图

$$\sum S_{e\cdot i}=353kVA \quad \sum \Delta P_{o\cdot i}=920W \quad \sum \Delta P_{k\cdot i}=6100W \quad \sum L_{j}=10.8km$$

解 （1）用"速算法"判别线路是否属于重负荷运行线路。为了获悉线路有关理论线损的大概情况，判别这条线是否属于重负荷运行线路，先运用"速算法"进行计算确定。

> "速算法"不仅简单、快捷和易行,而且我们将会看到多个参数的计算结果与"精算"值相差甚小。

1)线路中变压器绕组等值电阻计算。因线路中配电变压器单台平均容量:$S_{pj} = \sum S_{e \cdot i}/m = 353/7 = 50.43$(kVA),故查配电变压器技术性能参数表得

代表型配电变压器标称容量 $S_{e \cdot d} = 50$kVA

代表型配电变压器空载损耗 $\Delta P_{o \cdot d} = 130$W

代表型配电变压器短路损耗 $\Delta P_{k \cdot d} = 870$W

则得线路中配电变压器绕组等值电阻

$$R_{d \cdot b} = \frac{U_{e \cdot 1}^2 \Delta P_{k \cdot d}}{S_{e \cdot d} S_{pj} m} = \frac{10^2 \times 870}{50 \times 50.43 \times 7}$$

$$= 4.93 \ (\Omega)$$

2)线路导线等值电阻计算。因线路首端线 LGJ—50 的输送容量为全部变压器的容量,即 $S_1 = 353$kVA;线路分支线 LGJ—25 的输送容量为:全部变压器容量/分支线数(或配电台区数),即 $S_3 = 353/5 = 70.6$(kVA);而线路主干线 LGJ—35 的输送容量按如下计算确定,即

$$S_2 = \left(\frac{353}{50} \times 35 + \frac{70.6}{25} \times 35\right) \Big/ 2 \times K_{sz}$$

$$= \left(\frac{353}{50} + \frac{70.6}{25}\right) \times \frac{35}{2} \times \frac{35}{25}$$

$$= 242.16 \ (kVA)$$

则 $\quad R_{d \cdot d} = (S_1^2 r_{o1} L_1 + S_2^2 r_{o2} L_2 + S_3^2 r_{o3} L_3)/S_1^2$

$$= (353^2 \times 0.65 \times 1.2 + 242.16^2 \times 0.95 \times 3.2 + 70.6^2 \times 1.38 \times 6.4)/353^2$$

$$= 2.56 \ (\Omega)$$

故得线路总等值电阻

$$R_{d \cdot \Sigma} = R_{d \cdot d} + R_{d \cdot b} = 2.56 + 4.93 = 7.49 \ (\Omega)$$

3)线路线损各理论值及相关终结性参数计算。

$$\Delta A_{kb} = (A_{p \cdot g}^2 + A_{Q \cdot g}^2) \frac{K^2 R_{d \cdot \Sigma}}{U_e^2 T} \times 10^{-3}$$

$$= (88\ 560^2 + 54\ 910^2) \times \frac{1.15^2 \times 7.49}{10^2 \times 720} \times 10^{-3}$$

$$= 1493.81 \ (kW \cdot h)$$

$$\Delta A_{gd} = \left(\sum_1^m \Delta P_{o \cdot i}\right) \times t \times 10^{-3} = 920 \times 720 \times 10^{-3}$$

$$= 662.4 \ (kW \cdot h)$$

$$\Delta A_{\Sigma} = \Delta A_{kb} + \Delta A_{gd} = 1493.81 + 662.4$$

$$= 2156.21 \ (kW \cdot h)$$

$$\Delta A_L\% = \Delta A_\Sigma / A_{p \cdot g} \times 100\% = 2156.21/88\ 560 \times 100\%$$
$$= 2.44\%$$

$$\Delta A_{kb}\% = \Delta A_{kb}/\Delta A_\Sigma \times 100\% = 1493.81/2156.21 \times 100\%$$
$$= 69.28\%$$

$$I_{jj} = \sqrt{\sum \Delta P_{o \cdot i}/(3K^2 R_{d \cdot \Sigma})} = \sqrt{920/(3 \times 1.15^2 \times 7.49)}$$
$$= 5.56\ (A)$$

$$\Delta A_{zj}\% = \frac{2K \times 10^{-3}}{U_e \times \cos\phi}\sqrt{R_{d \cdot \Sigma} \times \sum \Delta P_{o \cdot i}} \times 100\%$$

$$= \frac{2 \times 1.15 \times 10^{-3}}{10 \times 0.85}\sqrt{7.49 \times 920} \times 100\%$$

$$= 2.25\%$$

$$\beta_{j\Sigma}\% = \frac{U_e}{K \cdot \sum S_{e \cdot i}}\sqrt{\sum \Delta P_{o \cdot i}/R_{d \cdot \Sigma}} \times 100\% = \frac{10}{1.15 \times 353}\sqrt{920/7.49} \times 100\%$$

$$= 27.30\%$$

不明损耗 $\Delta A_{bm} = A_{p \cdot g} - \sum A_{b \cdot i} - \Delta A_\Sigma = 88\ 560 - 85\ 010 - 2156.21$
$$= 1393.79\ (kW \cdot h)$$

4）求算几个可供对比用的实际值。

$$\Delta A_S\% = \left(1 - \sum A_{i \cdot y}/A_{p \cdot g}\right) \times 100\% = (1 - 85\ 010/88\ 560) \times 100\%$$
$$= 4.01\%$$

$$I_{pj} = \sqrt{A_{p \cdot g}^2 + A_{Q \cdot g}^2}/(\sqrt{3}\,U_e T) = \sqrt{88\ 560^2 + 54\ 910^2}/(\sqrt{3} \times 10 \times 720)$$
$$= 8.36\ (A)$$

$$\beta_{S\Sigma}\% = [A_{b \cdot i}/(\cos\phi \times T \times \sum S_{e \cdot i})] \times 100\%$$
$$= [85\ 010/(0.85 \times 720 \times 353)] \times 100\%$$
$$= 39.35\%$$

（2）用"精算法"精准掌握线路导线和变压器的线损实况。通过上述的"速算法"我们已经知晓这条线路属于重负荷运行线路。对于重负荷线路，为了精准可靠掌握其线损实况及细节，建议采取"精算法"，即"电量法"进一步进行计算。为了便于检查线路导线每一线段或支路的线损大小或是否超负荷，宜采取分线段或分支路计算线路导线线损的方法；为了便于检查每一台变压器的损耗大小或是否过载，宜采取分台计算变压器损耗的方法。

为此，首先将线路的计算线段划分出来，并逐一编上序号；将配电变压器按台数或台区逐一编号，然后按号逐一进行计算。

1）线路导线各线段或支路的线损电量的计算。

由
$$\Delta A_j = \frac{(A_{p \cdot g}^2 + A_{Q \cdot g}^2) \times K^2}{U_{pj}^2 \times T} \times \left(\frac{A_{j\Sigma}}{\sum A_{b \cdot i}}\right)^2 R_{dj} \times 10^{-3}$$

$$= \frac{(A_{\text{p·g}} + A_{\text{Q·g}}^2) \times K^2}{U_{\text{e}}^2 \times T} \times \left(\frac{A_{\text{i}\Sigma}}{\sum A_{\text{b·i}}}\right)^2 \times r_{oj} \times L_j \times 10^{-3} \quad (\text{kW} \cdot \text{h})$$

得

第 1 线段线损
$$\Delta A_1 = \frac{(88\ 560^2 + 54\ 910^2) \times 1.15^2}{10^2 \times 720} \times \left(\frac{23\ 010}{85\ 010}\right)^2 \times 1.38 \times 1.3 \times 10^{-3}$$
$$= 26.21 \quad (\text{kW} \cdot \text{h})$$

第 2 线段线损
$$\Delta A_2 = \frac{(88\ 560^2 + 54\ 910^2) \times 1.15^2}{10^2 \times 720} \times \left(\frac{23\ 330}{85\ 010}\right)^2 \times 1.38 \times 1.1 \times 10^{-3}$$
$$= 22.80 \quad (\text{kW} \cdot \text{h})$$

第 3 线段线损
$$\Delta A_3 = \frac{(88\ 560^2 + 54\ 910^2) \times 1.15^2}{10^2 \times 720} \times \left(\frac{46\ 340}{85\ 010}\right)^2 \times 0.95 \times 1.7 \times 10^{-3}$$
$$= 95.71 \quad (\text{kW} \cdot \text{h})$$

第 4 线段线损
$$\Delta A_4 = \frac{(88\ 560^2 + 54\ 910^2) \times 1.15^2}{10^2 \times 720} \times \left(\frac{20\ 780}{85\ 010}\right)^2 \times 1.38 \times 1.6 \times 10^{-3}$$
$$= 26.31 \quad (\text{kW} \cdot \text{h})$$

第 5 线段线损
$$\Delta A_5 = \frac{(88\ 560^2 + 54\ 910^2) \times 1.15^2}{10^2 \times 720} \times \left(\frac{67\ 120}{85\ 010}\right)^2 \times 0.95 \times 1.5 \times 10^{-3}$$
$$= 177.17 \quad (\text{kW} \cdot \text{h})$$

第 6 线段线损
$$\Delta A_6 = \frac{(88\ 560^2 + 54\ 910^2) \times 1.15^2}{10^2 \times 720} \times \left(\frac{11\ 170}{85\ 010}\right)^2 \times 1.38 \times 1.4 \times 10^{-3}$$
$$= 6.65 \quad (\text{kW} \cdot \text{h})$$

第 7 线段线损
$$\Delta A_7 = \frac{(88\ 560^2 + 54\ 910^2) \times 1.15^2}{10^2 \times 720} \times \left(\frac{6720}{85\ 010}\right)^2 \times 1.38 \times 1.0 \times 10^{-3}$$
$$= 1.72 \quad (\text{kW} \cdot \text{h})$$

第 8 线段线损
$$\Delta A_8 = \frac{(88\ 560^2 + 54\ 910^2) \times 1.15^2}{10^2 \times 720} \times \left(\frac{85\ 010}{85\ 010}\right)^2 \times 0.65 \times 1.2 \times 10^{-3}$$
$$= 155.56 \quad (\text{kW} \cdot \text{h})$$

所以导线总线损
$$\Delta A_{1\Sigma} = \Delta A_1 + \Delta A_2 + \Delta A_3 + \Delta A_4 + \Delta A_5 + \Delta A_6 + \Delta A_7 + \Delta A_8$$
$$= 512.13 \quad (\text{kW} \cdot \text{h})$$

由上列计算式演变可得到用**电量法**计算确定线路导线等值电阻的又一公式，并求得其值，即

$$R_{\text{d·d}} = \frac{\sum A_{\text{j}\Sigma}^2 R_j}{(\sum A_{\text{b·i}})^2} = \frac{\sum A_{\text{j}\Sigma}^2 r_{oj} L_j}{(\sum A_{\text{b·i}})^2} = \frac{\sum A_{1\Sigma} U_{\text{e}}^2 t \times 10^3}{(A_{\text{p·g}}^2 + A_{\text{Q·g}}^2) K^2} \quad (2-51)$$

$$= \frac{512.13 \times 10^2 \times 720 \times 10^3}{(88\ 560^2 + 54\ 910^2) \times 1.15^2}$$
$$= 2.57 \quad (\Omega)$$

2）线路中各台变压器负载损耗电量的计算。由

$$\Delta A_{\mathrm{f}} = \frac{(A_{\mathrm{pg}}^2 + A_{\mathrm{Q} \cdot \mathrm{g}}^2)\, K^2}{U_{\mathrm{pj}}^2 T} \left(\frac{A_{\mathrm{b} \cdot \mathrm{i}}}{\sum A_{\mathrm{b} \cdot \mathrm{i}}}\right)^2 \left(\frac{U_{\mathrm{e} \cdot \mathrm{i}}}{S_{\mathrm{e} \cdot \mathrm{i}}}\right)^2 \Delta P_{\mathrm{k} \cdot \mathrm{i}} \times 10^{-3}$$

$$= \frac{(A_{\mathrm{p} \cdot \mathrm{g}}^2 + A_{\mathrm{Q} \cdot \mathrm{g}}^2)\, K^2}{S_{\mathrm{e} \cdot \mathrm{i}}^2 t} \times \left(\frac{A_{\mathrm{b} \cdot \mathrm{i}}}{\sum A_{\mathrm{b} \cdot \mathrm{i}}}\right)^2 \Delta P_{\mathrm{k} \cdot \mathrm{i}} \times 10^{-3} \quad (\mathrm{kW \cdot h})$$

得

1 号变压器负载损耗　　$\Delta A_{\mathrm{f1}} = \dfrac{(88\ 560^2 + 54\ 910^2) \times 1.15^2}{50^2 \times 720} \times \left(\dfrac{11\ 170}{85\ 010}\right)^2 \times 870 \times 10^{-3}$

$$= 119.83 \quad (\mathrm{kW \cdot h})$$

2 号变压器负载损耗　　$\Delta A_{\mathrm{f2}} = \dfrac{(88\ 560^2 + 54\ 910^2) \times 1.15^2}{30^2 \times 720} \times \left(\dfrac{6720}{85\ 010}\right)^2 \times 600 \times 10^{-3}$

$$= 83.08 \quad (\mathrm{kW \cdot h})$$

3 号变压器负载损耗　　$\Delta A_{\mathrm{f3}} = \dfrac{(88\ 560^2 + 54\ 910^2) \times 1.15^2}{30^2 \times 720} \times \left(\dfrac{6710}{85\ 010}\right)^2 \times 600 \times 10^{-3}$

$$= 82.84 \quad (\mathrm{kW \cdot h})$$

4 号变压器负载损耗　　$\Delta A_{\mathrm{f4}} = \dfrac{(88\ 560^2 + 54\ 910^2) \times 1.15^2}{63^2 \times 720} \times \left(\dfrac{14\ 070}{85\ 010}\right)^2 \times 1040 \times 10^{-3}$

$$= 143.16 \quad (\mathrm{kW \cdot h})$$

5 号台区变压器负载损耗　　$\Delta A_{\mathrm{f5}} = \dfrac{(88\ 560^2 + 54\ 910^2) \times 1.15^2}{100^2 \times 720} \times \left(\dfrac{23\ 330}{85\ 010}\right)^2 \times 1740 \times 10^{-3}$

$$= 261.37 \quad (\mathrm{kW \cdot h})$$

6 号变压器负载损耗　　$\Delta A_{\mathrm{f6}} = \dfrac{(88\ 560^2 + 54\ 910^2) \times 1.15^2}{80^2 \times 720} \times \left(\dfrac{23\ 010}{85\ 010}\right)^2 \times 1250 \times 10^{-3}$

$$= 285.39 \quad (\mathrm{kW \cdot h})$$

所以配电变压器总负载损耗　　$\Delta A_{\mathrm{f\Sigma}} = \Delta A_{\mathrm{f1}} + \Delta A_{\mathrm{f2}} + \Delta A_{\mathrm{f3}} + \Delta A_{\mathrm{f4}} + \Delta A_{\mathrm{f5}} + \Delta A_{\mathrm{f6}}$

$$= 975.67 \quad (\mathrm{kW \cdot h})$$

由上列计算式演变可得到用电量法计算确定变压器绕组等值电阻的又一公式，并求得其值

$$R_{\mathrm{d} \cdot \mathrm{b}} = \frac{\sum A_{\mathrm{b} \cdot \mathrm{i}}^2 \times R_{\mathrm{i}}}{(\sum A_{\mathrm{b} \cdot \mathrm{i}})^2} = \frac{U_{\mathrm{e} \cdot 1}^2 \sum \Delta P_{\mathrm{k} \cdot \mathrm{i}} A_{\mathrm{b} \cdot \mathrm{i}}^2}{\sum S_{\mathrm{e} \cdot \mathrm{i}}^2 (\sum A_{\mathrm{b} \cdot \mathrm{i}})^2} = \frac{\Delta A_{\mathrm{f\Sigma}} U_{\mathrm{e} \cdot 1}^2 t \times 10^3}{(A_{\mathrm{p} \cdot \mathrm{g}}^2 + A_{\mathrm{Q} \cdot \mathrm{g}}^2)\, K^2} \qquad (2-52)$$

$$= \frac{975.67 \times 10^2 \times 720 \times 10^3}{(88\ 560^2 + 54\ 910^2) \times 1.15^2}$$

$$= 4.89 \quad (\Omega)$$

从而可得到线路总等值电阻及线路的可变损耗电量分别为

$$R_{\mathrm{d} \cdot \Sigma} = R_{\mathrm{d} \cdot \mathrm{d}} + R_{\mathrm{d} \cdot \mathrm{b}} = 2.57 + 4.89 = 7.46 \quad (\Omega)$$

$$\Delta A_{\mathrm{kb}} = \Delta A_{\mathrm{l\Sigma}} + \Delta A_{\mathrm{f\Sigma}} = 512.13 + 975.67 = 1487.80 \quad (\mathrm{kW \cdot h})$$

3）线路中各台变压器总损耗的计算。这里所说的各台变压器总损耗，是指其空载损耗电量及其负载损耗电量之和，可运用公式 $\Delta A_{\mathrm{b}} = \Delta A_{\mathrm{o}} + \Delta A_{\mathrm{f}}$ 直接进行计算；因为变压

器空载损耗电量 $\Delta A_o = \Delta P_o T \times 10^{-3}$ 的计算极为简单，而变压器的负载损耗电量上面已经计算出来，故 ΔA_b 的计算也就较为容易，因而在此省略。

4）线路各线段和各变压器损耗的比较分析。上面已经将线路导线各线段或支路的线损电量及线路中各台或台区变压器的负载损耗计算出来，虽然能够看出它们各自的损耗多少相对概况，但还是不够的，因为还不能比较判别各个线段或支路是否过负荷，各台变压器是否过载（或"大马拉小车"）；为此，对于各线段或支路而言，必须计算出其每平方毫米·公里的线损电量；对于各台变压器而言，必须计算出每千伏安·台的损耗电量；这样才有可比性或可判别的基准，才能指点哪一线段或支路需要首先拟定安排调整改造，或将其截面积增大，供电距离缩短（缩短 10kV 供电距离不能损害 0.4kV 供电距离而使其超长），才能指点哪一台变压器首先拟定安排调整更新，或将其容量调大，性能优化（一般情况下，更新变压器工程比调整线路导线工程简单而易行，应优先考虑安排）。

下面以表格的形式，将线路导线各线段或支路的每毫米^2·千米的线损电量计算出来，将线路中各台或台区的变压器损耗电量计算出来，并将其计算结果汇总列入表 2-5 中，供读者朋友和相关人员比较判别或借鉴应用。

表 2-5　　　　　某 10kV 重负荷线路各线段各变压器单位损耗情况比较表

线路导线各线段或支路			线路中各台或台区变压器		
线段或支路名称	单位损耗电量 $[kW \cdot h/(mm^2 \cdot km)]$	单位损耗电量大小排位	变压器编号名称	单位损耗电量 $[kW \cdot h/(kVA \cdot 台)]$	单位损耗电量大小排位
第 1 线段	0.81	5	1 号变压器	4.27	5
第 2 线段	0.83	4	2 号变压器	5.17	2
第 3 线段	1.61	3	3 号变压器	5.16	3
第 4 线段	0.66	6	4 号变压器	3.99	6
第 5 线段	3.37	1	5_I 号变压器	4.49	4
第 6 线段	0.19	7	5_{II} 号变压器	4.49	4
第 7 线段	0.07	8	6 号变压器	5.19	1
第 8 线段	2.59	2			

5）线路线损各理论值及相关终结参数的计算。其计算确定方法或运用公式，与"速算法"完全相同。在此，只要我们将线路总等值电阻 $R_{d \cdot \Sigma} = 7.46\Omega$ 等相关的"精算"值代入相关公式即可求得。为了节省书的篇幅，我们不再列式计算，只将其计算结果连同"速算"值、实际运行值，制表汇总列入表 2-6 中，供读者朋友作对比或分析之用。

从表 2-6 可见，因线路的可变损耗所占比重 69.19% 大于其固定损耗所占比重 30.81%，线路的实际负荷电流 8.36A 大于其经济负荷电流 5.58A，线路中变压器实际综合平均负载率 39.35% 大于其经济综合平均负载率 27.36%；故这条线路属于重负荷运行线路。

表 2-6　　　　　　　某 10kV 重负荷运行线路线损理论计算结果表

相关参数及单位		精算值	速算值	实际运行值
线路导线等值电阻	（Ω）	2.57	2.56	
配电变压器绕组等值电阻	（Ω）	4.89	4.93	
线路总等值电阻	（Ω）	7.46	7.49	
线路导线线损电量	（kW·h）	512.13	510.57	
变压器负载损耗电量	（kW·h）	975.67	983.24	
线路可变损耗电量	（kW·h）	1487.80	1493.81	
线路固定损耗电量	（kW·h）	662.40	662.40	（即配电变压器空载损耗）
线路总损耗电量	（kW·h）	2150.20	2156.21	
线路理论线损率	（%）	2.43	2.44	4.01（非理论）
线路经济负荷电流	（A）	5.58	5.56	8.36（非理论）
线路最佳理论线损率	（%）	2.24	2.25	
可变损耗所占比重	（%）	69.19	69.28	
配电变压器综合经济负载率	（%）	27.36	27.30	39.35（非经济）

第五节　多电源供电配电网线损理论计算的方法

在有小水电站以及风力、光伏发供电的县和地区，他们的 10（6）kV 配电网，除由系统供电外，还可能由 1~3 个小水电站供电，形成多电源供电的配电网。对于这样的电网线损理论计算，与单电源供电的配电网显然不同，相比较而言一般要复杂些。

一、双电源供电配电网的线损计算

双电源供电配电网的形式主要有两种：一是两电源在用电负荷的同侧，其功率输出的方向在所有支路上是相同的；二是两电源在用电负荷的异侧，其功率输出的方向在相应支路上是反向的。如图 2-9 所示。

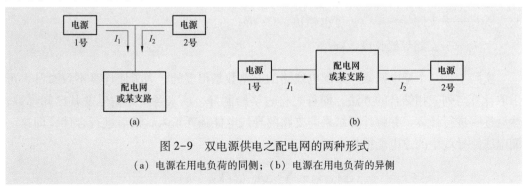

图 2-9　双电源供电之配电网的两种形式

（a）电源在用电负荷的同侧；（b）电源在用电负荷的异侧

为了便于叙述，这里引用一个较为重要的概念，即支路分流比（记作 K_f）。这是指某支路从线路总电流中分取电流量的比例；具体地说，通常它是按某支路供电的负荷电量（或配电变压器容量）之和对全线路负荷总电量（或配电变压器总容量）之比值来确定的（$K_f \leqslant 1$）。支路分流比值 K_f 的计算确定，要考虑电网中只有其中某一个电源轮换单独存在下逐一进行。这里用 K_f 表示。

当两电源输出的负荷电流分别为 I_1 和 I_2，设某支路 R_j 对两电源的分流比分别为 $K_{f.1}$ 和 $K_{f.2}$，则该支路 R_j 从两电源取得的电流量分别为

$$I_{j.1} = K_{f.1} I_1 \ \text{（A）} \tag{2-53}$$

$$I_{j.2} = K_{f.2} I_2 \ \text{（A）} \tag{2-54}$$

显然，对于第一种形式的电网，两电源是同方向向支路 R_j 输送电流，因而使得 $I_{j.1}$ 与 $I_{j.2}$ 在支路 R_j 中也同方向，所以，$K_{f.1}$ 与 $K_{f.2}$ 相等。对于第二种形式的电网，两电源电流在支路 R_j 中的分流的方向是相反的；当假设 $I_{j.1}$ 为正方向时，则 $I_{j.2}$ 为负方向；因而使得 $K_{f.1}$ 与 $K_{f.2}$ 不相等；但是因为正反两方向由 R_j 供电的电量（或容量）之和恰好与全线路总抄见电量（或配变总容量）相等，应该有 $K_{f.1} + K_{f.2} = 1$ 的现象。

由上述可知，流经某支路 R_j 的实际电流，应该是两个电源电流在该支路分流的叠加值，即

$$I_j = I_{j.1} + I_{j.2} = K_{f.1} I_1 + K_{f.2} I_2 \ \text{（A）} \tag{2-55}$$

可想而知，叠加后的电流值，对于第一种形式电网，其值比任一电源电流在支路 R_j 中的分流值要大；相反，对于第二种形式的电网，其值比任一电源电流在支路 R_j 中的分流值要小。另外，叠加后的电流值，有可能为正值，也有可能为负值；正值表示与假设电流方向相同，负值表示与假设电流方向相反。

支路 R_j 中的叠加电流即实际电流求出后，即可按下式计算确定支路 R_j 的导线电能损耗，即

$$\Delta A_{j.d} = 3I_j^2 K^2 R_j t \times 10^{-3} \ \text{（kW·h）} \tag{2-56}$$

或 $$\Delta A_{j.d} = 3I_j^2 K^2 r_{oj} L_j t \times 10^{-3} \ \text{（kW·h）} \tag{2-57}$$

式中　K——线路负荷曲线特征系数；

R_j——支路导线电阻，Ω；

t——支路通电所历时间，h；

r_{oj}——支路导线单位长度电阻值，Ω/km；

L_j——支路导线长度，km。

实际上，一个配电网或一条配电线路的支路数是很多的；为了使计算不致紊乱，可采取计算与列表相结合的办法，即首先将表格绘制好，填入各支路编号及其已知参数，然后逐一进行计算，并将计算结果即支路的导线电能损耗填入，最后进行合计，即这一配电线路导线中的总电能损耗为

$$\Delta A_{d.\Sigma} = \sum_{j=1}^{n} \Delta A_{j.d} \ \text{（kW·h）}$$

式中　n——配电网或线路的支路数。

接着计算配电或线路中的变压器的电能损耗，其计算方法如下。

对于任意一台变压器的电能损耗为

$$\Delta A_{b \cdot i} = (\Delta P_{o \cdot i} + K^2 \beta_i^2 \Delta P_{k \cdot i}) \, t \times 10^{-3} \quad (\text{kW} \cdot \text{h}) \tag{2-58}$$

$$\beta_i = \frac{A_{b \cdot i}}{S_{e \cdot i} \cos \phi_i t} \tag{2-59}$$

式中　　$S_{e \cdot i}$——某台变压器的额定容量，kVA；

$\Delta P_{o \cdot i}$、$\Delta P_{k \cdot i}$——某台变压器的空载损耗、短路损耗，W；

β_i、$\cos \phi_i$——某台变压器的负载率、负荷功率因数；

t——变压器实际运行时间，h；

$A_{b \cdot i}$——变压器二次侧总表抄见电量，kW·h。

同样，实际的配电网或线路的变压器也是很多的，为了计算方便，也可采取计算与列表相结合的办法。最后进行合计，求取变压器的总电能损耗为

$$\Delta A_{b \cdot \Sigma} = \sum_{i=1}^{m} \Delta A_{b \cdot i} \quad (\text{kW} \cdot \text{h})$$

式中　m——配电网或线路中的运行变压器的台数。

接着，计算配电网或线路的总电能损耗为

$$\Delta A_{\Sigma} = \Delta A_{d \cdot \Sigma} + \Delta A_{b \cdot \Sigma} \quad (\text{kW} \cdot \text{h})$$

最后，计算配电网或线路的理论线损率为

$$\Delta A_1 \% = \frac{\Delta A_{\Sigma}}{A_{p \cdot 1} + A_{p \cdot 2}} \times 100\%$$

式中　$A_{p \cdot 1}$、$A_{p \cdot 2}$——两电源的有功供电量，kW·h。

二、多电源供电配电网的线损计算

在多个（三个及以上，例如 m 个）电源供电情况下，如图 2-10 所示，流经电网每一支路的电流，是由 m 个电源电流在该支路分流的电流，是其叠加的结果。假定电源 1 在支路中的分流方向为正方向，其他电源在该支路的分流方向则需根据它们的方向与假定的正方向是否一致而确定。一致的为正方向，不一致的为负方向。

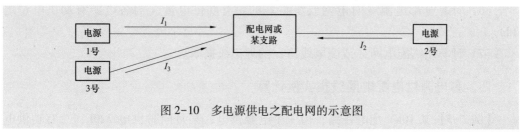

图 2-10　多电源供电之配电网的示意图

设各个电源输出电流分别为 I_1、I_2、$\cdots$、I_m，各个电源对支路 R_j 的分流比分别为 $K_{f \cdot 1}$、$K_{f \cdot 2}$、$\cdots$、$K_{f \cdot m}$；根据分流比的定义和上述原理，可求得各个电源在支路 R_j 的分流值为

$$\left.\begin{aligned} I_{j.1} &= K_{j.1}I_1 \ (\text{A}) \\ I_{j.2} &= K_{j.2}I_2 \ (\text{A}) \\ &\vdots \\ I_{j.m} &= K_{j.m}I_m \ (\text{A}) \end{aligned}\right\} \tag{2-60}$$

由于各电源电流有正值也有负值，故上列各分流也有正值和负值；所以，流经支路 R_j 的实际电源是上列各分流的叠加值，即代数和为

$$I_j = I_{j.1} + I_{j.2} + I_{j.3} + \cdots + I_{j.m} \ (\text{A})$$

同双电源供电的配电网一样，对于多电源供电者，在求得每一支路的实际电流之后，即可计算出每一支路导线中的电能损耗；在求得每一台配电变压器的负载率的基础上，即可计算出每一台变压器的电能损耗；接着很方便地计算出所需配电网（和配电线路）的总电能损耗及理论线损率。

三、多电源供电配电网线损计算步骤

对于多电源供电的配电网理论线损计算步骤大致如下：

（1）绘制配电网的接线图，标出导线型号及长度、配电变压器型号、容量及抄见电量，标出各电源的有功供电量、无功供电量、供电时间，以及线路负荷曲线特征系数等有关参数。

（2）划分计算线段或支路，并编上序号，制成表格。同样，将每一台配电变压器也编上号码，绘制成表格。

（3）计算各电源对各计算线段（或支路）的分流比及分配的电流值；计算各线段（或支路）的叠加电流；计算各线段（或支路）的导线电阻及电能损耗；计算电网（或全线路）的导线之电能损耗；将这些计算结果记入支路参数计算表格中。

（4）计算每一台配电变压器的负载率，根据配电变压器的型号和容量查取每一台变压器的空载损耗和短路损耗；计算电网中（或全线路上）变压器的总电能损耗；将这些计算结果记入配电变压器参数计算表格中。

（5）计算电网（或线路）总的电能损耗（为线路导线总损耗和线路上配电变压器总损耗之和）。

（6）计算全部电源（对电网或线路）的总有功供电量（为各电源有功供电量之和）。

（7）计算所需配电网（或配电线路）的理论线损率。

四、多电源供电配电网线损实例计算

【例2-5】某10kV配电线路，由三个电源供电，某月同时供电720h，总有功供电量为109484kW·h（其中电源Ⅰ为43794kW·h，电源Ⅱ为38319kW·h，电源Ⅲ为27371kW·h），总无功供电量为80724kvar·h，全线路共有SL7型配电变压器三台，总抄见电量为105782kW·h（其中1号配电变压器为38102kW·h，2号配电变压器为

28 800kW・h，3 号配电变压器为 38 880kW・h），已测算的线路负荷曲线特征系数为 1.14，其他参数及线路结构如图 2-11 所示，试计算该线路的理论线损率与线损构成比例。

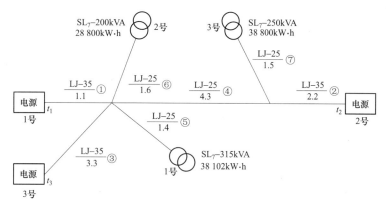

图 2-11　由三个电源供电的某 10kV 线路结构图

$U_e = 10\text{kV}$，$t_1 = t_2 = t_8 = 720\text{h}$，$\sum A_{\text{p·g}} = 109\,484\text{kW·h}$，

$\sum A_{\text{Q·g}} = 80\,724\text{kvar·h}$，$K = 1.14$，$\sum A_{\text{b·y}} = 105\,782\text{kW·h}$

解　1. 第一种计算方法

这是一种首先要把每一条支路（线段）的分流比 K_f 计算出来，然后通过分流比 K_f 计算确定每一条支路（线段）的负荷电流等的计算方法，也是一种间接的计算方法。

这条线路的实际线损率为

$$\Delta A_s\% = \frac{\sum A_{\text{p·g}} - \sum A_{\text{b·y}}}{\sum A_{\text{p·g}}} \times 100\% = \frac{109\,484 - 105\,782}{109\,484} \times 100\% = 3.38\%$$

下面计算线损的各理论值。首先将线路的结构参数和运行参数标在图上，划分计算线段，将各个线段和每台变压器编上序号；接着计算各电源输出的负荷电流。

因线路的总无功电量对总有功电量的比值为

$$K_\phi = \frac{\sum A_{\text{Q·g}}}{\sum A_{\text{p·g}}} = \frac{80\,724}{109\,484} = 0.737\,3$$

根据此比值从有关表中查得线路负荷功率因数为 $\cos\phi = 0.8$。

接着求得各电源的平均负荷电流为

$$I_{\text{I}} = \frac{A_1}{\sqrt{3}\,U_e\cos\phi\,t} = \frac{43\,794}{\sqrt{3}\times10\times0.8\times720} = 4.39\ (\text{A})$$

$$I_{\text{II}} = \frac{A_2}{\sqrt{3}\,U_e\cos\phi\,t} = \frac{38\,319}{\sqrt{3}\times10\times0.8\times720} = 3.84\ (\text{A})$$

$$I_{\text{III}} = \frac{A_3}{\sqrt{3}\,U_e\cos\phi\,t} = \frac{27\,371}{\sqrt{3}\times10\times0.8\times720} = 2.74\ (\text{A})$$

接着计算各电源对每一支路（线段）的分流比（这要在分别考虑只有其中某一个

电源单独存在下，逐一进行计算）。

对电源 I

$$K_{\text{I} \cdot 1} = \frac{A_{1 \cdot 1}}{\sum A_{\text{b} \cdot i}} = \frac{105\ 782}{105\ 782} = 1.0$$

$$K_{\text{I} \cdot 4} = \frac{A_{1 \cdot 4}}{\sum A_{\text{b} \cdot i}} = \frac{38\ 880}{105\ 782} = 0.37$$

$$K_{\text{I} \cdot 5} = \frac{A_{1 \cdot 5}}{\sum A_{\text{b} \cdot i}} = \frac{38\ 102}{105\ 782} = 0.36$$

$$K_{\text{I} \cdot 6} = \frac{A_{1 \cdot 6}}{\sum A_{\text{b} \cdot i}} = \frac{28\ 800}{105\ 782} = 0.27$$

$$K_{\text{I} \cdot 7} = \frac{A_{1 \cdot 7}}{\sum A_{\text{b} \cdot i}} = \frac{38\ 880}{105\ 782} = 0.37$$

从上式可见，$K_{\text{I} \cdot 4} = K_{\text{I} \cdot 7}$，这是因为两个线段（或支路）的供电量相同，即 $A_{\text{I} \cdot 4} = A_{\text{I} \cdot 7}$。

对电源 II

$$K_{\text{II} \cdot 2} = \frac{A_{2 \cdot 2}}{\sum A_{\text{b} \cdot i}} = \frac{105\ 782}{105\ 782} = 1.0$$

$$K_{\text{II} \cdot 4} = \frac{A_{2 \cdot 4}}{\sum A_{\text{b} \cdot i}} = \frac{38\ 102 + 28\ 800}{105\ 782} = 0.63$$

因
$$K_{\text{II} \cdot 5} = K_{\text{I} \cdot 5} = 0.36 \quad A_{2 \cdot 5} = A_{1 \cdot 5}$$
$$K_{\text{II} \cdot 6} = K_{\text{I} \cdot 6} = 0.27 \quad A_{2 \cdot 6} = A_{1 \cdot 6}$$
$$K_{\text{II} \cdot 7} = K_{\text{I} \cdot 7} = 0.37 \quad A_{2 \cdot 7} = A_{1 \cdot 7}$$

可见，$K_{\text{I} \cdot 4} + K_{\text{II} \cdot 4} = 0.37 + 0.63 = 1.0$，这是因为在该支路（线段）上两个方向相反的电源输送功率的电量之和，等于全线路总负荷电量，即 $A_{\text{I} \cdot 4} + A_{\text{II} \cdot 4} = \sum A_{\text{b} \cdot i}$，亦即 $38\ 880 + 38\ 102 + 28\ 800 = 105\ 782$。

对电源 III

$$K_{\text{III} \cdot 3} = \frac{A_{\text{III} \cdot 3}}{\sum A_{\text{b} \cdot i}} = \frac{105\ 782}{105\ 782} = 1.0$$

因
$$K_{\text{III} \cdot 4} = K_{\text{I} \cdot 4} = 0.37 \quad A_{3 \cdot 4} = A_{1 \cdot 4}$$
$$K_{\text{III} \cdot 5} = K_{\text{I} \cdot 5} = 0.36 \quad A_{3 \cdot 5} = A_{1 \cdot 5}$$
$$K_{\text{III} \cdot 6} = K_{\text{I} \cdot 6} = 0.27 \quad A_{3 \cdot 6} = A_{1 \cdot 6}$$
$$K_{\text{III} \cdot 7} = K_{\text{I} \cdot 7} = 0.37 \quad A_{3 \cdot 7} = A_{1 \cdot 7}$$

综上所述，两电源功率（或电流）在某支路（线段）同向，则两分流比 K 值相同；反之，两电源功率（或电流）在某支路（线段）反向，则两分流比 K 值之和为 1。

接着计算各线段（支路）的叠加电流值（即实际电流）。计算时，要考虑三个电源

同时都存在的情况，并且假定电源 I 在某支路（线段）中的分流方向为正方向，其他电源分流与之同向者为正，反向者为负。则

支路 1
$$I_1 = K_{\text{I}\cdot 1}I_{\text{I}} = 1.0 \times 4.39 = 4.39 \text{（A）}$$

支路 2
$$I_2 = K_{\text{II}\cdot 2}I_{\text{II}} = 1.0 \times 3.84 = 3.84 \text{（A）}$$

支路 3
$$I_3 = K_{\text{III}\cdot 3}I_{\text{III}} = 1.0 \times 2.74 = 2.74 \text{（A）}$$

支路 4
$$I_4 = K_{\text{I}\cdot 4}I_{\text{I}} - K_{\text{II}\cdot 4}I_{\text{II}} + K_{\text{III}\cdot 4}I_{\text{III}}$$
$$= 0.37 \times 4.39 - 0.63 \times 3.84 + 0.37 \times 2.74$$
$$= 0.22 \text{（A）}$$

支路 5
$$I_5 = K_{\text{I}\cdot 5}I_{\text{I}} + K_{\text{II}\cdot 5}I_{\text{II}} + K_{\text{III}\cdot 5}I_{\text{III}}$$
$$= 0.36 \times (4.39 + 3.84 + 2.74)$$
$$= 3.95 \text{（A）}$$

支路 6
$$I_6 = K_{\text{I}\cdot 6}I_{\text{I}} + K_{\text{II}\cdot 6}I_{\text{II}} + K_{\text{III}\cdot 6}I_{\text{III}}$$
$$= 0.27 \times (4.39 + 3.84 + 2.74)$$
$$= 2.96 \text{（A）}$$

支路 7
$$I_7 = K_{\text{I}\cdot 7}I_{\text{I}} + K_{\text{II}\cdot 7}I_{\text{II}} + K_{\text{III}\cdot 7}I_{\text{III}}$$
$$= 0.37 \times (4.39 + 3.84 + 2.47)$$
$$= 4.06 \text{（A）}$$

对以上支路叠加电流的计算说明三点：一是支路 4 中的负荷电流 I_4，可为正，也可为负。二是支路 4 中的负荷电流 $I_4 = 0.22$A，其值较小，说明 3 号配电变压器的负荷电流主要是靠电源 II 供给。三是 4 支路的左、右结点的负荷电流应符合"克希荷夫定律"，即进出电流之和应为零（或进出电流应相等）；验算如下

左结点 $\qquad I_1 + I_3 = I_4 + I_5 + I_6$

即 $\qquad 4.39 + 2.74 = 0.22 + 3.95 + 2.96$

右结点 $\qquad I_4 + I_2 = I_7$

即 $\qquad 0.22 + 3.84 = 4.06$

接着计算各支路（线段）的理论线损电量，根据下式
$$\Delta A_1 = 3I_{\text{pj}}^2 K^2 r_{\text{o}\cdot j} L_j t \times 10^{-3} \text{（kW · h）}$$

得支路 1
$$\Delta A_1 = 3 \times 4.39^2 \times 1.14^2 \times 0.92 \times 1.1 \times 720 \times 10^{-3} = 54.75 \text{（kW · h）}$$

支路 2

$$\Delta A_2 = 3 \times 3.84^2 \times 1.14^2 \times 0.92 \times 2.2 \times 720 \times 10^{-3} = 83.78 \ (\text{kW} \cdot \text{h})$$

支路 3

$$\Delta A_3 = 3 \times 2.74^2 \times 1.14^2 \times 0.92 \times 3.3 \times 720 \times 10^{-3} = 63.98 \ (\text{kW} \cdot \text{h})$$

支路 4

$$\Delta A_4 = 3 \times 0.22^2 \times 1.14^2 \times 1.28 \times 4.3 \times 720 \times 10^{-3} = 0.75 \ (\text{kW} \cdot \text{h})$$

支路 5

$$\Delta A_5 = 3 \times 3.95^2 \times 1.14^2 \times 1.28 \times 1.4 \times 720 \times 10^{-3} = 78.49 \ (\text{kW} \cdot \text{h})$$

支路 6

$$\Delta A_6 = 3 \times 2.96^2 \times 1.14^2 \times 1.28 \times 1.6 \times 720 \times 10^{-3} = 50.37 \ (\text{kW} \cdot \text{h})$$

支路 7

$$\Delta A_7 = 3 \times 4.06^2 \times 1.14^2 \times 1.28 \times 1.5 \times 720 \times 10^{-3} = 88.84 \ (\text{kW} \cdot \text{h})$$

全线路导线中的理论线损电量为

$$\sum_{j=1}^{n} \Delta A_{1 \cdot j} = \Delta A_1 + \Delta A_2 + \cdots + \Delta A_7 = 420.96 \ (\text{kW} \cdot \text{h})$$

接着计算线路上各台配电变压器的电能损耗，先按式 $\beta_i = \dfrac{A_{b \cdot i}}{S_{e \cdot i} \cos \phi t}$ 计算各台变压器的负载率，得

$$\beta_1 = \frac{38\ 102}{315 \times 0.8 \times 720} = 0.21$$

$$\beta_2 = \frac{28\ 800}{200 \times 0.8 \times 720} = 0.25$$

$$\beta_3 = \frac{38\ 880}{250 \times 0.8 \times 720} = 0.27$$

再按式 $\Delta A_{b \cdot i} = (\Delta P_{o \cdot i} + K^2 \beta_i^2 \Delta P_{k \cdot i}) t \times 10^{-3} \ (\text{kW} \cdot \text{h})$ 计算各台变压器的电能损耗电量，得

$$\Delta A_{b \cdot 1} = (760 + 1.14^2 \times 0.21^2 \times 4800) \times 720 \times 10^{-3} = 745.27 \ (\text{kW} \cdot \text{h})$$

$$\Delta A_{b \cdot 2} = (540 + 1.14^2 \times 0.25^2 \times 3454) \times 720 \times 10^{-3} = 590.8 \ (\text{kW} \cdot \text{h})$$

$$\Delta A_{b \cdot 3} = (600 + 1.14^2 \times 0.27^2 \times 4000) \times 720 \times 10^{-3} = 704.85 \ (\text{kW} \cdot \text{h})$$

线路上全部配电变压器的电能损耗电量为

$$\sum_{j=1}^{3} \Delta A_{b \cdot i} = \Delta A_{b \cdot 1} + \Delta A_{b \cdot 2} + \Delta A_{b \cdot 3} = 2040.92 \ (\text{kW} \cdot \text{h})$$

最后计算得线路的总理论线损电量为

$$\sum \Delta A_1 = \sum \Delta A_{1 \cdot j} + \sum \Delta A_{b \cdot i} = 420.96 + 2040.92$$
$$= 2461.88 \ (\text{kW} \cdot \text{h})$$

线路的理论线损率为

$$\Delta A_1\% = \frac{\sum \Delta A_1}{\sum \Delta A_{p \cdot g}} \times 100\% = \frac{2461.88}{109\ 484} \times 100\% = 2.25\%$$

线路中各类损耗构成比例为

线路导线线损

$$\Delta A_1\% = \frac{\sum \Delta A_{1 \cdot j}}{\sum \Delta A_1} \times 100\% = \frac{420.96}{2461.88} \times 100\% = 17.1\%$$

变压器的损耗

$$\Delta A_b\% = \frac{\sum \Delta A_{b \cdot i}}{\sum \Delta A_1} \times 100\% = \frac{2040.92}{2461.88} \times 100\% = 82.9\%$$

变压器的铁损

$$\Delta A_o\% = \frac{\sum \Delta A_{o \cdot i}}{\sum \Delta A_1} \times 100\% = \frac{1368}{2461.88} \times 100\% = 55.57\%$$

变压器的铜损

$$\Delta A_f\% = \frac{\sum \Delta A_{f \cdot i}}{\sum \Delta A_1} \times 100\% = \frac{672.92}{2461.88} \times 100\% = 27.33\%$$

2. 第二种计算方法

与第一种计算方法相比较，其特点有：① 无须先计算确定每一条支路（线段）的分流比 K_f，当然也就无须通过分流比 K_f 间接来计算确定每一条支路（线段）的负荷电流。而是运用直接的方式来计算确定每一条支路（线段）的负荷电流。② 比第一种计算方法更直观、易理解。③ 要分别从正方向和反方向供出电流的电源，各个单独存在的两种情况下进行计算，这一点同第一种计算方法是相同的。

（1）正方向供出电流的电源单独存在时。

电源 I 和电源 III 供出的总电流

$$I'_\Sigma = \frac{A_{p \cdot g \cdot 1} + A_{p \cdot g \cdot 3}}{\sqrt{3}\, Ut\cos\phi} = \frac{43\,794 + 27\,371}{\sqrt{3} \times 10 \times 720 \times 0.8} = 7.13 \text{（A）}$$

电源 II 供出的电流

$$I''_\Sigma = \frac{A_{p \cdot g \cdot 2}}{\sqrt{3}\, Ut\cos\phi} = \frac{38\,319}{\sqrt{3} \times 10 \times 720 \times 0.8} = 3.84 \text{（A）}$$

三台配电变压器的总用电量

$$A_{b \cdot y \cdot \Sigma} = A_{b \cdot y \cdot 1} + A_{b \cdot y \cdot 2} + A_{b \cdot y \cdot 3} = 38\,102 + 28\,800 + 38\,880 = 105\,782 \text{（kW·h）}$$

因支路 5 从总电流 $I'_\Sigma = 7.13$A 中分得的电流（流向负荷）为

$$I'_5 = \frac{A_{b \cdot y \cdot 1}}{A_{b \cdot y \cdot \Sigma}} I'_\Sigma = \frac{38\,102}{105\,782} \times 7.13 = 2.57 \text{（A）}$$

支路 6 从总电流 $I'_\Sigma = 7.13$A 中分得的电流（流向负荷）为

$$I'_6 = \frac{A_{b \cdot y \cdot 2}}{A_{b \cdot y \cdot \Sigma}} I'_\Sigma = \frac{28\,800}{105\,782} \times 7.13 = 1.94 \text{（A）}$$

支路 7 从总电流 $I'_\Sigma = 7.13$A 中分得的电流（流向负荷）为

$$I_7' = \frac{A_{b \cdot y \cdot 3}}{A_{b \cdot y \cdot \Sigma}} I_\Sigma' = \frac{38\ 800}{105\ 782} \times 7.13 = 2.62 \text{（A）}$$

故支路 4 从总电流 $I_\Sigma' = 7.13$A 中分得的电流应该为

$$I_4' = I_\Sigma' - I_5' - I_6' = 7.13 - 2.57 - 1.94 = 2.62 \text{（A）（正方向流动）}$$

（2）反方向供出电流的电源单独存在时。

因支路 4 从电源、Ⅱ供出的电流 $I_\Sigma'' = 3.84$A 中分得的电流为

$$I_4'' = \frac{A_{b \cdot y \cdot 1} + A_{b \cdot y \cdot 2}}{A_{b \cdot y \cdot \Sigma}} I_\Sigma'' = \frac{38\ 102 + 28\ 800}{105\ 782} \times 3.84 = 2.43 \text{（A）（反方向流动）}$$

故支路 4 中正方向流动的电流（即真正存在的电流量）应为

$$I_4 = I_4' - I_4'' = 2.62 - 2.43 = 0.19 \text{（A）}$$

支路 7 中真正存在的电流量应为（流向负荷）

$$I_7 = I_4 + I_\Sigma'' = 0.19 + 3.84 = 4.03 \text{（A）}$$

因支路 5 从电源电流 $I_\Sigma'' = 3.84$A 中分得的电流（流向负荷）为

$$I_5'' = \frac{A_{b \cdot y \cdot 1}}{A_{b \cdot y \cdot \Sigma}} I_\Sigma'' = \frac{38\ 102}{105\ 782} \times 3.84 = 1.38 \text{（A）}$$

支路 6 从电源电流 $I_\Sigma'' = 3.84$A 中分得的电流（流向负荷）为

$$I_6'' = \frac{A_{b \cdot y \cdot 2}}{A_{b \cdot y \cdot \Sigma}} I_\Sigma'' = \frac{28\ 800}{105\ 782} \times 3.84 = 1.05 \text{（A）}$$

支路 7 从电源电流 $I_\Sigma'' = 3.84$A 中分得的电流（流向负荷）为

$$I_7'' = \frac{A_{b \cdot y \cdot 3}}{A_{b \cdot y \cdot \Sigma}} I_\Sigma'' = \frac{38\ 800}{105\ 782} \times 3.84 = 1.41 \text{（A）}$$

故支路 4 从电源电流 $I_\Sigma'' = 3.84$A 中分得的电流应该为

$$I_4'' = I_\Sigma'' - I_7'' = 3.84 - 1.41 = 2.43 \text{（A）（反方向流动）}$$

（3）正方向和反方向供出电流的电源同时都存在时。

因支路 4 从正反两个方向供出的电源电流中取得的电流为

$$I_4 = I_4' - I_4'' = 2.62 - 2.43 = 0.19 \text{（A）}$$

支路 5 从正反两个方向供出的电源电流中取得的电流为

$$I_5 = I_5' + I_5'' = 2.57 + 1.38 = 3.95 \text{（A）}$$

支路 6 从正反两个方向供出的电源电流中取得的电流为

$$I_6 = I_6' + I_6'' = 1.94 + 1.05 = 2.99 \text{（A）}$$

支路 7 从正反两个方向供出的电源电流中取得的电流为

$$I_7 = I_7' + I_7'' = 2.62 + 1.41 = 4.03 \text{（A）}$$

故可计算求得各支路（线段）的线损电量及线路导线的总线损电量为

$$\Delta A_1 = 3 I_I^2 K^2 r_{01} l_1 t \times 10^{-3}$$

$$= 3 \times 4.39^2 \times 1.14^2 \times 0.92 \times 1.1 \times 720 \times 10^{-3}$$

$$= 54.75 \text{（kW · h）}$$

$$\Delta A_2 = 3I_{\mathrm{II}}^2 K^2 r_{02} l_2 t \times 10^{-3}$$
$$= 3 \times 3.84^2 \times 1.14^2 \times 0.92 \times 2.2 \times 720 \times 10^{-3}$$
$$= 83.78 \ (\mathrm{kW \cdot h})$$

$$\Delta A_3 = 3I_{\mathrm{III}}^2 K^2 r_{03} l_3 t \times 10^{-3}$$
$$= 3 \times 2.74^2 \times 1.14^2 \times 0.92 \times 3.3 \times 720 \times 10^{-3}$$
$$= 63.98 \ (\mathrm{kW \cdot h})$$

$$\Delta A_4 = 3I_4^2 K^2 r_{04} l_4 t \times 10^{-3}$$
$$= 3 \times 0.19^2 \times 1.14^2 \times 1.28 \times 4.3 \times 720 \times 10^{-3}$$
$$= 0.56 \ (\mathrm{kW \cdot h})$$

$$\Delta A_5 = 3I_5^2 K^2 r_{05} l_5 t \times 10^{-3}$$
$$= 3 \times 3.95^2 \times 1.14^2 \times 1.28 \times 1.4 \times 720 \times 10^{-3}$$
$$= 78.49 \ (\mathrm{kW \cdot h})$$

$$\Delta A_6 = 3I_6^2 K^2 r_{06} l_6 t \times 10^{-3}$$
$$= 3 \times 2.99^2 \times 1.14^2 \times 1.28 \times 1.6 \times 720 \times 10^{-3}$$
$$= 51.40 \ (\mathrm{kW \cdot h})$$

$$\Delta A_7 = 3I_7^2 K^2 r_{07} l_7 t \times 10^{-3}$$
$$= 3 \times 4.03^2 \times 1.14^2 \times 1.28 \times 1.5 \times 720 \times 10^{-3}$$
$$= 87.53 \ (\mathrm{kW \cdot h})$$

$$\sum_{j=1}^{7} \Delta A_{1j} = \Delta A_1 + \Delta A_2 + \Delta A_3 + \Delta A_4 + \Delta A_5 + \Delta A_6 + \Delta A_7$$
$$= 420.49 \ (\mathrm{kW \cdot h})$$

上述最后一个结果就是线路导线的总线损电量，亦即全线路导线中的理论线损电量。这种计算方法的结果与前面所述的第一种计算方法的结果相比较，仅差 420.96－420.49＝0.47（kW·h），误差度只有 1.12‰，是很低的。从理论上讲，这点小误差，也不应该归属于第二种方法，而应该存在于第一种方法之中。

同前述第一种计算一样，可以计算确定以下各量：

整条线路的总理论线损电量为 2461.41kW·h。

整条线路的总理论线损率为 2.25%。

线路导线线损在总线损中所占比例为 17.08%。

变压器两损耗在总线损中所占比例为 82.92%。

变压器的铁损在总线损中所占比例为 55.58%。

变压器的铜损在总线损中所占比例为 27.34%。

多电源供电配电网线损实例计算结果见表 2-7。

表 2-7　　　　　　　　　　多电源供电配电网线损实例计算结果对比表

序号	项　　　目	第一种方法（间接法）	第二种方法（直接法）
1	全线路导线中理论线损电量（kW·h）	420.96	420.49
2	全线路总理论线损电量（kW·h）	2461.88	2461.41

序号	项 目	第一种方法（间接法）	第二种方法（直接法）
3	全线路总理论线损率（%）	2.25	2.25
4	线路导线线损占总损比例（%）	17.10	17.08
5	变压器的铁损占总损比例（%）	55.57	55.58
6	变压器的铜损占总损比例（%）	27.33	27.34
7	变压器两损耗占总损比例（%）	82.90	82.92

第六节 低压配电网线损和电动机能耗的计算方法

一、低压配电网线损理论计算概述

农村低压配电网即农村 380/220V 电压的电网，是由低压线路、下户线、电能表、进户线、电动机、照明器具、家用电器等组成。

农村低压配电网与高压配电网相比，具有两个主要特点：一是供电方式和结构比较复杂，有三相三线制、三相四线制、单相两线制等；二是用电负荷变化和相互间的差异性比较大，而且计量表计或装置不齐全，缺乏比较完整的运行记录及资料。因此，要想十分精确地计算农村低压配电网的理论线损，是有一定困难的。为此，只能运用近似的简化计算方法。

目前，农村低压配电网的线损理论计算，多数是以配电变压器台区为单元进行的；这样做有一个好处，即可以使其具有可比性，有利于进行线损分析和考核，促进降损节能。

为了便于理解，在介绍低压配电网线损理论计算时，将从（简易的）三相负荷平衡情况下入手，然后转到（较为复杂麻烦但却极为现实的）三相负荷不平衡情况下作深入叙述，进一步探讨其计算方法。

二、低压配电线路的线损理论计算

1. 低压配电线路理论线损的计算式

根据低压配电线路的供电方式和结构不同，将其不同的计算方法介绍如下。

对于三相三线制线路

$$\Delta A = 3I_{pj}^2 K^2 R_{dz} t \times 10^{-3} \quad (\text{kW} \cdot \text{h}) \tag{2-61}$$

对于三相四线制线路

$$\Delta A = 3.5 I_{pj}^2 K^2 R_{dz} t \times 10^{-3} \quad (\text{kW} \cdot \text{h}) \tag{2-62}$$

对于单相两线制线路

$$\Delta A = 2I_{pj}^2 K^2 R_{dz} t \times 10^{-3} \quad (\text{kW} \cdot \text{h}) \tag{2-63}$$

当以配电变压器台区为单元进行计算时，三种供电方式和结构制式的线路都可能同

时存在；此时，低压配电线路的线损理论计算式可综合表述如下

$$\Delta A_{xl} = N I_{pj}^2 K^2 R_{dz} t \times 10^{-3} \quad (\text{kW} \cdot \text{h}) \tag{2-64}$$

式中　N——配电变压器低压出口电网结构常数，三相三线制取 $N=3$；三相四线制取
　　　　　　$N=3.5$；单相两线制取 $N=2$；

　　　I_{pj}——低压线路首端的平均负荷电流，A；

　　　K——低压线路负荷曲线特征系数（计算确定方法同 10kV 线路）；

　　　R_{dz}——低压线路等值电阻，Ω；

　　　t——配电变压器向低压线路供电的时间，即低压线路的运行时间，h。

2. 低压线路首端平均负荷电流的计算确定

当配电变压器二次侧装有有功电能表和无功电能表时（有关规程规定，额定容量为 100kVA 及以上的变压器应当装设），则 I_{pj} 按下式计算确定

$$I_{pj} = \frac{1}{U_{pj}t} \sqrt{\frac{1}{3} (A_{p \cdot g}^2 + A_{Q \cdot g}^2)} \quad (\text{A}) \tag{2-65}$$

当配电变压器二次侧装有有功电能表和功率因数表时（有关规程规定，额定容量为 100kVA 以下的变压器宜装设），则 I_{pj} 按下式计算确定

$$I_{pj} = \frac{A_{p \cdot g}}{\sqrt{3}\, U_{pj}\, t \cos\phi} \quad (\text{A}) \tag{2-66}$$

式中　$A_{p \cdot g}$——低压线路首端有功供电量，kW·h；

　　　$A_{Q \cdot g}$——低压线路首端无功供电量，kvar·h；

　　　U_{pj}——低压线路平均运行电压，为计算方便可取 $U_{pj} \approx U_e = 0.38$，kV；

　　　$\cos\phi$——低压线路负荷功率因数。

这里说明一点，当配电变压器二次侧装有总表，而各条低压出线首端未装设有功电能表或电流表，仅线路上各用电户（或用电电机）装设有功电能表时，则各条低压出线首端负荷电流，应按各条低压线路上各用电户的用电量，从配电变压器二次侧总表电量中按比例分摊求取。

3. 低压配电线路等值电阻的计算确定

计算前，将低压线路从末端到首端，分支线到主干线（即采取负荷递增的方式较为方便），划分若干个计算线段；线段划分的原则是：凡输送的负荷、选用的线号、线段的长度均相同者为同一个线段；否则另作一计算线段。此时 R_{dz} 的计算方式为

$$R_{dz} = \frac{\sum\limits_{j=1}^{n} N_j A_{j \cdot \Sigma}^2 R_j}{N \left(\sum\limits_{i=1}^{m} A_i \right)^2} \quad (\Omega) \tag{2-67}$$

式中　A_i——各 380/220V 用户电能表的抄见电量，kW·h；

　　　$A_{j \cdot \Sigma}$——由某一线段供电的低压用户电能表抄见电量之和，kW·h；

　　　R_j——某一计算线段导线电阻 $R_j = r_{oj} L_j$，Ω；

　　　N_j——某一计算线段线路结构常数，取值方法与 N 相同。

三、电能表的电能损耗计算

单相电能表每月每只按 $1kW \cdot h$ 计算，则有

$$\Delta A_{b \cdot 1} = 1 \times 该表只数 \ (kW \cdot h)$$

三相电能表每月每只按 $2kW \cdot h$ 计算，则有

$$\Delta A_{b \cdot 3} = 2 \times 该表只数 \ (kW \cdot h)$$

三相四线制电能表每月每只按 $3kW \cdot h$ 计算，则有

$$\Delta A_{b \cdot 4} = 3 \times 该表只数 \ (kW \cdot h)$$

四、低压进户线的理论线损计算

低压进户线是指从电能表到各用电设备或器具之间的连接线（有的地区一部分在屋外，一部分在屋内；有的地区全在屋内，称为屋内布线），其理论线损电量可近似按每 $10m$ 月损耗 $0.05kW \cdot h$ 计算，设低压进户线长度为 L 时，月电能损耗电量则为

$$\Delta A_{jh} = 0.05 \frac{L}{10} \ (kW \cdot h) \tag{2-68}$$

五、电动机电能损耗的计算

1. 电动机的电能损耗

这里叙述的电动机是指城乡电网中的中小型异步电动机（即感应电动机）。异步电动机在运行中，从电源吸取功率 P_1，在定子的铁心和绕组中产生损耗，分别为铁损（主要由磁滞与涡流引起）和铜损（负载损耗）；余下的大部分功率即为"电磁功率"（约为 P_1 的92%左右）。电磁功率通过旋转磁场经空气隙传递给电动机的转子，转变为机械功率，驱动转子转动，带负荷做功。其间在转子中产生铜损（负载损耗）、机械损耗（主要由摩擦与风阻引起）和杂散损耗（主要由漏磁等引起）；余下的大部分功率即为轴端输出功率 P_2（约为 P_1 的86%左右）。综上所述，可得

电磁功率 = 电源输入功率 P_1 - 定子铁损 - 定子铜损

轴端输出功率 P_2 = 电磁功率 - 转子铜损 - 机械损耗
- 杂散损耗

电动机的总损耗 = 定子铁损 + 定子铜损 + 转子铜损
+ 机械损耗 + 杂散损耗
$\approx (13\% \sim 15\%) P_1$ （指多数情况）（其单位为 W 或 kW）

电动机的电能利用率(%) = 输出功率 P_2/输入功率 $P_1 \times 100\%$
= (电磁功率 - 转动中产生的三种损耗) ÷
输入功率 $P_1 \times 100\%$
= (1 - 电动机的总损耗/输入功率 P_1) × 100%

电动机电能损耗情况见表2-8。

表 2-8 电动机电能损耗情况表

电动机的损耗 电动机 类型及备注	铁心损耗	定子铜损	转子铜损	机械损耗	杂散损耗	总损耗
1. 小型容量电动机	25%~35%	30%~40%	15%~20%	10%~15%	5%~10%	100%
2. 中型容量电动机	20%~30%	25%~35%	20%~25%	5%~10%	10%~15%	100%
备注	低速 大于 高速	高速>低速 绝缘耐热 等级越高，电 流密度越大， 铜损越大		高速>低速 封闭式较大 防护式较小	高速>低速 铸铝转子 电机较大	

电动机的功率损耗和电能损耗是以热能的形式散失于周围的空气中，电动机在运行中温度升高而发热就是这个缘故。

2. 电动机电能损耗的计算

为了方便起见，异步电动机的电能损耗建议按下述方法进行计算。

（1）三相异步电动机在额定负载下的电能损耗为

$$\Delta A_{dj} = \Delta P_{dj} t_{dj} = (P_1 - P_2) t_{dj}$$
$$= \left(\sqrt{3} U_e I_e \cos \phi_e - P_e \right) t_{dj} \quad (kW \cdot h) \qquad (2-69)$$

因为三相异步电动机的额定电流 I_e 为

$$I_e = \frac{P_e}{\sqrt{3} U_e \cos \phi_e \eta_e} \quad (A) \qquad (2-70)$$

所以，三相异步电动机在额定负载下的电能损耗的计算式可简化为

$$\Delta A_{dj} = \left(\frac{P_e}{\eta_e} - P_e \right) t_{dj} = \left(\frac{1}{\eta_e} - 1 \right) P_e t_{dj} \quad (kW \cdot h) \qquad (2-71)$$

式中　U_e——三相异步电动机的额定电压，kV；

　　　P_1——三相异步电动机的电源输入功率，kW；

　　ΔP_{dj}——三相异步电动机的功率损耗，kW；

　　　P_2——电动机的输出功率，即实际负荷功率，kW；

　　　P_e——电动机的额定功率，即额定输出功率，kW；

　　$\cos \phi_e$——三相异步电动机的额定负荷功率因数；

　　　η_e——三相异步电动机的额定效率；

　　　t_{dj}——三相异步电动机的实际运行时间，h。

（2）三相异步电动机在任意负载下的电能损耗为

$$\Delta A_{dj} = \left(\sqrt{3}\, U_e I_i \cos\phi_i - \beta P_e \right) t_{dj} \quad (kW \cdot h) \tag{2-72}$$

因为三相异步电动机在任意负载下的电流 I_i 为

$$I_i = \frac{\beta P_e}{\sqrt{3}\, U_e \cos\phi_i \eta_i} \quad (A) \tag{2-73}$$

所以，三相异步电动机在任意负载下的电能损耗的计算式可简化为

$$\Delta A_{dj} = \left(\frac{\beta P_e}{\eta_i} - \beta P_e \right) t_{dj}$$

$$= \left(\frac{1}{\eta_i} - 1 \right) \beta P_e t_{dj} \quad (kW \cdot h) \tag{2-74}$$

上三式中 I_i——三相异步电动机在任意负载下的负荷电流，A；

η_i——三相异步电动机在任意负载下的效率；

$\cos\phi_i$——三相异步电动机在任意负载下的功率因数；

β——三相异步电动机的负载系数，即负载率，$\beta = \dfrac{P_2}{P_e}$。

考虑电动机的负载系数 $\beta = \dfrac{P_2}{P_e}$，故三相异步电动机在任意负载下的电能损耗计算式还可简化为

$$\Delta A_{dj} = \left(\frac{1}{\eta_i} - 1 \right) P_2 t_{dj} \quad (kW \cdot h) \tag{2-75}$$

式中 P_2——电动机的实际负载功率，即实际输出功率，kW。

经测算与分析，三相异步电动机的负载率与功率因数、效率、功耗率之间存在密切的关系，见表 2-9。

表 2-9   三相异步电动机的负载率与功率因数、效率、功耗率的关系表

负载率 β_i（%）	空载	25	50	75	100
功率因数 $\cos\phi_i$	0.20	0.50	0.77	0.85	0.89
效率 η_i（%）	0	78	85	88	87
功耗率 ΔP_i（%）	100	22	15	12	13

由表 2-9 可见，三相异步电动机在额定负载下功率因数最高，达 0.89 左右，并随着负载系数的减小而降低；空载时功率因数降至 0.2 左右。而电动机的效率在 75% 负载下最高，达 88% 左右，也随着负载系数的减小而降低；空载时其效率为零。而电动机的电功率损耗率在 75% 负载下亦相应降至最低，为 12% 左右；并随着负载系数的减小而升高，空载时其功耗率为 100%。

三相异步电动机在负载率为 75%～80% 下运行最经济合理

这里需说明一点，电动机和进户线一般是安装在用户电能表后面的用电设备和元件，在考核低压线路线损时，一般是不包含电动机和进户线的电能损耗的。但在线损理论计算时，却要包含它们，对它们的损耗电量要进行理论计算。所以在实际工作中，要

把线损指标的考核和线损理论计算区别开来。

六、低压配电网总理论线损电量和理论线损率

以配电变压器为计算台区的低压配电网总理论线损电量，是低压线路线损、用户电能表损耗、低压进户线线损、电动机电能损耗之和。即

$$\Delta A_\Sigma = \Delta A_{xl} + \Delta A_{db} + \Delta A_{jh} + \Delta A_{dj}\ （kW \cdot h）\tag{2-76}$$

当配电变压器低压侧总电能表的抄见电量为 A_p（kW·h）时，低压配电网的理论线损率为

$$\Delta A_{dl}\% = \frac{\Delta A_\Sigma}{A_p} \times 100\%\tag{2-77}$$

式中　ΔA_Σ——低压配电网总理论线损电量，kW·h；

A_p——低压配电网首端有功供电量，即配电变压器二次总表抄见电量，kW·h。

七、低压配电线路线损理论计算的步骤

分析低压配电网以配电变压器台区为单元的理论线损综合计算式，可归纳其计算步骤大致如下：

（1）绘制出网络的接线图；并将线路的主干线和分支线的计算线段划分出来；接着逐段计算出其负荷电量。

　　分段的原则是：凡线路结构常数、导线截面、长度、负荷电流四者均相同的为一个计算线段，否则不为同一个计算线段。

（2）计算线路各分段电阻、线路等值电阻。

（3）测算出线路首端的平均负荷电流。

（4）实测出线路的负荷曲线特征系数。

（5）从用电或运行的记录中和计时钟的显示数中，查取配电变压器向低压线路的实际供电时间，即小时数。

（6）将上面通过测定、查取和计算求得的各个参数值代入式（2-64），计算低压配电网线路的理论线损 ΔA_{xl}。

（7）在查清进户线的条数及长度、单相和三相电能表只数的基础上，计算确定接户线和电能表的损耗电量。

（8）查清电动机的运行台数、运行参数和额定参数，计算确定电动机的电能损耗。

（9）计算确定以配电变压器为台区的低压配电网总的理论线损电量 ΔA_Σ，以及相应的理论线损率 $\Delta A_{dl}\%$。

八、低压配电线路和三相异步电动机损耗的实例计算

【例2-6】有一条 380/220V 配电线路，某月运行 402h，有功供电量为 9760kW·h，

测算得负荷曲线特征系数为 1.16，负荷功率因数为 0.85；线路接线如图 2-12 所示，其结构参数已标出；线路有三条支路的单相生活用电负荷、四条支路的三相动力负荷的用电量已标出，试进行线损理论计算。

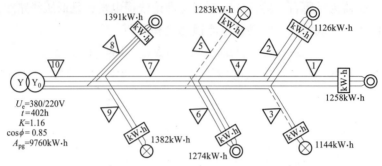

图 2-12　低压配电线路线损计算例题示意图

第 1 线段（支路）：$\dfrac{LJ-16}{0.15}$；第 2 线段（支路）：$\dfrac{LJ-16}{0.14}$；

第 3 线段（支路）：$\dfrac{LJ-16}{0.12}$；第 4 线段（支路）：$\dfrac{LJ-25}{0.13}$；

第 5 线段（支路）：$\dfrac{LJ-16}{0.25}$；第 6 线段（支路）：$\dfrac{LJ-16}{0.27}$；

第 7 线段（支路）：$\dfrac{LJ-35}{0.11}$；第 8 线段（支路）：$\dfrac{LJ-16}{0.34}$；

第 9 线段（支路）：$\dfrac{LJ-16}{0.31}$；第 10 线段（支路）：$\dfrac{LJ-35}{0.10}$。

注：横线下面的小数（如 0.15、0.14 等）为线段长度公里数。

解　首先计算线路首端的平均负荷电流

$$I_{pj}=\frac{A_{p \cdot g}}{\sqrt{3}\,U_e\cos\phi\,t}=\frac{9760}{\sqrt{3}\times0.38\times0.85\times402}=43.4\ （A）$$

然后按照已经划分出来的线段（或支路）及其序号，计算线路的等值电阻。因等值电阻的分母值为

$$N\left(\sum_{i=1}^{m}A_i\right)^2=3.5\times8858^2$$

等值电阻的分子值为各线段等值电阻之和，即

$$\sum_{j=1}^{n}N_jA_{j\Sigma}^2R_j$$

其中　线段 1 为 $3\times1258^2\times1.98\times0.15$

线段 2 为 $3\times1126^2\times1.98\times0.14$

线段 3 为 $2\times1144^2\times1.98\times0.12$

线段 4 为 $3.5\times(1258+1144+1126)^2\times1.28\times0.13$

线段 5 为 $2\times1283^2\times1.98\times0.25$

线段 6 为 $3\times1274^2\times1.98\times0.27$

线段 7 为 3.5×（8858−1391−1382）^{2}×0.92×0.11

线段 8 为 3×1391^2×1.98×0.34

线段 9 为 2×1382^2×1.98×0.31

线段 10 为 3.5×8858^2×0.92×0.1

将所得各线段等值电阻值存入累加器，调出值即为它们之和。

故得线路等值电阻之值为

$$R_{dz} = \frac{\sum_{j=1}^{n} N_j A_{j\Sigma}^2 R_j}{N\left(\sum_{i=1}^{m} A_i\right)^2} = 0.22 \text{ （Ω）}$$

接着计算低压线路的损耗电量为

$$\Delta A_{xl} = 3.5 \times I_{pj}^2 K^2 R_{dz} t \times 10^{-3}$$
$$= 3.5 \times 43.4^2 \times 1.16^2 \times 0.22 \times 402 \times 10^{-3}$$
$$= 784.5 \text{ （kW·h）}$$

最后计算线路的线损率：

理论线损率为

$$\Delta A_1\% = \frac{\Delta A_{xl}}{A_{p\cdot g}} \times 100\% = \frac{784.5}{9760} \times 100\% = 8.04\%$$

实际线损率为

$$\Delta A_s\% = \frac{A_{p\cdot g} - \sum_{i=1}^{m} A_i}{A_{p\cdot g}} \times 100\% = \frac{9760-8858}{9760} \times 100\% = 9.24\%$$

两线损率相比较，相差 1.2%，说明该线路还有一定的降损节电潜力。

【例 2-7】 某排灌站有两台 380V 三相异步电动机，额定功率均为 22kW，额定负荷功率因数均为 0.89，额定效率均为 87%，所不同的是一台是额定负荷下运行，另一台是在 75% 负荷下运行。试计算这两台电动机在某月的 720h 运行中的电能损耗各为多少？

解　先计算额定负载下运行的电动机的电能损耗。

因电动机的额定电流为

$$I_e = \frac{P_e}{\sqrt{3}\, U_e \cos\phi_e \eta_e} = \frac{22}{\sqrt{3} \times 0.38 \times 0.89 \times 0.87} = 43.2 \text{ （A）}$$

故电动机在额定负载下的电能损耗为

$$\Delta A_{dj} = \left(\sqrt{3}\, U_e I_e \cos\phi_e - P_e\right) t_{dj}$$
$$= (\sqrt{3} \times 0.38 \times 43.2 \times 0.89 - 22) \times 720$$
$$= 2380 \text{ （kW·h）}$$

或　　$$\Delta A_{dj} = \left(\frac{1}{\eta_e} - 1\right) P_e t_{dj} = \left(\frac{1}{0.87} - 1\right) \times 22 \times 720 = 2367 \text{ （kW·h）}$$

两种计算方法的结果相比较，略有误差；前一种计算方法的结果应是不精确的，因电动机额定电流的计算结果经"四舍五入"后略有增大；而后一种计算方法的结果未经"四舍五入"的处理，故相对而言是比较精确的。

然后计算电动机在75%**负载下运行的电能损耗。**

因电动机在此负载下的负荷电流为

$$I_i = \frac{P_2}{\sqrt{3}\,U_e\cos\phi_i\eta_i} = \frac{22\times0.75}{\sqrt{3}\times0.38\times0.85\times0.88} = 33.5 \text{（A）}$$

故电动机在该负载运行下的电能损耗为

$$\Delta A_{dj} = \left(\sqrt{3}\,U_e I_i\cos\phi_i - \beta P_e\right)t_{dj}$$

$$= \left(\sqrt{3}\times0.38\times33.5\times0.85 - 0.75\times22\right)\times720$$

$$= 1614 \text{（kW·h）}$$

或 $\quad \Delta A_{dj} = \left(\frac{1}{\eta_i}-1\right)\beta P_e t_{dj} = \left(\frac{1}{0.88}-1\right)\times0.75\times22\times720 = 1620 \text{（kW·h）}$

同样，两种计算方法的结果相比较，略有误差；前一种计算方法的结果应该是不精确的，因电动机在这一负载下的负荷电流的计算值经"四舍五入"后略有减小；而后一种计算方法的结果未经"四舍五入"的处理，故相对来说是比较精确的。

总而言之，三相异步电动机的电能损耗在额定负载（即满载）时应大于在任意一负载下之值，而应小于在超载（即过载）下之值。这和变压器是同样的道理。

九、低压配电线路三相负荷不平衡对线损影响的计算

（一）三相负荷不平衡是低压线路最突出最严重的问题

前面所述的计算，是在设定低压三相四线制线路三相负荷电流平衡下进行的。但是在农村低压三相四线制线路中，绝大多数（约在70%以上）的三相负荷电流是不平衡或极不平衡的。其三相负荷电流是否平衡，可以观测中性线的对地电压；三相负荷电流平衡时，其电压值接近零；三相负荷电流不平衡时，其电压值达到约10V，严重时可达到数十伏。也可以从配电房（或配电所）中配电屏（柜）上装设的三块电流表（一相一块）观察得知。当其中一块表的指针接近满格或上极限值，而另一块电流表的指针却接近下极限值零值或升起不多，而第三块电流表的指针位置则介于两者之间（有的存在小小的摆动），则表明该低压线路"一相负荷重，一相负荷轻，而第三相负荷为基本正常负荷或平均负荷"。当其中两块电流表的指针接近满格或上极限值，而另一块电流表的指针却接近下极限值或升起不多，则表明该低压线路"两相负荷重，一相负荷轻"。当其中两块电流表的指针接近下极限值或升起不多，而另一块电流表的指针接近满格或上极限值，则表明该低压线路"两相负荷轻、一相负荷重"。还有"两相负荷重，一相负荷为平均""两相负荷轻，一相负荷为平均""一相负荷重，两相负荷为正常""一相负荷轻，两相负荷为正常"等情形。

前三种情形负荷的重与轻之差距最大，而后四种情形其负荷之间的差距与前者相比较要小些。实验或实践均表明，一般用电设备或器具的负荷在其额定值的75%~80%，效率最高，功耗率最低，也最安全，对其使用寿命也较为有利。三相负荷的三块电流表

的指针在表的刻度这一位置上，不仅线路三相负荷电流平衡，而且设备运行最经济合理、最安全可靠。

（二）三相负荷不平衡度及其对低压线损影响的计算

1. 三相负荷电流不平衡导致线路线损增加的原因

我国农村低压配电线路一般为三相四线制，当三相负荷电流平衡时，中性线对地电压接近零值，零线电流亦为零值。如果三相负荷电流不平衡，则中性线对地电压有一定量值，零线中有电流通过流动，又因零线的截面积较小（仅为相线的一半），故必将导致线路线损增大，这是因为：

当三相负荷平衡时

$$I_A = I_B = I_C = I \quad I_0 = 0$$

$$\Delta P_{ph} = 3I^2 R \times 10^{-3} \quad (kW)$$

当三相负荷不平衡时

$$I_A \neq I_B \neq I_C \quad I_0 \neq 0$$

$$\Delta P_{bph} = [(I_A^2 + I_B^2 + I_C^2)R + I_0^2 R_0] \times 10^{-3} \quad (kW)$$

式中　ΔP_{ph}——三相负荷电流平衡时的线路线损，kW；

　　　ΔP_{bph}——三相负荷电流不平衡时的线路线损，kW；

　　　I_0——零线（中性线）电流，A；

I_A、I_B、I_C——线路三相负荷电流，A；

　　　I——三相负荷电流平衡时的相线电流，A；

　　R、R_0——线路相线电阻、零线电阻，Ω，且 $R_0 = 2R$。

可见，$\Delta P_{bph} > \Delta P_{ph}$，三相负荷电流越不平衡，线路线损也就越大。

值得说明的是：如果要计算求取的是某电网（或某线路）的功率损耗（单位为 W 或 kW、MW），因为计算所用参数电流（单位为 A）或功率（单位为 W）为实际值，故在计算时不必考虑负荷曲线特征系数（即负荷曲线形状系数、负荷等效系数）K 值，即使考虑，此时也是 $K = 1$。反之，如果要计算求取的是某电网（或线路）的线损电量和电能损耗（单位为 kW·h 或 MW·h），因为计算所用参数电流（单位为 A）或功率（单位为 kW）为测算期的平均值，故在计算时必须考虑负荷曲线特征系数 K 值（此时一般都是 $K > 1$，而不再是 $K = 1$），否则将造成误差，且被认为是概念上的一个错误。

2. 三相负荷电流不平衡度与线路线损增加的实况

设三相负荷电流的平均值为 $I_{pj}[I_{pj} = (I_A + I_B + I_C)/3]$，最大一相负荷电流为 I_{zd}，则三相负荷电流不平衡度（又称不平衡率）$\delta\%$ 为

$$\delta\% = \frac{I_{zd} - I_{pj}}{I_{pj}} \times 100\% \qquad (2-78)$$

下面就三种较为重要并颇具代表性的情形计算分析线路线损的数量。

（1）一相负荷重，一相负荷轻，而第三相负荷为平均负荷。重负荷相电流为 $(1+\delta)I_{pj}$，轻负荷相电流为 $(1-\delta)I_{pj}$，零线电流为 $\sqrt{3}\delta I_{pj}$；则该线路的线损（功率损耗）为

$$\Delta P_{\text{bph·1}} = [\ (1+\delta)\ ^2 I_{\text{pj}}^2 + (1-\delta)\ ^2 I_{\text{pj}}^2 + I_{\text{pj}}^2\ ] R + 3\delta^2 I_{\text{pj}}^2 \times 2R$$
$$= 3I_{\text{pj}}^2 R + 8\delta^2 I_{\text{pj}}^2 R$$

而三相负荷平衡时的线路线损（功率损耗）为

$$\Delta P_{\text{ph}} = 3I_{\text{pj}}^2 R$$

两者相比得

$$K_1 = \frac{\Delta P_{\text{bph·1}}}{\Delta P_{\text{ph}}} = \frac{3I_{\text{pj}}^2 R + 8\delta^2 I_{\text{pj}}^2 R}{3I_{\text{pj}}^2 R} = 1 + \frac{8}{3}\delta^2 \qquad (2-79)$$

相关规程规定，在低压主干线和主要分支线的首端，三相负荷电流不平衡度不得超过 20%。当 $\delta = 0.2$ 时，$K_1 = 1.11$，即由于三相负荷不平衡所引起的线损增加 11%。当 $\delta = 100\% = 1.0$（即一相负荷电流为 $2I_{\text{pj}}$，一相负荷电流为 0，第三相负荷电流为 I_{pj}）时，则 $K_1 = 3.67$，也就是说线路线损增加 2.67 倍。

（2）一相负荷重，两相负荷轻。此时重负荷相电流为 $(1+\delta)I_{\text{pj}}$，轻负荷两相电流均为 $\left(1-\dfrac{\delta}{2}\right)I_{\text{pj}}$，零线电流为 $\dfrac{3}{2}\delta I_{\text{pj}}$，则该线路的线损（功率损耗）为

$$\Delta P_{\text{bph·2}} = \left[\ (1+\delta^2)\ I_{\text{pj}}^2 + 2\left(1-\frac{\delta}{2}\right)^2 I_{\text{pj}}^2\right] \times R + \frac{9}{4}\delta^2 I_{\text{pj}}^2 \times 2R$$
$$= 3I_{\text{pj}}^2 R + 6\delta^2 I_{\text{pj}}^2 R \quad (\text{W})$$

与三相负荷电流平衡时线路的线损（功率损耗）相比较得

$$K_2 = \frac{\Delta P_{\text{bph·2}}}{\Delta P_{\text{ph}}} = \frac{3I_{\text{pj}}^2 R + 6\delta^2 I_{\text{pj}}^2 R}{3I_{\text{pj}}^2 R} = 1 + 2\delta^2 \qquad (2-80)$$

当 $\delta = 20\% = 0.2$ 时，$K_2 = 1.08$，即由于三相负荷电流不平衡所引起的线损增加 8%。当 $\delta = 200\% = 2.0$（即一相负荷电流为 $3I_{\text{pj}}$，另两相负荷电流为 0，也就是线路单相供电情况）时，则 $K_2 = 9$，也就是说线路线损增加 8 倍。

（3）两相负荷重，一相负荷轻。此时重负荷两相电流均为 $(1+\delta)I_{\text{pj}}$，轻负荷相电流为 $(1-2\delta)I_{\text{pj}}$，零线电流为 $3\delta I_{\text{pj}}$，则该线路的线损（功率损耗）为

$$\Delta P_{\text{bph·3}} = [\ 2(1+\delta)\ ^2 I_{\text{pj}}^2 + (1-2\delta)\ ^2 I_{\text{pj}}^2\ ] \times R + 9\delta^2 I_{\text{pj}}^2 \times 2R$$
$$= 3I_{\text{pj}}^2 R + 24\delta^2 I_{\text{pj}}^2 R \quad (\text{W})$$

与三相负荷平衡时线路的线损（功率损耗）相比较得

$$K_3 = \frac{\Delta P_{\text{bph·3}}}{\Delta P_{\text{ph}}} = \frac{3I_{\text{pj}}^2 R + 24\delta^2 I_{\text{pj}}^2 R}{3I_{\text{pj}}^2 R} = 1 + 8\delta^2 \qquad (2-81)$$

当 $\delta = 20\% = 0.2$ 时，$K_3 = 1.32$，即由于三相负荷电流不平衡所引起的线损增加 32%。当 $\delta = 50\% = 0.5$（即两相负荷电流均为 $1.5I_{\text{pj}}$，另一相负荷电流为 0，也就是线路两相供电情况）时，$K_3 = 3$，也就是说线路线损增加 2 倍。

从以上计算分析可见，在三相四线制低压线路中，当三相负荷电流不平衡时，其线损与不平衡度为非直接正比关系，具体地说，三相四线制低压线路在两相供电情况（两相负荷重，一相负荷轻情形恶性发展的结果或极限情况）和单相供电情况（一相负荷重，两相负荷轻情形恶性发展的结果或极限情况）之下，**线路线损增加 2～8 倍**，是对能源极

为严重的浪费，造成了很大的经济损失，必须及时予以调整，确保供电负荷三相平衡。

为了给读者对本节内容一个清晰、完整的认识和了解，也为了便于读者比较分析，在此将其主要内容汇总并制成表格，见表 2-10，供参阅。

表 2-10　　　　　　低压线路三相负荷不平衡下，线路相关参数变化情况表

三相负荷不平衡类型 线路相关参数、单位及变化情况	一相负荷重 一相负荷轻 一相为平均	两相负荷重 一相负荷轻	一相负荷重 两相负荷轻
1. 重相负荷电流（A）	$(1+\delta)\,I_{pj}$	$(1+\delta)\,I_{pj}$	$(1+\delta)\,I_{pj}$
2. 轻相负荷电流（A）	$(1-\delta)\,I_{pj}$	$(1-2\delta)\,I_{pj}$	$\left(1-\dfrac{\delta}{2}\right)I_{pj}$
3. 中性线（零线）电流（A）	$\sqrt{3}\,\delta I_{pj}$	$3\delta I_{pj}$	$\dfrac{3}{2}\delta I_{pj}$
4.（不平/平）线损比值 K_{Δ}	$1+\dfrac{8}{3}\delta^2$	$1+8\delta^2$	$1+2\delta^2$
5. $\delta=0.2$ 时线损比值 K_{δ}	$=1.107$ （即线损增 10.7%）	$=1.32$ （即线损增 32%）	$=1.08$ （即线损增 8%）
三相负荷 不平衡 极限情况	当 $\delta=1.0=100\%$ 时 则重相电流为 $2I_{pj}$ 轻相电流为 0 另相电流为 I_{pj} 而比值 $K_{\Delta}=3.67$ 即线损增 2.67 倍	当 $\delta=0.5=50\%$ 时 则两相电流为 $1.5I_{pj}$ 另一相电流为 0 即为两相供电情况 而比值 $K_{\Delta}=3.0$ 即线损增加 2 倍	当 $\delta=2.0=200\%$ 时 则重相电流为 $3I_{pj}$ 另两相电流为 0 即为单相供电情况 而比值 $K_{\Delta}=9.0$ 即线损增加 8 倍

（三）三相负荷电流不平衡时零线电流的计算确定方法

在三相四线制低压线路中，当三相负荷电流不平衡时，中性线对地电压存在一定量值，零线中就有电流通过；三相负荷电流愈不平衡，中性线对地电压可达数 10V（严重时），零线中通过的电流值也就愈大。此时零线电流值的计算确定方法有如下四种。

1. 实测法

用钳形电流表对零线直接进行测量；方法操作简便直观，只要备有一只相应规格的钳形电流表即可。

2. 向量复数计算法

众所周知，在三相交流电路中，三相电流值是按正弦波规律变化的，三相电流值的相位相互差 120° 的电角度，其值是不可能在同一时间达到最大值，因此零线电流值是不能用三相电流值简单相加而得，它应该是三相电流的向量和，即为

$$\dot{I}_0 = \dot{I}_A + \dot{I}_B + \dot{I}_C$$

$$\dot{I}_A = I_A \ \underline{/0°}\ ; \qquad \dot{I}_B = I_B\ \underline{/-120°}\ ; \qquad \dot{I}_C = I_C\ \underline{/-240°}$$

将 I_A、I_B、I_C 用复数法展开后代入公式整理后得

$$I_0 = I_A - \left(\frac{1}{2} + j\frac{\sqrt{3}}{2}\right)I_B - \left(\frac{1}{2} - j\frac{\sqrt{3}}{2}\right)I_C \quad \text{（A）} \tag{2-82}$$

3. 向量作图法

从上述两种方法可见，求得零线值较为繁琐，如果运用向量图法（即平行四边形法）来求解零线电流，就容易方便多了。

4. 估算法

（1）公式一。

$$I_0 = \sqrt{\frac{(I_A - I_B)^2 + (I_B - I_C)^2 + (I_C - I_A)^2}{2}} \quad \text{（A）} \tag{2-83}$$

（2）公式二。

$$I_0 = I_A \sqrt{1 + K_2^2 + K_3^2 - K_2 - K_3 - K_2 K_3} \quad \text{（A）} \tag{2-84}$$

其中

$$K_2 = \frac{I_B}{I_A}; \quad K_3 = \frac{I_C}{I_A}$$

【例 2-8】 在某三相四线制低压线路中，已知 $I_A = 10$A、$I_B = 15$A、$I_C = 20$A，请计算确定其零线电流值 $I_0 = ?$

解 （1）向量复数计算法。将已知条件代入式（2-82）得

$$I_0 = 10 - \left(\frac{1}{2} + j\frac{\sqrt{3}}{2}\right) \times 15 - \left(\frac{1}{2} - j\frac{\sqrt{3}}{2}\right) \times 20$$

简化得
$$I_0 = -7.5 + j4.3$$

故得
$$I_0 = \sqrt{(-7.5)^2 + (4.3)^2} = 8.7 \quad \text{（A）}$$

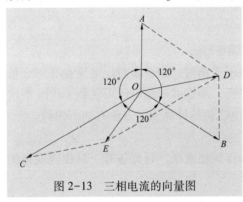

图 2-13　三相电流的向量图

（2）向量作图法。

1）按比例画出三相电流的向量图（见图 2-13）；图中 $OA = 10$A，$OB = 15$A，$OC = 20$A。

2）以 OA、OB 相邻两边作平行四边形，对角线 OD 即为 I_A、I_B 之向量和。

3）再以 OD、OC 相邻两边作平行四边形，对角线 OE 即为零线电流 I_0。

4）量取 OE 长度，再乘以作图比例，即为零线电流值，$OE = 8.7$A。

（3）估算法。将已知条件：$K_2 = \dfrac{I_B}{I_A} = \dfrac{15}{10} = 1.5$，$K_3 = \dfrac{I_C}{I_A} = \dfrac{20}{10} = 2.0$，代入式（2-84）得

$$I_0 = I_A \sqrt{1 + K_2^2 + K_3^2 - K_2 - K_3 - K_2 K_3}$$
$$= 10 \sqrt{1 + 1.5^2 + 2^2 - 1.5 - 2 - 1.5 \times 2}$$
$$= 8.7 \quad \text{（A）}$$

同样将已知条件代入式（2-83）得

$$I_0 = \sqrt{\frac{(I_A-I_B)^2 + (I_B-I_C)^2 + (I_C-I_A)^2}{2}}$$

$$= \sqrt{\frac{(10-15)^2 + (15-20)^2 + (20-10)^2}{2}}$$

$$= \sqrt{\frac{150}{2}} = \sqrt{75}$$

$$\approx 8.7 \text{（A）}$$

而三相负荷电流不平衡度为

$$\delta\% = \frac{I_{zd}-I_{pj}}{I_{pj}} \times 100\% = \left(\frac{I_{zd}}{I_{pj}}-1\right) \times 100\%$$

$$= \left(\frac{I_{zd}}{\dfrac{I_A+I_B+I_C}{3}}-1\right) \times 100\%$$

$$= \left(\frac{20}{\dfrac{10+15+20}{3}}-1\right) \times 100\%$$

$$= \left(\frac{20\times3}{45}-1\right) \times 100\%$$

$$= 33.33\%$$

为了更方便地观察、观测三相四线制低压线路的三相负荷电流是否平衡和零线电流的大小，可考虑在低压配电屏（柜）上多装（或增装）一只电流表（除 A、B、C 三相三块电流表之外）。

 相关规程规定：零线电流不得超过配电变压器低压侧额定电流的 25%。

（四）三相负荷不平衡时低压线损理论值的计算

在三相四线制低压线路中，由于三相负荷电流不平衡，中性线对地电压呈现一定量值，零线中有电流通过，零线电阻是相线电阻 2 倍（截面减小一半，电阻增加一倍）。所以，对它们进行线损理论计算时，如果还是按照三相负荷电流平衡的方法来对待，往往造成计算出来的理论线损小很多，理论线损率低很多。这一点从前面的计算分析也可以看出，下面举例计算进一步说明其中的缘由。

【例 2-9】有一条 380/220V 三相四线制配电线路，某月运行 369h，有功供电量为 6193kW·h，测算得负荷曲线特征系数为 1.17，负荷功率因数为 0.85，并且从线路首端配电屏上的电流表得知 $I_A=40$A、$I_B=30$、$I_C=20$A，线路中用电设备及器具的总抄见电量为 5864kW·h，线路接线如图 2-14 所示，相关结构参数和运行参数已给出标明，试对其进行线损计算。

解 从题目中可以看出，这是一条三相负荷电流不平衡线路，并且属于"一相负荷重，一相负荷轻，第三相负荷为平均负荷"类型。为了便于对比分析，首先按照三相负荷电流平衡的方法（即假设它的三相负荷电流平衡）来进行计算。

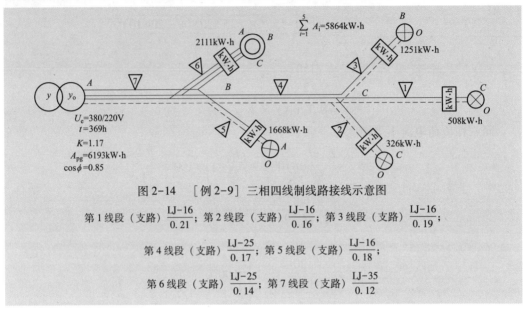

图 2-14 ［例 2-9］三相四线制线路接线示意图

第 1 线段（支路）$\frac{LJ-16}{0.21}$；第 2 线段（支路）$\frac{LJ-16}{0.16}$；第 3 线段（支路）$\frac{LJ-16}{0.19}$；

第 4 线段（支路）$\frac{LJ-25}{0.17}$；第 5 线段（支路）$\frac{LJ-16}{0.18}$；

第 6 线段（支路）$\frac{LJ-25}{0.14}$；第 7 线段（支路）$\frac{LJ-35}{0.12}$。

首先按照已经划分出来的线段（或支路）及其序号，计算线路的等值电阻。因等值电阻的分母值为

$$N\left(\sum_{i=1}^{m} A_i\right)^2 = 3.5 \times 5864^2$$

而等值电阻的分子值为各线段（支路）等值电阻之和，即

$$\sum_{j=1}^{n} N_j A_{j\Sigma}^2 R_j$$

其中　　线段 1 为　　　　　$2 \times 508^2 \times 1.98 \times 0.21$

线段 2 为　　　　　$2 \times 326^2 \times 1.98 \times 0.16$

线段 3 为　　　　　$2 \times 1251^2 \times 1.98 \times 0.19$

线段 4 为　　　　　$2 \times (508+326+1251)^2 \times 1.28 \times 0.17$

线段 5 为　　　　　$2 \times 1668^2 \times 1.98 \times 0.18$

线段 6 为　　　　　$3 \times 2111^2 \times 1.28 \times 0.14$

线段 7 为　　　　　$3.5 \times 5864^2 \times 0.92 \times 0.12$

将所得各线段等值电阻值存入累加器，调出值即为它们之和。故得线路等值电阻值为

$$R_{dz} = \frac{\sum_{j=1}^{n} N_j A_{j\Sigma}^2 R_j}{N\left(N \sum_{i=1}^{m} A_i\right)^2} = \frac{\text{累加器调出值}}{3.5 \times 5864^2} = 0.167 \ (\Omega)$$

然后计算线路（导线）的理论线损电量。

因线路平均负荷电流为

$$I_{pj} = \frac{A_{p \cdot g}}{\sqrt{3}\, U_e \cos\phi\, t} = \frac{6193}{\sqrt{3} \times 0.38 \times 0.85 \times 369} = 30 \text{（A）}$$

故线路的理论线损电量为

$$\begin{aligned}
\Delta A_{xL} &= 3 \times I_{pj}^2 K^2 R_{dz} t \times 10^{-3} \\
&= 3 \times 30^2 \times 1.17^2 \times 0.167 \times 369 \times 10^{-3} \\
&= 227.76 \text{（kW·h）}
\end{aligned}$$

最后计算线路的理论线损率为

$$\Delta A_L\% = \frac{\Delta A_{xL}}{A_{p \cdot g}} \times 100\% = \frac{227.76}{6193} \times 100\% = 3.68\%$$

而线路的实际线损率为

$$\Delta A_S\% = \frac{A_{p \cdot g} - \sum\limits_{i=1}^{n} A_i}{A_{p \cdot g}} \times 100\% = \frac{6193 - 5864}{6193} \times 100\% = 5.31\%$$

以上就是按照三相负荷电流平衡的方法（即假设线路的三相负荷电流平衡）进行理论计算得到的线路理论线损电量和线路理论线损率；最后要回归到三相负荷电流不平衡状态下。

因三相负荷电流不平衡度为

$$\delta\% = \frac{I_{zd} - I_{pj}}{I_{pj}} \times 100\% = \frac{40 - 30}{30} \times 100 = \frac{1}{3} \times 100\%$$

又因三相负荷电流不平衡时的线损对三相负荷电流平衡时的线损比值为

$$K_1 = \frac{\Delta A_{bph}}{\Delta A_{ph}} = 1 + \frac{8}{3}\delta^2 = 1 + \frac{8}{3}\left(\frac{1}{3}\right)^2 = 1 + \frac{8}{27}$$

故三相负荷电流不平衡时的线路理论线损电量应为

$$\Delta A_{bph} = \Delta A_{ph} K_1 = 227.76 \times \left(1 + \frac{8}{27}\right) = 295.24 \text{（kW·h）}$$

而此时相对应的线路理论线损率应为

$$\Delta A_{bph \cdot L}\% = \frac{\Delta A_{bph}}{A_{pg}} \times 100\% = \frac{295.24}{6193} \times 100\% = 4.77\%$$

从上述计算结果可见：$\Delta A_{bph} = 295.24 > \Delta A_{bh} = 227.76$，即增加量相当大（增加29.63%）；$\Delta A_{bph \cdot L}\% = 4.77\% > \Delta A_{bp \cdot L}\% = 3.68\%$，即升高幅度亦相当大。

必须指出，计算三相负荷电流不平衡时的低压线路理论线损电量，可以运用上述由三相负荷电流平衡回归到三相负荷电流不平衡的间接方法；也可以运用前面所述的直接方法，即利用三相负荷电流不平衡度的方法。不过要注意零线电阻应为相线相应线段（或支路）电阻的 2 倍。即

$$\begin{aligned}
\Delta A_{bph} &= \left(3 I_{pj}^2 K^2 R_{dz} + 8\delta^2 I_{pj}^2 K^2 R_{dz}\right) t \times 10^{-3} \\
&= \left(3 + 8 \times \frac{1}{9}\right) \times 30^2 \times 1.17^2 \times 0.167 \times 369 \times 10^{-3} \\
&= 295.245 \text{（kW·h）}
\end{aligned}$$

由此可见，间接和直接的两种方法结果是一致的，但前者多一道利用比值系数 K_1 进行回归换算步骤。此外，从本道例题计算还可看出，本节前面所述，对三相四线制低压线路，考虑到三相负荷可能不平衡，零线中可能存在电流及线损，而取其变压器低压出口电网结构常数 $N=3.5$ 是偏小的（此题已达 $N \approx 3.9$）。

表 2-11 为 7 种三相负荷电流不平衡状态下三相负荷电流不平衡度 δ 与低压线损增加量（与三相负荷电流平衡时相比或在此基础上）$\Delta(\Delta P)$ 的关系表。

表 2-11　　　7 种三相负荷电流不平衡状态下三相负荷电流不平衡度 δ 与低压线损增加量 $\Delta(\Delta P)\%$ 关系表

序号 $\Delta(\Delta P)\%$ 类别 δ	(1) 一相负荷重 一相负荷轻 一相为平均	(2) 一相负荷重 两相负荷轻	(3) 两相负荷重 一相负荷轻	(4) 一相负荷重 两相为正常	(5) 一相负荷轻 两相为正常	(6) 两相负荷重 一相为平均	(7) 两相负荷轻 一相为平均
0.01	0.03	0.02	0.08	0.04	0.02	0.11	0.02
0.02	0.11	0.08	0.32	0.15	0.09	0.43	0.06
0.03	0.24	0.18	0.72	0.32	0.20	0.96	0.13
0.04	0.43	0.32	1.28	0.57	0.36	1.71	0.24
0.05	0.67	0.50	2.00	0.89	0.56	2.67	0.37
0.06	0.96	0.72	2.88	1.28	0.81	3.84	0.54
0.07	1.31	0.98	3.92	1.75	1.10	5.23	0.73
0.08	1.71	1.28	5.12	2.28	1.14	6.83	0.96
0.09	2.16	1.62	6.48	2.88	1.82	8.64	1.21
0.10	2.67	2.00	8.00	3.56	2.25	10.67	1.50
0.11	3.23	2.42	9.68	4.31	2.72	12.91	1.81
0.12	3.84	2.88	11.52	5.12	3.24	15.36	2.16
0.13	4.51	3.38	13.52	6.15	3.80	18.03	2.53
0.14	5.23	3.92	15.68	6.98	4.41	20.91	2.94
0.15	6.00	4.50	18.00	8.00	5.06	24.01	3.37
0.16	6.83	5.12	20.48	9.11	5.76	27.32	3.84
0.17	7.71	5.78	23.12	10.28	6.50	30.84	4.33
0.18	8.64	6.48	25.92	11.52	7.29	34.57	4.86
0.19	9.63	7.22	28.88	12.84	8.12	38.52	5.41
0.20	10.67	8.00	32.00	14.23	9.00	42.68	6.00

综上所述，在三相四线制低压线路中，当三相负荷电流不平衡时，其线损理论计算的步骤归纳如下：

（1）根据线路当月的有功供电量 $A_{p \cdot g}$、投入运行时间 t、负荷功率因数 $\cos\phi$ 等，计算出线路首端平均负荷电流值 I_{pj}。

（2）根据对线路首端配电屏（柜）上电流表的当月观测或者线路当月运行记录，寻找出线路首端最大负荷电流值 I_{zd}（注意勿取偶尔出现的 I_{zd} 值）。

（3）根据已经取得的 I_{pj} 值与 I_{zd} 值，运用三相负荷电流不平衡度计算公式，计算出线路三相负荷电流不平衡度 δ 值。

（4）根据当月对线路首端配电屏（柜）上三只（相）电流表的观察，确认（或确定）线路三相负荷电流不平衡状态所属类别；由 δ 值查表 2-11，查出线路线损的相应增加量 $\Delta（\Delta P）\%$。

（5）按照本节前面所述的方法，计算出线路的等值电阻 R_{dz} 值，计算出线路在三相负荷电流平衡状态下（注意其公式前面倍数取 3.0，勿取 3.5）的理论线损电量 $\Delta A_{ph \cdot L}$。

（6）根据已知的 $\Delta（\Delta P）\%$ 及 $\Delta A_{ph \cdot L}$ 计算出三相负荷电流不平衡时线路的理论线损电量 $\Delta A_{bph \cdot L}$。

（7）根据已知的 $A_{p \cdot g}$、$\Delta A_{bph \cdot L}$、$\sum_{i=1}^{m} A_i$ 计算出在三相负荷电流不平衡状态的线路理论线损率 $\Delta A_{bph \cdot L}\%$，再计算出线路的实际线损率 $\Delta A_s\%$。

（8）最后对两理论线损电量 $\Delta A_{ph \cdot L}$ 与 $\Delta A_{bph \cdot L}$、三个线损率 $\Delta A_{ph \cdot L}\%$、$\Delta A_{bph \cdot L}\%$ 及 $\Delta A_s\%$ 进行对比分析。

> 需要补充说明的是，造成低压三相四线制线路线损理论计算不准确的原因，除了线路上三相负荷电流不平衡或极不平衡之外（此时一般情况是理论值偏小或小得多）；还有一个原因，就是对各低压用户的抄表顺序或路线月月不一致，抄见电量相差很大或极为悬殊；比如，某一用户在上一个月是第一个先抄的，而在下一个月是最后一个抄表的，这样必然造成抄见电量的不规律性，即有误差（延后抄表的用户一般抄见电量要增大，反之提前抄表的用户一般抄见电量要减小），抄表户数和抄表天数愈多，用户用电量愈大，则其误差愈大，导致线损计算误差亦大。

第七节　高压输电线路线损理论计算的方法

输电线路相对配电线路而言，一条线路中所包含的分支线、导线型号数、变压器台数等都较少，可见输电网的结构较为简单，而且其计量仪表和测量装置较为齐全，加之一般都有比较齐全的运行记录，因此，输电网的线损理论计算较为简便。

但是输电线路中的导线截面和变压器的容量，以及输送的负荷都较大，因此，对线损的高低影响也较大。何况输电线路的理论线损率本来就很低，如果对各个参数和各个计算环节把关不严格，将会造成不可允许的误差，所以，对线损计算的精确度要求更高。

鉴于输电线路的上述特点，在计算其理论线损时，应尽量按各个元件分别进行计算。

为了便于解读，在介绍输电线路线损理论计算时，将从直观的电量法入手，然后转到极为实用且精确较高的电网潮流计算，确定功率（或负荷电流）分布之方法。

一、 35kV 输电线路的线损理论计算

35kV 输电线路的线损理论计算分线路导线中的电阻损耗、变压器的空载损耗、变压器的负载损耗三部分进行。

（1）线路导线中的电阻损耗为

$$\Delta A_1 = 3I_{jf}^2 R_{d \cdot d} t_1 \times 10^{-3} \quad (kW \cdot h) \tag{2-85}$$

或
$$\Delta A_1 = 3I_{pj}^2 K^2 R_{d \cdot d} t_1 \times 10^{-3} \quad (kW \cdot h) \tag{2-86}$$

或
$$\Delta A_1 = (A_{p \cdot g}^2 + A_{Q \cdot g}^2) \frac{K^2 R_{d \cdot d}}{U_{pj}^2 t_1} \times 10^{-3} \quad (kW \cdot h) \tag{2-87}$$

式中　　$R_{d \cdot d}$——线路导线等值电阻，Ω；

I_{jf}、I_{pj}——线路首端均方根电流、平均负荷电流，A；

K——线路负荷曲线特征系数；

t_1——线路实际运行时间，h；

$A_{p \cdot g}$——线路有功供电量，$kW \cdot h$；

$A_{Q \cdot g}$——线路无功供电量，$kvar \cdot h$；

U_{pj}——线路平均运行电压，一般取 $U_{pj} \approx U_e$，kV。

（2）变压器的空载损耗为

$$\Delta A_o = \Delta P_o t_b \times 10^{-3} \quad (kW \cdot h) \tag{2-88}$$

或
$$\Delta A_o = \Delta P_o (t_o + t_f) \times 10^{-3} \quad (kW \cdot h) \tag{2-89}$$

式中　　ΔP_o——变压器空载时的功率损耗，W；

t_b、t_o、t_f——变压器总运行时间、空载运行时间、带负荷时的运行时间，h，$t_b = t_o + t_f \leqslant t_1$。

（3）变压器的负载损耗为

$$\Delta A_f = \beta^2 \Delta P_k t_f \times 10^{-3} \quad (kW \cdot h) \tag{2-90}$$

或
$$\Delta A_f = \left(\frac{I_{jf}}{I_e}\right)^2 \Delta P_k t_f \times 10^{-3} \quad (kW \cdot h) \tag{2-91}$$

或
$$\Delta A_f = K^2 \left(\frac{I_{pj}}{I_e}\right)^2 \Delta P_k t_f \times 10^{-3} \quad (kW \cdot h) \tag{2-92}$$

$$I_e = \frac{S_e}{\sqrt{3} U_e}$$

式中　　ΔP_k——变压器短路时的功率损耗，W；

β——变压器的实际负载率；

I_{jf}、I_{pj}——变压器的均方根电流、平均负荷电流，A；

I_e——变压器一次侧额定电流，A；

S_e——变压器的额定容量，kVA；

U_e——变压器一次侧额定电压，kV；

K——变压器负荷曲线特征系数（可取线路的同一值）。

（4）35kV 线路的总损耗、理论线损率、可变损耗所占比例为

$$\Delta A_\Sigma = \Delta A_1 + \Delta A_o + \Delta A_f \ (\text{kW}\cdot\text{h}) \tag{2-93}$$

$$\Delta A_1\% = \frac{\Delta A_\Sigma}{A_{p\cdot g}}\times 100\% \tag{2-94}$$

$$\Delta A_{kb}\% = \frac{\Delta A_{kb}}{\Delta A_\Sigma}\times 100\% = \frac{\Delta A_1 + \Delta A_f}{\Delta A_\Sigma}\times 100\% \tag{2-95}$$

二、 110kV 输电线路的线损理论计算

在 110kV 输电线路中，除了存在与 35kV 线路相同的三部分损耗，即线路导线中的电阻损耗、变压器的空载损耗和变压器的负载损耗之外，还存在着线路的电晕损耗和线路的绝缘子泄漏损耗。因此，110kV 输电线路的总电能损耗，是上述五种损耗之和。

此外，由于 110kV 变压器大都为三绕组变压器，其空载损耗的计算方法与 35kV 变压器相同，但其负载损耗的计算要较为复杂一些。

下面就 110kV 输电线路中的五种损耗的计算确定方法分别叙述。

（1）线路导线中的电阻损耗 ΔA_1。与 35kV 线路相同，略述。

（2）变压器的空载损耗 ΔA_o。与 35kV 变压器相同，略述。

（3）变压器的负载损耗为

$$\Delta A_f = \Delta A_{f\cdot 1} + \Delta A_{f\cdot 2} + \Delta A_{f\cdot 3} \ (\text{kW}\cdot\text{h}) \tag{2-96}$$

$$\Delta A_{f\cdot 1} = \Delta P_{k\cdot 1}\left(\frac{I_{jf\cdot 1}}{I_{e\cdot 1}}\right)^2 t_f \ (\text{kW}\cdot\text{h}) \tag{2-97}$$

$$\Delta A_{f\cdot 2} = \Delta P_{k\cdot 2}\left(\frac{I_{jf\cdot 2}}{I_{e\cdot 2}}\right)^2 t_f \ (\text{kW}\cdot\text{h}) \tag{2-98}$$

$$\Delta A_{f\cdot 3} = \Delta P_{k\cdot 3}\left(\frac{I_{jf\cdot 3}}{I_{e\cdot 3}}\right)^2 t_f \ (\text{kW}\cdot\text{h}) \tag{2-99}$$

$$\Delta P_{k\cdot 1} = \frac{1}{2}(\Delta P_{k1-2} + \Delta P_{k1-3} - \Delta P_{k2-3}) \ (\text{kW}) \tag{2-100}$$

$$\Delta P_{k\cdot 2} = \frac{1}{2}(\Delta P_{k1-2} + \Delta P_{k2-3} - \Delta P_{k1-3}) \ (\text{kW}) \tag{2-101}$$

$$\Delta P_{k\cdot 3} = \frac{1}{2}(\Delta P_{k1-3} + \Delta P_{k2-3} - \Delta P_{k1-2}) \ (\text{kW}) \tag{2-102}$$

式中　$\Delta A_{f\cdot 1}$、$\Delta A_{f\cdot 2}$、$\Delta A_{f\cdot 3}$——变压器三个绕组的实际负载损耗，kW·h；

$\Delta P_{k\cdot 1}$、$\Delta P_{k\cdot 2}$、$\Delta P_{k\cdot 3}$——三个绕组的额定负载功率损耗，kW；

$I_{jf\cdot 1}$、$I_{jf\cdot 2}$、$I_{jf\cdot 3}$——变压器三个绕组的均方根电流，A；

$I_{e\cdot 1}$、$I_{e\cdot 2}$、$I_{e\cdot 3}$——变压器三个绕组的额定负荷电流，A；

ΔP_{k1-2}、ΔP_{k1-3}、ΔP_{k2-3}——变压器每两相绕组的额定负载损耗，kW；

t_f——变压器带负载的实际运行时间，h。

（4）110kV 线路的电晕损耗 ΔA_{dy}。110kV 输电线路的电晕损耗大小主要和下列因素有关：

1）导线表面的电场强度。由于导线表面电场强度又和线路实际运行电压水平、导线截面积、导线表面状况、导线对地距离及导线间距等有关；故影响电晕损耗的因素很多，其计算相当复杂。

2）天气条件。在晴天可能没有电晕，但在雨天、雾天、雪天很可能有电晕。比如在雨天，当雨水在导线下侧聚积成成串的小水珠时，则电场就使这些水珠变成针状突出物体，在此处将使导线出现长条状的电晕现象。

3）受线路通过地区海拔高度的影响（略述）。

鉴于上述情况，110kV 线路的电晕损耗值通常是根据由实验数值所导出的近似计算方法进行估算确定的。即为了计算方便起见，对 110kV 线路的电晕损耗量可从表 2-12 查取其对线路导线电阻损耗电量：$3I^2R\tau$ 的比值，进行估算确定。

表 2-12　　　　　　　　　　　110kV 架空线路电晕损耗与电阻损耗的对比

线路平均运行电压（kV）		115.5				
导线截面（mm²）		70	95	120	150	185
最大电场强度（kV/cm）	边相	26.4	22.6	20.7	19.0	17.0
	中相	28.2	24.1	22.1	20.1	18.0
三相电晕功率损耗（kW/km）	冰雪天	1.1	0.54	0.36	0.22	0.14
	雨天	0.80	0.42	0.27	0.17	0.11
	雾天	0.17	0.102	0.085	0.067	0.044
	好天	0	0	0	0	0
三相年均电晕功率损耗（kW/km）		0.24	0.13	0.08	0.05	0.03
年均电晕损失电量（kW·h/km）		2096.5	1105.3	720.9	460.4	298.1
当导线运行在经济电流密度 1.15A/mm² 时的 $3I^2R$ 值（kW/km）		8.9	11.8	15.4	18.7	23.1
当最大负荷损耗时间 τ =5000h 下的 $3I^2R\tau$ 值（kW·h/km）		44 500	59 000	77 000	93 500	115 500
年均电晕损失电量对 $3I^2R\tau$（τ =5000h）之比值（%）		4.7	1.9	0.9	0.5	0.3

从表 2-12 可见，表中给出了 110kV 架空输电线路导线截面积为 70~185mm² 五种型号导线的五个单位长度年均电晕损耗电量。

当计算某月某条 110kV 架空输电线路的电晕损耗时，可直接运用此数字除以 12 再乘以该线路的总长度（即总公里数）即可得之。对于 220kV 及以上电压等级的架空输电线路的电晕损耗，亦可按上述类似方法进行计算，但要考虑其单位长度的年均电晕损耗电量与 110kV 线路不同。

（5）110kV 线路的绝缘子泄漏损耗 ΔA_{xL}。110kV 输电线路的绝缘子泄漏损耗和绝缘子的型式、沿线路地区大气的污染程度及其空气的湿度等因素有关。历年积累的调查统计资料表明，对于 110kV 及以上的架空输电线路的绝缘子泄漏损耗，约为相应线路电阻损耗电量 $3I^2Rt\times10^{-3}$ 的 1%。因此，为了避免过于繁琐，对于相应线路的绝缘子泄漏损耗，可直接按这一百分比进行估算。

这样，110kV 架空输电线路总的电能损耗，是线路导线中的电阻损耗、变压器绕组中的负载损耗、变压器的空载损耗、导线表面的电晕损耗、绝缘子泄漏损耗的总和。

三、输电线路理论线损实例计算

【例 2 - 10】某 35kV 架空输电线路，有导线 LGJ—185 为 5.7km，LGJ—150 为 2.6km，LGJ—120 为 3.4km；有 35/10kV 电力变压器 SL_7—5000×2kVA，SL_7—3150×2kVA，某月运行 675h，有功供电量为 4 269 947kW·h，无功供电量为 2 596 128kvar·h，测算得负荷曲线特征系数为 1.05，其他参数及线路结构如图 2-15 所示。试将该线路的当月理论线损率和线路导线、变压器铁心、变压器绕组中的损耗所占比重计算出来。

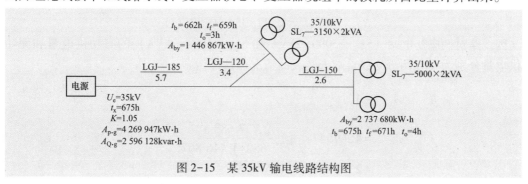

图 2-15　某 35kV 输电线路结构图

解　为了方便起见，首先计算两座变电站 4 台主变压器的空载损耗 ΔA_o。即

$$\Delta A_o' = \Delta P_o' \times 2 \times t_b' = 6.76 \times 2 \times 675 = 9126 \ (kW \cdot h)$$

$$\Delta A_o'' = \Delta P_o'' \times 2 \times t_b'' = 4.75 \times 2 \times 662 = 6289 \ (kW \cdot h)$$

$$\Delta A_o = \Delta A_o' + \Delta A_o'' = 9126 + 6289 = 15415 \ (kW \cdot h)$$

然后计算两座变电站 4 台主变压器的负载损耗 ΔA_f。

因线路的负荷功率因数为

$$\cos\phi = \frac{A_{p \cdot g}}{\sqrt{A_{p \cdot g}^2 + A_{Q \cdot g}^2}} = \frac{4\ 269\ 947}{\sqrt{4\ 269\ 947^2 + 2\ 596\ 128^2}} = 0.85$$

两座变电站变压器的平均负载率分别为

$$\beta' = \frac{A_{b \cdot y}'}{S_{e \cdot \Sigma}' \cos\phi\ t_f'} = \frac{2\ 737\ 680}{5000 \times 2 \times 0.85 \times 671} = 0.48$$

$$\beta'' = \frac{A_{b \cdot y}''}{S_{e \cdot \Sigma}'' \cos\phi\ t_f''} = \frac{1\ 446\ 867}{3150 \times 2 \times 0.85 \times 659} = 0.41$$

故两座变电站 4 台主变压器的负载损耗 ΔA_f 为

$$\Delta A_f' = K^2 \beta_1^2 \Delta P_{k \cdot 1} \times 2 \times t_{f \cdot 1}$$

$$= 1.05^2 \times 0.48^2 \times 36.7 \times 2 \times 671$$

$$= 12\ 510.64 \ (kW \cdot h)$$

$$\Delta A_f'' = K^2\beta_2^2\Delta P_{k\cdot 2}\times 2\times t_{f\cdot 2}$$
$$= 1.05^2\times 0.41^2\times 27.0\times 2\times 659$$
$$= 6595.16 \ (kW\cdot h)$$
$$\Delta A_f = \Delta A_f' + \Delta A_f''$$
$$= 12\,510.64 + 6595.16$$
$$= 19\,105.8 \ (kW\cdot h)$$

接着，计算线路导线中的损耗 ΔA_1。因线路导线电阻为

对 LGJ—185

$$R_{d\cdot 1} = r_{o\cdot 1}L_1 = 0.17\times 5.7 = 0.97 \ (\Omega)$$

对 LGJ—150

$$R_{d\cdot 2} = r_{o\cdot 2}L_2 = 0.21\times 2.6 = 0.55 \ (\Omega)$$

对 LGJ—120

$$R_{d\cdot 3} = r_{o\cdot 3}L_3 = 0.27\times 3.4 = 0.92 \ (\Omega)$$

又因线路对两座变电站（SL_7—5000×2kVA 和 SL_7—3150×2kVA）的有功供电量和无功供电量分别为（在两分支线首端未装表的情况可这样做）

$$A_{p\cdot 1} = A_{p\cdot g}\frac{A_{b\cdot y}'}{A_{b\cdot y}' + A_{b\cdot y}''}$$
$$= 4\,269\,947\times\frac{2\,737\,680}{2\,737\,680 + 1\,446\,867}$$
$$= 2\,793\,551.73 \ (kW\cdot h)$$

$$A_{Q\cdot 1} = A_{Q\cdot g}\frac{A_{b\cdot y}'}{A_{b\cdot y}' + A_{b\cdot y}''}$$
$$= 2\,596\,128\times\frac{2\,737\,680}{2\,737\,680 + 1\,446\,867}$$
$$= 1\,698\,479.6 \ (kvar\cdot h)$$

$$A_{p\cdot 2} = A_{p\cdot g}\frac{A_{b\cdot y}''}{A_{b\cdot y}' + A_{b\cdot y}''}$$
$$= 4\,269\,947\times\frac{1\,446\,867}{2\,737\,680 + 1\,446\,867}$$
$$= 1\,476\,395.27 \ (kW\cdot h)$$

$$A_{Q\cdot 2} = A_{Q\cdot g}\frac{A_{b\cdot y}''}{A_{b\cdot y}' + A_{b\cdot y}''}$$
$$= 2\,596\,128\times\frac{1\,446\,867}{2\,737\,680 + 1\,446\,867}$$
$$= 897\,648.4 \ (kvar\cdot h)$$

设对 LGJ—185 有 $\Delta A_{1\cdot 1}$，对 LGJ—150 有 $\Delta A_{1\cdot 2}$，对 LGJ—120 有 $\Delta A_{1\cdot 3}$，则

$$\Delta A_{1\cdot 1} = (A_{p\cdot g}^2 + A_{Q\cdot g}^2)\times\frac{K^2 R_{d\cdot 1}}{U_e^2 t_1}\times 10^{-3}$$

$$= (4\ 269\ 947^2 + 2\ 596\ 128^2) \times \frac{1.05^2 \times 0.97}{35^2 \times 675} \times 10^{-3}$$

$$= 32\ 298\ (\text{kW} \cdot \text{h})$$

$$\Delta A_{1 \cdot 2} = (A_{p \cdot 1}^2 + A_{Q \cdot 1}^2) \times \frac{K^2 R_{d \cdot 2}}{U_e^2 t_b'} \times 10^{-3}$$

$$= (2\ 793\ 551.73^2 + 1\ 698\ 479.6^2) \times \frac{1.05^2 \times 0.55}{35^2 \times 675} \times 10^{-3}$$

$$= 7838\ (\text{kW} \cdot \text{h})$$

$$\Delta A_{1 \cdot 3} = (A_{p \cdot 2}^2 + A_{Q \cdot 2}^2) \times \frac{K^2 R_{d \cdot 3}}{U_e^2 t_b''} \times 10^{-3}$$

$$= (1\ 476\ 395.27^2 + 897\ 648.4^2) \times \frac{1.05^2 \times 0.92}{35^2 \times 662} \times 10^{-3}$$

$$= 3734\ (\text{kW} \cdot \text{h})$$

$$\Delta A_1 = \Delta A_{1 \cdot 1} + \Delta A_{1 \cdot 2} + \Delta A_{1 \cdot 3} = 32\ 298 + 7838 + 3734$$

$$= 43\ 870\ (\text{kW} \cdot \text{h})$$

最后，计算线路总电能损耗 ΔA_{Σ} 和理论线损率 $\Delta A_1\%$，以及线路导线中的损耗比重 $\Delta A_{xd}\%$、变压器绕组中的负载损耗比重 $\Delta A_f\%$、变压器空载损耗比重 $\Delta A_o\%$ 为

$$\Delta A_{\Sigma} = \Delta A_1 + \Delta A_f + \Delta A_o = 43\ 870 + 19\ 105.8 + 15\ 415 = 78\ 390.8\ (\text{kW} \cdot \text{h})$$

$$\Delta A_1\% = \frac{\Delta A_{\Sigma}}{\Delta A_{p \cdot g}} \times 100\% = \frac{78\ 390.8}{4\ 269\ 947} \times 100\% = 1.84\%$$

而线路的实际线损率为

$$\Delta A_s\% = \frac{A_{p \cdot g} - A_{b \cdot y}' - A_{b \cdot y}''}{A_{p \cdot g}} \times 100\%$$

$$= \frac{4\ 269\ 947 - 2\ 737\ 680 - 1\ 446\ 867}{4\ 269\ 947} \times 100\%$$

$$= 2.00\%$$

各种损耗在总损耗中所占百分比为

$$\Delta A_{xd}\% = \frac{\Delta A_1}{\Delta A_{\Sigma}} \times 100\% = \frac{43\ 870}{78\ 390.8} \times 100\% = 55.96\%$$

$$\Delta A_f\% = \frac{\Delta A_f}{\Delta A_{\Sigma}} \times 100\% = \frac{19\ 105.8}{78\ 390.8} \times 100\% = 24.37\%$$

$$\Delta A_o\% = \frac{\Delta A_o}{\Delta A_{\Sigma}} \times 100\% = \frac{15\ 415}{78\ 390.8} \times 100\% = 19.67\%$$

从本节的输电线路线损实例计算与前节的高压配电线路线损实例计算相比较可以看出有明显不同之处。其一，本例的损耗电量的计算是按线路的各个组成元件或分为若干部分分别进行的；而前节实例的损耗电量的计算，则有所不同，即不是如此细化，特别是线路导线损耗的计算，不再分主干线、主分支线、一般分支线等几个部分。其二，本

节实例线路的可变损耗电量及其在总损耗中所占比重远大于固定损耗电量及其比重，这是与前节实例线路和大多数高压配电线路不同之处。

四、输电线路理论线损的潮流计算方法

（一）电力网理论线损的潮流计算方法及其应用特点

电力网理论线损的潮流计算，是指在电网一定结构与布局情况下，运用收集到的电网输送功率、负荷电流、运行电压等参数的实际值（即瞬时值），计算求取电网中各个组成元件的功率损耗和电压损耗，确定电网的功率分布状况及相关点（即需要监测、监控的点）的电压水平，进而计算出全电网的理论线损（即总功率损耗）及理论线损率。

实践表明，运用电力网潮流计算方法计算求取输电线路理论线损各值，不仅方便可行，而且较为适宜，能够满足较高精确度的要求。

首先，是输电线路与配电线路相比，它采用的导线型号较大（即其截面积较大），导线的电阻 R 值较小，而其电抗 X 值较大，因此，导线电阻对电抗的比值，即 R/X 值比较小；显然输电线路采用的导线型号愈大，电阻变小的速率（幅度）比电抗变小的速率（幅度）趋大，R/X 比值就愈小；运用电力网潮流计算法对其进行线损理论计算就愈具有较好的收敛性。

其次，是与配电线路相比，在输电线路中装配的各种计量表计比较齐全，且运行记录较为完善，因此计算中所需参数较为易于收集获取，这也适合运用潮流计算的方法。

再次，是由于输电线路与配电线路相比，它采用的导线型号及所连接的设备容量较大，传输的负荷功率亦较大，而其线损量却比较小，线路的线损量对输送功率的比值 $\dfrac{\Delta P_{\mathrm{L}}}{P_{\mathrm{p \cdot g}}}$ 就比较小（即线损率比较低）；输电线路采用的导线型号及其连接的设备容量愈大，$\dfrac{\Delta P_{\mathrm{L}}}{P_{\mathrm{p \cdot g}}}$ 比值就愈小（即线损率愈低）。因此，对计算方法精确度的要求就比较高，而潮流计算法就能够满足这一要求。

最后，潮流计算考虑到了输电线路中输送功率、负荷电流、运行电压等参数随机变化状况对线损的影响，因此潮流计算法是较为符合实际的科学合理方法。

（二）运用电力网潮流计算法求取输电线路的理论线损

1. 计算用相关参数的计算确定

输电线路导线的电阻和电抗，变压器绕组的电阻和电抗，是引起电网功率损耗、电能损耗及电压损耗的一个因素，即结构参数（另一个因素是电网的运行参数），因此，在进行输电线路理论线损潮流计算之前，同前述的配电网线损计算一样，要事先将上述4个结构参数计算确定，为下面的潮流计算作所需的准备。

（1）线路导线的电阻 R_{d}。电阻是由于电流通过导线时受到的阻力所产生的，与导线的截面积、长度及其材质有关，即

$$R_{\mathrm{d}} = r_{\mathrm{o}}L \ (\Omega) \tag{2-103}$$

（2）线路导线的电抗 X_{d}。电抗是由于交流电流通过导线时，在其内部及外部产生交变磁场所引起的，与导线的长度、排列方式、交流电频率及其截面等因素有关，即

$$X_{\mathrm{d}} = X_{\mathrm{o}}L \ (\Omega) \tag{2-104}$$

式中　L——导线的长度，km；

　　　r_{o}——导线单位长度电阻值，从附录相关表中查取，Ω/km；

　　　X_{o}——导线单位长度电抗值，从附录相关表中查取，Ω/km。

当输电线路的导线采用 LGJ—120～LGJ—240 型号，三相对称排列（三相导线间几何均距为 1.0～6.5m）时，$X_0 = 0.319～0.438\Omega$/km，有时常用 $X_0 = 0.4\Omega$/km 或 $X_0 = 0.38\Omega$/km 来作近似计算。

（3）双绕组变压器的电阻 $R_{\mathrm{b.II}}$（归算到一次侧）为

$$R_{\mathrm{b.II}} = \Delta P_{\mathrm{k}}\left(\frac{U_{\mathrm{e.1}}}{S_{\mathrm{e}}}\right)^2 \times 10^3 \ (\Omega) \tag{2-105}$$

（4）双绕组变压器的电抗 $X_{\mathrm{b.II}}$（归算到一次侧）为

$$X_{\mathrm{b.II}} = \frac{U_{\mathrm{k}}\% U_{\mathrm{e.1}}^2}{S_{\mathrm{e}} \times 100} \times 10^3 \ (\Omega) \tag{2-106}$$

式中　S_{e}——变压器的额定容量，kVA；

　　　$U_{\mathrm{e.1}}$——变压器一次侧额定电压，kV；

　　　ΔP_{k}——变压器的短路损耗，kW；

　　　$U_{\mathrm{k}}\%$——变压器短路电压百分数。

（5）三绕组变压器的电阻，用 $R_{\mathrm{b.\Delta}}$ 或下面符号表示，有

$$\begin{cases} R_{\mathrm{b.1}} = \Delta P_{\mathrm{k.1}}\left(\dfrac{U_{\mathrm{e.i}}}{S_{\mathrm{e}}}\right)^2 \times 10^3 \ (\Omega) \\[4mm] R_{\mathrm{b.2}} = \Delta P_{\mathrm{k.2}}\left(\dfrac{U_{\mathrm{e.i}}}{S_{\mathrm{e}}}\right)^2 \times 10^3 \ (\Omega) \\[4mm] R_{\mathrm{b.3}} = \Delta P_{\mathrm{k.3}}\left(\dfrac{U_{\mathrm{e.i}}}{S_{\mathrm{e}}}\right)^2 \times 10^3 \ (\Omega) \end{cases} \tag{2-107}$$

其中

$$\begin{cases} \Delta P_{\mathrm{k.1}} = \dfrac{1}{2}(\Delta P_{\mathrm{k12}} + \Delta P_{\mathrm{k13}} - \Delta P_{\mathrm{k23}}) \\[3mm] \Delta P_{\mathrm{k.2}} = \dfrac{1}{2}(\Delta P_{\mathrm{k12}} + \Delta P_{\mathrm{k23}} - \Delta P_{\mathrm{k13}}) \\[3mm] \Delta P_{\mathrm{k.3}} = \dfrac{1}{2}(\Delta P_{\mathrm{k13}} + \Delta P_{\mathrm{k23}} - \Delta P_{\mathrm{k12}}) \end{cases} \tag{2-108}$$

式中　　　　　　S_{e}——变压器的额定容量，kVA；

　　　　　　　$U_{\mathrm{e.i}}$——归算侧的变压器额定电压，kV；

$\Delta P_{\mathrm{k.1}}$、$\Delta P_{\mathrm{k.2}}$、$\Delta P_{\mathrm{k.3}}$——变压器三个绕组的短路损耗，kW；

ΔP_{k12}、ΔP_{k13}、ΔP_{k23}——变压器三个绕组两两短路损耗，kW。

（6）三绕组变压器的电抗，用 $X_{b \cdot \Delta}$ 或下面符号表示，有

$$\begin{cases} X_{b \cdot 1} = \dfrac{U_{k \cdot 1}\% U_{e \cdot i}^2}{S_e \times 100} \times 10^3 \quad (\Omega) \\[2mm] X_{b \cdot 2} = \dfrac{U_{k \cdot 2}\% U_{e \cdot i}^2}{S_e \times 100} \times 10^3 \quad (\Omega) \\[2mm] X_{b \cdot 3} = \dfrac{U_{k \cdot 3}\% U_{e \cdot i}^2}{S_e \times 100} \times 10^3 \quad (\Omega) \end{cases} \tag{2-109}$$

其中
$$\begin{cases} U_{k \cdot 1}\% = \dfrac{1}{2}(U_{k12}\% + U_{k13}\% - U_{k23}\%) \\[2mm] U_{k \cdot 2}\% = \dfrac{1}{2}(U_{k12}\% + U_{k23}\% - U_{k13}\%) \\[2mm] U_{k \cdot 3}\% = \dfrac{1}{2}(U_{k13}\% + U_{k23}\% - U_{k12}\%) \end{cases} \tag{2-110}$$

式中 S_e——变压器的额定容量，kVA；

$\quad\quad U_{e \cdot i}$——归算侧的变压器额定电压，kV；

$U_{k \cdot 1}\%$、$U_{k \cdot 2}\%$、$U_{k \cdot 3}\%$——变压器三个绕组的短路电压百分数；

$U_{k12}\%$、$U_{k13}\%$、$U_{k23}\%$——变压器三个绕组两两短路电压百分数。

2. 线路导线和变压器绕组的功率损耗、电压损耗的计算

通过上面的计算，将线路导线的电阻及电抗、变压器绕组的电阻及电抗这 4 个结构参数计算出来后，即可很方便地进行相关损耗的计算。

（1）**线路导线的有功损耗、无功损耗、电压损耗**（如图 2-16 所示）。

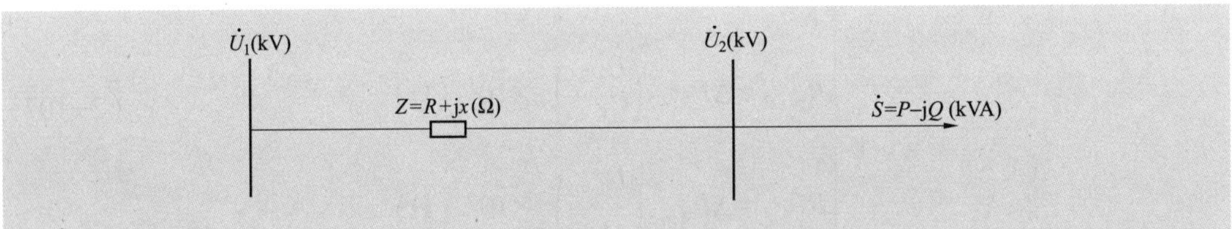

$\dot{U}_1$(kV)　　　　　　　　　　　　　$\dot{U}_2$(kV)

$Z = R + jx(\Omega)$　　　　　　　$\dot{S} = P - jQ$ (kVA)

图 2-16　电路图

有功损耗　$\Delta P_{xd} = 3I^2 R_d \times 10^{-3} = 3\left(\dfrac{S}{\sqrt{3}\,U}\right)^2 R_d \times 10^{-3} = \dfrac{P^2 + Q^2}{U^2} R_d \times 10^{-3}$ （kW）　(2-111)

无功损耗　$\Delta Q_{xd} = 3I^2 X_d \times 10^{-3} = 3\left(\dfrac{S}{\sqrt{3}\,U}\right)^2 X_d \times 10^{-3} = \dfrac{P^2 + Q^2}{U^2} X_d \times 10^{-3}$ （kvar）　(2-112)

电压损耗　$\Delta U_{xd} = \dfrac{P_1 R_d + Q_1 X_d}{U_1}$ （kV）　而 $U_2 = U_1 - \Delta U$ （kV）　(2-113)

式中　U——线路额定（线）电压，kV；

U_1、U_2——线路首端、末端实际电压值，kV；

P_1、Q_1——线路首端有功功率，kW；无功功率，kvar；

I、S——线路实际负荷电流；A；视在功率，kVA。

（2）**变压器的有功损耗、无功损耗、电压损耗。**变压器的功率损耗由两部分组成：一是与负荷电流无关的损耗（但与变压器的型号容量及电网电压有关），称为变压器的空载损耗，即变压器的铁损或固定损耗；二是与负荷有关且随着变压器绕组中负荷电流变化而变化的损耗，称为变压器的负载损耗，即变压器的铜损或可变损耗。

1）双绕组变压器的功率损耗。

有功损耗
$$\Delta P_\mathrm{b} = \Delta P_\mathrm{o} + \frac{P^2 + Q^2}{U^2} R_{\mathrm{b}\,\mathrm{II}} \quad (\mathrm{kW}) \tag{2-114}$$

无功损耗
$$\Delta Q_\mathrm{b} = \frac{I_0\%}{100} S_\mathrm{e} + \frac{P^2 + Q^2}{U^2} X_{\mathrm{b}\,\mathrm{II}} \quad (\mathrm{kvar}) \tag{2-115}$$

2）三绕组变压器的功率损耗。

$$\Delta P_\mathrm{b} = \Delta P_\mathrm{o} + \frac{P_1^2 + Q_1^2}{U_1^2} R_{\mathrm{b}\cdot 1} + \frac{P_2^2 + Q_2^2}{U_2^2} R_{\mathrm{b}\cdot 2} + \frac{P_3^2 + Q_3^2}{U_3^2} R_{\mathrm{b}\cdot 3} \quad (\mathrm{kW}) \tag{2-116}$$

$$\Delta Q_\mathrm{b} = \frac{I_0\%}{100} S_\mathrm{e} + \frac{P_1^2 + Q_1^2}{U_1^2} X_{\mathrm{b}\cdot 1} + \frac{P_2^2 + Q_2^2}{U_2^2} X_{\mathrm{b}\cdot 2} + \frac{P_3^2 + Q_3^2}{U_3^2} X_{\mathrm{b}\cdot 3} \quad (\mathrm{kvar}) \tag{2-117}$$

以上式中　ΔP_o——变压器的空载有功损耗，kW；

$\quad\quad\quad\quad S_\mathrm{e}$——变压器的额定容量，kVA；

$\quad\quad\quad\quad I_0\%$——变压器空载电流百分数；

$\quad\quad\quad\quad U$——双绕组变压器一次侧额定电压，kV；

U_1、U_2、U_3——三绕组变压器相关绕组的电压，kV；

P_1、P_2、P_3——通过三绕组变压器相关绕组的有功功率，kW；

Q_1、Q_2、Q_3——通过三绕组变压器相关绕组的无功功率，kvar。

对于变压器的有功损耗和无功损耗，如上述可以利用事先计算求取的变压器绕组的电阻 R_b 和电抗 X_b 进行计算求得，也可以利用变压器的铭牌给出的相关参数计算求取，而且这样更直接、简单、方便、快捷，其计算方法如下所述。

3）双绕组变压器的功率损耗。

有功损耗
$$\Delta P_\mathrm{b} = \Delta P_\mathrm{o} + \Delta P_\mathrm{k} \left(\frac{I}{I_\mathrm{e}} \right)^2 \quad (\mathrm{kW}) \tag{2-118}$$

无功损耗
$$\Delta Q_\mathrm{b} = \frac{I_0\%}{100} S_\mathrm{e} + \frac{U_\mathrm{k}\% S_\mathrm{e}}{100} \left(\frac{I}{I_\mathrm{e}} \right)^2 \quad (\mathrm{kvar}) \tag{2-119}$$

4）多台参数相同的变压器并列运行时的功率损耗。

有功损耗
$$\Delta P_\mathrm{b} = n \Delta P_\mathrm{o} + n \Delta P_\mathrm{k} \left(\frac{S}{n S_\mathrm{e}} \right)^2 \quad (\mathrm{kW}) \tag{2-120}$$

无功损耗
$$\Delta Q_\mathrm{b} = n \frac{I_0\%}{100} S_\mathrm{e} + n \frac{U_\mathrm{k}\% S_\mathrm{e}}{100} \left(\frac{S}{n S_\mathrm{e}} \right)^2 \quad (\mathrm{kvar}) \tag{2-121}$$

式（2-118）~式（2-121）中　　I_e——变压器的额定电流，A；

I——通过变压器的实际负荷电流，A；

S——通过变压器的实际视在功率，kVA；

n——并列运行的变压器台数；

$U_k\%$——变压器短路电压百分数。

5）三绕组变压器的功率损耗。

$$\Delta P_b = \Delta P_o + \Delta P_{k \cdot 1}\left(\frac{I_1}{I_{e \cdot 1}}\right)^2 + \Delta P_{k \cdot 2}\left(\frac{I_2}{I_{e \cdot 2}}\right)^2 + \Delta P_{k \cdot 3}\left(\frac{I_3}{I_{e \cdot 3}}\right)^2 \qquad (2-122)$$

$$\Delta Q_b = \frac{I_0\%}{100}S_e + \frac{U_{k \cdot 1}\% S_e}{100}\left(\frac{I_1}{I_{e \cdot 1}}\right)^2 + \frac{U_{k \cdot 2}\% S_e}{100}\left(\frac{I_2}{I_{e \cdot 2}}\right)^2 + \frac{U_{k \cdot 3}\% S_e}{100}\left(\frac{I_3}{I_{e \cdot 3}}\right)^2 \qquad (2-123)$$

式中　　　　　　　　I_1、I_2、I_3——通过三绕组变压器相关绕组的实际负荷电流，A；

$I_{e \cdot 1}$、$I_{e \cdot 2}$、$I_{e \cdot 3}$——三绕组变压器相关绕组的额定电流，A；

$\Delta P_{k \cdot 1}$、$\Delta P_{k \cdot 2}$、$\Delta P_{k \cdot 3}$——三绕组变压器相关绕组的短路损耗，kW；

$\Delta U_{k \cdot 1}\%$、$\Delta U_{k \cdot 2}\%$、$\Delta U_{k \cdot 3}\%$——三绕组变压器相关绕组短路电压百分数。

6）变压器绕组电压损耗的计算与线路导线电压损耗的计算方法基本相同（参见［例2-11］计算），不再赘述。

3. 输电网理论线损的潮流计算

电力网一般分为开式网（辐射形电网）和闭式网（环形电网）两种。首先介绍的是较为简单的开式网的理论线损潮流计算（请注意其基本原理及计算步骤）。

（1）开式（输）电网理论线损的潮流计算。

【例2-11】有一个简单的开式（输）电网，结构如图2-17所示，相关的结构参数和运行参数标于图中。图中变压器为 SFZL$_7$ 系列，$S_e = 31\,500\text{kVA} = 31.5\text{MVA}$，$\Delta P_o = 41.13\text{kW}$，$\Delta P_k = 180\text{kW}$，$I_o\% = 0.65\%$，$U_k\% = 10.46\%$。试进行其理论线损的潮流计算。

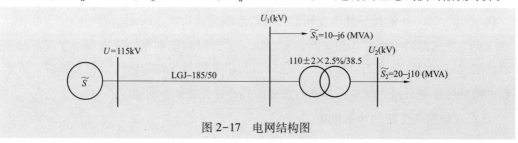

图 2-17　电网结构图

解　第一步绘制电网的等值电路图，如图2-18所示。计算电网各元件的结构参数。

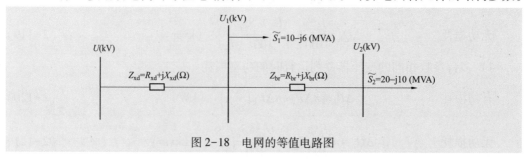

图 2-18　电网的等值电路图

线路导线的电阻值和电抗值分别为

$$R_{xd} = r_o L = 0.17 \times 50 = 8.5 \quad (\Omega)$$

$$X_{xd} = X_o L = 0.38 \times 50 = 19 \quad (\Omega)$$

变压器绕组的电阻值和电抗值（归算到一次侧）分别为

$$R_{br} = \Delta P_k \left(\frac{U_{e \cdot 1}}{S_e} \right)^2 \times 10^3 = 180 \times \left(\frac{110}{31\,500} \right)^2 \times 10^3 = 2.2 \quad (\Omega)$$

$$X_{br} = \frac{U_k\% U_{e \cdot 1}^2}{S_e \times 100} \times 10^3 = 10.46 \times \frac{110^2}{3150} = 40.18 \quad (\Omega)$$

第二步从网络末端开始，依次逐个求出电网各元件的功率损耗，并从末端向首端进行功率相加，求出功率初分布。

计算求取最末端的元件即变压器的功率损耗为

$$\Delta P_b = \Delta P_o + \frac{P_2^2 + Q_2^2}{U_{e \cdot 1}^2} R_{br} = 0.041\,13 + \frac{20^2 + 10^2}{110^2} \times 2.20 = 0.132 \quad (\text{MW})$$

$$\Delta Q_b = \frac{I_o\%}{100} S_e + \frac{P_2^2 + Q_2^2}{U_{e \cdot 1}^2} X_{br} = \frac{0.65}{100} \times 31.5 + \frac{20^2 + 10^2}{110^2} \times 40.18 = 1.87 \quad (\text{Mvar})$$

再累加变压器高压端、低压端的负荷出力，即得到线路末端的有功功率和无功功率为

$$P_{xL} = P_2 + \Delta P_b + P_1 = 20 + 0.132 + 10 = 30.132 \quad (\text{MW})$$

$$Q_{xL} = Q_2 + \Delta Q_b + Q_1 = 10 + 1.87 + 6 = 17.87 \quad (\text{Mvar})$$

计算求取线路导线的有功损耗和无功损耗为

$$\Delta P_{xd} = \frac{P_{xL}^2 + Q_{xL}^2}{U_1^2} R_{xd} = \frac{30.132^2 + 17.87^2}{110^2} \times 8.5 = 0.862 \quad (\text{MW})$$

$$\Delta Q_{xd} = \frac{P_{xL}^2 + Q_{xL}^2}{U_1^2} X_{xd} = \frac{30.132^2 + 17.87^2}{110^2} \times 19 = 1.927 \quad (\text{Mvar})$$

将线路末端的功率加上线路导线的功率损耗，最后即可得到该网络首端的输出功率为

$$P_{wsd} = P_{xL} + \Delta P_{xd} = 30.132 + 0.862 = 30.994 \quad (\text{MW})$$

$$Q_{wsd} = Q_{xL} + \Delta Q_{xd} = 17.87 + 1.927 = 19.797 \quad (\text{Mvar})$$

至此，网络中各元件的功率损耗和网络功率初分布的计算确定完毕。

第三步从网络首端开始向末端，依次逐个求出电网各元件的电压损耗及各点的电压水平值。

首先计算求取线路导线的电压损耗为

$$\Delta U_1 = \frac{P_{wsd} R_{xd} + Q_{wsd} X_{xd}}{U} = \frac{30.994 \times 8.5 + 19.797 \times 19}{115} = 5.56 \quad (\text{kV})$$

因此，求得线路末端的电压水平值为

$$U_1 = U - \Delta U_1 = 115 - 5.56 = 109.44 \quad (\text{kV})$$

运用同样方法计算求取变压器绕组的电压损耗为

$$\Delta U_2 = \frac{(30.132 - 10 - 0.041\,13) \times 2.2 + (17.87 - 6 - 0.65 \times 31.5/100) \times 40.18}{109.44}$$

$$= 4.69 \; (\text{kV})$$

因此，求得变压器末端的电压计算值为

$$U_2 = U_1 - \Delta U_2 = 109.44 - 4.69 = 104.75 \; (\text{kV})$$

前面在作潮流计算时，考虑变压器绕组的电阻和电抗的存在引起电压损耗 ΔU_2，由此值可求得 U_2 值；此时，再来考虑变压器绕组变压比的存在，即要运用变压器的变压比将 U_2 值进行归算，方可得变压器低压侧的电压实际值，即

$$U_{b\,II} = U_2 \frac{38.5}{110} = 104.75 \times \frac{38.5}{110} = 36.7 \; (\text{kV})$$

至此，网络的潮流分布计算全部完毕。

第四步计算求取电网的理论线损各值。由上述潮流计算得

变压器整体总的有功损耗为 $\Delta P_b = \Delta P_o + \Delta P_{bf} = 0.041\,13 + 0.091 = 0.132 \; (\text{MW})$。其中变压器绕组的有功损耗为 $\Delta P_{br} = \Delta P_{bf} = 0.132 - 0.041\,13 = 0.091 \; (\text{MW})$。

变压器的铁损即空载损耗为 $\Delta P_0 = 0.041\,13 \; (\text{MW})$。

线路导线的有功损耗为 $\Delta P_{xd} = 0.862 \; (\text{MW})$。

110kV 线路还要考虑绝缘子泄漏损耗和电晕损耗。线路绝缘子泄漏损耗按线路导线有功损耗的 1% 计算，得

$$\Delta P_{xL} = \Delta P_{xd} \times 1\% = 0.862 \times 1\% = 0.008\,62 \; (\text{MW})$$

因导线截面为 185mm^2 大于 150mm^2 的截面，故不必计算该线路的电晕损耗 ΔP_{dy}。这样，电网的（总）理论线损为线路导线有功损耗、变压器铜损、变压器铁损及线路绝缘子泄漏损耗（四部分）之和，即

$$\Delta P_{\Sigma} = \Delta P_{xd} + \Delta P_{bf} + \Delta P_0 + \Delta P_{xL}$$

$$= 0.862 + 0.091 + 0.041\,13 + 0.008\,62$$

$$= 1.003 \; (\text{MW})$$

电网理论线损率为电网理论线损对网络首端有功功率的比值，即

$$\Delta P_L\% = \frac{\Delta P_{\Sigma}}{P_{wgd}} \times 100\% = \frac{1.003}{30.994} \times 100\% = 3.24\%$$

线路导线线损占电网总线损的比重为

$$\lambda\% = \frac{\Delta P_{xd}}{\Delta P_{\Sigma}} \times 100\% = \frac{0.862}{1.003} \times 100\% = 85.9\%$$

根据以上的计算得到的网络潮流分布图如图 2-19 所示，其涌现出 8 支潮流。

网络各监测监控点的电压水平值，最后由线路首端开始向末端（对各个元件）计算确定网络各监测监控点的电压水平值。

ΔU_1 为线路导线的电压损耗，由网络首端电压 U 减去 ΔU_1 即得电压 U_1 值，即线路末端或变压器一次侧电压水平值。

ΔU_2 为变压器绕组的电压损耗，由电压 U_1 减去 ΔU_2 即得电压 U_2 值，即变压器二次侧电压水平值。

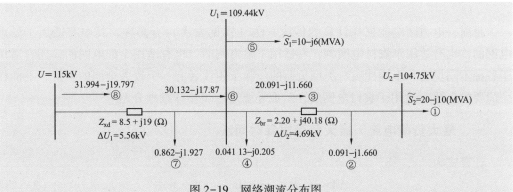

图 2-19　网络潮流分布图

①—网络末端潮流，题中已给出；②—变压器绕组功率损耗，由计算求得；③—通过变压器绕组的功率，由②、①相加而得；④—变压器空载功率损耗，属固定性损耗潮流；⑤—网络分支潮流，题中已给出；⑥—线路末端之功率，由⑤、④、③相加而得；⑦—线路导线之功率损耗，由计算求得；⑧—网络首端发送输出功率，由⑦、⑥相加而得

（2）闭式电网理论线损的潮流计算。闭式电网（即环形电网）理论线损采用潮流计算法时，计算过程要比开式网络（即辐射形电网）复杂，大致的处理步骤如下：

1）计算求解环形电网和两端供电网络的功率初分布；

2）找出电网中的各个功率分布点及流向功率分布点的功率；

3）一般情况下两个及以上功率流向流入点即为全网电压水平最低点，那么，我们就在这一点将环形网解开，看作两个辐射形网络处理，如图 2-20 所示。

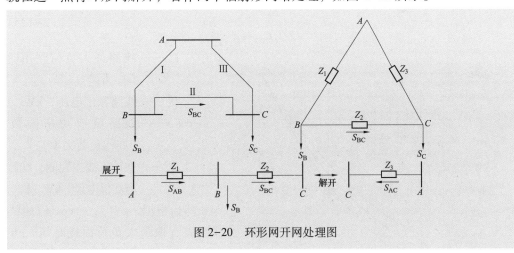

图 2-20　环形网开网处理图

不论是开式电网（辐射形电网）还是闭式电网（环形电网），都是结构较为简单地电网。当电网结构稍微复杂时，仅依靠潮流计算法就不够了，还必须加上运用更高层次的方法，比如建立多个相关参数矩阵方程组，并通过迭代求解非线性节点电压方程，再通过应用计算机，依靠一个环节套一个环节的程序的复杂计算来完成。

🖐 第八节　电力网电能损耗计算的传统方法

目前，电力网电能损耗计算的传统方法（常见方法）有多种，其中有适用于城市电网的，也有适用于农村电网的；有适用于输电网的，也有适用于配电网的，还有适用于各种不同场合和不同性质、类型负荷的。为了使读者有一个较为全面的了解，下面作一简要的介绍（适用于农村电网的，后面还要进一步作详细地介绍）。

一、最大负荷电流·最大负荷损耗时间法

计算式为

$$\Delta A = 3I_{zd}^2 R_{d.\Sigma} \tau \times 10^{-3} \quad (kW \cdot h) \tag{2-124}$$

式中　ΔA——电力网理论线损（可变损耗）电量，$kW \cdot h$；

　　　I_{zd}——电网线路首端最大负荷电流，A；

　$R_{d.\Sigma}$——线路总等值电阻，Ω；

　　　τ——线路最大负荷损耗时间，h。

式（2-124）中各参数可按下面方法获取。

（1）线路首端最大负荷电流，可从变电站运行记录中查取，但勿取偶尔出现之最大值，应取经常出现或多次出现的最大值。

（2）线路总等值电阻，为线路导线等值电阻与变压器绕组等值电阻之和；它们的计算方法将在后面作详细介绍。

（3）最大负荷损耗时间。首先根据式（2-125）确定最大负荷利用时间，即

$$T_{zd} = \frac{A_{p.g}}{\sqrt{3}\,U_e I_{zd}\cos\phi} \quad (h) \tag{2-125}$$

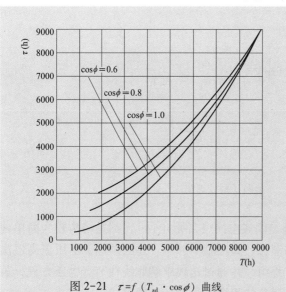

图 2-21　$\tau = f(T_{zd} \cdot \cos\phi)$ 曲线

式中　T_{zd}——线路最大负荷利用时间，h；

　　　U_e——线路额定电压，kV；

　$\cos\phi$——线路负荷功率因数（亦称负荷力率）；

　$A_{p.g}$——在计算线损期间，线路有功供电量，$kW \cdot h$。

然后根据 $\tau = f(T_{zd} \cdot \cos\phi)$ 曲线或数表查取最大负荷损耗时间。$\tau = f(T_{zd} \cdot \cos\phi)$ 曲线如图 2-21 所示。

由于线路首端最大负荷电流取值或预测难以足够准确（因变电站盘上的电流表属准确级别较低、指示瞬时值的仪表，且极少作定期校验、又

常有估抄现象），最大负荷损耗时间的准确度也有一定局限性〔这是因为 $\tau=f$（$T_{zd}\cos$ ϕ）曲线或数表是几十年前国外学者根据本地区的负荷情况，运用数理统计方法获得的〕，所以，最大负荷电流·最大负荷损耗时间法的精确度较低，其使用场合一般为（或常见于）电网规划的线损测算。

二、最大负荷电流·负荷损失因数法

计算式为

$$\Delta A = 3I_{zd}^2 F R_d \cdot \textstyle\sum t \times 10^{-3}\quad(\mathrm{kW\cdot h}) \tag{2-126}$$

式中　t——线路实际运行时间，h；

F——负荷损失因数（与负荷率的关系最密切）。

其他符号含义同前面所述。负荷损失因数按下式计算确定。

对于配电网 $\qquad\qquad F = 0.2f + 0.8f^2$ $\qquad\qquad\qquad$ (2-127)

对于输电网 $\qquad\quad F = 0.083f + 1.036f^2 - 0.12f^3$ $\qquad\quad$ (2-128)

式中　f——线路负荷率。

线路负荷率等于平均负荷与最大负荷之比值，即

$$f = \frac{P_{pj}}{P_{zd}} = \frac{I_{pj}}{I_{zd}} = \frac{S_{pj}}{S_{zd}} \tag{2-129}$$

由于负荷损失因数是对当地电网负荷进行取样测算，经数理统计得到的一个系数，所以，最大负荷电流·负荷损失因数法的使用场合，一般在电网规划的线损测算中和 35kV 及以上电压等级的电网（如城市电网）的线损计算中用得较多。

三、均方根电流·负荷分布系数法

均方根电流·负荷分布系数是根据配电线路首端均方根电流、负荷沿线路分布状况及线路相关参数计算其线损的方法。当负荷分布规律性较强，特点较明显较典型时，其计算结果的误差较小。并因无须逐点逐段计算，故应用较为简单、方便。但是在一般情况下，特别是在线路有较大分支和较多分支情况下，负荷分布特点不突出时，其计算误差较大。因此，这种方法只适用于对精确度要求不高的场合，比如线路设计规划及线损估算等。表 2-13 列出了线路五种类型的负荷分布状况及其相应分布系数值。

表 2-13　　　　　　　　　配电线路负荷分布类型及其相应分布系数值

负荷分布类型	末端为一集中负荷	呈均匀分布状况	呈渐增型分布状况	呈渐减型分布状况	中端至首末端渐轻
负荷分布状况简图	I_{jf}　　R　　　　P	$P = nP_i$	$P = \sum P_i$	$P = \sum P_i$	$P = \sum P_i$
分布系数 K_f	$K_f = 1.0$	$K_f = 0.33$	$K_f = 0.53$	$K_f = 0.20$	$K_f = 0.38$

（1）当某一配电线路无分支线，线路首端均方根电流为 I_{jf}（A），求得线路等值电阻为 R（Ω），则线路运行 t（h）的电能损耗为

$$\Delta A = 3I_{jf}^2 R t K_f \times 10^{-3} \quad (\text{kW} \cdot \text{h}) \tag{2-130}$$

（2）当某一配电线路无分支线，但负荷分布类型将线路分成首末两段，负荷在首段沿线呈均匀分布状，负荷在末段沿线呈渐减分布状，并求得首线段等值电阻为 R_f（Ω），末线段等值电阻为 R_2（Ω），线路首端均方根电流为 I_{jf}（A），则线路运行 t（h）的电能损耗为

$$\Delta A = \Delta A_1 + \Delta A_2 = 3I_{jf}^2 \times (R_1 \times 0.33 + R_2 \times 0.20) \, t \times 10^{-3} \quad (\text{kW} \cdot \text{h})$$

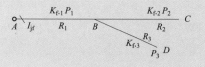

图 2-22 某配电线路示意简图

（3）当某一配电线路有分支线（如图 2-22 所示），线路首端均方根电流为 I_{jf}（A），分支线 AB：$K_{k \cdot 1} = 0.33$，$P = nP_i$（kW），电阻为 R_1（Ω）；分支线 BC：$K_{f \cdot 2} = 0.53$，$P_2 = \sum P_i$（kW），电阻为 R_2（Ω）；分支线 BD：$K_{f \cdot 3} = 0.20$，$P_3 = \sum P_i$（kW），电阻为 R_3（Ω）；线路运行时间为 t（h），则该线路的电能损耗为三个分支线的电能损耗之和，即

$$\Delta A = \Delta A_1 + \Delta A_2 + \Delta A_3 \quad (\text{kW} \cdot \text{h})$$

而

$$\Delta A_1 = 3I_{jf}^2 \cdot R_1 \cdot t \times 0.33 \times 10^{-3} \quad (\text{kW} \cdot \text{h})$$

$$\Delta A_2 = 3 \times \left(I_{jf} \times \frac{P_2}{P_1 + P_2 + P_3} \right)^2 \times R_2 t \times 0.53 \times 10^{-3} \quad (\text{kW} \cdot \text{h})$$

$$\Delta A_3 = 3 \times \left(I_{jf} \times \frac{P_3}{P_1 + P_2 + P_3} \right)^2 \times R_3 t \times 0.20 \times 10^{-3} \quad (\text{kW} \cdot \text{h})$$

这就是说，通过分支线 BC 和分支线 BD 的负荷电流要从线路出口总负荷电流 I_{jf}（A）中按其负荷量（kW）在三个分支线负荷总量（kW）中所占比分取。然后按其分得的负荷电流（A），再根据其负荷分布类型即 K_f 值，以及各分支线的电阻值（Ω）、运行时间 t（h）计算其电能损耗 ΔA_i（kW·h）。

四、均方根电流法（代表日负荷电流法）

计算式为

$$\Delta A = 3I_{jf}^2 R_d \cdot \sum t \left(\frac{A_{p \cdot g}}{A_{rj} N_t} \right)^2 \times 10^{-3} \quad (\text{kW} \cdot \text{h}) \tag{2-131}$$

$$N_t = t/24$$

式中　I_{jf}——线路首端代表日的均方根电流，A；

$A_{p \cdot g}$——线路某月的实际有功供电量，kW·h；

A_{rj}——代表日平均每天的有功供电量，kW·h；

N_t——线路某月实际投运天数。

其他符号含义同前面所述。

均方根电流可按线损计算的基本方法中所述的均方根电流表示式进行计算确定。为了准确和方便起见，各电流应取代表日的负荷电流值；如计算一个月的线损时，上旬、中旬、下旬至少各选取一代表日；而且所选取的代表日，应该是线路供电、用户用电、

主要和多数设备投运与天气情况等均较正常。

由于均方根电流计算式中的各电流值取自于变电站盘上的电流表，而此电流表又存在如前所述的弊端；此时，要想计算结果精确，须多取天数或电流值，但计算又不方便；反之，要想计算方便，须少取电流值，但精确度又将降低。所以，代表日的均方根电流法的适用场合，为供用电较为均衡，负荷峰谷差较小，日负荷曲线较为平坦之电网线损计算。但它却是昔日常用的经典方法。

五、平均电流·负荷曲线特征系数法

当线路首端平均负荷电流取值于电流表时，计算式为

$$\Delta A = 3I_{pj}^2 K^2 R_{d \cdot \Sigma} t \left(\frac{A_{p \cdot g}}{A_{rj} N_t}\right)^2 \times 10^{-3} \quad (kW \cdot h) \tag{2-132}$$

其中

$$I_{pj} = \frac{1}{n} \sum_{i=1}^n I_i \quad (A)$$

当线路首端平均负荷电流取值于电能表时，计算式为

$$\Delta A = 3I_{pj}^2 K^2 R_{d \cdot \Sigma} t \times 10^{-3} \quad (kW \cdot h) \tag{2-133}$$

其中

$$I_{pj} = \frac{1}{U_{pj}t} \sqrt{\frac{1}{3}(A_{p \cdot g}^2 + A_{Q \cdot g}^2)} \quad (A) \tag{2-134}$$

或

$$I_{pj} = \frac{A_{p \cdot g}}{\sqrt{3} U_{pj} \cos\phi\, t} \quad (A) \tag{2-135}$$

式中　I_{pj}——线路首端平均负荷电流，A；

$A_{p \cdot g}$——线路有功供电量，kW·h；

$A_{Q \cdot g}$——线路无功供电量，kvar·h；

U_{pj}——线路平均运行电压，为方便计算，可取 $U_{pj} \approx U_e$，kV；

$\cos\phi$——线路负荷功率因数，又称力率；

K——线路负荷曲线特征系数。

当线路首端平均负荷电流取值于电流表时，可按选定的代表日的负荷电流进行计算，此时的线损计算与前述的均方根电流法基本相同，适用场合也基本相同。当线路首端平均负荷电流取值于电能表时，此时的线损计算与前面几节叙述的电量法相同，适用场合也相同。

六、电量法（电能表取数法）

计算式为

$$\Delta A = (A_{p \cdot g}^2 + A_{Q \cdot g}^2) \frac{K^2 R_{d \cdot \Sigma}}{U_{pj}^2 t} \times 10^{-3} \quad (kW \cdot h) \tag{2-136}$$

由于线路有功供电量和无功供电量均取值于电能表，因此，此种方法不仅简便易行，而且精确度较高；所以，适用于城乡电网 10（6）kV 线路的线损理论计算。它是现行常用的新方法。

第三章

电力网线损分析

第一节 农电线损统计报表的计算机程序编制

一、农电线损报表的统计范围

农电线损报表是一个专业年报表，管理农电的部门每年年初需将上一年度的农电线损报表编制出来，上报给上级农电管理部门。这个农电线损报表有一个统计范围，即农电部门管理的县及以下，电压为 35～110（220）kV 送变电系统和 6～10kV 配电系统的输电、配电线路、主变压器及配电变压器中的实际电能损耗；反过来说，即农电部门管理的县及以下，10(6)/0.4kV 配电变压器及以上的设备和线路中的实际线损电量。

二、农电线损报表中指标的类与项

这个农电线损报表中的指标共分三大类或三大部分，28 项。综合部门有：① 总购电量；② 总售电量；③ 总损失电量；④ 综合损失。35～110（220）kV 送变电系统有：⑤ 本系统购电量；⑥ 直供户购电量；⑦ 公用户购电量；⑧ 本系统供电量；⑨ 直供户供电量；⑩ 公用户供电量；⑪ 本系统损失电量；⑫ 公用户损失电量；⑬ 抄见损失率；⑭ 公用损失率。6～10kV 配电系统有：⑮ 本系统购电量；⑯ 外购电量；⑰ 直供户购电量；⑱ 公用户购电量；⑲ 本系统售电量；⑳ 直供户售电量；㉑ 公用户售电量；㉒ 加计（售）电量；㉓ 营业损失电量；㉔ 抄见损失电量；㉕ 公用损失电量；㉖ 营业损失率；㉗ 抄见损失率；㉘ 公用损失率。

三、农电线损报表编制的基本要求

（1）各电压等级的购售损电量，不应该有遗漏和重复；不应该在各级电压中造成混乱，应该在报表中正确对号入座。

（2）综合部分是在 35～110kV 送变电系统和 6～10kV 配电系统的基础上统计出来的；即先有前两部分，然后计算得到综合部分。

（3）6～10kV 配电系统的公用损失率是指仅该系统的公用户电量参加计算求得的，

直供户（即无损户）电量和加计（售）电量是不得参加计算的；抄见损失率是指该系统的公用户电量和直供户（无损户）电量均参加计算求得的，加计（售）电量是不得参加计算的；营业损失率是指该系统的公用户、直供户、加计三种电量均参加计算求得的。

因此，公用损失率≥抄见损失率≥营业损失率。

35～110（220）kV 送变电系统的公用损失率，是指仅该系统的公用户电量参加计算求得的，直供户（无损户）电量是不得参加计算的；抄见损失率是该系统的公用户、直供户两种电量均参加计算求得的。因此

公用损失率≥抄见损失率

综合损失率是指 35～110（220）kV 送变电系统和 6～10kV 配电系统的公用户和直供户四种电量均参加计算求得的；即 6～10kV 配电系统的加计（售）电量是不得参加计算的。

因此，综合损失率与 35～110（220）kV 抄见损失率相比，前者大于后者；它与 6～10kV 抄见损失率相比，多数情况是前者大于后者，少数是前者小于后者。

四、农电线损报表的程序编制方法

由于农电线损报表统计的指标数较多，而且各项指标之间又须满足一定的关系，所以，如果运用一般工具进行统计是比较麻烦的，但是如能应用微机，利用各指标之间存在的关系或规律，按照事先编制的程序进行统计，则既方便快捷，又准确可靠。为此，将农电线损报表的程序编制方法介绍如下。

（1）输入项，即基本项，必须确保这些项的抄取电量准确无误；这些项是指农电线损报表中的第⑤、⑥、⑩、⑯、⑰、⑱、㉑、㉒项，共八项。

（2）计算关系项，即数学模型项，或称间接关系项，要使①=⑤+⑯，③=⑤-⑥-⑩+⑱-㉑，⑦=⑤-⑥，⑧=⑥+⑩，⑪=⑤-⑥-⑩，⑮=⑰+⑱，⑲=⑰+㉑+㉒，㉓=⑱-㉑-㉒，㉔=⑱-㉑。

（3）直接关系项，即简单关系项，要使⑨=⑥，⑫=⑪，⑳=⑰，㉕=㉔，②=①-③。

（4）比率关系项，即要使④=③/①×100%，⑬=⑪/⑤×100%，⑭=⑫/⑦×100%，㉖=㉓/⑮×100%，㉗=㉔/⑮×100%，㉘=㉕/⑱×100%。至此，农电线损报表中的 28 项全部统计出来（可见，尽管此报表指标繁多，但统计出来的线损率极其准确，接近实际工况，而且统计可编程，并不繁琐）。

（5）验证项，用此关系式检验上述计算和统计是否正确，如果㉔+⑪=③，即㉕+⑫=③，则说明计算统计正确；如果㉔+⑪≠③，即㉕+⑫≠③，则说明计算统计是不正确的。

（6）年度降损节电量的计算。本年度降损节电量等于本年度 35～110（220）kV 送变电系统的公用购电量，即表中第⑦项乘以本系统的上一年度的公用损失率与本年

度的公用损失率之差，即上一年度的第⑭项与本年度的第⑭项之差；再加上本年度6~10kV 配电系统的公用购电量，即表中第⑱项乘以本系统的上一年度的公用损失率与本年度的公用损失率之差，即上一年度的第㉘项与本年度的第㉘项之差。如果此计算得到的是正值，表示本年度有降损节电量；单位与购电量相同。如果是负值，表示不是降损节电。

（7）此外，对农电线损报表中的两个指标，需强调说明两点。

1）外购电量，是指非通过本县 110kV 站和 35kV 站，而直接由其他 6~10kV 电源输入该县 6~10kV 配电系统的电量。例如 6~10kV 的小火电和小水电，以及邻近县（市）的 6~10kV 输入的电量即属之。⑯属于⑮中或①中的一部分，但⑮≠⑯+⑰+⑱，而是⑮=⑰+⑱。

2）加计电量，是指按照电价政策规定，对实行低压计量、高压计费的用户所加计的配电变压器铜铁损失电量；此电量不是直接取自于电能表或计量装置的抄见数据，而是以配电变压器的用电量为依据，按照某一比例计收的。此电量可作为售电量参加营业损失率的计算。

五、农电线损指标的可比性

（1）农电线损报表中的 6~10kV 配电系统的公用损失率和 35~110（220）kV 送变电系统的公用损失率，是具有可比性的；省区之间、地区（市）之间、县（旗）之间、供电区域之间……此两项指标在电网结构布局的合理性及运行的经济性、管理水平等方面是具有一定可比性的。其余的营业损失率、抄见损失率、综合损失率是不具有这种可比性的。

（2）使综合损失率具有可比性的方法。此处理方法是将参加综合损失率计算的直供户（即无损户）电量剔除出去，此时求得的损失率，称之为"综合公用损失率"。即

$$\text{综合公用损失率}(\%) = \frac{⑫+㉕}{①-⑥-⑰}\times100\% = \frac{③}{①-⑥-⑰}\times100\% \qquad (3\text{-}1)$$

可见，综合公用损失率≥综合损失率。

综合公用损失率>10（6）kV 配电公用损失率>35~110（220）kV 送变电公用损失率。

综合公用损失率这个指标相当重要，或具有相当大的可比作用；其重要性在于它实实在在地反映了县级供电企业所管理的农村电网（除 380/220V 者外）的结构布局的合理性与运行的经济性，反映了县级供电企业降损举措的效果，乃至整个线损管理水平（在不考虑电网规模大小、供电量和管理工作量多少的情况下）。但是，此指标在农电线损报表中未列出，原因是在制定报表时，尚未考虑到。

第二节 城乡电网线损综合分析及降损对策综述

一、开展线损分析的作用

（1）众所周知，电网中的线损不是一成不变的，而是随时在变化的，即有时升、有时降。影响线损升降的因素是很多的，只有通过查找和分析的方法，才能及时查找出或确定线损升降的主要原因，才能准确地掌握每个电网、每条线路在各个不同用电季节、各种不同用电负荷和设备投退等情况下，引起线损变化的规律及特点。

（2）针对线损较高或居高不下的情况，进一步去查找管理方面存在的问题，以及电网结构布局的薄弱环节与不合理的地方。

（3）制订降损计划，确定降损主攻方向，有针对性地采取降损措施，使电网的线损率降低到合理值（或合理范围），提高供电企业的经济效益和社会效益。

二、线损分析的主要方法和形式

线路分析要采取的方法，主要是根据线损理论计算提供的数据资料，查阅电网或线路的有关运行记录、营业账目和技术档案材料等，重点地去现场（或实地）进行检查对照，而后进行全面、具体的对比分析。其次，在进行分析时还要考虑运用：① 综合分析与重点分析相结合；② 实际完成情况分析与计算工作目标分析相结合；③ 线损管理领导小组分析与降损协作组分析、相关职工分析相结合；④ 本电网（线路）、本单位（地区）分析与邻近电网（线路）、邻近单位（地区）分析相结合；⑤ 现实情况分析与过去情况分析相结合；⑥ 计算分析与图表文字分析相结合等多种形式。

三、线损分析的主要内容及降损相关对策

由于 10（6）kV 配电网输送的电量较大，与县级供电企业经济效益的关系较为密切，并且线路较长，变压器等设备较多，管理工作较为繁重，特别是其线损中，既有可变损耗，又有固定损耗，还有不明损耗；其线损率也较高，是城乡电网的重要组成部分，所以，下面以 10（6）kV 配电网为代表进行线损分析。

（一）实际线损率与理论线损率对比

多数情况是实际线损率接近或略高于理论线损率；当实际线损率远大于理论线损率，则必然是管理线损过大；即由于"偷、漏、差、误"四方面原因造成的不明损失过大。反之，管理线损过大，必然造成实际线损率过高，远高于理论线损率。为了便于理解和区别把它简称为"高损低效运行"配电线路。

1. 管理线损过大的定量分析

管理线损过大，在管理工作较为后进的县级供电企业尤为突出，特作如下定量分析。

如图 3-1 所示，有一条高压配电线路，额定电压 $U_e = 10\text{kV}$；为方便计算分析，设测算得：供电功率因数 $\cos\phi = 0.81$，负荷曲线特征系数 $K = 1.0$，线路总等值电阻 $R_{d.\Sigma} = R_{d.d} + R_{d.b} = 35\Omega$；线路末端配电变压器二次侧总表电力负荷不变，即 $P_2 = 90\text{kW}$；线路的固定损耗（即配变的空载损耗）因不随负荷变化而变化，为分析方便起见不予考虑；ΔP_{bm} 为线路末端配电变压器二次侧总表前由用户偷电、违章用电、线路漏电等因素造成的不明损失，且由零逐渐增加；ΔP_L 为线路的理论功率损失，随线路上传输负荷的增加而加大；P_1 为线路首端的供出功率，应与下面的负荷相平衡，显然此时也是呈增加趋势；I_{pj} 为线路上传输的平均负荷电流，显然此时也是呈增大趋势；$L\%$ 为线路的理论线损率，$S\%$ 为线路的实际线损率。

上述诸量应满足下列互相有影响和制约的各关系式

$$I_{pj} = P_1/\sqrt{3}\,U_e\cos\phi = P_1/14.03 \ (\text{A}) \tag{3-2}$$

$$\Delta P_L = 3I_{pj}^2 K^2 R_{d.\Sigma} \times 10^{-3} = 0.105 I_{pj}^2 \ (\text{kW}) \tag{3-3}$$

$$P_1 = P_2 + \Delta P_L + \Delta P_{bm} \ (\text{kW}) \tag{3-4}$$

$$L\% = \Delta P_L/P_1 \times 100\% \tag{3-5}$$

$$S\% = (P_1 - P_2)/P_1 \times 100\% \tag{3-6}$$

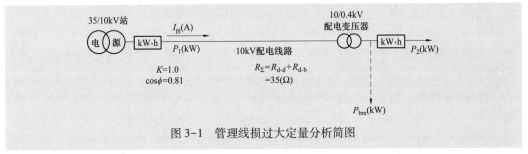

图 3-1 管理线损过大定量分析简图

根据上列互相影响、互相制约关系式，当假定 ΔP_{bm} 为若干个数值后，即可得到如表 3-1 所示的数量关系。

表 3-1 管理线损过大定量分析表

P_2 (kW)	ΔP_{bm} (kW)	ΔP_L (kW)	P_1 (kW)	I_{pj} (A)	$L\%$	$S\%$
90	0	4.80	94.80	6.76	5.06	5.06
90	2	5.03	97.03	6.92	5.18	7.25
90	4	5.26	99.26	7.08	5.30	9.33
90	6	5.49	101.49	7.23	5.41	11.32
90	8	5.75	103.75	7.40	5.54	13.25
90	10	5.99	105.99	7.55	5.65	15.09

从表 3-1 中数字可见，尽管线路末端通过配电变压器二次侧总表的用电负荷没有增加，但是由于未通过配电变压器二次侧总表（即表前）的窃电、违章用电等负荷不断地逐渐增加，使线路首端的供电负荷、线路中传输的负荷电流、线路中的功率损失均随之相应增加；最后必然导致线路的实际线损率比理论线损率以更大的幅度升高，差距越

来越大。

从表 3-1 可以看出，线路首端的供电负荷 P_1、线路的平均负荷电流 I_{pj}、线路的理论线损率 $L\%$ 的平均递增（升）率相近，为 $2.33\% \sim 2.36\%$；线路的理论功率损失 ΔP_L 的平均递增率为 4.96%；线路的实际线损率 $S\%$ 的平均递升率为 39.64%，为较快或较大；线路的不明损失 ΔP_{bm} 的平均递增率为 81.67%，为最快或最大。

这说明，如果一个供电企业的电网线损率很高，远高于电网理论线损率，或它的上升幅度较大，而售电量增加很少或几乎没有增加，则这个企业的线损管理是不善的，电网中的"偷、漏、差、误"不良现象是较为严重的，经济效益是不会得到提高的。

反过来说，如果一个供电企业重视并加强了管理，为了降损节能，采取了多种有针对性的、行之有效的管理措施，堵塞和避免了"偷、漏、差、误"，必然会使管理线损（即不明损失）逐渐降低下来，直至为零或接近零值。企业供电损失率也将逐渐降低，直至接近理论值。企业供电量的增长完全是由于售电量的增长所致（即多售多供且少损，并非是不明损失的存在所致）。那么，这种企业的线损管理工作才称得上真正上台阶上水平，或"创先争优"了，其经济效益也自然会更上一层楼。

此外，上述 5 个关系式为线损计算分析的常用公式。从这 5 个关系式可见，在采取降损措施时，其一，如果能够设法使线路的总等值电阻 R_Σ 值降低（这就需要改造走径迂回曲折的线路，缩短线路供电半径；小线号换成大线号，增大导线截面积；高能耗变压器更新为低损耗变压器，提升其绕组节能性能等），就能使线路的功率损耗 ΔP_L、理论线损率 $L\%$ 及实际线损率 $S\%$ 降低下来。其二，如果能够设法使线路负荷功率因数 $\cos\phi$ 提高（这需要进行电网无功补偿，并做到使其就地或就近平衡），就能够使线路中传输的负荷电流 I_{pj} 适当降下来，从而使 ΔP_L、$L\%$、$S\%$ 降低下来。其三，对于重负荷线路而言，如果能够适当提高线路运行电压 U 水平（这需要适当调节变压器的电压分接开关），就可使 I_{pj}、ΔP_L、$L\%$、$S\%$ 降低下来。其四，如果能够设法使线路末端的不明损失 ΔP_{bm} 转变成为线路末端输出功率 P_2 中的一部分（这需要采取防治偷、漏、差、误的措施），就可以使 P_2 值增大，从而使 $S\%$ 大幅度地降低下来。

2. 企业供电损失率与企业经济效益的关系

一个供电企业如果能够基本做到或较长时期做到多供少损或多供多售，则说明这个企业的供电损失率即电网线损率是较低的，管理是相当先进的，这个企业的经济效益或者说单位购电提成一定相当高。这是因为

$$单位购电提成 = \frac{售电量 \times 售电价 - 购电量 \times 购电价}{购电量}$$

$$= \frac{售电量}{购电量} \times 售电价 - 购电价$$

$$= \frac{购电量 - 购电量 + 售电量}{购电量} \times 售电价 - 购电价$$

$$= \frac{购电量 - (购电量 - 售电量)}{购电量} \times 售电价 - 购电价$$

$$= \left(1 - \frac{购电量 - 售电量}{购电量}\right) \times 售电价 - 购电价$$

$$= (1 - 线损率) \times 售电价 - 购电价 \tag{3-7}$$

式（3-7）说明，在企业的购电价和售电价不变的情况下，若采取多种有针对性的、行之有效的措施使电网的线损率，即供电损失率降低，则企业的单位购电提成就会得到提高，企业经济效益也就会更好。所以，供电企业的线损管理必须要上台阶上水平，"创先争优"才会有较好的降损节能效益。

3. 降低企业管理线损的主要措施

（1）制定线损管理等有关规章制度，建立和完善降损承包经济责任制，将线损考核指标按线路和设备进行分解，实行分电压、分站区、分线路的线损管理，把责、权、利结合起来，落实到班组和个人，用小指标保证大指标，以经济手段调动职工降损节电的积极性。

（2）贯彻执行《全国供用电规则》或新的《供电营业规则》及国家两部《关于严禁窃电的通告》，开展营业普查，处罚违章用电和窃电现象。在营业普查的基础上，根据不同用户和不同用电性质的负荷，加装防窃电的电能表和其他防窃电的计量装置，加装低压计量箱、集控箱和高压计量箱。

（3）严格防止和及时纠正电量电费"抄、核、收"中的"少、漏、送"现象。

建立健全用电管理制度，实行一户一表制，做到三公开、四到户、五统一。三公开：电量公开、电费公开、电价公开；四到户：销售到户、抄表到户、收费到户、服务到户；五统一：统一电价、统一发票、统一抄表、统一核算、统一考核；从而防止三电（人情电、关系电、权力电）和摊加线损的不良现象。

（4）对于破损和污染的绝缘子及瓷横担等瓷件，要及时更换和清理，对于线路下面和两旁不符合技术规定的树木要及时清除，以提高线路的绝缘水平，见表3-2。

表3-2　　　　　　　　架空电力线路导线在最大弧垂时和最大风偏后与树木之间的安全距离

线路电压等级（kV）	1~10	35~110	154~220	330	500
最大风偏距离（m）	3.0	3.5	4.0	5.0	7.0
最大弧垂距离（m）	3.0	4.0	4.5	5.5	7.0

（5）要正确地选配电能表和互感器，正确无误地进行电能计量装置的安装和接线；要选用合适截面的导线作 TA 二次回路的连接线，以确保其压降不超标和尽量降至最小；要按规程定期校验计量表计，并做好封印及其工具的管理；要提高计量专业人员的业务素质和电能表的校验率、轮换率、调前合格率，降低计量故障差错率。加强计量箱的检查和管理。

（二）固定损耗比可变损耗所占比重大

经济合理情况是两者基本相等；当前者大于后者时，则说明该线路和设备处于轻负荷运行状态（此种情况对农电线路较为突出，此种线路又称为轻负荷线路）。结果是造成实际线损率和理论线损率都较高而未达到经济合理值。要采取的主要措施有以下几点。

（1）发展线路的用电负荷，在没有或少量有工业负荷的情况下，要整顿好农村低压电价，出台新的合理电价政策，切实解决农民和农村"用不起电"和"用电难"的问题，确保线路有足够的输送负荷。当某供电站区有一定负荷时，可采取分线路轮流定时集中供电的办法，服务"三农"。

（2）更新改造高能耗变压器，推广应用低损耗节能型变压器，以逐步减少前者在线路上所占比重，增大后者所占比重，并充分利用后者的降损节电优越特性。

（3）调整"大马拉小车"的变压器，提高线路与变压器综合负载率，或者及时停运空载甚至轻载运行的变压器，以减少线路中固定损耗（即变压器空载损耗或铁损）所占比重。

（4）要尽量减少变压层次，因为每经过一次变压，大致要消耗电网 1%～2% 的有功功率和 8%～10% 的无功功率，变压层次越多，损耗就越大。

（5）根据固定损耗与线路实际运行电压的平方成正比的原理，为降低线损，应适当降低其电压运行水平。例如，对于固损占 70% 的 10kV 线路，当运行电压降低 5% 时，线路总损耗（固定与可变两损耗之和）将降低 3.58%。

（三）可变损耗比固定损耗所占比重大

当变损比重大于固定损耗时，则说明该线路和设备处在超负荷运行状态（此种情况对工业线路或在用电高峰季节较为突出，此种线路又称为重负荷线路）。其结果也是造成实际线损率和理论线损率都较高而未达到经济合理值。要采取的主要措施是：

（1）调整改造迂回和"卡脖子"或"瓶颈"的线路，缩短线路供电半径，增大导线截面积，使之符合技术经济指标的要求。

（2）根据可变损耗与线路实际运行电压的平方成反比的原理，为降低线损，应适当提高其电压的运行水平。例如，对于变损占 60% 的 10kV 线路，当运行电压提高 5% 时，线路总损耗（可变与固定两损耗之和）将降低 1.48%。

（3）为了减少线路上无功功率的输送量和有功功率的损失，根据可变损耗与线路供电功率因数平方值成反比的原理，应随着线路输送负荷量的增长而适当增加其无功补偿（配电变压器的随器补偿和线路的分散补偿）容量，以提高线路供电功率因数。

（4）为了满足线路输送负荷增长的需要，应适时将线路进行升压改造和升压运行；或将高压线路直接深入负荷中心；或采取双回路或多回路供电方式。例如，将 6kV 线路升压为 10kV 可降低损耗 64%，将 10kV 线路升压为 35kV 可降低损耗 91.84%。

（5）根据可变损耗与线路负荷 K 系数的平方值成正比的原理，更不断地及时调整线路的日负荷，减小峰谷差，实现均衡供用电，提高线路的负荷率。

（6）调整低压线路三相负荷，使之保持基本平衡；如有不平衡现象出现，应控制在允许范围之内，即其不平衡度在配电变压器出口处不得超过 10%，在低压主干线和主要分支线的始端不得超过 20%。

（7）更换调整过载运行的变压器，使变压器的容量与用电负荷相配套，并尽量使其在经济负载下运行。

（四）线路导线线损与变压器铜损的对比

线路导线上的损耗与配电变压器铜损（即配电变压器绕组中的损耗）两者之和，当占据 10（6）kV 配电线路总损耗的 50% 时，为经济合理；其中，当线路上的配电变压器的综合实际负载率达到或接近综合经济负载率时，造成的配电变压器铜损及其所占比重为经济合理值；此时可变损耗中剩余部分，即为合理的线路导线线损。显然，线路导线线损与配电变压器铜损各为多少、各占多大比重较为合理，一般没有一个固定的数值，是由具体电网结构与运行两参数所决定的。这里存在四种情况。

（1）变压器为轻载（即未达到经济负载率），线路的负荷也不重，两者损耗之和不足线路总损耗（再加上变压器铁损得之）的 50%，显然这是轻负荷运行的线路；其降损措施参见前述。

（2）变压器为过载（即超过经济负载率），线路的负荷也不轻（即超过经济负荷电流），两者损耗之和超过线路总损耗的 50%，显然这是超负荷运行的线路；其降损措施前面已有叙述。

（3）变压器的负载率小于其经济值（即轻载），线路的负荷超过其经济负荷电流，那么，两者损耗之和要超过线路总损耗的 50%，这条线路是属于超负荷运行的线路；其降损措施的重点应放在线路及其导线上。例如，更换为较大截面的导线，缩短线路供电半径，增加线路上的无功补偿容量，提高其供电功率因数，适当提高线路的运行电压，调整线路的日负荷和三相负荷，减小其峰谷差和不平衡度等。

（4）变压器的负载率超过其经济值（即过载），而线路的负荷未超过其经济负荷电流，那么，当两者损耗之和未超过线路总损耗的 50% 时（这种情况出现很少），则这条线路仍属于轻负荷运行的线路；其降损措施的重点应放在配电变压器上。例如，更换过载运行的变压器，使变压器的容量与用电负荷相匹配，并尽量使其在经济负载下运行。

（五）理论线损率与最佳理论线损率的对比

线路理论线损率达到或接近线路最佳理论线损率（即经济运行线损率）为最经济合理，否则为不经济合理。其中线路理论线损率在其变化规律曲线 $\Delta A_{\mathrm{L} \cdot \Sigma}\% = f(I_{\mathrm{pj}})$ 的 "左高位置"，属轻负荷运行区，或为轻负荷线路；反之，线路理论线损率在曲线 $\Delta A_{\mathrm{L} \cdot \Sigma}\% = f(I_{\mathrm{pj}})$ 的 "右高位置"，属超负荷运行区，或为重负荷线路。两种情况的相应降损措施，前面已有叙述。

（六）其他类型的对比

还应进行线路不同用电季节的线损率的对比；企业线损率的实际值与考核指标（计划线损率）的对比；本年度（本季度）与上一年度（上一季度）的线损率实际值的对

比；不同供电区线路线损率的对比；不同用电负荷线路线损率的对比等。

城乡电网线损总分析一览表见表3-3。

表3-3　　　　　　　　　　　　城乡电网线损总分析表

线路类型	特　点	原　因	降损措施	目标计划
（Ⅰ）管理较差，高损低效运行线路	管理线损过大特大，实际线损率过高，且远高于理论线损率	1. 用户违章用电和非法窃电严重 2. 电网元件及事故故障漏电较严重 3. 营销中抄核收之差错损失较严重 4. 计量表计误差及事故之损失较严重	1. 建立完善降损承包经济责任制； 2. 制定相关规章制度，加强管理； 3. 加强线损指标的考核与管理； 4. 贯彻执行国家及部省级颁发的相关法规、法则、条例； 5. 切实取缔、杜绝偷、漏、差、误损失电量之情况	1. 管理线损接近零或为零值； 2. 实际线损接近理论损耗，即 $S\% \approx L\%$
（Ⅱ）轻负荷运行线路	1. 固定损耗比重大于可变损耗比重，即：$r>\lambda$ 2. 实际线损率仍较高，负荷越轻，其上升速率越快	1. 用电户少、用电量小； 2. 低损节能变压器较少，高耗能变压器较多； 3. 变压器浮装容量过大，"大马拉小车"严重； 4. 变压器轻载空载运行时间较长； 5. 线路运行电压过高； 6. 电网变压层次过多	采取与形成原因反其道的对应措施	使固定损耗比重降低，即令：r 减小
（Ⅲ）重负荷运行线路	1. 可变损耗比重大于固损比重，即：$\lambda>r$ 2. 实际线损率仍较高，负荷越重，其上升速率越较快	线路方面： 1. 导线截面积过小，"卡脖子"现象严重； 2. 线路迁回曲折、供电半径超长； 3. 输送负荷大，无功补偿不足，$\cos\phi$ 过低； 4. 线路运行电压过低； 5. 线路供用电不均衡，负荷起伏波动大； 6. 低压三相负荷不平衡，严重超规 变压器方面： 1. 变压器安装容量较小，"小马拉大车"现象严重； 2. 变压器满载运行时间较长； 3. 变压器过载能力较低	采取与形成原因反其道的对应措施	使可变损耗比重降低，即令：λ 减小

线路类型	特　点	原　因	降损措施	目标计划
（Ⅳ）经济合理运行线路	1. 固定损耗比重等于可变损耗比重； 2. 固定损耗电量等于可变损耗电量； 3. 固定损耗率等于可变损耗率； 4. 实际线损率较低且接近理论线损率	科学合理调荷调压 $I_{pj} = I_{jj}$ $\beta_{sj} = \beta_{jj}$ $U_{pj} = U_{jy}$	要保持：$\Delta A_L + \Delta A_f = \Delta A_{kb} = \Delta A_\Sigma \times 50\%$ 故应使：ΔA_L 的增量 $= \Delta A_f$ 的减量 ΔA_L 的减量 $= \Delta A_f$ 的增量 ΔA_L 与 ΔA_f 比较：谁趋大就对谁采取调整治理控制措施	尽可能长久使线路在最佳运行区或其左右附近运行，以获取最佳降损节电效果

第三节　轻负荷线路降损措施实施效果分析

一、轻负荷运行线路及其降损措施

如前所述，轻负荷运行线路是指：固定损耗所占比重大于可变损耗所占比重，理论线损率和实际线损率均较高，实际线损率仍然高出理论线损率较多，仍然存在较大降损节能或节电空间或潜力的线路。

轻负荷运行线路的主要降损措施，见本章第二节三（二）"固定损耗与可变损耗所占比重的对比"所述。在此，为了便于分析，从中选择带有可进行定量计算分析或可量化的几项措施，来作进一步深入分析，看看其降损措施（并举）实施的效果（究竟有多大）。

可选择如下三项降损措施：一是根据固定损耗与线路实际运行电压的平方成正比的原理，为了降低线损，适当降低线路运行电压；二是调整"大马拉小车"变压器，提高线路中变压器的综合平均负载率；三是更新投运高能耗变压器，推广应用低损耗变压器。

二、降损措施实施效果计算分析

为了避免重复计算和简便起见，以本书第二章（电力网的线损理论计算）第三节（高压配电网线损理论计算的方法）之九"10kV 配电线路线损理论计算实例"为例子，进行降损措施实施效果计算分析。

显然，这条实例线路的固定损耗所占比重为 70.16%（取精算值，下同），理论线损率为 3.15%，实际线损率为 4.09%，两线损率均较高，且 $S\% > L\%$，存在较大降损节电潜力或空间；是一条轻负荷运行线路。

为了降低此条线路或类似线路的线损，我们对其逐一连举实施：① 适当降低线路运行电压，例如降低 5%，以 9.5kV 运行（这可通过调节变电站主变电压分接开关 10kV 侧出口电压来完成；按相关规程规定：10kV 用户的电压允许偏差值，为系统额定电压的±7%）；② 通过调整"大马拉小车"变压器，提高线路中变压器的综合平均负载率（如将负载由 20.54% 提高到 32.63%）；③ 将 7 台 373kVA、SL$_7$ 型配电变压器全部进行更新，应用 S$_{11}$ 型低损耗变压器进行替换。这样，这条线路的运行参数和结构都将会同时被相应改变或优化。

（1）将线路实际运行电压降低 5% 的降损节电效果计算分析。查表 5-31，当 $\delta\downarrow\% = 5\%$，系数 $\gamma = 0.7$ 时，配网总损耗下降率 $\Delta P_\Sigma\downarrow\% = 3.58\%$，即可得此措施的降损节电量为

$$\Delta(\Delta A) = \Delta A_\Sigma \times \Delta P_\Sigma\downarrow\% = 1115.37 \times 0.0358$$
$$= 39.93 \ (\text{kW}\cdot\text{h})$$

（2）通过调整"大马拉小车"变压器，将线路中变压器的综合平均负载率由 20.54% 提高到 32.63%（原例计算得到的数据）。

（3）并将 7 台 373kVA、SL$_7$ 型配电变压器全部进行更新，应用 S$_{11}$ 型低损耗变压器进行替换（台数不变）。此两项降损措施综合实施，计算分析如下（为了简便起见，不再作从头到尾的线损理论计算，下同）。

显然，调整后的配电变压器总容量为

$$\sum S'_{ei} = \frac{\beta_1}{\beta_2}\sum S_{ei} = \frac{20.54\%}{32.63\%} \times 373$$
$$= 235 \ (\text{kVA})$$

因变压器单台平均容量 $S_{pj} = \sum S'_{e\cdot i}/m = 235/7 = 33.57 \ (\text{kVA})$

故查配电变压器技术性能参数表可得

代表型配电变压器标称容量 $S_{e\cdot d} = 30\text{kVA}$

代表型配电变压器空载损耗 $\Delta P_{o\cdot d} = 100\text{W}$

代表型配电变压器短路损耗 $\Delta P_{k\cdot d} = 600\text{W}$

因 7 台 373kVA、SL$_7$ 型配电变压器的空载损耗、负载损耗及其总损耗分别为

$$\Delta P_o = 7\Delta P_{o\cdot d}\frac{S_{pj}}{S_{e\cdot d}} = 7 \times 190 \times \frac{53.29}{50} = 1417.514(\text{W})$$

$$\Delta P_f = 7\Delta P_{k\cdot d}\frac{S_{pj}}{S_{e\cdot d}}K^2\beta_1^2 = 7 \times 1150 \times \frac{53.29}{50} \times 1.08^2 \times 0.2054^2 = 422.2(\text{W})$$

$$\Delta P_\Sigma = \Delta P_o + \Delta P_f = 1417.514 + 422.2 = 1839.714(\text{W})$$

而 7 台 235kVA、S$_{11}$ 型低损耗变压器的空载损耗、负载损耗及其总损耗分别为

$$\Delta P'_o = 7\Delta P'_{o\cdot d}\frac{S'_{pj}}{S'_{e\cdot d}} = 7 \times 100 \times \frac{33.57}{30} = 783.3(\text{W})$$

$$\Delta P'_f = 7\Delta P'_{k \cdot d} \frac{S'_{pj}}{S'_{e \cdot d}} K^2 \beta_2^2 = 7 \times 600 \times \frac{33.57}{30} \times 1.08^2 \times 0.326\,3^2 = 583.66\,(\text{W})$$

$$\Delta P'_\Sigma = \Delta P'_o + \Delta P'_f = 783.3 + 583.66 = 1366.96\,(\text{W})$$

显见，对变压器容量由大调小、性能优化更新后，由于变压器的空载损耗减小量大于其负载损耗增加量，故变压器的总损耗还是相应有所降低的。即可得其降损节电量为

$$\Delta(\Delta A)_{bj} = (\Delta P_\Sigma - \Delta P'_\Sigma) \times t \times 10^{-3} = (1839.714 - 1366.96) \times 555 \times 10^{-3}$$
$$= 262.38\,(\text{kW} \cdot \text{h})$$

从上面计算可见，变压器负载损耗的增加是由于其负载率的提高所致；而变压器负载率的提高是由于其容量由大调小所致；并非变压器用电量增加所致。这一点可以从下式计算得到证明

$$\beta_2\% = \sum A_{iy}/t \times \cos\phi \times \sum S'_{e \cdot i} \times 100\%$$
$$= 34\,010/555 \times 0.8 \times 235 \times 100\%$$
$$= 32.6\%$$

但是，线路在 $U_{pj} = 9.5\text{kV}$ 电压运行下，线路中的负荷电流将从 4.61A 增至 4.81A，此时线路导线线损也将增至

$$\Delta A'_d = 3K^2 I_{pj}^2 R_{d \cdot d} t \times 10^{-3} = 3 \times 1.08^2 \times 4.81^2 \times 2.03 \times 555 \times 10^{-3}$$
$$= 91.21\,(\text{kW} \cdot \text{h})$$

即可得线路导线线损增加量

$$\Delta(\Delta A)'_d = 91.21 - \Delta A_{kb} \times \frac{R_{d \cdot d}}{R_{d \cdot \Sigma}} = 91.21 - 332.8 \times \frac{2.03}{8.16}$$
$$= 8.42\,(\text{kW} \cdot \text{h})$$

最后可得 3 项降损措施逐一连举实施后，整条线路的实际降损节电量为

$$\Delta(\Delta A)_{jd} = 降压运行降损量 + 变压器降损量 - 导线\Sigma损增加量$$
$$= 39.93 + 262.38 - 8.42 = 293.89\,(\text{kW} \cdot \text{h})$$

降损节电效果：$\Delta(\Delta A)_j\% = \dfrac{\Delta(\Delta A)_{jd}}{\Delta A_\Sigma} \times 100\% = \dfrac{293.89}{1115.37} \times 100\% = 26.35\%$

在变压器调整后，受降压运行影响，更新后的变压器空载损耗减小量大于其负载损耗增加量，作为潜在降损裕度（约 7.4kW·h），不再计及。

三、措施实施后还见于线损率和变压器损耗比重的降低

1. 线路两个线损率的计算确定

因   现时线路线损总量 = 原线损总量 - 3 项措施降损量

即 $\Delta A'_\Sigma = \Delta A_\Sigma - \Delta(\Delta A)_{jd} = 1115.37 - 293.89 = 821.48\,(\text{kW} \cdot \text{h})$

现时线路首端有功供电量 = 线路负荷总用电量 + 现时线路线损总量 + 原管理线损（即不明损失和营销损失）

即

$$A'_{p \cdot g} = \sum A_{iy} + \Delta A'_{\Sigma} + \Delta A_{bm}$$
$$= \sum A_{iy} + \Delta A'_{\Sigma} + (A_{p \cdot g} - \sum A_{iy} - \Delta A_{\Sigma})$$
$$= 34\ 010 + 821.48 + (35\ 460 - 34\ 010 - 1115.37)$$
$$= 35\ 166.11\ (kW \cdot h)$$

故现时线路的理论线损率

$$\Delta A'_L\% = \Delta A'_{\Sigma} / A'_{p \cdot g} \times 100\% = 821.48 / 35\ 166.11 \times 100\%$$
$$= 2.34\%$$

现时线路的实际线损率

$$\Delta A'_S\% = (1 - \sum A_{iy} / A'_{p \cdot g}) \times 100\% = (1 - 34\ 010 / 35\ 166.11) \times 100\%$$
$$= 3.29\%$$

若在降损管理措施上再适当下些工夫，实际线损还会相应有所降低。

2. 变压器损耗所占比重的计算确定

因原变压器负载损耗

$$\Delta A_f = \Delta A_{kb} \times \frac{R_{d \cdot b}}{R_{d \cdot \Sigma}} = 332.8 \times \frac{6.13}{8.16} = 250.023\ (kW \cdot h)$$

原变压器总损耗＝原变压器空载损耗＋原变压器负载损耗

即

$$\Delta A_{b \cdot \Sigma} = \Delta A_o + \Delta A_f = 782.55 + 250.023 = 1032.573\ (kW \cdot h)$$

故原变压器总损耗所占比重（也可用下面第二种方法）

$$\Delta A_{b \cdot \Sigma}\% = \Delta A_{b \cdot \Sigma} / \Delta A_{\Sigma} \times 100\% = 1032.573 / 1115.37 \times 100\%$$
$$= 92.58\%$$

即因原线路导线线损

$$\Delta A_d = \Delta A_{kb} \times \frac{R_{d \cdot d}}{R_{d \cdot \Sigma}} = 332.8 \times \frac{2.03}{8.16} = 82.8\ (kW \cdot h)$$

原线路导线线损所占比重

$$\Delta A_d\% = \Delta A_d / \Delta A_{\Sigma} \times 100\% = 82.8 / 1115.37 \times 100\% = 7.42\%$$

故原变压器总损耗所占比重

$$\Delta A_{b \cdot \Sigma}\% = (1 - \Delta A_d\%) \times 100\% = (1 - 0.074\ 2) \times 100\%$$
$$= 92.58\% \quad （可见两种计算方法结果一致）$$

而现时变压器总损耗电量

$$\Delta A'_{b \cdot \Sigma} = \Delta P'_{\Sigma} t \times 10^{-3} = 1366.96 \times 555 \times 10^{-3}$$
$$= 758.66\ (kW \cdot h)$$

故现时变压器总损耗所占比重

$$\Delta A'_{b \cdot \Sigma}\% = \Delta A'_{b \cdot \Sigma} / \Delta A'_{\Sigma} \times 100\% = 747.58 / 821.48 \times 100\%$$
$$= 91.00\%$$

［说明］因上式分母 821.48 是考虑降压运行后得到的数字，故分子 747.58 也应是

由 758.66 考虑降压运行后经演变得到的数字。即

$$747.58 = 758.66 \times \left(1 - \frac{783.3}{1366.96} \times \frac{1.53\%}{60\%}\right) \quad (\text{kW} \cdot \text{h})$$

3. 线路中固定损耗所占比重的计算确定

因现时变压器空载损耗电量

$$\Delta A_o' = \Delta P_o' t \times 10^{-3} = 783.3 \times 555 \times 10^{-3}$$
$$= 434.73 \quad (\text{kW} \cdot \text{h})$$

故现时线路中固定损耗所占比重

$$\Delta A_{gd}'\% = \Delta A_o' \times (1 - \Delta P_{gd} \downarrow \%) / \Delta A_\Sigma' = 437.73 \times (1 - 0.097\ 5) / 821.48 \times 100\%$$
$$= 47.76\% \quad (\text{表明此时线路已基本进入经济运行区})$$

而原线路固定损耗所占比重为 70.16%（原计算结果）。

四、降损措施实施前后，线路相关参数变化情况表

因本计算分析涉及的参数较多，为了便于对比、分析和观察降损措施实施后的效果，特意将线路相关参数在降损措施实施前后的变化情况，以表格汇总形式罗列出来，给读者朋友一个清晰明确的数字和直观效果，也便于相关人员参考或借鉴，详见表 3-4。

表 3-4　　　　　　轻负荷线路降损措施实施前后，线路相关参数变化情况表

线路相关参数及单位		降损措施实施前	降损措施实施后
1. 线路实际运行电压	（kV）	10	9.5
2. 变压器型号—台数/容量	（kVA）	SL$_7$—7/373	S$_{11}$—7/235
3. 变压器综合平均负载率	（%）	20.54	32.63
4. 线路首端有功供电量	（kW·h）	35 460	35 166.11
5. 线路负荷总用电量	（kW·h）	34 010	34 010（不变）
6. 线路平均负荷电流	（A）	4.61	4.81
7. 变压器空载功率损耗	（W）	1417.514	783.3
8. 变压器负载功率损耗	（W）	422.2	583.66
9. 变压器总功率损耗	（W）	1839.714	1366.96
10. 线路总线损电量	（kW·h）	1115.37	821.48
11. 线路理论线损率	（%）	3.15	2.34
12. 线路实际线损率	（%）	4.09	3.29
13. 变压器损耗所占比重	（%）	92.58	91.00
14. 线路固定损耗所占比重	（%）	70.16	47.76
15. 降损措施实施降损量	（kW·h）	—	293.89

🌿 第四节　　重负荷线路降损措施实施效果分析

一、重负荷运行线路及其降损措施

如前所述，重负荷运行线路是指：线路的可变损耗所占比重大于固定损耗所占比

重，理论线损率和实际线损率均较高，实际线损率仍然高出理论线损率较多，仍然存在较大降损节能潜力或节电空间的线路。

重负荷运行线路的主要降损措施，见本章第二节三（三）可变损耗与固定损耗所占比重的对比所述，在此不再赘述。为了便于分析，从中选择带有可进行定量计算分析或可量化的几项措施，来作进一步深入分析，看看其降损措施（并举）实施的效果。

这样我们就选择了如下四项降损措施：一是根据可变损耗与线路实际运行电压的平方成反比的原理，为了降低线损，适当提高线路运行电压；二是根据可变损耗与线路负荷功率因数的平方成反比的关系，为了降低线损，适当增加线路中的无功补偿容量，提高功率因数；三是根据可变损耗与线路负荷曲线特征系数，即形状系数的平方成正比的关系，对用电客户采取激励均衡用电措施，减小电网负荷波动及峰谷差，优化改善或降低线路负荷曲线特征系数；四是将线路中过载或负载率较高（即"小马拉大车"）的变压器容量由小调大，缓解变压器过载情况，降低其负载损耗及其总损耗。

二、降损措施实施效果计算分析

为了避免重复计算和简便起见，在此，我们以第二章第四节"10kV 重负荷线路的线损理论计算"的实例为例子，进行降损措施实施效果计算分析。

显然，这条实例线路的可变损耗所占比重为 69.19%（取精算值，下同），理论线损率为 2.43%，实际线损率为 4.01%，两线损率均较高，且 $S\% > L\%$ 较多，存在较大降损节能潜力或节电空间，是一条重负荷运行线路。

为了降低此条线路或类似线路的线损，我们对其逐一连举实施：① 适当提高线路运行电压，例如提高 5%，以 10.5kV 运行（这可通过调节变电站主变压器电压分接开关 10kV 侧出口电压来完成；按相关规程规定：10kV 用户的电压允许偏差值，为系统额定电压的±7%）；② 通过适当增加线路上无功分散补偿容量和配电变压器的随器无功补偿容量等措施，将线路负荷功率因数由现时的 $\cos\phi = 0.85$ 提高到补偿后的 $\cos\phi = 0.95$；③ 通过对用电客户采取激励措施，促使其均衡用电，将线路负荷曲线特征系数由现时的 $K_1 = 1.15$ 优化改善到 $K_2 = 1.05$；④ 将线路中负载率较高（现时约为 47.0%）的 6 号变压器的容量由现时的 $S_1 = 80\text{kVA}$，增调到 $S_2 = 100\text{kVA}$（变压器型号不变，仍为 S_{11} 型），在其用电量不变及其负荷功率提高的情况下，其负载率必将相应降低，即不再"过载"。这样，这条线路的运行参数及结构参数将会被相应优化或改变。

（1）将线路实际运行电压提高 5% 的降损节电效果计算分析。将线路实际运行电压提高 5%，按 10.5kV 运行时，线路中的可变损耗必将下降，而其固定损耗必将上升；两者降升的百分率，经公式推导并化简分别为

$$\Delta P_{\text{kb}} \downarrow \% = \left[1 - 1/(1+0.05)^2 \right] \times 100\% = 9.30\%$$

$$\Delta P_{\text{gd}} \uparrow \% = \left[(1+0.05)^2 - 1 \right] \times 100\% = 10.25\%$$

因总损耗为可变损耗与固定损耗之和，故总损耗是降还是升，则要看变损或固损所占比重大小才能确定。本实例线路在前章已经计算确定可变损耗所占比重为 69.19%，即固定损耗所占比重为 30.81%。那么总损耗应该是下降的，即

$$\Delta P_{\Sigma}\downarrow\% = \Delta P_{kb}\downarrow\%\times0.691\ 9-\Delta P_{gd}\uparrow\%\times0.308\ 1$$
$$= 9.30\%\times0.691\ 9\%-10.25\%\times0.308\ 1$$
$$= 3.28\%$$

因这条线路的总损耗电量在前章已经计算确定为 2150.20kW·h（取精算值，下同），故升压运行的降损节电量为

$$\Delta(\Delta A)_1 = \Delta A_{\Sigma}\times\Delta P_{\Sigma}\downarrow\% = 2150.20\times0.032\ 8$$
$$= 70.53\ (kW·h)$$

（2）通过增加无功补偿，将 $\cos\phi_1 = 0.85$ 提高到 $\cos\phi_2 = 0.95$ 的降损节电效果计算分析。当我们将线路上的无功补偿设备（线路分散补偿设备和变压器随器补偿设备）投入的时候，我们会从变电站仪表柜上的电流表看到，表的指针或读数在下降；无功电能表的转速也在减慢……这就是无功补偿的直观效果。而其具体的降损节电量可按下式计算确定。

由
$$\Delta(\Delta P)\% = \frac{\Delta P_1-\Delta P_2}{\Delta P_1}\times100\% = \left(1-\frac{\cos^2\phi_1}{\cos^2\phi_2}\right)\times100\%$$
$$= \left(1-\frac{0.85^2}{0.95^2}\right)\times100\% = 19.95\%$$

得
$$\Delta(\Delta A)_2 = \Delta A_{kb}\times(1-\Delta R_{kb}\downarrow\%)\times\Delta(\Delta P)\%$$
$$= 1487.8\times(1-0.093)\times0.199\ 5$$
$$= 269.21\ (kW·h)$$

（3）通过激励均衡用电，将线路负荷曲线特征系数由 $K_1 = 1.15$ 优化改善到 $K_2 = 1.05$ 的降损节电效果计算分析。因此项措施只对降低线路中的可变损耗有效，而通过前两项措施实施后，其降损节电量已经达到

$$\Delta(\Delta A)_{1-2} = \Delta A_{kb}\times\Delta P_{kb}\downarrow\%+\Delta(\Delta A)_2$$
$$= 1487.8\times0.093+269.21$$
$$= 407.58\ (kW·h)$$

故此项措施实施的降损节电量为

$$\Delta(\Delta A)_3 = \left[\Delta A_{kb}-\Delta(\Delta A)_{1-2}\right]\times\frac{K_1^2-K_2^2}{K_1^2}\times100\%$$
$$= (1487.80-407.58)\times\frac{1.15^2-1.05^2}{1.15^2}\times100\%$$
$$= 179.70\ (kW·h)$$

（4）将负载率较高的 6 号变压器的容量由 $S_1 = 80kVA$ 增调至 $S_2 = 100kVA$ 的降损节电效果计算分析。因两台同为 S_{11} 型不同容量变压器的负载率为

$$\beta_1\% = A_{i·y}/\cos\phi_1\times t\times S'_{e·i}\times100\%$$
$$= 23\ 010/0.85\times720\times80\times100\%$$
$$= 47.0\%$$

$$\beta_2\% = A_{i\cdot y}/\cos\phi_2 \times t \times S''_{e\cdot i} \times 100\%$$
$$= 23\,010/0.95 \times 720 \times 100 \times 100\%$$
$$= 33.64\%$$

故这两台变压器的功率损耗分别为

$$\Delta P_{b\cdot 1} = \Delta P_{o\cdot 1} + \Delta P_{k\cdot 1} \times \beta_1^2 = 180 + 1250 \times 0.47^2 = 456.13 \; (\text{W})$$

$$\Delta P_{b\cdot 2} = \Delta P_{o\cdot 2} + \Delta P_{k\cdot 2} \times \beta_2^2 = 200 + 1500 \times 0.336\,4^2 = 369.75 \; (\text{W})$$

因此可得到将变压器容量由小调大的降损节电量

$$\Delta(\Delta A)_4 = (\Delta P_{b\cdot 1} - \Delta P_{b\cdot 2})t \times 10^{-3}$$
$$= (456.13 - 369.75) \times 720 \times 10^{-3}$$
$$= 62.19 \; (\text{kW} \cdot \text{h})$$

最后可得四项降损措施实施后,整条线路的实际降损节电量为

$$\Delta(\Delta A)_{jd} = \Delta(\Delta A)_1 + \Delta(\Delta A)_2 + \Delta(\Delta A)_3 + \Delta(\Delta A)_4$$
$$= 70.53 + 269.21 + 179.70 + 62.19$$
$$= 581.63 \; (\text{kW} \cdot \text{h})$$

降损节电效果

$$\Delta(\Delta A)_j\% = \frac{\Delta(\Delta A)_{jd}}{\Delta A_\Sigma} \times 100\% = \frac{581.63}{2150.2} \times 100\% = 27.05\%$$

从四项降损措施降损效果比较来看,因此处无功补偿的降损系数为 0.199 5,而优化负荷曲线的降损系数为 $(K_1^2 - K_2^2)/K_1^2 = 0.166\,4$,故它们的降损效果分别为最好和次好,而升压运行与调整变压器容量分居第三、四位。

三、措施实施后线损率和可变损耗比重的降低

1. 线路两个线损率的计算确定

因原线路的不明损耗(即管理线损或营销损失)为

$$\Delta A_{bm} = A_{p\cdot g} - \sum A_{iy} - \Delta A_\Sigma = 88\,560 - 85\,010 - 2150.2$$
$$= 1399.80 \; (\text{kW} \cdot \text{h})$$

现时线损总量 = 原线损总量 - 四项措施降损量

即 $$\Delta A'_\Sigma = \Delta A_\Sigma - \Delta(\Delta A)_{jd} = 2150.20 - 581.63 = 1568.57(\text{kW} \cdot \text{h})$$

现时线路首端有功供电量 = 线路负荷总用电量 + 原管理线损 + 现时线路线损总量,即

$$A'_{p\cdot g} = \sum A_{iy} + \Delta A_{bm} + \Delta A'_\Sigma = 85\,010 + 1399.80 + 1568.57$$
$$= 87\,978.37 \; (\text{kW} \cdot \text{h})$$

故现时线路的理论线损率

$$\Delta A_L\% = \Delta A'_\Sigma / A'_{p\cdot g} \times 100\% = 1568.57/87\,978.37 \times 100\%$$
$$= 1.78\%$$

现时线路的实际线损率

$$\Delta A'_S\% = (1 - \sum A_{iy}/A'_{p\cdot g}) \times 100\% = (1 - 85\,010/87\,978.37) \times 100\%$$
$$= 3.37\%$$

若我们在降损管理措施上再适当下些工夫，实际线损还会相应有所降低。

2. 线路中可变损耗所占比重的计算确定

关键的问题，是要将线路中可变损耗在实施四项降损措施之后，其余存在的损耗量求算出来。在四项降损措施中，无功补偿和优化负荷曲线，具有单一性，只使可变损耗降低而获取节电量；而升压运行和调整变压器容量，是综合正反两面，由于可变损耗的减少量大于固定损耗的增加量而实现节电的；在求取可变损耗余存量时，只计及可变损耗的下降量，不计及其他损耗。

这样，升压运行使可变损耗减少而获取的节电量为

$$\Delta(\Delta A)_{uj} = \Delta A_{kb} \times \Delta P_{kb} \downarrow \% = 1487.8 \times 0.093 = 138.37 \ (kW \cdot h)$$

而调整变压器容量使可变损耗减少而获取的节电量为

$$\Delta(\Delta A)_{bj} = (\Delta P_{k \cdot 1} \times \beta_1^2 - \Delta P_{k \cdot 2} \times \beta_2^2) t \times 10^{-3}$$
$$= (1250 \times 0.47^2 - 1500 \times 0.336\ 4^2) \times 720 \times 10^{-3}$$
$$= 76.59 \ (kW \cdot h)$$

最后求得四项措施使可变损耗减少的总量为

$$\Delta(\Delta A)_{j\Sigma} = \Delta(\Delta A)_{uj} + \Delta(\Delta A)_2 + \Delta(\Delta A)_3 + \Delta(\Delta A)_{bj}$$
$$= 138.37 + 269.21 + 179.70 + 76.59$$
$$= 663.87 \ (kW \cdot h)$$

故可求得线路中可变损耗的余存量为

$$\Delta A'_{kb} = \Delta A_{kb} - \Delta(\Delta A)_{j\Sigma} = 1487.80 - 663.87 = 823.93 \ (kW \cdot h)$$

可求得线路中可变损耗所占比重为

$$\Delta A_{kb}\% = \Delta A'_{kb} / \Delta A'_{\Sigma} \times 100\% = 823.93/1568.57 \times 100\%$$
$$= 52.53\%$$

此百分比表明线路已进入经济运行区。此比重也可运用如下计算方法求取。

因 　　　　　　线路中的固定损耗＝总损耗－可变损耗

即　　　$$\Delta A_{gd} = \Delta A_{\Sigma} - \Delta A_{kb} = 2150.20 - 1487.80 = 662.40 \ (kW \cdot h)$$

线路升压运行使固定损耗的增加量为

$$\Delta(\Delta A)'_{gd} = \Delta A_{gd} \times \Delta P_{gd} \uparrow \% = 662.40 \times 0.102\ 5 = 67.90 \ (kW \cdot h)$$

调整变压器容量使固定损耗的增加量为

$$\Delta(\Delta A)''_{gd} = (\Delta P_{o \cdot 2} - \Delta P_{o \cdot 1}) t \times 10^{-3}$$
$$= (200 - 180) \times 720 \times 10^{-3} = 14.4 \ (kW \cdot h)$$

故线路中固定损耗的总量为

$$\Delta A_{gd\Sigma} = \Delta A_{gd} + \Delta(\Delta A)'_{gd} + \Delta(\Delta A)''_{gd} = 662.4 + 67.9 + 14.4$$
$$= 744.7 \ (kW \cdot h)$$

此时即可求得线路中可变损耗所占比重为

$$\Delta A_{kb}\% = (1-\Delta A_{gd\Sigma}/\Delta A'_{\Sigma})\times100\%$$
$$= (1-744.7/1568.57)\times100\%$$
$$= 52.52\%$$

可见两种计算方法仅相差 0.01 个百分点，这也是四舍五入造成的；故两个结果吻合。这个吻合说明，在以上的分析计算中，所用的概念和方法，所求得的降损节电量和可变损耗的余存量，以及整个降损措施实施效果计算分析等，是没有问题的。

四、降损措施实施前后，线路相关参数变化情况表

因本计算分析曲折繁琐，涉及的参数较多，为了便于对比、分析和观察降损措施实施后的效果，特意将线路相关参数在降损措施实施前后的变化情况，以表格汇总形式罗列出来，给读者一个清晰明确的数字和直观效果，也便于相关人员参考或借鉴，详见表 3-5。

表 3-5　　　　　重负荷线路降损措施实施前后，线路相关参数变化情况表

线路相关参数及单位		降损措施实施前	降损措施实施后
1. 线路实际运行电压	（kV）	10	10.5
2. 变压器型号—台数/容量	（kVA）	S_{11}—7/353	S_{11}—7/373
3. 线路负荷曲线特征系数	—	1.15	1.05
4. 线路负荷功率因数	—	0.85	0.95
5. 变压器综合平均负载率	（%）	39.35	33.32
6. 线路首端有功供电量	（kW·h）	88 560	87 978.37
7. 线路负荷总用电量	（kW·h）	85 010	85 010（不变）
8. 线路平均负荷电流	（A）	8.35	7.07
9. 线路中可变损耗电量	（kW·h）	1487.80	823.93
10. 线路总线损电量	（kW·h）	2150.20	1568.57
11. 线路理论线损率	（%）	2.43	1.78
12. 线路实际线损率	（%）	4.01	3.37
13. 可变损耗所占比重	（%）	69.19	52.53
14. 降损措施实施降损量	（kW·h）	—	581.63

第五节　低压三相负荷不平衡线路线损的计算分析

低压线路为什么会出现三相负荷电流不平衡，在本书第四章第七节三"低压线路三相负荷不平衡的危害及其防治措施"中作了比较详细的叙述。在此，为了分析方便起见，将以可进行定量计算或可量化的主要成因，即以低压线路三相接入不同容量的单相负荷的实例线路，来展开计算分析。

【例 3-1】 有一条农村三相四线制低压线路，感性单相负荷 24kW，综合功率因数 0.80；三相动力负荷 22kW，电动机额定负荷功率因数 0.89。已知线路等值电阻为 0.17Ω，分以下三种情况：① 单相负荷均衡分接到三相上时；② 单相负荷平均分接到两相上时；③ 单相负荷全部接到一相上时。试计算各相负荷电流、中性点电压、中性线电流、三相负荷平均电流、三相负荷电流不平衡度、线路有功功率损耗各为多少？

解 （1）**单相负荷均衡分接到三相上时。**

单相负荷通过每相的电流 $I'_A = I'_B = I'_C = \dfrac{P}{U \times \cos\phi \times 3} = \dfrac{24}{0.22 \times 0.8 \times 3} = 45.45$（A）

三相动力负荷通过每相的电流为

$$I''_A = I''_B = I''_C = \frac{P}{\sqrt{3}\,U\cos\phi_e} = \frac{22}{\sqrt{3} \times 0.38 \times 0.89} = 37.56 \text{（A）}$$

单相负荷和三相动力负荷通过每相的总电流

$$I_A = I_B = I_C = I'_A + I''_A = I'_B + I''_B = I'_C + I''_C = 45.45 + 37.56 = 83.01 \text{（A）}$$

中性点电压为 0，中性线电流为 0，三相平均负荷电流为 83.01A，三相负荷电流不平衡度为 0，线路有功功率损耗为

$$\Delta P_1 = 3I^2R \times 10^{-3} = 3 \times 83.01^2 \times 0.17 \times 10^{-3} = 3.51 \text{（kW）}$$

（2）**单相负荷平均分接到两相上时（设分接到 A、B 两相上）。**

线路每相电流 $I_A = I_B = \dfrac{24}{0.22 \times 0.8 \times 2} + 37.56 = 105.74$（A）；$I_C = 37.56$（A）

线路三相平均电流 $I_{Pj} = \dfrac{I_A + I_B + I_C}{3} = \dfrac{105.74 \times 2 + 37.56}{3} = 83.01$（A）

三相负荷电流不平衡度 $\delta = \dfrac{105.74 - 83.01}{83.01} = 0.2859 = 28.59\%$

线路中性线（零线）电流 $I_o = 3\delta I_{Pj} = 3 \times 0.2859 \times 83.01 = 71.20$（A）

或 $\quad I_o \approx \left[\dfrac{(I_A - I_B)^2 + (I_B - I_C)^2 + (I_C - I_A)^2}{2} \right]^{\frac{1}{2}}$

$$= \left[\frac{(105.74 - 105.74)^2 + (105.74 - 37.56)^2 + (37.56 - 105.74)^2}{2} \right]^{\frac{1}{2}}$$

$$= \sqrt{[67.18^2 + (-67.18)^2]/2}$$

$$= 67.18 \text{（A）}$$

由此可见两种计算方法结果基本吻合。

线路中性点电压 $U_o = I_o R_o = I_o \times 2R = 71.2 \times 2 \times 0.17 = 24.21$（V）

线路有功功率损耗为 $\Delta P_2 = \Delta P_{ph} K_3 = 3.51 \times (1 + 8\delta^2) = 3.51 \times (1 + 8 \times 0.2859^2)$

$$= 5.81 \text{（kW）}$$

（3）**单相负荷全部接到一相上时（设接到 A 相上）。**

线路每相电流

$$I_A = \frac{24}{0.22 \times 0.8} + 37.56 = 173.92 \text{（A）}, \quad I_B = I_C = 37.56 \text{（A）}$$

线路三相平均电流

$$I_{Pj} = \frac{I_A + I_B + I_C}{3} = \frac{173.92 + 37.56 \times 2}{3} = 83.01 \ (A)$$

三相负荷电流不平衡度

$$\delta = \frac{173.92 - 83.01}{83.01} = 1.095\,2 = 109.52\%$$

线路中性线（零线）电流

$$I_o = \frac{3}{2}\delta I_{Pj} = \frac{3}{2} \times 1.095\,2 \times 83.01 = 136.37 \ (A)$$

或　　$$I_o \approx \left[\frac{(I_A - I_B)^2 + (I_B - I_C)^2 + (I_C - I_A)^2}{2} \right]^{\frac{1}{2}}$$

$$= \left[\frac{(173.92 - 37.56)^2 + (37.56 - 37.56)^2 + (37.56 - 173.92)^2}{2} \right]^{\frac{1}{2}}$$

$$= \sqrt{[136.36^2 + (-136.36)^2]/2}$$

$$= 136.36 \ (A)$$

由此可见两种计算方法结果算是完全吻合。

线路中性点电压

$$U_o = I_o R_o = I_o \times 2R = 136.37 \times 2 \times 0.17 = 46.37 \ (V)$$

线路有功功率损耗为

$$\Delta P_3 = \Delta P_{ph} K_2 = 3.51 \times (1 + 2\delta^2) = 3.51 \times (1 + 2 \times 1.095\,2^2)$$
$$= 11.93 \ (kW)$$

从以上分析计算，比较三种情况的线路有功功率损耗可知：单相负荷均衡分接到三相者 P_1 <单相负荷平均分接到两相者 P_2 <单相负荷分接到全部接到一相者 P_3；而且后者是前者的数倍。这是因为：线路中性线（零线）电流 $I_{o\cdot1}$ < $I_{o\cdot2}$ < $I_{o\cdot3}$，三相负荷电流不平衡度 δ_1 < δ_2 < δ_3。

> 这种感性单相负荷容量愈大，或其占总负荷容量之比重愈大，则不平衡现象愈严重。因此，要及早采取相关有效措施，控制和治理低压三相四线制线路三相负荷电流不平衡。

为了便于比较和分析，我们将以上单相负荷三种不同分接方式下，线路线损分析计算所得的各个相关参数结果，以表格汇总形式罗列于表3-6中。

表3-6　　　　　单相负荷三种不同分接方式下线路线损分析计算结果表

单相负荷分接方式 线路相关参数及单位	（1）单相负荷均衡分接到三相上时	（2）单相负荷平均分接到A、B两相上时	（3）单相负荷全部接到一相（A相）上时
1. 单相负荷每相电流（A）	$I'_A = I'_B = I'_C = 45.45$	$I'_A = I'_B = 68.18$, $I'_C = 0$	$I'_A = 136.36$, $I'_B = I'_C = 0$
2. 三相动力负荷电流（A）	$I''_A = I''_B = I''_C = 37.56$	$I''_A = I''_B = I''_C = 37.56$	$I''_A = I''_B = I''_C = 37.56$

续表

单相负荷分接方式 线路相关参数及单位	（1）单相负荷均衡 分接到三相上时	（2）单相负荷平均分 接到 A、B 两相上时	（3）单相负荷全部接 到一相（A 相）上时
3. 线路每相总电流（A）	$I_A = I_B = I_C = 83.01$	$I_A = I_B = 105.74$， $I_C = 37.56$	$I_A = 173.92$， $I_B = I_C = 37.56$
4. 线路三相平均电流（A）	$I_{Pj} = 83.01$	$I_{Pj} = 83.01$	$I_{Pj} = 83.01$
5. 三相负荷不平衡度（%）	$\delta = 0$	$\delta = 28.59$	$\delta = 109.52$
6. 线路中性线电流（A）	$I_o = 0$	$I_o = 71.20$	$I_o = 136.37$
7. 线路中性点电压（V）	$U_o = 0$	$U_o = 24.21$	$U_o = 46.37$ （超过安全电压）
8. 线路有功功率损耗（kW）	$\Delta P_1 = 3.51$	$\Delta P_2 = 5.81$	$\Delta P_3 = 11.93$

第四章

降低电力网线损的管理措施

 **第一节　推行电网降损承包经济责任制**

一、推行电网降损承包经济责任制的作用及意义

推行电网降损承包经济责任制，是降低城乡电网线损的极其重要的管理性措施，它包含的内容较广，如指标管理、营销管理、计量管理、线路设备管理等。一般不需要投资或不需要较大的投资，它主要是靠组织成立线损管理领导机构（小组）和电网降损联合协作组（网），制定切实可行的相关规章制度，制定线损考核指标，按线路设备和部门（班组站、科股室等）进行分解落实，用小指标保证大指标，实行目标管理。同时，将责、权、利结合起来，用经济杠杆的作用把职工降损节能的积极性调动起来，使各部门降损节能的协调功能运作起来，从而促使企业和职工采取多种行之有效的降损措施，深入、持久地开展线损管理工作，实现降损节能，为社会、企业和职工创造效益。总之，电网的降损节能工作要靠供电企业的"统一领导，分级管理，分工负责，协同合作"，抓各种有效措施的落实。

二、降损承包经济责任制的几种形式或做法

在电网线损管理中，推行的降损承包经济责任制的形式或做法相当得多，现就河南省农电线损管理中的主要做法介绍如下：

（1）线损率、节电量、工资、奖金、线路设备维修费实行全部承包制。

（2）线损率、节电量、工资、奖金、线路设备维修费实行部分或适当比例（一般是由少逐步增多）承包制。

（3）线损率、节电量和相关的小指标，实行计分奖罚（全奖全罚）制。

（4）线损率、节电量和相关小指标，实行计分适当奖罚（一般由少逐步增多）制。

三、被分解和考核的各种小指标

年度线损率和节电量是大指标，为了保证大指标的完成，应将其分解成若干个小指

标，按部门（科股室或班组站）落实或包干负责通过考核、督促小指标的完成来确保大指标的完成。

从各地情况来看，被分解出来的小指标主要有以下 19 个：

(1) 为减少偷电和违章用电造成损失的用电普查。

(2) 为减少误差损失的计量表计的修校调换。

(3) 为减少差错损失的营业工作中的抄、核、收。

(4) 为减少漏电损失的绝缘子（瓷件）的清污和沿线树障清除。

(5) 调整负荷，使每日负荷基本均衡，使三相负荷平衡。

(6) 无功补偿，并重视补偿设备的投运率，保持无功负荷就地平衡，提高负荷力率应使补偿设备的可用率≥96%。

(7) 调整改造供电半径和配置的导线截面不合理的线路。

(8) 更新改造高损耗的变压器和电动机等用电设备。

(9) 及时停用空载和轻载的变压器及变压器的经济运行。

(10) 变压器负载率的考核与提高。

(11) 线路轮流定时供电与线路经济运行。

(12) 调节变压器的分接开关及电网运行电压。

(13) 降低接地装置的接地电阻值。

(14) 改造 TV 二次回路线路，使其压降降低到合理值。

(15) 消除或减小高次谐波对电网的影响。

(16) 电网的线损理论计算与分析。

(17) 线损报表的编报，实际线损指标完成情况的分析。

(18) 降损节电计划的制定，降损措施实施效果的分析。

(19) 年度线损管理工作总结，并作比较全面的综合性分析。

在制定工作计划时，为合理正确地确定以上小指标对大指标的影响程度，各单位各个时期应有所侧重和取舍，因地因时制宜。

四、线损率考核指标的制定依据和制定方法

合理制定线损率考核指标和降损计划，能够调动职工降损节电的积极性；否则，将挫伤他们的积极性。为此，应该以正确、科学的依据为基础，总结各地经验。以下几点可以作为制定线损率考核指标的依据：

(1) 高压综合线损率及低压线损率要降低到一定的标准范围。

(2)《农村电网节电技术规程》（DL 738—2000）提出：10(6)~110(220)kV 综合线损率降到 8%，380/220V 线损率降到 12%（在农网建设改造竣工后）。一流企业分别降到 7% 和 11%。

(3) 上一年度线损率的实际完成值。

(4) 本年度上月或上季度计算出来的、具有代表性和参考价值的线损率的理论值。

（5）对于实际线损率较低（或完成较好）的先进单位地区，要适当给予鼓励或奖励。对于实际线损率较高（或完成较差）的后进单位地区，要鞭策勉励其进步。简言之，要奖优罚劣。

根据上述线损率考核指标的制定依据或思路，在每年的年度初，各省、自治区、直辖市的各级农电部门，应对所辖各部门、各基层单位（即省局对市地局、市地局对县市局、县局对供电所和班组股室）制定出本年度的线损率考核指标或相关的承包任务。并且要及时下达下去，以使基层单位及早采取措施，完成考核指标或相关的承包任务。

关于考核指标的制定，在此提出两种方法，推荐给读者，仅供参考或与之商榷。

第一种方法，适用于能确切掌握被考核单位的电网线损率理论值的单位部门。即

$$考核线损率(\%) = C + (A - nB) \tag{4-1}$$

式中　C——被考核单位或部门的电网线损率的理论值，%；

　　　A——部或国家有关《细则》和《规程》规定的线损率达标值，%；

　　　B——被考核单位或部门上一年度的线损率实际值，%；

　　　n——调整系数（参考值 $n = 0.7 \sim 0.9$）。

第二种方法，适用于无办法掌握被考核单位的电网线损率理论值的单位部门。即

$$考核线损率(\%) = mA - A/B = A(m - 1/B) \tag{4-2}$$

式中　m——调整系数（参考值 $m = 1.08 \sim 1.18$）。

五、在线损考核中要注意或防止可能会发生的情况

（1）考核线损指标的制定不能过低和过高。过低，即留的激励空间太小，责任部门和人员虽然非常努力，采取的措施很多、很好，也很有针对性，但可能还是难以完成任务而受罚，这将挫伤他们工作的积极性。过高，即留的激励空间太大，责任部门和人员即使不必全力以赴地工作，采取的措施也不一定到位，就有可能较为轻松地完成任务而获奖，这将给企业和国家造成不必要的经济损失和能源浪费。考核线损率的制定要尽量科学合理，其预留的激励空间要做到恰如其分；制定时要分线路、分站区等，以其理论线损率（较为确切的最近 1~3 个月之值）为依据，要逐年甚至逐季压低，向理论值靠近。

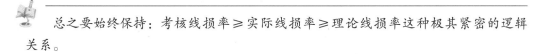

总之要始终保持：考核线损率 ≥ 实际线损率 ≥ 理论线损率这种极其紧密的逻辑关系。

（2）所有考核电量（如线路供电量、线路售电量、变压器用电量等）都是指其电能表的抄见电量（安装互感器的，考虑其倍率之后，下同），线路售电量是指挂接的变压器用电量之和，变压器用电量是指其二次侧总表抄见电量。这些电量即为结算电费的依据。除此之外，任何人不得擅自人为地对用户加计：变压器铜铁损失电量（实行变压器负载率考核的县级供电公司除外）、力率（功率因数）不足的电费（实行力率调整电费的县级供电公司除外），以及其他违规违章的电量和电费。

（3）县级供电企业和乡镇供电所要事先向被考核的责任部门及人员交代清楚，即要告诫在先。不能为了完成下达的考核线损率指标而违规将线路及企业专用变压器等设备之间的电量擅自进行互相挪动，搞所谓的"互相调剂"；或者违规将抄表例行日期不经报批而擅自往后推延；或者将违规电量加计到用户头上，参加考核指标的计算等。总之，不能为了不受罚或获取奖金而投机钻营，这样做只能使管理更混乱，数据更虚伪，企业遭受的损失更大。

（4）为了防止被考核的责任部门及人员的违规做法（例如私自准许用户安装线路或变压器并接火，发展并非法设立私属用电客户等），县供电企业和乡所要分线路、分月份、将挂接变压器的型号容量及台数、线路供售电量、线损率的考核值、实际完成值及理论值等详情制表登记，记录清楚，建立档案，以备核查。

第二节　加强电能计量管理

一、电能计量工作的作用

在电力系统发、供、用电的各个环节中，装设了必不可少的电能计量装置，它是由各种类型电能表和与其配合使用的互感器、电能计量柜（箱），以及电能表到互感器的二次回路等组成；它是用来测量发电厂的发电量及厂用电量、电网的购入电量和售出电量等。这就为发电、供电企业制订生产计划，搞好经济核算，合理计收电费提供了依据；同时，在工农业生产用电中，为加强经营管理，考核单位产品耗电量，制定电力消耗定额，节约能源，提高经济效益，电能计量装置也是必备的检测、计算的重要工具。

二、电能计量装置组成的两大主件

（一）电能表

电能表是计量电能量的专用仪表。在交流电网中，目前以感应系列三磁通型积算式电能表为主。之所以称电能表为积算式仪表，是因为它所反映的是某一段时间内（比如一个月）电能量的累计值，即

$$A = \int_{t_1}^{t_2} p\mathrm{d}t = \int_{t_1}^{t_2} ui\mathrm{d}t \ (\mathrm{kW \cdot h})$$

或

$$A = \sqrt{3}\int_{t_1}^{t_2} ui\cos\phi \ \mathrm{d}t \ (\mathrm{kW \cdot h})$$

式中　p——交流电网中电功率的瞬时值，kW；

　　　　i——交流电网中电流的瞬时值，A；

　　　　u——交流电网电压的瞬时值，kV；

　　$\cos\phi$——交流电的功率因数。

1. 电能表的分类

按电流类别分有直流式电能表和交流式电能表。直流式电能表常用于计量直流馈电

的电解、直流电动机所消耗的电能量，有电动式和水银式两种。交流式电能表为现今应用最广泛的一种电能表。

按作用分有普通型电能表和特种型电能表。普通型电能表有单相电能表、三相有功电能表和三相无功电能表。特种型电能表有标准电能表、预付电费电能表、最大需量表、复费率电能表、多功能电能表、损耗电能表。其中标准电能表的准确等级分为0.5、0.2、0.1、0.05、0.02、0.01 共 6 个级别；普通型电能表的准确等级分为 3.0、0.2、0.1、0.5、0.2 共 5 个级别。

按接入电路的形式分有直通式（直接接入）电能表与间接式（配互感器接入）电能表。

按性能分有：普通型电能表、防窃电型电能表、宽负荷型电能表、节能型电能表、可远程监控和抄录的低压载波型或高压载波型电能表等。

2. 电能表的铭牌及其参数

（1）型号。电能表的型号一般用字母和数字代号表示，并且标示在铭牌上，其各自含义如图 4-1 所示。

比如：DD862——单相有功电能表，设计序号 862；

DS10——三相三线有功电能表，设计序号 10；

DT10——三相四线有功电能表，设计序号 10；

DX15——三相三线无功电能表，设计序号 15；

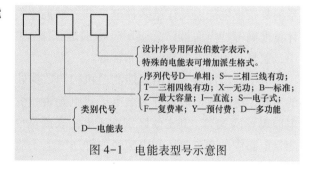

图 4-1 电能表型号示意图

DDS××——单相电子式有功电能表，设计序号××；

DSS188——三相三线有功电子式电能表，设计序号 188；

DTS188——三相四线有功电子式电能表，设计序号 188；

DXS188——三相三线无功电子式电能表，设计序号 188。

（2）参比电压。表示电能表长期运行时所承受的工作电压，用阿拉伯数字表示。

比如：单相电能表 220V；

三相三线电能表 3×380V；

三相四线电能表 3×380/220V。

（3）标定电流和额定最大电流。

标定电流：表示电能表使用电流的等级，作为计算负荷的基数。

额定最大电流：是指电能表可长期运行的最大电流。在此电流运行下，温升和误差都不会超过标准；额定最大电流值标在标定电流值后面，用括号括起来表示。

如果是三相电能表还要在电流前面加"3×"的字样。

比如：一铭牌标示为：3（12）A 的电能表，表示该电能表的标定电流为 3A，额定最大电流为 12A。

又如：一铭牌标示为：3×5（10）A 的电能表，表示该电能表的标定电流为三相

5A，额定最大电流为10A。

（4）电能表的等级。表示电能表在额定的正常使用条件下的误差等级，用圆圈内的数字表示。

比如：一块电能表的铭牌上标示2.0，表示该电能表的准确等级为2.0级，即基本误差不大于±2%。

（5）电能表的常数。表示单位电能量与转数之间的关系。

比如：1kW·h = 1000 盘转数。表示表盘每转 1000 转等于电能表 1kW·h 的电能量。此常数也可用"1000r/（kW·h）"表示。

（6）电能表的其他参数。这些参数有：参比频率、倍率、出厂日期、制造厂、制造编号等。

3. 新型电能表——电子式电能表

（1）电子式电能表的概述与分类。随着电子技术和制造工艺的快速发展，电子式电能表应运而生。目前电子式电能表已经能够制造成高精密的标准电能表、计量分时电量的复费率电能表及计量多种电量的多功能电能表等。鉴于电子式电能表具有精度高、计量准确等特点而被广泛应用，特别是在国家推行峰谷分时电价和远程集中抄表模式中，更显示出它的发展前景非常好。

电子式电能表一般由电能测量机构与数据处理机构两部分组成。根据电能测量机构的不同，电子式电能表分为全电子式电能表和机电脉冲式电子电能表（也称机电一体式电能表）两大类。其主要区别在于电能表测量单元的测量原理。全电子式电能表是将被测量电路中的交流电压和电流经取样送入电子器件，产生与被测量的电能量成正比的脉冲，再输送给数据处理单元进行数据处理，最后输出测量结果。机电脉冲式电子电能表的电能测量原理是将感应式电能表与被测电能量成正比的转盘转数，转换成与之成比例的电能脉冲信号，再输送给数据处理单元进行系列处理。

全电子式电能表由输入级（组成元件有电流转换器、电压转换器）、乘法器（组成元件有模拟乘法器、数字乘法器）、电压/频率转换器（组成元件有双向积分电压频率转换器，恒面积分脉冲反馈型电压频率转换器，恒流反馈型电压频率转换器）三大部分组成。

（2）电子式电能表与感应式电能表性能的比较，见表4-1。

表4-1 电子式电能表与感应式电能表性能比较表

性能指标	感应式电能表	电子式电能表
准确度等级	一般为0.5~3.0级，存在机械磨损，误差易发生变化	一般为0.2~1.0级，易于补偿调整，误差稳定性极佳
灵敏度	低一个数量级，转速愈低摩擦力愈大（接近静态摩擦）磨损愈严重，10W以下节能灯无计量反应	高一个数级别，并可长期保持

续表

性能指标	感应式电能表	电子式电能表
启动电流与误差曲线	≤0.3%I_b（产生转动力矩使表盘转动之感应电流），不够灵敏，误差曲线起伏变化大	≤0.1%I_b（与计量之电能量成比例的脉冲电流）
过载能力	为标定值的 4 倍	为标定值的 6~10 倍
本身能耗	每月为 0.8~1.0kW·h	每月为 0.3~0.5kW·h
受外磁场影响	极大	较小
频率响应范围	45~55Hz	40~1000Hz
防窃电功能	较差	更强
使用功能	功能单一	功能较多，具有正、反双方向对有功、四象限对无功、远程集中抄表、预付费、复费率等功能

电子式电能表也有不足之处：① 维修复杂（需要有较高电子技术水平的专业人员来承担）；② 价格较高；③ 使用寿命较短（一般为 10~15 年）；④ 受温度、湿度等环境影响，可能造成死机及计量数据混乱（现今已能制造在高寒恶劣环境下正常运行，寿命不减的感应式电能表）。

（二）互感器

互感器是用来变换电压和电流的仪器。通过它，可使电能表与电网的高压绝缘，也可使电能表扩大量程，以保证测量的安全和方便，即当一次网络发生故障时，不会烧坏仪表的测量线圈；也便于实现仪表制造的标准化，如电流线圈的额定电流为 5A，电压线圈的额定电压为 100V。

互感器按其作用分为两种：电流互感器（TA）和电压互感器（TV）。电流互感器，是用来向电能表和其他仪表及继电器等电流线圈馈电的，它的一次绕组与被测电路串联，二次绕组直接同仪表和继电器等的电流线圈串联（其二次回路的导线截面积不应小于 4mm²）。电压互感器，是用来向电能表和其他仪表及继电器等电压线圈馈电的，它的一次绕组与被测电路并联，二次绕组同仪表和继电器等的电压线圈并联（其二次回路的导线截面积不应小于 2.5mm²）。

三、电能计量装置的分类及准确度要求

1. 电能计量装置的分类

运行中的电能计量装置按其电能量计量多少和计量对象的重要程度分五类（Ⅰ、Ⅱ、Ⅲ、Ⅳ、Ⅴ）进行管理。

Ⅰ类电能计量装置。月平均用电量 500 万 kW·h 及以上或变压器容量为 10 000kVA 及以上的高压计费用户、200MW 及以上发电机、发电企业上网电量、电网经营企业之间的电量交换点、省级电网经营企业与其供电企业的供电关口计量点的电能计量装置。

Ⅱ类电能计量装置。月平均用电量 100 万 kW·h 及以上或变压器容量为 2000kVA 及以上的高压计费用户、100MW 及以上发电机、供电企业之间的电量交换点的电能计量装置。

Ⅲ类电能计量装置。月平均用电量 10 万 kW·h 及以上或变压器容量为 315kVA 及以上的计费用户、100MW 以下发电机、发电企业厂（站）用电量、供电企业内部用于承包考核的计量点、考核有功电量平衡的 110kV 及以上的送电线路的电能计量装置。

Ⅳ类电能计量装置。负荷容量为 315kVA 以下的计费用户、发供企业内部经济技术指标分析、考核用的电能计量装置。

Ⅴ类电能计量装置。单相供电的电力用户计费用的电能计量装置。

2. 电能计量装置的准确度等级

（1）各类电能计量装置应配置的电能表、互感器的准确度等级不应低于表 4-2 所示值。

表 4-2　　　　　　　　　　电能表与互感器准确度等级表

电能计量装置类别	准确度等级			
	有功电能表	无功电能表	电压互感器	电流互感器
Ⅰ	0.2s 或 0.5s	2.0	0.2	0.2s 或 0.2*
Ⅱ	0.5s 或 0.5s	2.0	0.2	0.2s 或 0.2*
Ⅲ	1.0	2.0	0.5	0.5s
Ⅳ	2.0	3.0	0.5	0.5s
Ⅴ	2.0	—	—	0.5s

* 0.2 级电流互感器仅指发电机出口电能计量中配用。

注 s 表示此种有功电能表和电流互感器具有宽负载和宽量限的特性。

（2）Ⅰ、Ⅱ类用于贸易结算的电能计量装置中电压互感器二次回路电压降应不大于其额定二次电压的 0.2%；其他电能装置中电压互感器二次回路电压降应不大于其额定二次电压的 0.5%。

四、电能计量装置的接线方式

（1）接入中性点绝缘系统的电能计量装置，应采用三相三线有功、无功电能表。接入非中性点绝缘系统的电能计量装置，应采用三相四线有功、无功电能表或三只感应式无止逆单相电能表。

（2）接入中性点绝缘系统的三台电压互感器，35kV 及以上的宜采用 Yy 方式接线；35kV 以下的宜采用 Vv 方式接线。接入非中性点绝缘系统的三台电压互感器，宜采用 Y_0y_0 方式接线。其一次侧接地方式和系统接地方式相一致。

（3）低压供电，负荷电流为 50A 及以下时，宜采用直接接入式电能表；负荷电流为 50A 以上时，宜采用经电流互感器接入式的接线方式。

（4）对于三相三线制接线的电能计量装置，其中两台电流互感器二次绕组与电能表之间宜采用四线连接。对于三相四线制连接的电能计量装置，其三台电流互感器二次绕组与电能表之间宜采用六线连接。

下面将城乡电网中常见的几种电能计量装置接线方式简述如下。

1. 有功电能的计量

（1）单相电路有功电能的计量。计量单相电路有功电能选用单相电能表，接线方式有直接接入电路的，也有经互感器接入电路的。当采用前种接线方式时，电能表读数就是计量的有功电能。当采用后种接线方式时，电能表读数乘以互感器的额定变比，才是计量的有功电能。其接线方式如图 4-2～图 4-4 所示。

（2）三相四线电路有功电能的计量。计量三相四线电路有功电能，可选用一只三相四线电能表或三只单相电能表（三只表读数之和就是计量的有功电能）。其接线方式如图 4-5、图 4-6 所示。

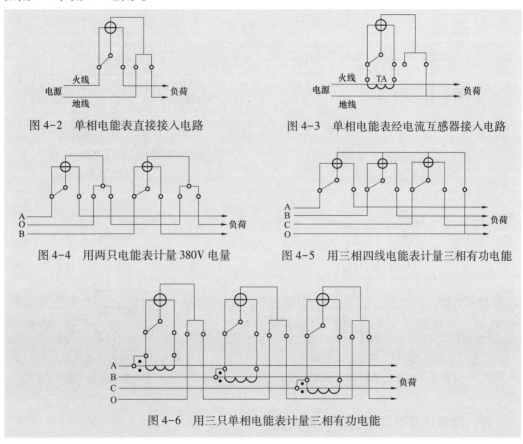

图 4-2 单相电能表直接接入电路　　图 4-3 单相电能表经电流互感器接入电路

图 4-4 用两只电能表计量 380V 电量　　图 4-5 用三相四线电能表计量三相有功电能

图 4-6 用三只单相电能表计量三相有功电能

（3）三相三线电路有功电能的计量。计量三相三线电路有功电能，可选用三相两元件电能表。接线方式如图 4-7、图 4-8 所示。

2. 无功电能的计量

计量三相三线电路无功电能，选用无功电能表。当没有无功电能表时，可用有功电能表跨相接线；此时，电能表读数乘以 $\sqrt{3}/2$ 才是计量的无功电能。这种计量方式，适宜于电压、电流的相角是对称的电路；否则，会影响计量的准确性。见图 4-9～图 4-12。

129

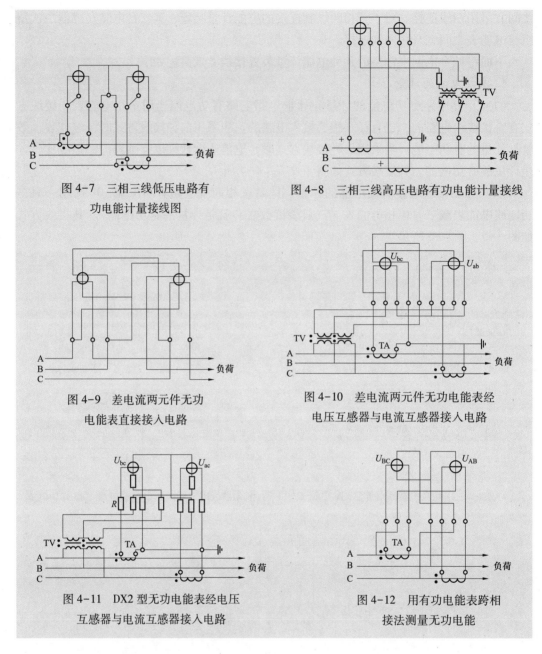

图 4-7　三相三线低压电路有
功电能计量接线图

图 4-8　三相三线高压电路有功电能计量接线

图 4-9　差电流两元件无功
电能表直接接入电路

图 4-10　差电流两元件无功电能表经
电压互感器与电流互感器接入电路

图 4-11　DX2 型无功电能表经电压
互感器与电流互感器接入电路

图 4-12　用有功电能表跨相
接法测量无功电能

五、电能计量装置的选择及其安装

1. 电能表的选择及安装

（1）电能表的准确等级应符合《电能计量装置技术管理规程》及有关规程要求，即应符合表 4-2 中所示值。

（2）直接接入电路的电能表，其额定电压应与电路运行电压相同，其标定电流应按正常运行负荷电流的 30% 左右进行选择，即所选用电能表的容量，在正常负荷变动时，电能表的误差应在其正常范围之内。经电流互感器接入的电能表，其标定电流宜不超过电流互感器额定二次电流的30%，表的最大额定电流应为电流互感器额定二次电流的120%左右。经电流互感器馈电的电能表，其额定电压应为100V。

（3）为了提高低负荷计量的准确度，应选用过载4倍及以上的电能表。目前，推荐选用的电能表是：配变压器二次侧总表和农户电能表均为智能电子表（三相四线表一只或单相表三只），以实现远程抄表功能。

（4）具有正、反向送电的计量点，应装设计量正向和反向有功电量及四象限无功电量的电能表。

（5）执行功率因数调整电费的用户，应装设可计量有功电量、感性和容性无功电量的电能计量装置；按最大需量计收基本电费的用户，应装设具有最大需量计量功能的电能表；实行分时电价的用户，应装设复费率电能表或多功能电能表。

（6）电能表应专用一套电流互感器，或者单独使用一组副绕组，计量与保护分开。

（7）35～110kV输电线路的进出线端，主变压器的高、中、低压侧，6～10kV线路的出口等，均应装设有功电能表和无功电能表。

（8）用户变压器容量为100kVA及以上的，在其配电盘上应装设有功电能表和无功电能表。配电变压器容量在100kVA以下的，可只装有功电能表，且应装设功率因数表（替代无功电能表）。

（9）电能表应安装在清洁、干燥、不含腐蚀性气体和无剧烈震动的地方；安装位置要便于维护和抄表；安装要垂直，如有倾斜其角度也不得超过2°。

2. 电流互感器的选择及安装

（1）电流互感器一次绕组额定电压应与被测电路电压相同。

（2）计量用电流互感器的准确度等级应符合《电能计量技术管理规程》及有关规程要求，即应符合该规程中3-3节表中所示值。

（3）电流互感器额定一次电流的确定，应保证其在正常运行中的实际负荷电流达到额定值的60%左右，至少应不小于30%，否则应选用高动热稳定的电流互感器，以减小变比。

（4）互感器实际二次负荷应在25%～100%额定二次负荷范围内；电流互感器额定二次负荷的功率因数应为0.8～1.0。

（5）三相电路中，各相上的电流互感器额定容量和额定变比应一致。

（6）安装电流互感器时，极性不得接错。如受现场条件所限，可将电流互感器一、二次端钮完全反接。

（7）互感器二次回路的连接导线应采用铜质单芯绝缘线。对电流二次回路，连接导线截面积应按电流互感器的额定二次负荷计算确定，至少应不小于4mm²。

（8）电流互感器二次绕组不得开路。否则，将产生高电压和导致铁心发热，危及设备和工作人员的安全。因此，在电流互感器二次回路上工作时，一定要将二次绕组短路。

（9）装在高压电路的电流互感器，其二次端钮应有一端接地，以防一、二次绕组绝缘击穿时，危及人身和设备的安全。

電力网线损计算分析与降损措施

3. 电压互感器的选择及安装

（1）电压互感器一次绕组额定电压应与接入电路的电压相同。

（2）计量用电压互感器的准确度等级应符合《电能计量技术管理规程》及有关规程要求，即应符合该规程中3-3节表中所示值。

（3）电压互感器的额定容量应大于或等于二次负载总和；如三相负载不等时，则以负载最大的一相为依据进行配置。

（4）互感器二次回路的连接导线应采用铜质单芯绝缘线。对电压二次回路，连接导线截面积应按允许的电压降计算确定，至少应不小于2.5mm^2。一般情况下，从电压互感器到电能表二次回路的电压降不应超过0.5%。

（5）互感器实际二次负荷应在25%~100%额定二次负荷范围内；电压互感器额定二次功率因数应与实际二次负荷的功率因数接近。

（6）安装电压互感器时，要注意极性、组别、相别，不得接错。

（7）电压互感器二次绕组不得短路，否则较大的短路电流将烧毁互感器。

（8）电压互感器一、二次侧均要安装熔断器，以防短路。

（9）电压互感器二次端钮应有接地。

六、电能计量装置的检验

电能表和互感器应遵照国家有关部门颁发的《电能计量装置检验规程》及其他有关规程，在安装使用之前必须经过校验合格；运行中的电能表，应进行周期性的定期检验。

1. 电能表的周期性定期校验

（1）35kV及10（6）kV线路总表，每半年校验一次。

（2）容量在1000kW以上的高压用户电能表每半年校验一次；容量在1000kW的，每年校验一次。

（3）一般农业用户电能表每1~2年校验一次。

（4）低压照明表每3~5年校验一次。

（5）校验用的标准表每半年校验一次。

（6）计量用互感器每3~5年校验一次。

检验电能表时，其实际误差应控制在规程规定基本误差限值的70%以内。凡经校验合格的表计，必须进行封印，封印工具应妥善保管，不许外借。经检验合格的电能表，在库房中保存时间超过6个月应重新进行检验。

2. 电能表和互感器的现场检验

（1）Ⅰ类电能表至少每3个月现场检修一次；Ⅱ类电能表至少每6个月现场检验一次；Ⅲ类电能表至少每年现场检验一次。

（2）35kV及以上电压互感器二次回路电压降，至少每2年检验一次。当二次回路负荷超过互感器额定二次负荷，或二次回路电压降超差时，应及时查明原因，并在一个月内加以处理。

（3）高压互感器每 10 年现场检验一次，当误差超标时，应尽快更换或者改造。

3. 电能表的定期轮换

（1）运行中的Ⅰ、Ⅱ、Ⅲ类电能表的轮换周期一般为 3~4 年。运行中的Ⅳ类电能表的轮换周期为 4~6 年。Ⅴ类双宝石电能表的轮换周期为 10 年。

（2）对所有轮换折回的Ⅰ~Ⅳ类电能表，应抽取其总量的 5%~10%（不少于 50只）进行修调前检验，且每年统计合格率。

（3）Ⅰ、Ⅱ类电能表的修调前检验合格率为 100%；Ⅲ类电能表的修调前检验合格率应不低于 98%；Ⅳ类电能表的修调前检验合格率应不低于 95%。

（4）运行中的Ⅴ类电能表，从装上的第六年起，每年应进行分批抽样作修调前的检验，以确定整批电能表是否可继续运行。

4. 电能表检验误差的计算确定方法

电能表临时检验时，按下述用电负荷确定其误差。对高压用户或低压三相供电的用户，一般应按实际用电负荷确定电能表的误差。当实际负荷难以确定时，应以正常月份的平均负荷确定电能表的误差，即

$$平均负荷 = \frac{正常月份的用电量（kW \cdot h）}{正常月份的用电小时数（h）} \tag{4-3}$$

对照明用户一般应按平均负荷确定电能表的误差，即

$$平均负荷 = \frac{上一次抄表期内的月平均用电量（kW \cdot h）}{30 \times 5（h）} \tag{4-4}$$

当照明用户的平均负荷难以确定时，可按下列方法确定电能表的误差，即

$$误差 = (I_{e \cdot zd}时表的误差 + 3I_b时表的误差 + 0.2I_b时表的误差)/5 \tag{4-5}$$

式中　$I_{e \cdot zd}$、I_b——电能表的额定最大电流、标定电流，A。

各种负荷电流下表的误差，按负荷功率因数为 1.0 时的测定值进行计算。

电能表在修调前检验的误差可按下列方法判定

$$误差 = (I_{e \cdot zd}时表的误差 + 3I_b时表的误差 + 0.1I_b时表的误差)/5 \tag{4-6}$$

应指出的是：电能表误差的绝对值应不超过表的准确度等级所示值。

5. 电能计量装置的检验考核

（1）计量标准器和标准装置的周期受检率与周检合格率。

$$周期受检率（\%） = \frac{实际检验数}{按规定周期应检验数} \times 100\% \tag{4-7}$$

$$周检合格率（\%） = \frac{实际检验合格数}{实际检验总数} \times 100\% \tag{4-8}$$

周期受检率应不小于 100%；周检合格率应不小于 98%。

（2）在用电能计量标准装置周期考核（复查）率。

$$周期考核率（\%） = \frac{实际考核数}{到周期应考核数} \times 100\% \tag{4-9}$$

在用电能计量标准装置周期考核率为 100%。

（3）运行中的电能表周期受检（轮换）率与周检合格率。

$$周期轮换率(\%)=\frac{实际轮换数}{按规定周期应轮换数}\times100\% \tag{4-10}$$

$$修调前检验率(\%)=\frac{修调前电能表的检验数}{实际应轮换回的电能表总数}\times100\% \tag{4-11}$$

$$修调前检验合格率(\%)=\frac{修调前检验合格数}{实际修调前检验总数}\times100\% \tag{4-12}$$

$$现场检验率(\%)=\frac{实际现场检验数}{按规定周期应检验数}\times100\% \tag{4-13}$$

$$现场检修合格率(\%)=\frac{实际现场检验合格数}{实际现场检验数}\times100\% \tag{4-14}$$

对于长期处于备用状态，或者现场检验时不满足检验条件（负荷电流低于被检表标定电流 10%，或低于标准表额定电流 20% 等）的电能计量装置，经实际检测，可计入实际检验数，但应填写现场检验记录。统计时视为合格。

周期轮换率应达到 100%；现场检验率应达到 100%；Ⅰ、Ⅱ类电能表现场检验合格率应不小于 98%。Ⅲ类电能表现场检验合格率应不小于 95%。

（4）电压互感器二次回路电压降周期受检率应达到 100%；计算式为

$$周期受检率(\%)=\frac{实际检验数}{按规定周期应检验数}\times100\% \tag{4-15}$$

（5）计量故障差错率。其要求是应不大于 1%；计算式为

$$计量故障差错率(\%)=\frac{实际发生故障差错次数}{运行电能表、互感器总数}\times100\% \tag{4-16}$$

七、电能计量的日常管理工作

1. 县级供电企业应设立电能计量室

电能计量管理的目的是为了保证电能计量量值的准确、统一和电能装置的安全可靠运行。电能计量管理工作包括：计量方案的确定、计量器具选用、订货验收、检定、检修、保管、安装竣工验收、运行维护、现场检验、周期检定（轮换）、抽检、故障处理、报废的全过程管理，以及同电能计量有关的电压失压计时器、电能计费系统、远方集中抄表系统等相关内容的管理。

为了完成上述工作，县级供电企业设立电能计量室是十分必要的。县级供电企业计量室作为国家供电系统三级检定、监督机构，由主管生产技术的企业副总经理直接领导。县级供电企业计量室在确定岗位的基础上，逐步配齐专业人员；计量人员要经理论和实际操作技能培训、考核，取得上级颁发的合格证书后，才能参加校验、检修、验收等工作。

2. 纠正当前电能计量存在的问题

当前，在电能计量方面存在的问题较多，主要有如下几个问题。

（1）接线错误。当电能表和互感器的接线错误时，对电能计量的准确度影响较大，将引起30%~70%的误差。

（2）选用不当。当电能表和互感器选用、配置不当时，如负荷长期低于电能表容量的三分之一，将使电能计量不准确。

（3）淘汰品多。以前使用的感应式机械电能表，属于淘汰产品的较多，这些是指：单相表 DD_{5-a}、DD_{5-2}、DD_{5-6}、DD_9、DD_{10}、DD_{12}、DD_{14}、DD_{15}、DD_{17}、DD_{20}、DD_{28} 型等；三相三线有功表 $DS_{1/a}$、DS_5、DS_8、DS_9、DS_{10}、DS_{13}、DS_{15}、DS_{16}、DS_{22}、DS_{23} 型等；三相四线有功表 $DT_{1/Q}$、DT_6、DT_8、DT_{10}、DT_{18}、DT_{23}、DT_{28} 型等。这些电表结构陈旧、零件老化、性能低劣，远远超出允许误差范围，不是给国家造成电能损失浪费，就是给用户造成过多的经济负担，社会影响不好。

（4）互感器准确度等级较低，误差超标。

（5）电能表和互感器未按规定周期进行校验、轮换。

（6）电能表和互感器检验项目不全，修校质量差。

3. 加强计量箱（柜）的检查管理

目前，用户违章用电和窃电的现象逐渐增多，从而造成了数量惊人的不明损失和国家电力的极大浪费（据调查统计，因窃电，每年国家损失电量达20亿 kW·h），为了克服这种现象，相当多的供电部门及时地在公用配电变压器低压侧装设了特制计量箱，在县城和乡镇的街道电力线路上装设了集中控制的计量箱，在线路电量计量关口装设了专用高压计量箱或计量柜等。实践证明，装设专用计量箱，是制约违章用电、非法窃电、减少管理线损的有效措施，不仅在开始阶段发挥了降损节电的显著作用，而且在现阶段，也仍然起着减少损失和稳定线损的积极作用。统计数据说明，装设了计量箱之后，不仅方便了管理，而且计入电量或回收电费也较前有所增加，有的增加极其明显。

装设了专用计量箱之后，不能高枕无忧，还应采取措施，加强检查管理。这些措施是：县供电单位和乡镇电管部门及时增加对箱（柜）的检查次数或夜间、秘密地进行突查；计量箱（柜）的锁和钥匙要定期不定期地进行调换；计量箱（柜）采取双层、双锁、暗锁及加封印；以及将计量箱套住配电变压器的低压接线柱（要注意给设备和表计留有散热通风口）等。

第三节　加强电力营销管理

据调查统计，在市县供电企业中，有不少非一流企业的线损率很高或居高不下，远远超过理论值，造成了大量的电能损失。究其原因，除了计量表计的误差外，绝大部分是由于以下三种情况造成的：① 用电单位（或用户）的非法窃电和违章用电；② 供电企业对用电的监察和检查不及时、不深入，处罚的力度不够；③ 供电营业单位的工作存在较多的漏洞，抄表和核算不准确，甚至有遗漏的，未能按时把用户所耗用的电量如数全部抄回。总之，主要是由于营业损失电量过大造成的。因此，加强用电营业和销售管理，是降低城乡电网线损，特别是降低其管理线损的重要措施。

一、要充分认识和高度重视用电营业管理的重要性

1. 营业管理是供电企业对电（商品）的重要销售环节

为了适应工农业生产发展，为了发展城乡经济，为了满足城乡居民物质文化生活的需要，县级供电企业要抓好以下两个环节：一是不断发展业务，接受用户的用电申请，及时供给用户合乎质量标准的电力；二是准确计量用户每月使用的电量，及时核算和回收用户的电费。这样，供电企业的再生产才能不断进行，电，这种商品的经营成果才能以货币的形式体现出来。

2. 营业管理是供电企业发展的一项重要工作

（1）供电企业应根据《供电营业规则》及有关规定及时地受理用户的用电申请，如期地为其办理各项手续，才能扩充自身的业务，发展壮大企业。

（2）电费收入是供电企业的主要销售收入，只有对其加强管理，及时、准确、全部地收回和上缴给上级财政部门，才能加速资金周转，及时为国家积累资金，为企业的生产和发展提供物质基础。

（3）售电量、线损率和供电成本是国家考核供电企业的主要技术经济指标。其中售电量尤为重要，它完成多少，能否按时把用户所耗用的电量如数全部收回，能否正确无误地进行核算和分类统计，关系到国家和企业的利益和未来；与此相关的线损率和供电成本才能正确地计算出来。

（4）营业管理部门的统计报表和经常性的社会调查资料，如各行各业历年用电量的增长情况、用电结构变化、用电特点以及平均电价的变化等，是编制供电企业生产计划的重要依据。

二、用电营销管理的主要工作内容及其做法

（一）报装接电，扩充业务

（1）营业管理工作的主要任务是接受用户的用电申请，满足新建、扩建单位的用电需要，应根据电网供电情况，及时尽快地办理有关报装的各项业务。报装接电工作应实行由县（市）局的用电部门一口对外办理的做法。办理期限的要求是：照明不超过一周，动力不超过半月。

（2）了解并审查用户申报的用电资料及其工程的建设依据、进程和发展规划。对于用户新装、增装的用电设备，不论容量大小，都必须办理正式用电申请手续，填写用电登记书；同时按规定提出必要的设计图纸等技术资料。调查用户的用电现场情况、用电性质、用电规模及电网供电的可靠性，据此拟定供电方式和方案。

（3）组织进行业务扩充的新建、扩建供电设备的设计和施工。并要掌握设备的安装进度，及时对其进行必要的调试、检测和质量监督。并按规定收取有关业务费用。

（4）签订供用电合同或协议书。确定计量方式和计量点，并组织装表和接电。报装接电必须严格执行审批权限，即根据用户新装、增装用电设备的容量（或规模大小），确定是由县局，还是由乡（镇）供电所审批、检查验收、装表接电。业务扩充工程的设计、

施工、验收接电工作，必须严格执行有关设计技术规程的规定，不合格不准验收接电。

（5）业务扩充工作应按一定的流程进行。制定业扩流程，应以方便用户、提高服务质量为原则。要着力改革那种多头对外、管理混乱、手续繁琐的做法；做到对外一个口，对内要规范。下面提供有关业扩工程的流程及有关部门的职责分工情况，供参考。

1）低压供电、无线路工程的用户。

2）10kV 及以下有线路工程的用户。

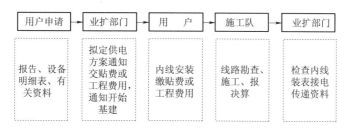

3）企业专用（含类似）变压器的安装。

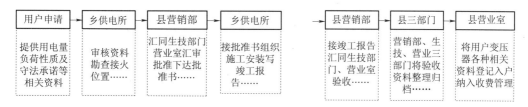

4）35kV 及以上供电，需要新建或扩建输变电工程，建成后产权归电业部门。

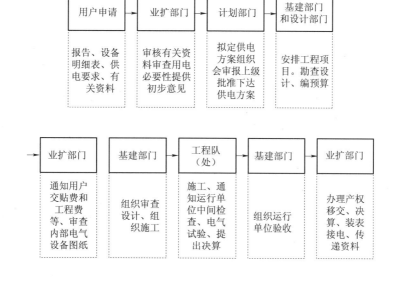

（二）定期准确抄表，如数回收电量

（1）抄表工作必须定人、定量（或定户数）、定日期；在特殊情况下可前后变动两天。大宗用户必须按固定日期、甚至固定时间抄表。

（2）有相当多的地市和县（市）的供电部门，实行农村电工异地抄表（定期或不定期地更换抄表地点赴非本地抄表）的做法，利多于弊，取得了一定的成效，值得借鉴和因地因时酌情推广。这样做的好处有：① 有利于消除"人情电、关系电、权力电"的不良现象；② 有利于抄表人员之间互相了解、彼此检查工作质量和行为风尚等情况，督促定日期、到现场进行抄表，促进乡站抄表水平的提高；③ 有利于及时发现计量装置和其他设备的缺陷，以及倍率和表位数的错误等，避免和减少由此造成的损失；④ 使农村电工见多识广，了解更全，锻炼更充分，认知的东西更多，促进农村电工技能水平的提高。

（3）抄表前先领取抄表卡片，并核对其张数无误，然后到现场抄表。抄表要用钢笔（或书写笔）填写抄表卡片和用户用电手册，字迹要工整清楚，不准涂改。

（4）抄表要认真看清电能表的指示数、表位数、互感器的倍率，严防少抄、误抄等各种差错。对电量突增突减的用户，应了解情况，查明原因，标注在抄表卡片上；如发现封印启动、电表损坏、元件失缺、附件变动、用电设备容量变动和违章用电等情况，应及时处理；或提出调查报告书，交有关人员处理。

（5）对仅装有总表，而又需要分工副业、农业排灌和照明用电计算电量电费的用户，在执行综合电价前，应按签订协议所规定的比例划分办理，不得擅自单方变动。

（6）对有限时间无表协定用电用户，应注意检查用电设备容量和用电时间，如发现增减变动，可按下列办法处理：① 对私自增容用电者，应按新容量计算当月电量，并写出调查报告书；② 对私自增加用电时间或班次者，应按实际用电时间计算当月电量，并通知用户办理修改协定用电时间的手续；③ 对用电容量和时间均减少者，应通知用户到县局办理修订协议手续，但当月用电量仍按原协议规定标准计算。

（三）正确执行电价政策，认真核算电量电费

（1）电费核算工作是紧接抄表工作之后进行的，而且适宜集中于县局统一完成，并交有丰富经验、办事极少有差错的人员来做。审核时，要详细核对户号、姓名、用电量、用电类别及有关记录，特别要注意用电设备容量和电费计收起止日期，切莫记错账和漏算、少算电费。

（2）电费收据亦应集中由县局统一复写开发，并盖上月份印鉴。在开据之前，要注意与抄表卡片、电费账本的核对。县局甚至乡所，要创造条件，尽快用计算机核算开据。

（3）电费收据写错时，不准涂改、撕掉，盖作废章后另开新据。电费账本写错需要订正时，在错误处要盖上经办人印章，再写上正确的数字或文字。

（4）要正确执行国家电价，不得错计电费；更换电费账本时要严防错记、漏记设备容量和协议容量。

（5）用户丢失电费收据要求补发时，用户应提供电费手册或当月的交费通知单，

经过与电费账本核对，并经领导同意后予以补发，并盖上"补发"印章。临时电费盖"临时"印章。

（四）及时回收电费，加强电费管理

（1）领取电费收据后，先查点张数、核对款额、查看有无漏盖收费章的。

（2）收费前要在电费收据上盖收费人章；要先收钱后给收据（这里说明一点，给用户，特别是用电量较大者带有税章的正式票证比给收据更合理合法）。

（3）收取的电费现金，要及时整理好、上缴入库，以防意外。

（4）银行划拨电费时，按银行规定手续办理。

（5）退还电费时，应请用户在收据上盖章，其款额可从当天收取的电费中退给。

电费回收工作是供电企业在销售环节和资金运转中的一道重要工序，是电力生产经营成果以货币形式体现出来的一个重要组成部分。

电费管理工作要求用电营业管理人员每月将用户的用电量按时正确地抄录回来，按照国家制定的电价，严格正确地计算和审核电费，全部及时收回和上交，对各行各业的用电量与应收电费进行综合分析和统计。

电费管理要严格执行工作程序，其程序为：接收装表接电凭证→立卡存档→分区分线建账→抄表→核算→审核记账→填写电费通知单→收电费（现金交付、银行代收、银行划拨）→下账汇总→综合统计分类报表→分清代收费用（按理不许搭车收费）和电费→交财务部门→上缴。

变压器用电抄表收费程序：在县供电公司制定的每月抄表收费日期（抄表员和各乡所不得擅自延后）→各乡供电所派员到各变台将用电量如实抄下→各乡所汇总所抄电量如实上报县供电公司营业室→营业室审核上报数字，无误后开具电费发票→各乡供电所领走电费发票→各乡所向各台变压器用户（村委会或企业）收取电费（发票中的一联交用户）→各乡所汇总电费并上缴县供电公司营业室（各所务必做到电费月月结清，不得截留）→县营业室汇总电费并与开出发票金额进行核对，并分所填写报表，将款一同上交→县供电公司财务部门（填报表连同电费总额上缴）→市级供电公司财务部门。

电费管理工作中的抄表、核算、收费是三位一体的，既有明确分工，又要密切协作，彼此衔接好，还应相互监督，杜绝漏洞；真正做到应收必收，收必合理合法。

上述是传统做法。现在多数地区已实现电能表（定时或不定时）远抄、电脑自动汇总核算、下发欠费通知、和手机软件（支付宝、网上国网等）缴费，极大地方便了供电公司抄、收人员、工农业生产各类用户和广大人民群众。

（五）营业管理的统计工作与分析工作

（1）营业统计月报：主要是指分户汇总月报表和用电分类报表等。这些报表应根据电费发行计算票及登记、抄表、收费整理提供的资料进行编制，要求做到三个相符：①分户汇总月报表与每户抄表卡相符；②电度、电价、电费相符；③电费收据或票证与用户交费手册相符。

（2）对临时用电、补缴电费、电费滞纳金及赔偿表费等，这些缴款总清单应与应收款相符。

（3）对各项数字增减，应做好分析，查明原因，计算和确定影响范围，汇报给领导。

（六）电力营销普查与违章用电处理

1. 营业普查的形式

（1）定期普查。根据农村用电负荷变化规律，每年定期开展 2~4 次营业普查，一般安排在用电负荷变化较大的季节进行。

（2）不定期普查。在日常营业工作中，随时发现问题随时进行的营业普查。如发现线路的线损率发生突变，造成较大的营业损失时，就应及时组织有针对性的营业普查。

（3）营业普查时，要注意采取内查（即室内查）与外查（即现场查）相结合、专业人员检查与知情群众参查相结合、检查与整修相结合，以及自查、互查和抽查相结合的方式。

2. 营业普查的内容

（1）内查。

1）查账、卡、簿（即电费账、抄表卡片、用电设备登记簿）是否相符。

2）查抄、核、收手续是否合理。

3）查电量、电价、电费的核算是否正确。

4）查不同行业和用户的电量分配比例是否合理。

5）查加收的变压器铜损、铁损电量是否合理。

6）查力率调整电费、工程补贴等的收取是否符合标准。

（2）外查。

1）查用户有无违章用电和窃电行为。

2）查配电变压器的容量与设备登记簿上的容量是否相符。

3）查用户装机容量与抄表卡片上记录的容量是否相符。

4）查电流互感器的变比与抄表卡片上记录的变比是否相符，查穿心 TA 的一次匝数与表卡上记录的匝数是否相符。

5）查电流互感器的一次和二次接点是否松动和氧化。

6）查电能表、互感器是否烧损，接线是否正确。

3. 用户的违章用电和窃电

（1）违章用电的范围及其处理办法。

1）对在电价低的供电线路上，私自接用电价高的用电设备或私自改变用电类别的，应按实际使用日期补收其差额电费，并处以 1~2 倍差额电费的罚款；对使用起止日期难以确定者，至少按三个月计算。

2）对用电超过报装容量私自增加用电容量的，应追补电费，并处以每千瓦 20 元的罚款，还要拆、封私增设备；如用户要求继续使用的，按新装增容办理。

3）对擅自使用已报停用的电气设备或启用封存的电气设备的，应追补电费，并处以每千瓦 20 元的罚款，还要再次封存擅自启用的电气设备。

4）对私自迁移、更动和擅自操作供电单位的电能计量装置、电力定量装置、线路或其他供电设施的，要处以 20~50 元的罚款。

5）对未经供电单位同意，自行引入备用电源的，应予以立即拆除，并处以按接用容量每千瓦 50 元的罚款。

（2）窃电、窃电的原因、形式及对窃电的处理办法和防治措施。

1）窃电。**窃电，是指以非法占用电能为目的，采用隐蔽或其他非法手段窃用电能**，而造成电能计量装置少计量，甚至不计量的行为。具体表现有：① 在供电单位线路上私自接线用电，或者绕越电能表用电行为（用户）。② 改变供电单位计量装置的接线，伪造或启动计量仪表的封印，以及采用其他方法致使电能表计量不准（或失效）的行为（用户），甚至故意损坏计量装置的行为。③ 现有包灯用户，私自增加用电容量的行为（用户）。

上述几种行为（用户）被供电单位查出应定为"窃电"。

2）窃电的原因。窃电的原因主要有以下几种：① 自身利益的驱使窃电，此类情况最多。② 受外界的影响窃电，此类窃电户往往被他人窃电得逞"传染"，禁不住伸手试法，往往发现一户，查获一大片。③ 企图窃电发财，此类窃电多发生在个体工商户或私营企业（如一家个体饭店接连窃电相继被查获，仍不思悔改，直到摘表断电）。④ 自身心理扭曲窃电，此类窃电或许了为了好奇或者逞能，给他人露一手而窃电。⑤ 讨好他人窃电，有些窃电户虽然不懂电气技术，但其下属或个别电工出于某种动机，为其窃电减支效力。⑥ 有意识地对国家或集体电力企业进行破坏等。

3）窃电的形式。窃电的方法概括起来有欠压法、欠流法、移相法、扩差法、无表法窃电及改变电能表结构性能法等。主要形式如下：① 公开明显的窃电，其窃电方式多是在电能表前接线，利用 U 型导线分流、别卡表盘、开封拨表、私改 TA 变比，或者将电能表短接，互感器开路，将电能表电压线圈挑开，让电能表少走字或不走字。② 偷摸隐蔽的窃电，此类窃电在配变计量总表后、计费分表前，偷接电力负载，如将窃电线藏在顶棚内或埋在夹墙中，用电缆偷接埋在地下，或者将不同相的电压线互换而造成电能表电流电压的相位不对应而使电能表较慢或反转，让一般人员不易察觉之窃电行为。③ 采用高新技术窃电，此类窃电对供电企业威胁最大，应引起供电企业高度重视。前几年媒体披露过的，名为"节电器"实为"窃电器"的窃电工具，就是典型的一例。④ 与供电企业检查人员打时间差窃电，此类窃电者多对供电企业经营比较熟悉，熟知供电企业查电人员的工作规律，利用在公休节假日或者夜间窃电。

4）对窃电的处理办法。对窃电户或窃电者，供电单位可根据 1990 年 5 月 28 日国家公安部、原能源部《关于严禁窃电的通告》规定，进行处罚，即除当场予以停电外，还应按私接容量及实际使用时间追补电费，并处以 3~6 倍追补电费的罚款；情节严重者，应依法起诉。如窃电起止日期无法查明时，至少以 6 个月（动力用户每日按 12h，照明用户每日按 6h）计算。这样做的目的，是为了教育窃电者，告诫窃电者，"电"也是商品，是不能偷窃的，是受国家法律保护的。

5）防范和治理窃电的措施。防范和治理窃电工作是一个系统工程，它包括事前、事中和事后管理三个阶段。业务扩充管理流程的防治窃电管理为事前管理，从装表接电后到抄、核、收过程的防治窃电为事中管理，运行过程中对窃电行为的查处为事后管理。具体来说，要做好防治窃电工作，要采取以下措施：

a. 防范和治理窃电的组织措施：① 业扩管理中要加强职业道德和法制教育、组织技术业务培训，提高业扩流程参与人员的思想和技术业务素质，堵塞窃电漏洞，不搞人情电、关系电、杜绝网开一面，更不允许供电企业内部人员与社会上外部人员勾结窃电。② 利用各种媒体，如广播电台、电视台、报刊等进行反窃电、防窃电的宣传教育；特别是要着力宣传国家公安部、原能源部于 1990 年 5 月 28 日颁发的《关于严禁窃电的通告》的条文内容，使之家喻户晓，人人皆知。③ 抄、核、收管理过程中防止窃电的关键在于抄表和复核两个环节。用电检查人员要加强对抄表和复核的监督，抄、核人员也应该负有对窃电行为发现和举报的责任。④ 要制定办事程序和办事规则，按章行事，规范营销管理行为，堵塞工作中的漏洞和失误，防止内外勾结窃电。⑤ 要加强专业技术培训，提高抄表人员和复核人员的工作责任心和业务技术水平；从严要求出发，要建立岗位责任制，并纳入考核管理。⑥ 要做到业扩流程与营业管理的衔接和协调，实行全过程管理。对临时用电户也要装表计量，按时抄表收费，并建立临时用电台账；临时用电结束时，必须撤除供电线路和计量表计，或者转为正式供电，不给非法者留下窃电条件。⑦ 制定发动群众举报窃电行为和窃电者，依靠群众做好防反窃电工作的办法（如发放窃电举报卡）；制定反窃电的奖励政策，对举报和查处窃电的供电企业内部及社会上外部的有功人员进行必要的适当奖励。⑧ 查处窃电过程中要建立健全各级用电监察机构，配备合格检查人员，并加强对用电检查人员的培训，提高其工作能力。⑨ 要与当地政府和公安司法部门密切配合，争取良好的外部环境，对群众举报和检查发现的窃电大案、要案进行集中整治、重点打击；做到打击一个，整顿一片，稳定一方；对典型案件除按规定足额进行处罚外，还要联系新闻单位进行社会曝光；窃电数额巨大、情节特别严重的，要移交司法部门惩处。⑩ 各供电所都必须设立窃电举报电话和举报箱，实行举报有奖，并为举报人员保密；要制定供电企业内部各级职工严禁为窃电者说情的制度。⑪ 要加强对用电户配电设备的巡视检查管理，加强对用电户计量装置的检查，特别是针对窃电多发户、频发时间的突击性检查；检查时要尽量利用"数码摄像笔"之类的新技术新工具，以提高准确度和工作效率；及早发现，及早处理，将损失减至最少。⑫ 要让用电监察和装表接电人员，通过专业技术培训，掌握针对窃电所用方式、手段以及各种新式技术工具的反窃电技能和知识，让他们成为反窃电的能手。

b. 防范和治理窃电的技术措施：① 要从配电设施和计量装置上堵塞窃电的漏洞，即要切实加强电能表下户线和电力计量装置的监督、检查与管理；如将电能表安装在最显眼的地方，以便于监督、检查与管理，让窃电者无处下手。② 对于原来达到计量标准的用电客户，要积极推广装用"智能型"计量箱或"数字化"电能计量装置（一般前者优于后者），因为这种计量箱具有对专用变压器的电压、电流和用电量等数据实时远传、分析和监测的功能，当非法者窃电，数据发生异常或超出预设整定值时，该装置就能及时把窃电过程或情节自动编成短信或警报，发送给反窃电稽查人员的手机或监视屏上，他们就会在第一时间赶赴现场，进行有效地查处，避免电量流失或造成损失。

③ 要推广应用具有防窃电功能和数据可实时远传的电子式电能表，或者新型防倒转的电能表。④ 要推广应用全电子式电能表；因为此种电能表具有正、反双方向对有功进行累加的功能，可有效防止窃电者利用外接电源和移相的窃电行为。⑤ 要推广应用技术先进或科技含量较高的低压载波型或高压载波型电能计量监控系统和抄表系统；因为该系统具有远程及时发现计量表计发生的突变问题的功能，并及时向反窃电稽查人员报警或发送短信。⑥ 因窃电多数是通过让电能表计数器倒转来实现的，而新研制出来的电能表"单向计数器"具有能防止窃电者通过上述方式实施窃电的功能，因此要尽快将现有电能表改装成具有"单向计数"的电能表（据介绍改装还是比较方便的），或者直接装用已经生产出来的具有"单向计数器"的电能表。⑦ 要推行全封闭供电方式。对居民较多较集中的小区要推广应用自动化集中抄表系统，因为该系统具有对用户计量装置或电能表运行是否正常、是否存在窃电行为的功能，并可及时报告反窃电稽查人员查处。⑧ 要加强对计量设施的更新改造，完善电能计量装置，其中包括：将老式电能表及互感器进行更换，如将磁卡式电能表换成机械表或电子式电能表；将两元件电能表更换为三元件电能表，以防止窃电者利用两元件电能表结构漏洞和改动电能表内部结构实施窃电；将电能表的电压连片由接线盒内连接，改为电能表内连接，以防止窃电者利用断开或使其接触不良实施窃电；在计量 TA 回路配置失压保护和失压记录仪；采用新型防撬铅封或带有防伪标志的一次性快速密封"锁"，替代使用多年的铅封；加装防窃电表尾盖，将表尾封住，使窃电者无法接触表尾导体，这可以与防撬铅封配合使用；规范计量箱接地及互感器二次接地；计量箱内的多块电能表的中性线应分别接线，不应采取依次串接方式。⑨ 要积极应用最先进最新出版的线损分析软件，如最先进的电能表现场校验仪，配备外校专用车，以加强对专用变压器客户电力计量装置的现场随时检查校验，防止电量流失。⑩ 同县城、乡镇一样，对一般农村用电也应采用防窃电型的电子式电能表和智能型低压计量箱；计量箱置于电杆上，箱内装 3~6 块（户）单相表，或者 3 块（户）单相表和一块三相动力表（此种计量箱称为"联户表箱"），电源引出线入塑料管或钢管沿电杆下线，然后入地进入用户（这样做既是为了防治窃电，也是为了确保三相负荷平衡）。⑪ 农村平房用电客户在安装电能表时，要用铁制或硬塑料制成的防窃电表箱；电源线进入用户室内，应采用铁管或硬质塑料管明敷配线；或者采用绝缘导线或地埋线。⑫ 在配电变压器低压侧套管接线柱上加装防窃电罩或帽。

（七）营业日常工作的处理

用户经过申请、装表、接电后即成为电力部门的正式用户。在日常工作中，会经常发生一些用电事宜，比如，因生产任务变更，需要改变用电性质；因任务削减一时不能恢复正常生产，需要减少用电容量；因国民经济调整而关停并转，需要拆表销户；因季节性变化或为了减少电能损耗，需要暂时停止部分或全部用电设备；因用电地址迁移或新、旧用户交替，需要及时结清电费和更改户名；因原装电表安装地点不适当或其他原因，需要在某处挂接临时电源；因电能表过快、过慢或因雷电烧毁电能表，需要校验或更换；因接户线年久失修或安装不良而发生烧毁用电设备事故，以及用户之间的用电纠纷等。这些工作都要通过营业管理部门及时给予妥善处理。电力部门应根据供电范围、用户规模及历年业务数量的统计数字，适当安排人力，简化业务手续，方便用户，及时优质地为用户给予满意的服务。

此外，还要认真做好上级政府部门（或电力管理部门）制定的单位产品耗电定额、提高设备利用率、节能节电和环保等贯彻落实工作。

三、重视和提高用电营业管理的工作质量

1. 重视和提高用电营业管理工作质量的目的

（1）提高服务质量和工作效率，积极更好地面向社会和未来，使供电企业和国家电力事业得以发展，使社会或广大用户能及时用上"充足、可靠、合格、廉价"的电力，使国民经济能够持续、平稳、又快又好发展，人民安居乐业。

（2）贯彻"人民电业为人民"的宗旨，优质服务，认真工作，纠正行风，想用户之所想，急用户之所急，提高电力部门的社会声誉。

（3）发挥营业管理工作作为电力部门和用户相联系的桥梁作用，摒弃以往单纯的买卖关系观念，建立供电同用电相配合，相互监督的关系，共同贯彻"安全第一"的方针，共同加强技术管理，提高设备维修水平及其运行水平，确保安全、经济、合理供用电。

2. 提高用电营业管理工作质量的要求

（1）对报装、接电、日常营业和电费抄、核、收等工作应明确办理期限，提高办事效率，彻底解决工作推诿，拖拉等不良倾向。对于报装接电工作质量的考核，可用报装接电率进行计算，即

$$报装接电率(\%) = \frac{装表供电容量（或照明户数）}{申请容量（或照明户数）} \times 100\% \qquad (4-17)$$

（2）正确登记并填写各类工作传票，及时建账立卡，坚决解决原始用电凭证问题。这一要求是针对过去营业工作中出现的问题不易发现，有时一错就是几年，损失成千上万千瓦时电量的情况提出来的。

（3）要努力取缔"三电"不良现象，即人情电、关系电、权力电。要努力做到"三公开"，即电量公开、电费公开、电价公开。努力做到"四到户"，即销售到户、抄表到户、收费到户、服务到户。还要努力做到"三个相符"，即每户抄表卡片与分户汇总的月报表相符、电量电费电价相符、电费收据（即发票）与用户交费手册相符。还要努力做到"五统一"，即统一电价、统一发票、统一抄表、统一核算、统一考核。

（4）正确抄表核算，务必实行互审制度，坚决解决工作中的差错问题。为了做到这一要求，应对如下"三率"进行考核。即

$$实抄率(\%) = \frac{实抄户数}{应抄户数} \times 100\% \qquad (4-18)$$

$$实收率(\%) = \frac{实收电费金额}{应收电费金额} \times 100\% \qquad (4-19)$$

$$差错率(\%) = \frac{差错户数}{实抄户数} \times 100\% \qquad (4-20)$$

上述"三率"应月月计算。一般要求，当月的实抄率应达到95%以上或98%，实收率应达到99%以上或100%，差错率应低于1‰或0.5‰。

3. 提高用电营业管理服务质量的要求

鉴于电能是看不见、摸不着的产品，使用得当就能为人民造福；使用不当，反而会给人民带来灾害。另外营业管理本身是一种政策性、群众性和服务性都很强的工作，所以涉及范围很广，要求做到、做好的方面很多。

（1）要经常了解用户对电能质量的意见，调查研究电能质量给用户生产和生活带来的影响。

（2）要协助用户共同搞好安全用电、计划用电、节约用电的工作。

（3）当线路和配电变压器等发生故障、影响用户用电时，要尽快组织力量抢修，消除故障，恢复供电。

（4）要帮助用户解决某些力所能及的困难，如用户之间发生的用电纠纷、孤寡老人和残疾人用电难的问题等。

（5）要树立全心全意为人民服务的思想，防范和避免为了用电管理部门和个别人的利益，利用手中掌握的电权刁难用户、"卡压"用户或报复用户的不良行为发生。如拉闸停电、多收电费或变相处罚用户等。

4. 防范和避免发生营业事故和营业差错

这些营业事故和营业差错包括的内容如下：

（1）凡在抄表、核算、整理工作中出现估抄、错抄、漏抄、错算、漏算，造成电量和电费多收和少收的。

（2）更改抄表卡片、电费账、用户资料簿的，漏记、错记互感器倍率或电能表起止数，造成电量多收和少收的。

（3）擅自更改计量方式和变动电价及其光、力比例的。

（4）丢失抄表卡片、电费账、用户资料簿、电费收据、结算凭证、收费图章、封印工具和工作票的。

（5）违犯现金管理制度，致使电费款被盗或丢失，影响电费收入的。

（6）由于未按时对账，使银行、财务、应收款三账不符，造成损失的。

（7）开错托收结算凭证，造成电费错收的。

（8）收费单据漏盖收费章，或收费章被盗失的。

（9）用电申请、工作票填写错误或积压，造成电量、电费多收或少收的。

（10）月末结账，电费收入未及时上缴的。

（11）擅自委托他人进行装表、拆表和抄表，收费的。

（12）计量装置发生异常情况，抄表人员未及时提出工作单，影响换表或处理，造成电量、电费多计或少计的。

（13）丢失、损坏设备和计量表计的。

（14）装表接错连线，错装、错记、漏记互感器和错记、漏记电能表底数，造成电量、电费多计或少计的。

（15）电能表、互感器校验不正确，或未经校验即投入运行，错写试验报告或计量装置修校质量不合格，投入运行，造成电量、电费多计或少计的。

（16）未按周期更换、修校电能计量装置，或事故未及时处理，造成电量、电费多计或少计的。

（17）在营业工作范围内，所发生的其他事故和差错，造成直接损失的。

上述营业事故和营业差错一旦发生，要进行登记、填册，按损失大小上报相应的上级单位。

第四节　激励均衡用电　减小电网负荷波动及峰谷差

一、均衡供用电，减小负荷波动及其峰谷差，与降损的关系

1. 均衡供用电，减小负荷波动及峰谷差的含义

对于一定的线路来说，其结构参数在一定时期往往是固定不变的或变化很小，变化较大的是线路的运行参数，其中以线路中的负荷电流（或功率）的变化最为剧烈。尤其是农电线路的负荷电流起伏变化更为剧烈，使日负荷曲线起伏波动，形成几个峰谷现象，高峰负荷往往是低谷负荷的几倍，即造成很大的峰谷差。这种现象在农村用电淡季尤为明显。在图 2-3 所示的某线路日负荷曲线中，高峰负荷是低谷负荷的 8 倍，峰谷差达 70%。因此，在这一期间，也就造成了城乡电网线损率较高的现象。

所谓均衡供用电，减小负荷波动及其峰谷差，其意义是指：不论是在城乡用电淡季，还是在用电旺季，供用电部门都要采取调整措施，将电力负荷组织妥当，使线路的日负荷尽可能趋于均衡，每天的负荷曲线呈现（或接近）水平状态，减轻其峰谷现象，这样可以提高线路供电的负荷率，降低电网的线损率。

2. 均衡供用电，减小负荷峰谷差的降损原理

因为线路中的可变损耗（线路导线线损和变压器铜损）为

$$\Delta A_{kb} = 3I_{jf}^2(R_{dd}+R_{db})\,t\times10^{-3}$$

$$= 3I_{pj}^2 K^2 R_{d\Sigma}\,t\times10^{-3}\ (\text{kW}\cdot\text{h}) \tag{4-21}$$

因

$$I_{pj}=I_{zd}f\ (\text{A})$$

故

$$\Delta A_{kb}=3I_{zd}^2 f^2 K^2 R_{d\Sigma}\,t\times10^{-3}\ (\text{kW}\cdot\text{h}) \tag{4-22}$$

式中　　　　t——线路实际运行时间，h；

$\quad\quad\quad I_{zd}$——线路最大负荷电流，A；

$\quad\quad f$、K——线路负荷率、负荷曲线特征（形状）系数；

$\quad I_{jf}$、I_{pj}——线路负荷电流的均方根值、平均值，A；

R_{dd}、R_{db}、$R_{d\Sigma}$——线路导线等值电阻、变压器绕组等值电阻、线路总等值电阻，Ω。

从式（4-22）可见，在线路一定的情况下，线路总等值电阻为常量，对电网线损

线损影响最大的是：线路中的最大负荷电流、线路的负荷率和线路负荷曲线形状系数。

分析式（4-22）还可知，在相同的线路平均负荷电流下，当线路的峰值负荷较大时，或出现几个峰值负荷时，线路的负荷率虽然较低，但线路的负荷曲线形状系数却明显增大。因此，在线路大负荷、劣曲线的情况下，电网的线损电量势必显著增大。这是用电和供电不够均衡，负荷起伏波动较大造成的不良后果。反之，如果均衡用电和供电，负荷起伏波动较小，即线路中的负荷变化比较平缓，没有那么多的峰谷现象或没有那么大的峰谷差时，线路的负荷率将会提高，线路负荷曲线形状系数将相应减小。在这样的情况下，电网的电能损耗和线损率将会得以降低。这就是我们常说的，提高负荷率，降低线损率。

要说明的是，均衡用电和供电，减少负荷波动或减小负荷峰谷差，改善负荷曲线特征系数，只对降低电网中的可变损耗和可变线损率才有作用。因此，这一措施特别适用于负荷较重或超负荷运行的线路，即线路可变损耗比固定损耗所占比例较大的线路，线路负荷越重，或可变损耗所占比重越大，降低线损的效果越大、越显著。

二、均衡供用电，减小负荷峰谷差的降损效果

根据上述，由于均衡供用电，可以减小负荷峰谷差，改善负荷特征系数，因此可以计算出：在线路总损耗中，可变损耗所占比例不同的线路，在不同的负荷曲线特征系数下的降损效果，计算式为

$$\Delta(\Delta A_\Sigma)\% = \frac{(K_1^2 - K_2^2)\lambda}{K_1^2} \times 100\% \qquad (4-23)$$

式中　　λ——可变损耗在线路总损耗中所占的比重；

　　K_1、K_2——改善前、后线路负荷曲线特征系数；

　　$\Delta(\Delta A_\Sigma)\%$——线路总损耗降低的百分数。

根据式（4-23），当假设式中各量为相应值时，即可得到下面的改善线路负荷曲线特征系数之不同情况下的降损效果。

表4-3中的数字为线路线损（线损电量或线损率）降低的百分数。从表4-3中可以看出，当采取措施，改善负荷曲线特征系数时，降低线损的效果是显著的，并且曲线的改善程度愈大，降低线损的效果也愈大。而且对于可变损耗所占比重愈大的线路，降低线损的效果也愈大。例如，对一条可变损耗占70%的重负荷线路，在用电和供电不太均衡，负荷起伏波动较大，有一条劣负荷曲线，其特征系数 $K_1 = 1.25$（相当于线路负荷率 $f_1 = 27\%$ 左右，请参见图4-13所示曲线）的初始情况下，经采取相应措施，使负荷曲线有所改善，其特征系数降至 $K_2 = 1.10$（相当于线路负荷率 $f_2 = 48\%$ 左右），则可使线路的总线损电量和总线损率均降低 15.79%。如进一步采取相应措施，使负荷曲线进一步优化，其特征系数再降低至 $K_3 = 1.05$（相当于线路负荷率 $f_3 = 66\%$ 左右），则可使线路的总线损电量和总线损率均比采取措施前降低 20.61%。降损效果相当显著。

表 4-3   在不同的 λ 值下，将 K_1 改善为 K_2 时，降损效果 Δ（ΔA）%表

K_1 值	K_2 值	可变损耗在总损耗中所占比重（λ 值）						
		0.2	0.3	0.4	0.5	0.6	0.7	0.8
1.25	1.00	7.20	10.80	14.40	18.00	21.60	25.20	28.80
	1.05	5.89	8.83	11.78	14.72	17.66	20.61	23.55
	1.10	4.51	6.77	9.02	11.28	13.54	15.79	18.05
	1.15	3.07	4.61	6.14	7.68	9.22	10.75	12.29
	1.20	1.57	2.35	3.14	3.92	4.70	5.49	6.27
1.20	1.00	6.11	9.17	12.22	15.28	18.33	21.39	24.44
	1.05	4.69	7.03	9.38	11.72	14.06	15.41	18.75
	1.10	3.19	4.79	6.39	7.99	9.58	11.18	12.78
	1.15	1.63	2.45	3.26	4.08	4.90	5.71	6.53
1.15	1.00	4.88	7.32	9.75	12.19	14.63	17.07	19.51
	1.05	3.33	4.99	6.65	8.32	9.98	11.64	13.31
	1.10	1.70	2.55	3.40	4.25	5.10	5.95	6.81
1.10	1.00	3.47	5.21	6.94	8.68	10.4	12.15	13.88
	1.05	1.78	2.67	3.55	4.44	5.33	6.22	7.11
1.05	1.00	1.86	2.79	3.72	4.65	5.58	6.51	7.44

由于对线路负荷率 F 的认识和应用比线路负荷曲线特征系数 K 要早和普遍，因此，在计算确定本措施降损效果之前，对图 4-13 特作简要说明。在同一线路的不同两日中，若线路平均负荷电流 I_{pj} 值相同（或接近相同），而线路负荷愈不均衡，则说明当日线路中的最大负荷电流 I_{zd} 值愈大，线路负荷率 F 愈低，这是因为 $F \propto 1/I_{zd}$，同时，线路负荷愈不均衡，则又说明当日线路负荷曲线特征系数 K 值愈大，所以，在线路负荷愈不均衡的情况下，$F \propto 1/K$，曲线 $F = f(K)$ 呈图 4-13 所示状态，即 K 值愈优化（愈接近 1.0），F 值升高愈陡急。并且，在线路供电量一定的情况下，负荷系数 K 值愈大，则因线路中可变损耗电量 $\Delta A_{kb} \propto K^2$，$\Delta A_{kb}$ 值也更大；而 ΔA_{kb} 值愈大，则可变损耗电量在线路总损耗电量中所占比例 λ 值也愈大。

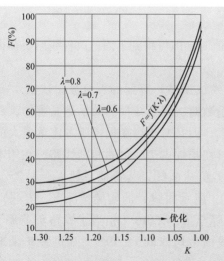

图 4-13   线路负荷率 F 与线路负荷曲线特征系数 K、可变损耗比例系数 λ 之关系曲线示意图

从图 4-13 中可见，线路在同一负荷率 F 值下，λ 值大者，K 值也为大；反之，λ 值小者，K 值也为小。这说明 λ 值较大的线路对改善优化负荷 K 值所获取的降损效果优于 λ 值较小的线路。比如，将 $K_1 = 1.25$（相当于 $f = 23\% \sim 32\%$）改善优化为 $K_2 = 1.10$ 时，对于 $\lambda = 0.8$（对应于 $f \approx 52\%$）的线路，降损效果可达 18.05%，而对于 $\lambda = 0.7$（对应于 $f \approx 48\%$）的线路只有 15.79%，对于 $\lambda = 0.6$（对应于 $f \approx 44\%$）的线路只有 13.54%（见表 4-3）。另外，λ 值愈大的线路，受 $\cos\phi$ 值的影响也愈大，因此，曲线 $F = f(K \cdot \cos\phi)$ 与曲线 $F = f(K \cdot \lambda)$ 类似。

在了解表4-3中改善负荷曲线特征系数时线路总损耗降低的百分数后，即可计算出 $\lambda = 0.2 \sim 0.8$ 中任何一条线路的总损耗的降低量，即线路总线损电量的节约量。计算式为

$$\Delta A_{\mathrm{j}} = \Delta A_{\mathrm{kb} \cdot 1} \times \frac{K_1^2 - K_2^2}{K_1^2} \times 100\%$$

$$= \Delta A_{\Sigma \cdot 1} \lambda \times \frac{K_1^2 - K_2^2}{K_1^2} \times 100\%$$

$$= \Delta A_{\Sigma \cdot 1} \Delta (\Delta A_{\Sigma})\% \quad (\mathrm{kW \cdot h})$$

式中 ΔA_{j} ——线路总线损的节约量，$\mathrm{kW \cdot h}$；

$\Delta A_{\mathrm{kb} \cdot 1}$ ——改善负荷曲线特征系数前的线路可变损耗，$\mathrm{kW \cdot h}$；

$\Delta A_{\Sigma \cdot 1}$ ——改善负荷曲线特征系数前的线路总损耗，$\mathrm{kW \cdot h}$。

需指出的是，负荷曲线特征系数 K_1 与 K_2、可变损耗比重 λ、线路总损耗 $\Delta A_{\Sigma \cdot 1}$ 的计算确定方法在前面相关章节中已做了叙述，此处省略。

【例4-1】 当对图2-15中的35kV输电线路的电力负荷采取相应调整措施，使原负荷曲线特征系数 $K_1 = 1.05$，改善为 $K_2 = 1.03$（相当于将线路负荷率提高到 $f_2 \approx 78\%$ 左右）时，试计算出该线路的线损节约量和理论线损率降低后的值。

解 $$\Delta A_{\mathrm{j}} = \Delta A_{\Sigma \cdot 1} \lambda \frac{K_1^2 - K_2^2}{K_1^2} \times 100\%$$

$$= 78\,390.8 \times (1 - 0.196\,7) \times \frac{1.05^2 - 1.03^2}{1.05^2} \times 100\%$$

$$= 2376.06 \quad (\mathrm{kW \cdot h})$$

$$\Delta A_{1 \cdot 2}\% = \Delta A_{1 \cdot 1}\% - \Delta A_{1 \cdot 1}\% \lambda \frac{K_1^2 - K_2^2}{K_1^2} \times 100\%$$

$$= 1.84\% - 1.84\% \times 3.03\%$$

$$= 1.78\%$$

三、实现均衡供用电，减小电网负荷峰谷差的措施

实现均衡供电和用电，减小电网线路负荷波动及其峰谷差，最根本的措施是供电部门对用电客户采取激励均衡用电措施，使供用电部门齐心协力把电力负荷调整好、组织好，扎扎实实地做好计划用电、合理用电工作。具体做法很多也各不相同，现归纳如下。

（1）各级三电办公室按照"保证重点，兼顾一般，择优供电，统筹安排"的原则分配电力。

（2）各级电力部门在做好负荷预测工作的基础上，对用户进行分类排队，实行定量、定时供电的办法，供电部门要和用户积极配合，安装电力负荷控制器和定时开关钟。

（3）各级电力部门要努力做好电力调度平衡工作，督促所属用户按分配指标用电，

实行"谁超限谁，限电到户，节约归己，超用扣还"的方针。

（4）各级电力部门要积极协助用户，安排好各类负荷的生产班次、设备用电时间及双休（周休）日，做到按量、按时均衡用电，避峰错峰用电，提高日负荷率（一般应达到80%及以上），切实做好计划合理用电工作和"削峰填谷"工作。

（5）所有电力用户（重点和非重点的），都应严格遵守电力调度纪律，在电力负荷紧张，供需矛盾突出的情况下，不得争抢用电。

（6）供电部门有责任将超负荷运行的线路改变成不超负荷运行的线路，即在同用户协商的基础上（或提前发给通知），对变电站几条出线实行轮流定时供电。

（7）上级电力主管部门应制定执行峰、谷两种电价制和枯水期、丰水期两种电价制，并适当增大两种电价之间的比例，以鼓励用户多用低谷电和丰水期电。

（8）小水电站和小火电厂在与大电网并网后，必须严格履行并网协议，按调度命令进行运行，在大电网缺电的情况下，可多发有功电力负荷（其发电机出口功率因数也不能高于同意并网电网的协议规定值），输送给电网。

第五节　合理选择投用变压器的容量与安装位置

一、合理选择配电变压器的容量

从统计资料分析得知，近几年来，全国农用配电变压器的年均负载率仅为25%～30%。河南省农用配电变压器的年均负载率也仅有30%～35%，这主要是由于作电网规划时考虑负荷发展的需要，预留裕度较大，所选用的配电变压器容量（即农电配变浮装容量）过大，投运后"大马拉小车"或"夜马拉空车"现象严重造成的。农用配电变压器容量过大，年均负载率较低，又造成了变压器的损耗在配电网总损耗中，占有过大比重（平均高达70%～80%）对节能不利的局面。为了降低线损，节约能源，必须把好正确、合理选择农用配电变压器的容量这一重要环节，从规划和装设源头上解决问题。

1. 选择配电变压器容量的基本原则

（1）要使配电变压器本身电能损耗最小。比如在同样的用电负荷下，选用一台100kVA的配电变压器，要比选用同型号的两台50kVA的配电变压器的损耗相应要小；而且，前者的价格也比后者的价格低廉。

（2）要使配电变压器有较高的利用率。即要使配电变压器尽可能地多一些性能各不相同、用电时间也各不相同的负荷，以通过利用这些负荷的参差交替的同时系数，来提高配电变压器的利用率。

（3）要控制配电变压器的备用容量不能过大。如果不这样做，将增加设备投资和高压设备的容量；而且，将使配电变压器的负载率更低，它的无功励磁损耗所占的比重增大，电网负荷功率因数降低。直至影响整个配电网络的经济合理运行，使损耗长期居高不下。

（4）要使配电变压器的容量和低压电网的供电范围相适应。众所周知，低压线路的合理供电半径一般不超过0.5km，合理输送功率一般不超过100kW；因此，当配电变压器的容量选择过大时，有可能增加变压器供电的负荷点，扩大供电范围，从而引起低压配电线路的扩展和延长，配电台区网络布局过于庞大混乱，供电半径超过合理长度，此时将使低压电网电能损耗增大，电压质量得不到保证。

（5）为了限制短路时低压侧的短路电流，配电变压器选用的单台容量不宜超过500kVA；配电台区几台配电变压器的总容量也应适当控制。

2. 选择配电变压器容量的方法

（1）按用电负荷选择确定配电变压器的容量。用电负荷的性质、大小及其发展状况，是确定变压器容量的重要因素。变压器容量选择是否合理，对变压器的安全经济运行至关重要。如果容量选择过大，则变压器经常运行在轻载状态，将增加变压器的铁损（或配电网的固定损耗）比重和无功损耗；如果容量选择过小，则变压器将经常运行在超载状况下，使变压器的负载损耗（或配电网的可变损耗）增加很多，并且对变压器等设备的安全有很大威胁。

因此，对于负荷变化不大，负载率较高的农村综合用电的配电变压器，以满足农村农副产品加工用电和居民生活用电的综合性负荷为需要，并且要充分考虑各种用电设备的同时利用率。为此，可按实际高峰负荷总千瓦数的 1.2 倍选择确定配电变压器的额定容量，其表示式如下

$$S_e \approx 1.2 P_{zd}/\cos\phi = 1.2 S_{zd} = S_{zd} + S_{zd} \times 20\% \quad (kVA) \tag{4-24}$$

对于农村季节性用电的配电变压器，如农业排灌专用变压器或主要供给农村副业产品加工用电的变压器，务必考虑所供电动机启动的同时利用率，以满足瞬间较大负荷电流为需要。因此，可按农村季节性用电负荷的平均值的 2 倍选择确定配电变压器的额定容量，其表示式为

$$S_e \approx 2 P_{pj}/\cos\phi = 2 S_{pj} \quad (kVA) \tag{4-25}$$

对于专供农村居民生活用电的配电变压器，可按其用电器具总千瓦数的接近值，选择确定变压器的额定容量，其表示式如下

$$S_e \le \sum_{i=1}^{m} P_i/\cos\phi \quad (kVA) \tag{4-26}$$

（2）按年电能损耗率最小选择确定配电变压器容量。配电变压器全年的电能损耗量最小或其年能耗率最低，说明该台和此类的变压器，全年运行最经济合理。显然，按此方法选择确定配电变压器的额定容量，是最理想最合理的。这种方法特别适用于不频繁停用或所供负荷起伏变化较大而停用又不太方便的变压器。其表示式为

$$S_e = \frac{\sum\limits_{i=1}^{m} A_{fi}}{\cos\phi} \sqrt{\frac{P_k}{P_0} \frac{1}{T_f T_0}} \quad (kVA) \tag{4-27}$$

式中　A_{fi}——变电站供各负荷点在相应时间内的用电量，kW·h；

　　　　T_f——配电变压器在相应时间内带负荷运行的时间，h；

T_0——配电变压器在相应时间内空载运行的时间，h；

P_k、P_0——配电变压器的短路损耗、空载损耗，W；

$\cos\phi$——配电变压器的负荷功率因数。

选择确定配电变压器容量的方法，除了上述几种方法之外，还有：主变压器与配电变压器容量比值法、配电变压器综合费用分析法、配电变压器最佳负载系数法等，由于篇幅所限，不再赘述。

二、合理选定配电变压器的安装位置

合理选择确定配电变压器的安装位置，能使低压线路的配置合理（主要是指出线条数），减少因布局不合理（主要是指低压线路超长）造成的电能损耗，从而达到既节约资金，又节省器材的技术经济指标要求。

1. 合理选定配电变压器安装位置的原则

（1）要使配电变压器能够得到充分的利用。即要求配电变压器经常处于经济合理负荷下运行，几乎没有空载运行的时间，轻载运行的情况也极少存在。比如，对于某些中小型排灌站或机井台的专用变压器，不应考虑其他负荷的用电，以便在非用电季节能将变压器停下来，从而减少变压器空载损耗；而对于其他一般的变压器，应考虑多带几种不同性质的负荷，以利用各种负荷的时间差异而使变压器得到极为充分的利用，使之经常有较高的负荷率。

（2）所选安装位置应该是地势较高、安全可靠，既不会被水淹和水冲，又不会塌方使变压器倾斜或倒下，并且进出线容易、交通运输方便、远离学校（特别是小学校）和人员稠密区。

（3）在确保低压线路供电半径不超过 500m 的条件下，要使配电变压器置于负荷中心或靠近负荷中心，以减少低压线路线损。

2. 按负荷中心确定配电变压器安装位置的方法

这是使配电台区低压电网线损最小的一种方法，也是目前用得最多的一种方法。所谓"负荷中心"，是指按输送负荷功率（或容量）及其输送距离的乘积（称为负荷矩）而求得的中心；它一般不与负荷的地理位置中心相重合。负荷中心具体确定方法如下。

（1）有两个负荷的负荷中心。例如某配电台区有两个不同大小的负荷，一个有功功率 $P_1 = 80\text{kW}$，另一个有功功率 $P_2 = 16\text{kW}$，两个负荷点相距为 $L_{12} = 732\text{m}$。那么，此两个负荷的地理位置中心在两者连线的中点 C 点上，而负荷中心必然在靠近较大一负荷 $P_1 = 80\text{kW}$ 的附近。即应满足下式

$$P_1L_1 = P_2L_2 \quad 或 \quad P_1L_1 = P_2(L_{12}-L_1)$$

则

$$L_1 = P_2(L_{12}-L_1)/P_1 = \frac{P_2L_{12}}{P_1+P_2} \tag{4-28}$$

代入数字得

$$L_1 = \frac{16\times732}{80+16} = 122 \ (\text{m})$$

而 $$L_2 = L_{12} - L_1 = 732 - 122 = 610 \text{（m）}$$

所以，求得该配电台区的负荷中心在 D 点，如图 4-14 所示。

（2）有三个及以上的多个负荷的负荷中心。首先索取一张坐标纸，将其左下角定为 o 点，通过此点的水平方向线定为 x 轴，通过 o 点的垂直方向线定为 y 轴；然后将各负荷点的相对位置按照一定的比例标在坐标纸上；最后将各负荷点对 x 轴的垂直距离和对 y 轴的水平距离，按照上述相同比例量出来，并分别以：P_1（x_1、y_1）、P_2（x_2、y_2）、P_3（x_3、y_3）…表示，并标在坐标纸上。此时，即可按照下列公式计算确定这些负荷的负荷中心（即坐标位置）。

$$X = \frac{P_1 x_1 + P_2 x_2 + P_3 x_3 + \cdots + P_n x_n}{P_1 + P_2 + P_3 + \cdots + P_n} \text{（m）} \quad (4-29)$$

$$Y = \frac{P_1 y_1 + P_2 y_2 + P_3 y_3 + \cdots + P_n y_n}{P_1 + P_2 + P_3 + \cdots + P_n} \text{（m）} \quad (4-30)$$

式中　　X——负荷中心（垂直交于 x 轴）的水平距离，m；

Y——负荷中心（水平交于 y 轴）的垂直距离，m；

x_1，…，x_n——各负荷点（垂直交于 x 轴）的水平距离，m；

y_1，…，y_n——各负荷点（水平交于 y 轴）的垂直距离，m；

P_1，…，P_n——各负荷点的有功功率，kW。

【例 4-2】某配电台区有四个负荷，$P_1 = 20\text{kW}$，$P_2 = 30\text{kW}$，$P_3 = 50\text{kW}$，$P_4 = 10\text{kW}$；它们的坐标 x 值与 y 值分别为：P_1（20、20），P_2（40、40），P_3（70、50），P_4（100、10），坐标 x 值与 y 值的单位为 m，试求此四个负荷的负荷中心的坐标值。

解

$$X = \frac{20 \times 20 + 30 \times 40 + 50 \times 70 + 10 \times 100}{20 + 30 + 50 + 10} = 55.5 \text{（m）}$$

$$Y = \frac{20 \times 20 + 30 \times 40 + 50 \times 50 + 10 \times 10}{20 + 30 + 50 + 10} = 38.2 \text{（m）}$$

将此两坐标值 X 值与 Y 值绘于坐标纸上得到的 P 点，即为该配电台区的四个负荷的负荷中心，如图 4-15 所示。

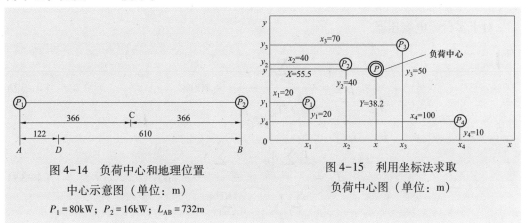

图 4-14　负荷中心和地理位置中心示意图（单位：m）
$P_1 = 80\text{kW}$；$P_2 = 16\text{kW}$；$L_{AB} = 732\text{m}$

图 4-15　利用坐标法求取负荷中心图（单位：m）

153

第六节　采取考核严管措施　提高变压器负载率

一、提高电网配电变压器负载率的意义与作用

由于规划、装设的配电变压器容量过大，使其投运后负载率一直较低，比如全国农电配电变压器的年均负载率仅有 25% ~ 30%，河南省农电配电变压器的年均负载率也只有 30% ~ 35%；这就造成了变压器的电能损耗过大，它在配电网总线损中所占的比重也过大（线损理论计算表明，其比值为 70% ~ 80%），出现浪费能源的不良现象。因此，降低配电变压器的运行损耗，特别是降低其铁损，成了降低配电网损耗的主攻方向和农电节能的重要环节。实践证明，对电网中配电变压器的负载率实行考核，奖高罚低，是促进提高配电变压器负载率的有效措施，也是一项将行政手段、经济手段与技术手段相结合，节约能源，降低农电线损的重要措施。这就是常说的提高负载率，降低线损率。

二、配电变压器负载率的计算确定方法

对于电网中运行的配电变压器负载率，国务院于 1981 年 4 月颁发的 2 号《节能指令》、国务院于 1987 年 3 月批转前国家经委、前国家计委制定的《关于进一步加强节约用电的若干规定》、前国家能源部于 1990 年 1 月颁发的《全国农村节电实施细则》均有明确要求（略之），前国家经委于 2000 年 11 月发布的《农村电网节电技术规程》进一步提出了明确要求，农村综合用电的变压器年均负载率应达到 30% 及以上；农业排灌专用变压器和城乡企业专用变压器的年均负载率应达到 40% 及以上。这就是农村配电变压器负载率的考核标准。

电网中运行的配电变压器平均负载率，可以根据它的抄见电量按下式计算确定（因此，本节所称变压器负载率，不论是否冠以"平均"二字，均为平均负载率）。

对于一台配电变压器

$$\beta\% = \frac{A_{zi}}{S_e \cos\phi_2 t} \times 100\% \qquad (4\text{-}31)$$

对于多台配电变压器

$$\beta\% = \frac{\sum\limits_{i=1}^{m} A_{zi}}{\cos\phi_2 T_{pj} \sum\limits_{i=1}^{m} S_{e\cdot i}} \times 100\% \qquad (4\text{-}32)$$

$$T_{pj} = \frac{T_i \sum\limits_{i=1}^{m} A_{zi}}{\sum\limits_{i=1}^{m} A_{z\cdot i}} \approx \frac{T_i \sum\limits_{i=1}^{m} S_{e\cdot i}}{\sum\limits_{i=1}^{m} S_{e\cdot i}} \quad (h) \qquad (4\text{-}33)$$

$$T_{pj} \approx \sum_{i=1}^{m} T_i / m \quad (h) \tag{4-34}$$

或

式中　A_{zi}——各台配电变压器二次侧总表抄见电量，kW·h；

$S_{e·i}$——各台配电变压器额定容量，kVA；

T_i——各台配电变压器实际投运时间，h；

T_{pj}——多台配电变压器年（季、月）均投运时间，h；

$\cos\phi_2$——配电变压器二次侧负荷功率因数。

由式（4-34），可以计算确定一年度、一个季度或一个月份的变压器平均负载率，但是式中各参数所取数值必须是与这一时期相对应数值。电网中运行的配电变压器平均负载率按照上述方法计算出来后，就可以拿它来与国家要求标准或者本省区（本地市、本县市）的要求标准，进行对比考核。

三、提高配电变压器负载率的措施

（1）首先要准确地预测发展负荷，在正确和切合实际规划的基础上，合理选择配电变压器的装设容量（本章第六节有详述）。

（2）当一个企业有多台变压器时，可将"大马拉小车"或"夜马拉空车"、负载率较低、容量较大的变压器与"小马拉大车"、负载率较高、容量较小的变压器进行调换，使变压器容量与实际用电负荷合理配套。

（3）装设母子变压器，即在配电台区安装两台配电变压器，一台是较大容量的（母变压器），另一台是较小容量的（子变压器），技术上要求最好是两台同系列、同标准、同型号的。此时，可根据实际用电负荷大小进行投切，即在小负荷用电时投运子变压器，在中负荷用电时投运母变压器，在大负荷用电时将母子两台变压器都投入运行。

（4）更新改造高能耗变压器，推广应用低损耗变压器。

（5）制定并实施《变压器计收铜铁损的办法》和《变压器负载率的考核奖惩办法》。

（6）变压器安装自动投切装置，根据要达到的负载率，调节整定该装置的投切负荷值；或通过人工现场投切方式，及时停用空载的配电变压器。

四、变压器计收铜铁损的办法

1. 《办法》的制定原则

（1）主要针对平均负载率尚未达到国家有关规定要求值的变压器，及其低于经济负载率的变压器，利用经济利益的刺激作用促进用户变压器负载率的提高，为企业增加效益，为国家节约能源。

（2）计收用户或企业变压器铜铁损时，高能耗变压器应比低损耗变压器要多。

（3）计收变压器铜铁损时，变压器实际运行时间越长，计收铜铁损电量应越多，以促进用户调整集中负荷，集中用电时间，减少变压器的空载或轻载运行时间。

（4）变压器计收的铜铁损是在变压器实际用电量的基础上，再加收的电量。一般为实际用电量的百分之几左右，其电价应与实际用电量的电价相同。

2. 变压器计收的铜铁损电量的计算方法

变压器计收铜铁损电量时，除要遵循上述原则之外，还要考虑变压器的技术性能。当假设变压器的空载功率损耗为 P_0（W），短路功率损耗为 P_k（W）时，则变压器于一个月、一个季度……计收的铜铁损电量可按下式计算确定

$$A_{js} = \frac{(P_0 + P_k) T_i \times 10^{-3}}{\beta m} \quad (kW \cdot h) \qquad (4-35)$$

式中　T_i——每台变压器运行时间（从计时钟抄取），h；

　　　β——每台变压器平均负载率；

　　　m——调整系数（参考值 $m = 6 \sim 9$，即按 A_{js} 为 A_{zi} 的百分之几的要求，以县市为单位酌定）。

为了计收铜铁损工作方便，可以根据变压器不同的系列型号、容量、月用电量等将它们的铜铁损电量计算出来，并制成速查表，以便及时查取。

五、变压器负载率考核奖惩办法

1. 合理制定变压器负载率考核指标

在调查测算的基础上，根据本县市配电变压器负载率的现状，本着鼓励先进、兼顾多数、鞭策后进的原则，制定一个（对综合用电配电变压器）、或两个（分纯工业用电、农业用电配电变压器）、或三个（分工、农、综合用电配电变压器）考核指标。

2. 建立配电变压器空载罚金

经有关领导部门批准，指标下达后，用户变压器的平均负载率未达到考核指标者，除按实际用电量计收电费外，还要按"配电变压器负载率的考核值与实达值之差"计收电量电费，这就是"配电变压器空轻载罚金"的来源。

3. 合理使用"配电变压器空轻载罚金"

此罚金不能作为县供电企业的收入，只能另立账目代管，专用于配电变压器平均负载率超过考核指标者的奖励，即用罚金帮助这些配电变压器用户购置小容量的低损耗配电变压器，或帮助更新改造高能耗变压器，或帮助调整改造低压线路等。总之，空载罚金是"取之于民，用之于民"。

4. 适时调整配电变压器负载率考核指标

在行政手段和制度的约束下，用户采取了措施，提高了配电变压器的负载率。此时，在大多数的变压器负载率达到或超过考核指标的情况下，县供电企业将考核指标适当上调，直至达到国家规定值或配电变压器经济负载率。

六、及时停用空载的配电变压器

调查统计表明，农业排灌（或抽水站）专用的配电变压器，绝大多数用电负荷属于季节性负荷。当用电高峰季节（旺季）一过去，即进入用电低谷季节（淡季），此季

节因南方、北方地域不同，长短各不相同，平均一年约有 5~9 个月。此时，变压器所带负荷很小，基本处于空载运行状态。此外，还有县城办、乡镇办等企业专用的一班制或两班制生产的配电变压器，属于供电不连续性的负荷，当不生产时，配电变压器也基本处于空载运行状态，造成大量的电能浪费。这两种类型的配电变压器，在全国农用配电变压器中，约占 40%。为了减少这些配电变压的运行损耗，降低其空载损耗比重，提高其负载率，当它们基本处于空载时，应立即停止供电。

停用空载的变压器，停止供电的途径有两个：一是由农村电工适时将配电变压器的高压跌落熔断器拉开（分闸）；二是配电变压器安装空载自切开关。

空载自切开关安装在配电变压器的高压侧，当要用电时，先到配电变压器的安装地点，将空载自切开关合上，然后再合上跌落熔断器，变压器即投入运行，供给用电负荷。当用电负荷很小或不用电时，变压器处于空载运行状态，此时空载自切开关动作，自动将变压器从电网中切除掉，从而达到减少电网中变压器和线路的损耗，节约能源的目的。

七、提高变压器负载率的降损节电效果

在行政手段的推动下，管理制度和办法的鞭策下，经济利益的刺激下，用户必将采取上述措施，提高配电变压器负载率。只要变压器负载率得以提高，就会有降损节电效益。下面的实例就是最好的验证。但须指出，提高配电变压器负载率只有在实际负载率低于经济负载率以下时才有意义，节电才有可能，即此时配电变压器的铁损比重和能耗率将有相应的降低。

提高变压器负载率的节电效益分下面两种情况表述。

1. 对于单台变压器

比如县办、乡办、村办企业等，大多数情况是投用一台变压器，投用两台、三台的情况很少，因此提高配电负载率的节电效益计算较为简单，可按下式进行

$$A_j = \left[P_k(\beta_2^2 - \beta_1^2) + \frac{U_k S_e}{100}(\beta_2^2 - \beta_1^2)K_Q \right] T_i \ (kW \cdot h) \tag{4-36}$$

$$A_{j\Sigma} = A_{j\cdot 1} + A_{j\cdot 2} + A_{j\cdot 3} + \cdots + A_{j\cdot i} = \sum_{i=1}^{m} A_{j\cdot i} \ (kW \cdot h) \tag{4-37}$$

式中　A_j——配电变压器的节电量，$kW \cdot h$；

$\quad\quad T_i$——配电变压器的实际运行时间，h；

$\quad\quad S_e$——配电变压器的额定容量，kVA；

$\quad\quad P_k$——配电变压器的短路功率损耗，kW；

$\quad\quad U_k$——配电变压器的短路电压百分数，%；

β_1、β_2——采取有效措施前后配电变压器的负载率，%；

m、K_Q——配电变压器的台数、无功经济当量，对于农用配电变压器一般取 $K_Q = 0.10 \sim$
$\quad\quad\quad 0.15$（kW/kvar）。

【例 4-3】某乡镇企业有一台 SL_7—80kVA 配电变压器，原来的负载率为 22%，经

采取多项有效措施后，负载率提高到36%，在第四度运行1980h，试计算该变压器的节电量。

解 从变压器的技术规范表中查得，该台配电变压器的短路功率损耗 $P_k=1650\text{W}$，短路电压百分数为4.0%，取无功经济当量 $K_Q=0.12\text{kW/kvar}$。则有

$$A_j=\left[1.65\times(0.36^2-0.22^2)+\frac{4\times80}{100}\times(0.36^2-0.22^2)\times0.12\right]\times1980$$

$$=327.02\ (\text{kW}\cdot\text{h})$$

2. 对于整条线路上的变压器

在10（6）kV线路上挂接的配电变压器是比较多的，一般一条线路平均接有30台左右（最多者达近100台），因此，采用逐台计算再求和的方法，较为繁琐；此时，我们能否找到按整条线路计算的方法来求得提高变压器负载率的节电效益呢？回答是可行的。这是因为，对一定结构的线路来说，线路上配电变压器负载率的普遍提高，反映出线路线损率的降低。线损下降就是节电。因此我们可以从线路线损率降低幅度来计算确定提高变压器负载率的节电效益。

因

$$\Delta A_\Sigma\%=\Delta A_b\%+\Delta A_d\%$$

$$\Delta A_b\%=\left(\frac{K^2R_{d\Sigma}\sum\limits_{i=1}^{m}S_{e\cdot i}}{U_e^2\cos\phi\times10^3}\right)\times\beta\times100\% \tag{4-38}$$

$$\Delta A_d\%=\left(\frac{\sum\limits_{i=1}^{m}\Delta P_{o\cdot i}\times10^{-3}}{\cos\phi\sum\limits_{i=1}^{m}S_{e\cdot i}}\right)\times\frac{1}{\beta}\times100\% \tag{4-39}$$

式中　$\Delta A_b\%$——线路可变损耗的线损率；

　　　$\Delta A_d\%$——线路固定损耗的线损率；

　　　$\Delta A_\Sigma\%$——线路的总线损率；

　　U_e、$R_{d\Sigma}$——线路额定电压，kV；线路总等值电阻，Ω；

$S_{e\cdot i}$、$\Delta P_{o\cdot i}$——线路上每台变压器的额定容量，kVA；空载功率损耗，W；

　　$\cos\phi$、K——线路负荷功率因数；负荷曲线特征系数。

则这条线路的降损节电量为

$$A_j=A_{pg\cdot 2}\times(\Delta A_{\Sigma\cdot 1}\%-\Delta A_{\Sigma\cdot 2}\%)\ (\text{kW}\cdot\text{h}) \tag{4-40}$$

式中　　　　$A_{pg\cdot 2}$——提高变压器负载率后线路有功供电量，kW·h；

　$\Delta A_{\Sigma\cdot 1}\%$、$\Delta A_{\Sigma\cdot 2}\%$——提高变压器负载率前、后线路的线损率。

【例4-4】某县有一条10kV线路接有配电变压器32台，总额定容量为2410kVA，总空载功率损耗为18 880W，变压器综合平均负载率原为17%，经采取多项有效措施后提高到34%，线路年供电量为348.8万 kW·h，线路的负荷曲线特征系数为1.11，负载功率因数为0.81，线路的总等值电阻为2.3Ω，试计算这条线路的年降损节电量。

解 线路上配电变压器综合平均负载率为17%时，则

$$\Delta A_b\% = \frac{1.11^2 \times 2.3 \times 2410}{10^2 \times 0.81 \times 10^3} \times 0.17 \times 100\% = 1.43\%$$

$$\Delta A_d\% = \frac{18\,880 \times 10^{-3}}{0.81 \times 2410} \times \frac{1}{0.17} \times 100\% = 5.69\%$$

$$\Delta A_\Sigma\% = 1.43\% + 5.69\% = 7.12\%$$

线路上配电变压器综合平均负载率提高到34%时，则

$$\Delta A_b\% = \frac{1.11^2 \times 2.3 \times 2410}{10^2 \times 0.81 \times 10^3} \times 0.34 \times 100\% = 2.87\%$$

$$\Delta A_d\% = \frac{18\,880 \times 10^{-3}}{0.81 \times 2410} \times \frac{1}{0.34} \times 100\% = 2.84\%$$

$$\Delta A_\Sigma\% = 2.87\% + 2.84\% = 5.71\%$$

所以，这条线路的年降损节电量为

$$A_j = 348.8 \times (7.12\% - 5.17\%) = 4.918\,1 \ (\text{万 kW} \cdot \text{h})$$

表4-4列出了某一条10kV线路：有配电变压器31台，总容量67 425kVA，总空载损耗18 290W，线路总等值电阻2.3Ω，负荷由线特征系数为1.10，负荷功率因数为0.8，在年供电量为9800万kW·h，以及配变综合平均负载率从10%分别提高到15%、20%、…、35%的情况下，线路固定损耗率、可变损耗率、总线损率、固定损耗比重、年节电量等变化情况。

表4-4　　　　　　　　提高电网配电变压器负载率的降损节电效益

全年的降损节电效益	电网配电变压器负载率（%）					
	10	15	20	25	30	35（经济负载率）
电网固定损耗率（%）	9.83	6.56	4.92	3.93	3.28	2.82
电网可变损耗率（%）	0.81	1.21	1.62	2.20	2.43	2.82
电网总线损率（%）	10.64	7.77	6.54	5.95	5.71	5.64
固定损耗比重（%）	92.39	84.43	75.23	66.05	57.44	50.00
可变损耗比重（%）	7.61	15.57	24.77	33.95	42.56	50.00
电网线损率下降值（%）	—	2.87	4.10	4.69	4.93	5.00
线路年节电量（万 kW·h）	—	9.70	13.86	15.85	16.66	16.90

从［例4-4］计算和表4-4中数字可以看出，提高线路上配电变压器综合平均负载率，是降低电网线损，特别是降低电网中固定损耗的一项重要而有效的措施，而且节电效益也相当显著，应予重视并推广。

电力网线损计算分析与降损措施

第七节　降低城乡低压电网线损的措施

一、农村低压电网电能损耗的概况

2002 年，在全国农村 380/220V 低压电网中，有低压线路 816 万 km，用电设备 47 627 万 kW，全国县城和农村总用电量为 7212 亿 kW·h（占全国总用电量的 44.06%）。农村低压线路仍然较差，按低压线损率 18% 和 12% 计算，一年损失电量分别为 1298.16 亿 kW·h 和 865.44 亿 kW·h。

2011 年国家部署开展新一轮农村电网改造升级工程。"十三五"规划初期，国家发展和改革委员会发布《关于加快配电网建设改造的指导意见》，此后，国家能源局发布《配电网建设改造行动计划（2015~2020 年）》，主要包括七个方面：一是"井井通电"工程；二是小城镇（中心村）电网改造升级；三是村村通动力电；四是光伏扶贫项目接网工程；五是西部及贫困地区农网供电服务均等化；六是东中部地区城乡电网在"十三五"末基本实现城乡电网一体化目标；七是西藏、新疆以及四川、甘肃、青海三省藏区农村电网建设。除上面大工程外，还不断开展"低电压"综合治理、无功优化、"煤改电"、标准化建设、数据贯通等工作。

新一轮电网改造升级中统一开展城乡配电网规划，以 5 年为周期，展望 10~15 年，按照"满足城乡快速增长的用电需求。结合国家新型城镇化规划及发展需要，适度超前建设配电网"，大人加大了高低压线路导线直径及采用绝缘导线（如低压架空线路由原来的 LGJ35、LGJ16 换为 JKLYJ-1-240、JKLYJ-1-120），提高电缆化率；大大增加了配电变压器台数及容量（如一个三四千人的中等村，由原来的一二台增加到五六台），选用节能型变压器、配电自动化以及智能配电台区等新设备新技术，淘汰老旧高损配变，供电半径大为缩小；增大下户线直径（如由 4mm² 换为 16mm²），推广智能电子表并集中安装，建设智能计量系统。

截至 2020 年，配电网投资连续 7 年超过输电网。经过多年努力，目前新一轮电网改造升级已基本完成，大大加强了城乡电网的供电能力。至 2020 年，我国农村平均停电时间从 2015 年的 50h 降低到 15h 左右；综合电压合格率从 94.96% 提升到 99.7%；户均配电容量从 1.67kVA 提高到 2.7kVA。2020 年，受新冠肺炎疫情影响，全国社会用电量仍达 75 110 亿 kW·h，城乡居民生活用电量 10 950 亿 kW·h。电网改造升级大大提升了城乡电网质量，加上电力企业持续加强线损管理，线损大幅下降，低压线损率由 15% 降到 6% 左右，比 2002 年的线损水平再下降一半还多。

虽然线损率降低了，但由于城乡用电量的增加，线损电量仍很巨大。仍须高度重视农村低压电网的降损节能工作，继续从建设改造上把好施工质量和选用材料质量关，在管理上、技术上采取强有力的措施，并不懈地坚持下去，低压线损率还可再降低。

二、降低城乡低压线损的措施

1. 降低城乡低压线路电能损耗的措施

（1）**根据规程，新建和改建的农村电力线路应满足如下要求：** ① 线路负荷应满足电力用户电力负荷发展的要求，其期限一般按 5 年进行规划；② 导线的选用应满足线路末端电压降的要求，380V 三相不得大于 ±7%，220V 单相不得大于 +7%、−10%；③ 其最大工作电流应满足不大于导线的持续允许电流值的要求；④ 应满足热稳定的要求；⑤ 应满足机械强度的要求。

（2）**低压线路合理供电半径的计算确定。** 农村 380/220V 三相四线制线路供电半径是一个很重要且大家时常关注的技术参数，在全国性农村电网改造前，大多数农村低压线路供电半径都超过合理供电范围，使其线损居高不下，造成极大能源浪费。目前，关于如何计算确定农村低压线路合理供电半径的方法，特别是具体参考数值表并不多见。为此，本书特介绍一种方法，供在工作中借鉴和参考。

因为 380/220V 三相四线制线路的理论线损率为

$$\Delta A_{\text{L}}\% = \frac{\Delta A_{\text{L}}}{A_{\text{pg}}} \times 100\% \tag{4-41}$$

$$= \frac{3.5 \times I_{\text{pj}}^2 K^2 R_{\text{dz}} t \times 10^{-3}}{\sqrt{3}\, U_{\text{e}} I_{\text{pj}} \cos\phi\, t \times 10^{-3}} \times 100\%$$

$$= \frac{3.5 \times I_{\text{pj}} K^2 R}{\sqrt{3}\, U_{\text{e}} \cos\phi} \times 100\%$$

因相关技术规程要求，0.4kV 线路也尽量采用钢芯铝绞线 LGJ 型，且其主干线及主要分支线的截面积不应小于 16mm²。又因 $R = \rho \dfrac{L}{S}$（Ω），其中铝的电阻率 $\rho = 0.028\,3\,\Omega \cdot \text{mm}^2/\text{m}$，钢的电阻率 $\rho = 0.13 \sim 0.25\,\Omega \cdot \text{mm}^2/\text{m}$，取其平均值为 $\rho = 0.1\%\,\Omega \cdot \text{mm}^2/\text{m}$。考虑电流具有寻往低电阻率导体流动的特性及在导线 LGJ 型中的集肤效应，即实验告知，导线中 90% 的负荷电流是从铝线中流通过去，10% 的负荷电流是从钢芯中流通过去，则可得导线 LGJ 型的综合电阻率 $\rho \approx 0.044\,5\,\Omega \cdot \text{mm}^2/\text{m}$，代入式（4-41）得

$$\Delta A_{\text{L}}\% = \frac{3.5 \times I_{\text{pj}} K^2 \rho L}{\sqrt{3}\, U_{\text{e}} \cos\phi\, S} \times 100\%$$

$$= \frac{3.5 \times P K^2 \times 0.044\,5 L}{3 U_{\text{e}}^2 \cos^2\phi\, S} \times 1000\% \tag{4-42}$$

故得

$$L = \frac{\Delta A_{\text{L}}\% \times 3 U_{\text{e}}^2 \cos^2\phi\, S}{3.5 K^2 \times 0.044\,5 P} \ (\text{m}) \tag{4-43}$$

取线路首端 $U_{\text{e}} = 400\text{V}$，$K = 1.18$（为较佳之值）时代入得

$$L = \frac{\Delta A_{\text{L}}\% \times 3 \times 400^2 \times \cos^2\phi\, S}{3.5 \times 1.18^2 \times 0.044\,5 P} \ (\text{m}) \tag{4-44}$$

从式（4-43）及式（4-44）可见，线路供电半径与导线截面积 S、负荷功率因数 $\cos\phi$ 的平方成正比例，与线路输送的有功功率 P、线路负荷曲线特征系数 K 的平方成反比例。应用此式，可以求得线路在不同导线截面积、不同输送功率及不同功率因数时的合理供电半径，见表4-5。

表 4-5　　　　　　380/220V 线路线损率为 11%/12%时的合理供电半径　　　　　　m

导线型号及截面积 S (mm^2)	线路输送的有功功率 P (kW)										
	10	15	20	25	30	35	40	45	50	55	60
LGJ—16	249	166	125	100	83	71	62	55	50	45	42
	272	181	136	109	91	78	68	60	54	49	45
LGJ—25	390	260	195	156	130	111	97	87	78	71	64
	425	283	212	170	142	121	106	94	85	77	71
LGJ—35	545	364	273	218	182	156	136	121	109	99	91
	595	397	297	238	198	170	149	132	119	108	99
LGJ—50	779	519	390	312	260	223	195	173	156	142	130
	850	567	425	340	283	243	212	189	170	155	142
LGJ—70	1091	727	545	436	364	312	273	242	218	198	182
	1190	793	595	476	397	340	297	264	238	216	198

国家电网有限公司要求，一流县级供电企业的 0.4kV 电网线损率达标值为 11%，一般县级供电企业的 0.4kV 电网线损率达标值为 12%；因此可令 $\Delta A_L\% = 11\%$ 和 $\Delta A_L\% = 12\%$。并取功率因数 $\cos\phi = 0.8$，输送功率 P 和导线截面积 S 为适当数值，则经整理可得下面两式

$$L = \frac{0.11 \times 3 \times 400^2 \times 0.8^2 S}{3.5 \times 1.18^2 \times 0.044\ 5P} = 155\ 819.51 \times \frac{S}{P}\ (m) \tag{4-45}$$

$$L = \frac{0.12 \times 3 \times 400^2 \times 0.8^2 S}{3.5 \times 1.18^2 \times 0.044\ 5P} = 169\ 984.92 \times \frac{S}{P}\ (m) \tag{4-46}$$

注意：式中 P 的单位为 W，表4-5中 P 的单位为 kW，运用公式计算线路供电半径 L 时务必将表中的 P 值乘以 1000 化成单位 W 后代入式中，方可得线路合理供电半径 L 的米（m）之数值。

从式（4-45）和式（4-46）可见，如果能使农村低压电网运行在高功率因数值下，则在线路输送功率、导线截面积不变的情况下，可以延长线路供电半径，即可以得到比上表数值较大之相应值；或者说，在线路供电半径不变情况下，提高功率因数可增大线路输送功率。如取功率因数 $\cos\phi = 0.9$，则可得下面两式

$$L = \frac{0.11 \times 3 \times 400^2 \times 0.9^2 S}{3.5 \times 1.18^2 \times 0.044\ 5P} = 197\ 209.06 \times \frac{S}{P}\ (m) \tag{4-47}$$

$$L = \frac{0.12 \times 3 \times 400^2 \times 0.9^2 S}{3.5 \times 1.18^2 \times 0.044\ 5P} = 215\ 137.16 \times \frac{S}{P}\ (m) \tag{4-48}$$

根据上面两式，同样可制得 380/220V 三相四线制线路合理供电半径备查表。当然，低压用电客户还可以加强低压无功补偿，使其负荷功率因数提高至 0.96，此时，低压线路合理供电半径还可适当放长。

（3）**低压线路导线截面的计算确定**。在架设农村低压架空线路、敷设农村低压地埋线路和布设农村低压屋内外线路之前，首先应对低压用电负荷进行全面、详细的调查，在占据可靠的负荷资料基础上，综合考虑投资、节能效益，合理规划线路走径、合理确定线路供电半径（规程要求不宜超过 0.5km）、合理选择导线截面。对于农村低压架空线路，可按配电变压器出线口到线路末端的电压降（或电压损失）不超过 7% 的要求，来选择确定线路导线的截面积（或导线型号），即

$$S = \frac{M}{C\Delta U} = \frac{PL}{C\Delta U} \quad (\text{mm}^2) \qquad (4-49)$$

式中　M——低压线路中的负荷矩，kW·m；

P——低压线路输送的有功功率，kW；

L——变压器出线口至线路末端的线路长度，m；

ΔU——低压线路电压损失率（如取 $\Delta U\% = 7\%$，则 $\Delta U = 7$）；

C——低压线路电压损失计算常数；对于 380/220V 线路，钢芯铝绞线 $C = 37$，铝导线 $C = 46$，铜导线 $C = 77$；对于 220V 线路，铝导线 $C = 7.7$；铜导线 $C = 13$。

反而言之，对于现在已经使用的线路，其导线截面积是否选择合理，符合要求，我们也可以根据电压损失来进行校验或判断，即

$$\Delta U\% = \frac{M}{CS} \times 100\% = \frac{PL}{CS} \times 100\% \qquad (4-50)$$

还须指出，按上述方法选择确定线路导线截面积后，还要检查这一导线截面的实际载流量是否超过安全载流量（或允许载流量），以不超过安全载流量为宜。其次，在上述计算方法中，把线路负荷功率因数取为 1，而实际的功率因数往往达不到 1，因此所选用的导线截面积都有一定比例（约为 10%～20%）的裕度，即一般都能满足电压降和不超过安全载流量的要求。

（4）按照相关技术规程要求，农村低压架空线路的导线要尽量采用机械强度较高、安全系数较大的钢芯铝绞线（LGJ 型导线的安全系数达 3.0～5.0，而 LJ 型导线的安全系数仅为 2.5～4.0）；导线的截面积不应小于 16mm²（即按照上述方法，如果计算出来的导线截面积小于 16mm² 时，应选择 16mm² 的导线）；在同一档内，每根导线不允许有两个及以上接头；低压架空线路的下户线导线一般应采用 10mm² 的截面积的导线，最小不得小于 6mm²，下户线的长度不得超过 25m，其中间不允许有一个接头。因接头处接触电阻较大，接头多将导致线路电能损耗增加。地埋线路更应该尽量避免接头，万一出现接头，必须加强处理，以严防接头发热和漏电，加大线路电能损耗。

（5）城乡低压架空线路也可优先选用"**集束导线**"（这是一种新型导线，为外表绝缘的导线束，由不同结构方式组合而成，相当于"架空绝缘电缆"）。因这种新型导线

具有颇多优点和较好特性，故应积极推广应用。

新型导线的优点有：① 全线绝缘，较为有效地防止私拉乱接和窃电，较为有效地减少人畜触电、碰树漏电及触电保护器频繁跳闸，较为有效地避免线路遭雷击引起的跳闸事故，从而大大提高安全运行水平和供电可靠性。② 又因全线绝缘，可采用较低电杆架设，也可沿房屋外墙敷设，从而减小挤占乡村道路的空间，避免砍伐树木或修剪树枝。③ 电抗值极小，约为同截面积架空导线的 1/4，因此可减少线路的电压损耗，改善电压质量。实验表明，应用相同截面积的"集束导线"，在相同的负荷下，其电压损耗要比架空裸导线（16~70mm^2）分别降低约 4%~20%。④ 有利于用电客户的单相负荷均匀配置、同容量同距离接入线路，就地平衡，从而可减小三相负荷不平衡度和中性线电流，大幅度降低低压线路之线损。

（6）架空线路所用的绝缘子和屋内布线所用的绝缘材料，应选用泄漏电流小的合格产品。特别注意的是，农村家户屋内照明线路不应采用瓷夹板，而应该采用瓷珠布线，以提高线路绝缘水平，减少泄漏损失。

（7）低压地埋线应选用专用塑料地埋线（即加厚绝缘层型），决不能用其他绝缘线代替。同时应采取防鼠害措施，以避免老鼠咬破绝缘层，造成漏电。

（8）进户线和穿墙线，应按低压规程采用有足够长度的瓷套管，严格禁止两线或多线同穿一管。

（9）在进行屋内布线和安装插座时，在插座的前段应采用槽板布线，工艺应合格。固定槽板时，要注意严防铁钉损坏槽内导线绝缘，以避免线路接地，造成漏电。

（10）农户厨房线路，最易积灰、受潮和污染，导致导线绝缘过早老化。为了减缓导线绝缘老化，应趁停电时进行除灰，并注意通风，降低厨房湿度。

（11）尽量三相四线引入负荷点，从而（利用相量合成原理）降低中性线电流，从而降低下户线和低压线路的线损。

2. 降低城乡低压电气设备电能损耗的措施

（1）城乡低压电气设备的绝缘电阻，应达到相应的规定值，比如电动机的绝缘电阻应在 0.5MΩ 以上。

（2）要合理选择城乡使用的中小型异步电动机的容量，即应使所带的机械负载为电动机额定功率的 3/4 左右，并使电动机经常在这一负载系数下运行，防止"大马拉小车"现象的出现。为了降低电动机的电能损耗，应大力推广选 XY 系列高效节能型电动机。因为这种系列的电动机比 JO$_2$、JO$_3$ 等老系列的电动机效率提高 3%，启动转矩提高 30%，体积缩小 15%，质量减轻 12% 左右。

（3）城乡使用的中小型异步电动机应安装一定容量的低压电容器，进行无功随机补偿。无功随机就地补偿对降低城乡低压线损、提高负荷功率因数、增大配电变压器供电能力都有益处。比如，将电动机所需无功功率全部补偿，负荷功率因数将由 0.7 提高到 1.0，线路中的总电流将减少 30%，低压线损将降低 51%，配电变压器的供电能力将提高 43%，效果相当显著。城乡使用的中小型异步电动机进行就地补偿，方法很简单，只要在每台电动机旁安装一组专用低压电容器即可，随电动机一道投入运行或退出运行。

（4）对老系列的电动机进行节能技术改造，即将电动机的槽口由非磁性（绝缘型）槽楔改造为磁性槽楔。其方法亦很简单，只要将磁性槽泥涂敷在电动机的槽口上（每 1kg 磁性槽泥可改造 50~55kW 的电动机），固化后即可成为不脱落的磁性槽楔。此法事半功倍，可使电动机铁损降低 20%~30%，空载电流下降 6.5%~8%，效率提高 0.4%~1.0%，温升降低 3~5℃，每千瓦电动机年节电量达 24~60kW·h（按年运行时间 5000h 计算）。电动机运行 2~3 个月后即可将其改造费用收回。

电动机改造后的节电量 A_j 可按式（4-51）、式（4-52）计算确定。

在额定负载下
$$A_\mathrm{j}=\left(\frac{1}{\eta_1}-\frac{1}{\eta_2}\right)P_\mathrm{e}t \quad (\mathrm{kW}\cdot\mathrm{h}) \tag{4-51}$$

在某一负载下
$$A_\mathrm{j}=\left(\frac{1}{\eta_1}-\frac{1}{\eta_2}\right)\beta P_\mathrm{e}t \quad (\mathrm{kW}\cdot\mathrm{h}) \tag{4-52}$$

式中　t——电动机的实际运行时间，h；

P_e——电动机的额定功率，即额定轴功率，kW；

β——电动机的负载系数，即负载率 $\beta=P_2/P_\mathrm{e}$；

P_2——电动机的输出功率，即负载功率，kW；

η_1、η_2——电动机改造前、后的效率。

（5）提高城乡使用的中小型异步电动机的检修质量。在电动机修理时，通常用火烧的办法将旧线拆除，这样做很可能使铁心绝缘受到破坏，造成或增加磁滞损耗、涡流损耗和附加损耗。此外，电动机在运转中因震动剧烈而使机轴弯曲、轴承磨损或偏心，从而使气隙度大或不均匀，磁阻显著增大，最后导致电动机对无功功率需用量显著增大。这些是在检修电动机时要注意的事项。

（6）县办、乡镇办企业机床用电动机，特别是行程式机床用电动机，由于存在周期性空载运行的特点，其空载时间占全部运行时间的 60% 以上，造成电动机无功功率损耗显著增加（电动机空载时的无功功率占额定负载时的无功功率的 60%~70%）。为了降低此种类型的电动机的空载损耗，应该大力推广安装空载自动断电装置。

（7）电动机的铁心损耗（简称铁损），约占总损耗的 20%~30%；它是由磁滞损耗、涡流损耗（两者由主磁通在铁心中交变引起，近似于与电压的平方成正比且前者远大于后者）和空载杂散损耗（由空载电流通过定子绕组的漏磁通在定子机座、端盖等金属中引起之，空载电流不变它亦恒定）三者所组成。为了降低电动机的铁损，可以装用 Y/△ 自动转换节电器，通过改变电动机内部接线，让其在适当降压（380V→220V）方式下运行；电动机采用降压运行方式可使其铁损降低 15%~25%。

对电动机采取适当降压运行方式有两种途径：一是对于有专用配电变压器供电的电动机，可调节变压器的电压分接头开关，或加装专用的自耦调压变压器，以适当降低电动机的供电电压。二是改变电动机的内部接线。对于轻载的电动机（负载率40%以下），通过装用丫/△自动转换节电器，将其内部绕组△接法改为丫接法；对于负载变化较大的电动机（如破碎机、球磨机、皮带运输机、冲床、机加工、带锯机、木工圆锯等），可通过装用丫/△式自动切换装置，自动改换电动机的内部接线丫接线→△接线，调节电动机的运行容量；还可以将原为双路并联的△（丫）接法的绕组，改为单路串联的△（丫）接法的绕组。

（8）有条件的单位，还可以将绕线式异步电动机的转子绕组，改为外加的直流电源励磁方式，实现电机的同步运行；还可以将同步电动机采取过励磁方式，使其转入进相运行状态。

三、低压线路三相负荷不平衡的危害及其防治措施

（一）低压线路三相负荷电流不平衡造成的原因

在农村低压三相四线制供电线路中，由于各种原因造成三相负荷电流不平衡，线损电量和线损率比三相负荷电流平衡时增大好几倍，电压质量明显下降，设备安全运行受到严重威胁等危害，必须引起我们高度重视。经调查分析，造成这种不良情况的主要原因主要有三个：一是随着全国性农村电网改造工程的实施与竣工，城市用电和农村用电"同网同价"政策的出台与落实，使得农村用电电价由此前的每千瓦时3元、2元、1元降低为每千瓦时仅仅几角钱，从而基本上解决了农民和农村"用电难、用不起电"的问题，极大地激励了农民和农村的用电积极性，广大农民和农村相继购置了大量的中高档、大功率的家用电器，比如洗衣机、电视机、电冰箱、电饭煲、电炒锅、电水壶、电热水器、电取暖器、电风扇、空调器等。这些家用电器单台容量大多数都为800～2000W，且大多数都采用220V单相电源。正是由于如此大量大功率单相负荷沿着三相四线线路以不同容量、在不同地点与电源不同距离非平衡接入〔如一相接入的单相负荷过重，一相接入的单相负荷较轻，另一相接入的单相负荷更轻或极轻，就势必造成三相负荷电流不平衡（据调查统计，经济比较发达的农村的单相负荷容量占其用电负荷总容量的比例达到90%左右，一般多数为70%及以上，少数经济欠发达的农村也不低于50%，故综合平均为70%以上）。同样，一相接入单相负荷与电源距离过近，一相接入单相负荷与电源距离较远，另一相接入单相负荷与电源距离更远，就势必造成某些线段三相负荷电流不平衡〕，随着低压电网单相负荷迅猛增长，低压线路供电半径愈长，分支线愈多，此类单相负荷接入量就愈大；再加上这些单相负荷或用或停的随意性极大，最终导致农村三相四线制低压线路三相负荷电流愈来愈不平衡，成为整个低压配电网最突出最严重的问题。显然，新建或改造线路时，如果将单相负荷不是均匀地配置在三相上，也同样造成三相负荷电流不平衡的不良后果。二是线路陈旧，年久失修，绝缘老化破损，或是线路距离树枝、麦草垛等物太近，致使某一边相导线经常多处（特别是在狂

风大雨时）碰树接地漏电，造成这一相负荷电流大增（这可从低压配电房的配电屏上的电流表看到）。三是农村管电组织的制度不健全，管理工作未跟上去，检查发现不及时，致使非法窃电者或违章用电者暗地里私拉乱接照明等单相负荷；或者农村电工及管电人员有章不循，不按制度办事等。

（二）低压三相四线制线路三相负荷电流不平衡的危害

1. 增加了线路的有功功率或电能的损耗

从前述的"低压配电线路三相负荷电流不平衡对线损影响的计算"可见：当三相负荷电流不平衡时，将使线路的有功功率损耗或电能损耗增加，三相负荷电流愈不平衡（即三相负荷电流不平衡度愈大），线路有功功率或电能损耗的增加量就愈大。比如，当"两相负荷重，一相负荷轻"的情况发展成为线路"两相供电"情况时（此时三相负荷不平衡度 $\delta = 50\%$），线路线损将比三相负荷平衡时增加 2 倍；又比如，当"一相负荷重，一相负荷轻"的情况发展成为线路"单相供电"情况时（此时 $\delta = 200\%$），线路线损将比三相负荷平衡时增加 8 倍。

相关规程规定：在低压主干线和主要分支线的首端，三相负荷电流不平衡度不得超过 20%，零线电流不得超过配电变压器低压侧额定电流的 25%。

2. 增加了配电变压器的有功功率或电能的损耗

三相负荷平衡时变压器有功损耗为

$$\Delta P_{\text{b·ph}} = \Delta P_0 + \Delta P_k \left(\frac{I_{\text{ph}}}{I_e} \right)^2$$

而三相负荷不平衡时变压器有功损耗为

$$\Delta P_{\text{b·bph}} = \Delta P_0 + \Delta P_k \left[\left(\frac{I_A}{I_e} \right)^2 + \left(\frac{I_B}{I_e} \right)^2 + \left(\frac{I_C}{I_e} \right)^2 \right] \bigg/ 3$$

式中　　　I_e——变压器额定电流，A；

　　　　　I_{ph}——变压器在三相负荷平衡时的负荷电流，A；

ΔP_0、ΔP_k——变压器的空载功率损耗、短路功率损耗，kW；

I_A、I_B、I_C——三相负荷不平衡时，变压器的各相负荷电流，A。

在两种负荷状况下，如果变压器的输出容量相等，则有

$$I_{\text{ph}} = \frac{I_A + I_B + I_C}{3} \quad (A)$$

三相负荷不平衡时比平衡时，变压器有功损耗的增加量为

$$\Delta(\Delta P_b) = \Delta P_{\text{b·bph}} - \Delta P_{\text{b·ph}}$$

$$= \Delta P_0 + \Delta P_k \left[\left(\frac{I_A}{I_e} \right)^2 + \left(\frac{I_B}{I_e} \right)^2 + \left(\frac{I_C}{I_e} \right)^2 \right] \bigg/ 3$$

$$-\left[\Delta P_0+\Delta P_k\left(\frac{I_{ph}}{I_e}\right)^2\right]$$

$$=\Delta P_k\frac{(I_A^2+I_B^2+I_C^2-3I_{ph}^2)}{3I_e^2}$$

因

$$\Delta P_k\frac{(I_A^2+I_B^2+I_C^2-3I_{ph}^2)}{3I_e^2}>0$$

故

$$\Delta(\Delta P_b)>0$$

综上所述，在配电变压器输出的容量相同的情况下，低压三相负荷电流不平衡比平衡时，变压器的有功功率损耗增加了。

【例 4-5】 有一台 S_{11}—100/10 系列的配电变压器（$S_e=100kVA$、$U_{e\cdot1}=10kV$、$U_{e\cdot2}=0.4kV$）三相负荷电流平衡时低压侧负荷电流为 $I_{ph}=56A$，三相负荷电流不平衡时低压侧负荷电流为 $I_A=61.6A$、$I_B=56A$、$I_C=50.4A$，试计算该台配电变压器在三相负荷电流不平衡时比三相负荷电流平衡时的有功功率损耗的增加量，以及三相负荷电流不平衡度。

解 该配电变压器低压侧额定电流为

$$I_{e\cdot2}=\frac{S_e}{\sqrt{3}\,U_{e\cdot2}}=\frac{100}{\sqrt{3}\times0.4}=144.34\ （A）$$

查资料（配电变压器技术性能参数表）得该配电变压器短路功率损耗为

$$\Delta P_k=1500W=1.5kW$$

则

$$\Delta(\Delta P_b)=\frac{\Delta P_k(I_A^2+I_B^2+I_C^2-3I_{ph}^2)}{3I_e^2}$$

$$=\frac{1.5\times(61.6^2+56^2+50.4^2-3\times56^2)}{3\times144.34^2}$$

$$=0.001\,51\ （kW）$$

而

$$\delta\%=\frac{I_{zd}-I_{pj}}{I_{pj}}\times100\%=\left(\frac{I_{zd}}{I_{pj}}-1\right)\times100\%$$

$$=\left[I_{zd}\Big/\left(\frac{I_A+I_B+I_C}{3}\right)-1\right]\times100\%$$

$$=\left[61.6\Big/\left(\frac{61.6+56+50.4}{3}-1\right)\right]\times100\%$$

$$=10\%$$

需指出的是，上述为配电变压器在三相负荷电流不平衡时的有功损耗增量，如果把它换算成一个月或一个季度或一年度等的多损电量，数目就更大；若是 SL$_7$ 型或 73 型且为较大容量的配电变压器，或者三相负荷电流不平衡度及变压器的负荷电流比其更大，则多损电量也就更大。

相关规程规定：在配电变压器的低压出口处的三相负荷电流不平衡度不得超过10%，中性线电流不得超过配电变压器低压侧额定电流的25%。

3. 降低了配电变压器的出力

配电变压器容量的设计和制造是按三相负荷平衡条件确定的，其三相绕组结构和性能是一致的，每相额定容量相等，最大允许出力受每相额定容量限制。三相负荷不平衡时，配电变压器的最大出力只能按三相负荷中最大一相不超过额定容量为限，负荷轻的相就有富裕容量，从而使配电变压器出力降低。出力降低程度与三相负荷平衡度有关，三相负荷不平衡度越大，出力降低程度就越大；同时，配电变压器的过载能力也降低。

4. 导致配电变压器的运行温度升高

三相负荷不平衡时产生的零序电流，在铁心中产生零序磁通；而高压侧没有零序电流，不能由高压侧的零序磁通来抵消低压侧的零序磁通，这就迫使零序磁通只能从变压器的油箱壁和钢构件中通过；由于这些材料的磁导率很低，致使磁滞损耗和涡流损耗都比较大，造成油箱壁和钢构件发热，从而使配电变压器运行温度升高，进一步增加了变压器的自身损耗。同时，变压器温度升高，加快了变压器内部绝缘老化，降低了变压器的使用寿命。不平衡度越大，零序电流越大，对变压器危害越严重。在一次夜巡中，巡视人无意碰触到一台配变外壳，热得烫手，测量其三相电流，两相为零，负荷接在一相上，该相电流并不太大，可见其对配变危害之大。

5. 中性点发生位移，造成配电变压器三相电压不对称

配电变压器是按三相对称运行设计制造的，各相绕组的电阻、漏抗和励磁阻抗基本一致，三相负荷平衡时变压器内部电压降相同，其输出电压是对称的。三相负荷不平衡时，各相电流不一致，中性线有电流通过，三相四线制线路中，中性线截面积一般较小，仅为相线一半，具有较大的阻抗电压降，从而使中性点位移，各相电压发生异变：负荷大的相电压降大，负荷小的相电压降小，造成三相电压不对称；三相负荷不平衡度越大，三相电压不对称程度越严重。如果此时中性线因事故开路，所接负荷小的相电压就会异常升高，接在此相上的用电设备和家用电器将被烧毁，给用户造成损失。

6. 影响电动机输出功率，并使其绕组温度升高，危及安全

三相负荷不平衡造成的三相电压不对称，将在感应电动机定子中产生逆序旋转磁场，电动机在正、逆两序旋转磁场的作用下运行；由于正序旋转磁场比逆序旋转磁场大，电动机旋转方向不变；但是由于转子逆序阻抗小，逆序电流大，逆序磁场、逆序电流将产生较大的制动力矩，从而使电动机输出功率降低，并使其绕组温度升高，危及电动机安全运行。

（三）低压线路三相负荷不平衡的调整治理措施

低压线路三相负荷不平衡具有极其明显的特点：一是具有可见性和可测算性；二是引起的线损大得超常性和造成的危害之严重性；三是具有存在的顽固性、长期性及沿线分布较广泛，治理工作较繁琐。

为了执行相关规程规定，配电变压器低压侧出口处的三相负荷电流不平衡度不得超过 10%，中性线电流不得超过配电变压器低压侧额定电流的 25%，低压主干线及主要分支线的首端三相负荷电流不平衡度不得超过 20%。更为了节约国家建设所需能源，减少由三相负荷电流不平衡引起的有功功率损耗和电能损耗以及种种危害，提高企业经济效益和社会效益，必须采取相关的有效调整措施，治理或消除低压三相负荷不平衡。

针对低压线路三相负荷电流不平衡造成的原因，治理或消除的措施主要有：

（1）在新建或改造农村低压线路时，必须从线路末端或分支线开始（向着首端），将所有的单相负荷有计划地均匀地分别配置在三相上，确保三相负荷平衡向着线路首端一段一段地推进。

（2）在平常时期，按照上述同样的方向，将新增的单相负荷以相同容量和相同距离（与电源的供电距离）分别接入三相上，即要确保单相负荷 A 相接入容量＝单相负荷 B 相接入容量＝单相负荷 C 相接入容量，同时确保单相负荷 A 相接入距离＝单相负荷 B 相接入距离＝单相负荷 C 相接入距离。

（3）同点（或同距离）同容量接入的单相负荷用电尽量同时；其同时率越高，三相负荷电流就愈平衡，即 A 相的单相负荷用电时段＝B 相的单相负荷用电时段＝C 相的单相负荷用电时段。反之亦然，其同时率愈低，三相负荷电流就愈不平衡。

（4）当检查发现农村低压线路三相负荷电流不平衡时，应及时进行调整。调整的方法是：按配电变压器台区，对所有低压线路逐条进行调整。**调整要达到的目标是：要使三相负荷电流在配电变压器低压出口端达到平衡；要使三相负荷电流在所有低压线路首端达到平衡；要使三相负荷电流在所有低压线路的所有区段（含分支线区段）达到平衡。因为晚间灯峰期间一般为单相负荷用电高峰期间，所以必须以这一期间三相负荷电流平衡状况来衡量（判定）上述三个端头（或线段）三相负荷电流是否平衡。调整进行的步骤是：从低压线路（含分支线）末端开始，向首端自下而上进行。即要求：所有线路末端单相负荷接入点平衡→末段线路平衡→分支线路平衡→主干线路平衡→低压线路首端平衡；所有低压线路首端平衡→配电变压器低压出口端平衡→全村低压电网三相负荷平衡**（精细调整的思路和具体做法，详见本书第七章）。

（5）中学小学、敬老院、戏曲棋牌阅览室、粮油农副产品加工房、棉纺织布作坊、集贸市场商场等是农村单相负荷最多、容量最大的用户，其用电时间不一定和城乡居民照明用电时间相吻合，前者觉得天色阴沉乌黑，光线暗淡昏濛，看书看东西、写字干活感到很不方便，此时虽然不到晚上照明期间也要开启照明器具用电。这个特点必须引起特别重视，对这些用户引入三相四线，并把负载均衡分配到三相上。

（6）要经常性地进行巡线检查，一旦发现线路碰触树枝等物，要及时进行修剪或清除，使之保持规程规定距离（见表 3-2），以防线路单相接地漏电。

（7）要采取有效措施，防范和治理用户的非法窃电、违章用电和私拉乱接，以及农村电工等人员的人情送电。

🖐 第八节　市县供电公司线损管理考核方案

随着电力体制改革和农网改造升级的持续推进，供电行业的线损管理也不断进步。现以某县供电公司2022年"线损管理考核方案"为例，作一介绍。

线损管理作为电网经营企业一项重要的经营管理内容，应以"技术线损最优，管理线损最小"为宗旨，以深化线损"四分"（分区、分压、分元件、分台区）管理为重点，实现从结果管理向过程管理的转变，切实规范管理流程，提高线损管理水平。

随着国家电网有限公司"一体化电量与线损管理系统"（以下简称"同期线损系统"）建设的大力推进，系统应用常态化，基础管理稳步提高，专业协同持续深化，为线损精益化管理打下良好基础。为巩固同期线损系统建设成效，推进线损管理水平提升，依托上级管理办法，结合线损管理实际工作需求，制定考核方案，可参考以下规定执行。

一、各部门线损管理主要职能、职责

1. 发展建设部线损管理职责

（1）负责线损综合管理工作，贯彻上级有关线损管理的规定、修订公司线损管理、考核办法，并认真贯彻执行。

（2）负责公司线损率指标计划管理，包括计划编制和调整、上报、分解、下达、执行等工作。

（3）定期组织电力调度控制中心、运维检修部、营销部开展理论线损计算和分析工作。

（4）定期组织召开线损分析会，跟踪分析及相关指标执行情况，督导降损工作开展，协调相关工作，检查问题整改情况，形成计划、执行、分析、整改的闭环管理机制。总结交流线损管理工作经验，制定降损措施。

（5）负责公司发电上网、内部考核关口电能计量点的设置和变更工作。负责审核并批准追退电量，参与关口电能计量系统设计审查、竣工验收和故障差错调查处理等工作。

（6）参加电网发展规划的审查和有关降损节能的基建、技改等工程项目的设计审查。

（7）负责监督检查各单位线损管理工作情况及线损率指标完成情况；组织开展线损分摊和补偿研究。

（8）负责同期线损系统分区关口配置指标，承担同期线损系统中分区线损相关指标。

（9）负责公司月度线损考核指标的校核和兑现。

2. 运维检修部线损管理职责

（1）参与公司降损规划编制，负责 10kV 线损和变电站（开关站）以及技术线损的降损措施和组织执行，配合开展线损工作检查。

（2）负责组织开展公司技术降损工作，提出技术降损方案。每年针对电网结构，输、变、配电设备运行状况组织开展与生产、设备有关的技术降损，研究降损方案，纳入技改、大修项目年度计划并组织实施。负责应用节能新技术、新工艺、新材料、新设备。开展技术降损工作检查。

（3）负责公司无功补偿设备及电能质量管理，保证无功补偿设备容量充足和正常运行。负责变电站站用电管理。

（4）组织开展公司 10kV 线损管理。承担公司 10kV 线损计划指标。负责指标监控、统计与分析，制定并落实降损措施。协助营销部开展 0.4kV 线损管理，配合查找线损异常原因。协助调控中心开展网损管理。负责"配电变压器三相负荷平衡合格率"指标。

（5）协助开展负荷实测及理论线损计算工作。负责开展 10kV 理论线损计算工作，编制 10kV 理论线损计算分析报告。负责 10kV 电网基础图形元件参数的更新、拓扑结构的更新。

（6）负责同期线损系统中 10kV 部分的线损数据维护，承担同期线损系统中 10kV 部分"四分"管理线损考核指标。承担 10kV 分压同期线损完成情况、10kV 分线模型配置率指标和 10kV 分线同期线损达标率。

（7）负责 PMS 系统的运行维护工作，保证配电网（包括线路变压器、户用变压器）归属关系的完整性和及时性，负责 PMS 系统内基础台账和营销、调度系统的一致性。

（8）参与公司发电上网、内部考核关口电能计量点的设置和变更工作，参与关口电能计量系统的设计审查、竣工验收和故障差错调查处理等工作。负责配合专业管理部门开展相关设备现场验收、更换、改造和维护。

（9）负责线损管理相关的电网设备基础台账建设与维护。依托线损系统理论计算结果，指导主、配网技术降损工作，每年 1 月编制上年技术降损分析报告。

（10）负责变电站互感器的检修与更换，确保互感器二次回路接线正确，选材合格等，及时向营销部和发展建设部提供 TA 变更情况，TV 暂停运行等影响电量计量的情况。

3. 电力调度控制中心履行职责

（1）参与本单位降损规划编制，负责主网编制主网降损措施和组织执行，配合开展线损工作检查。

（2）负责公司 35kV 及以上网损管理，组织开展网损及分元件线损统计、分析等工作。承担公司主网网损计划指标，负责指标监控、统计与分析，制定并落实降损措施。协助运维检修部开展 10kV 线损管理。负责变电站母线平衡管理，承担变电站母线平衡指标。

（3）负责公司电网经济调度、中枢点电压监测和质量管理，开展35kV及以上变电站、主变压器平衡的统计分析管理工作。

（4）协助开展负荷实测及理论线损计算工作。负责开展公司主网理论线损计算工作，编制理论线损计算分析报告，至少每年一次，明确降低输变电线损率的重点，在电网结构、系统运行方式有较大改变时，也应进行计算，并编制理论线损分析报告。负责理论线损计算系统中主网部分图形和基础数据的运维工作，保证系统实时更新和正常运行。负责组织网损统计与分析所涉及的电网运行基础资料维护。

（5）负责同期线损系统主网部分的线损数据维护，承担同期线损系统中35kV及以上分压关口配置指标、分压线损指标、35kV及以上分线线损率指标。

（6）负责调度D5000系统的运行维护工作，保证主网拓扑关系和参数的完整性和及时性。负责配合运维检修部和营销部开展同期线损系统工作。

（7）参与公司发电上网，以及主网内部考核关口电能计量点的设置和变更工作。负责向相关部门提出主网考核关口计量装置要求。参与关口电能计量系统的设计审查、竣工验收和故障差错调查处理等工作。负责调度管理系统的运行维护工作，保证输电网包括电网拓扑结构等基础数据以及运行数据的完整性和及时性，组织开展远动终端故障处理。

（8）根据系统有功、无功潮流变化情况，提供全网无功补偿配置方案的依据，制定主变压器分接头的合理调整和无功设备的合理投、退的具体操作流程并掌握运行情况，最大限度地确保无功就地平衡，提高电压合格率、降低线损。

（9）合理安排变电、线路设备的停电检修，做到综合统一检修，减少停电次数，尽可能缩短检修时间，并督促执行。

4. 营销部线损管理职责

（1）参与公司降损规划编制，负责0.4kV台区、专线用户和计量电量采集相关以及管理线损的降损措施和组织执行，配合开展线损工作检查。

（2）负责组织开展公司管理降损工作，提出管理降损方案，纳入营销项目年度计划并督导实施。组织开展管理降损工作检查。

（3）负责公司抄核收管理、营业普查与反窃电管理、电能计量管理、用户无功管理、供电所自用电管理等工作。负责对公司售电量构成和用户负荷增长情况进行分析和预测。负责用户基础台账的建设与维护。

（4）组织开展公司0.4kV与专线用户线损管理。承担公司0.4kV台区线损指标和专线线损指标。负责指标监控、统计与分析，制定并落实降损措施。统计并分析专线用户时差电量对线损的影响。

（5）协助运维检修部和调控中心开展10kV线损管理以及网损管理、变电站母线平衡和站用电管理，配合查找线损异常原因，提供专变、公变电量采集实时数据，以及实时采集不成功数据。

（6）协助开展负荷实测及理论线损计算工作。负责开展0.4kV负荷实测和理论线损计算工作，编制理论线损计算分析报告。负责理论计算系统中台区参数和拓扑结构的更新。负责台区与全采集系统之间计量点的对应关系维护以及线损计算统计关系的更新。

（7）负责同期线损系统中台区线损数据维护，承担台区模型配置率指标和台区同期线损率达标率指标，并负责同期线损指标中用电信息采集系统电量表底完整率指标。

（8）负责公司发电上网、内部考核关口电能计量方案确定以及关口电能计量装置验收，组织开展关口电能计量装置故障差错调查处理等工作。负责关口电能计量点台账管理，参与公司关口电能计量点的设置和变更工作。

（9）负责营销信息系统（MIS）的运行维护工作，保证配电网（包括线路变压器、户用变压器）归属关系的完整性和及时性，负责营销系统基础资料信息和运维、调度系统的一致性。负责电网线损考核关口在营销和电量采集系统中的建档和维护。

（10）负责公司电能计量的专业管理，负责用电信息采集系统的运行维护工作，保证采集系统运行数据的完整性和及时性，负责计量装置的技术改造工作。安装集中抄表和全采集装置时充分考虑线损管理的需要，负责公司全采集系统中数据的完整。负责公司主、配网考核及计费计量点及办公用电全采集装置的安装。

（11）负责县域大用户、规范电量计费点新增和变更，应及时通知发展建设部和电力调度控制中心调整关口。

5. 供电所线损管理职责

（1）负责所辖范围内的分线、分台区线损率指标落实，并对各班组线损管理工作进行经常性的检查、指导。

（2）负责所辖 10kV 线路线损和配电台区统计线损与同期线损率差异的统计、分析和治理工作，并定期召开线损分析会，分析原因，制定降损措施。

（3）负责搞好所辖农村低压电网无功和电压管理工作，提高农村电网功率因数，调整三相负荷不平衡等，降低管理线损。

（4）负责定期组织辖区营业普查及计量装置检查，减少计量差错、抄录差错和偷漏电等对线损的影响。

二、线损考核细则

同期线损考核按照市公司指标体系考核（考核指标按市公司指标体系更新而变化）。

同期线损设置分区、分压、分线、分台区和母线平衡线路工作小组，具体负责同期线损管理工作的整体推进和组织协调。按同期系统各项任务完成情况对工作小组成员进行考核。

奖惩结果经线损管理领导小组批准后，当月 20 日前由发展建设部上报人力资源部，最终由人力资源部负责兑现。

1. 发展建设部同期系统指标考核

（1）分区同期月线损达标，按月给予一定奖励；不达标给予惩罚。

（2）入选国网百强百佳县公司，每入选一次给予奖励。

2. 电力调度控制中心同期系统指标考核

（1）35kV 及以上分线，月达标率 100%，按月给予一定奖励；达标率小于 100%，给予惩罚。

（2）变电站内母线平衡率，月达标率 100%，按月给予一定奖励；达标率小于 100%，给予惩罚。

（3）35kV 及以上分压，月达标给予一定奖励，不达标给予惩罚。

3. 运维检修部同期系统指标考核

（1）10kV 分压月线损达标，按月给予一定奖励，不达标给予惩罚。

（2）当月 10kV 高线损线路治理率 100%，给予一定奖励；当月出现月度高线损（月线损率≥6%，且月度损失电量超过 5000kWh）、负线损（月线损率≤−1%）线路，给予一定惩罚。

（3）当月 10kV 线路优化运行率占比低于 75%，但较 2021 年 12 月优化运行率提升季度指标 $N×1\%$（N 为季度数）以上者，给予一定奖励；若当月线路优化运行率占比高于 75% 者，给予重奖。

（4）10kV 线路日达标率排名进入市公司前 3 名者，给予一定奖励，后三名者，给予惩罚。

（5）线路打包率排名进入市公司所辖县公司前 3 名者，给予一定奖励，处于县公司后三名者，给予惩罚。

（6）10kV 理论线损可算率 100%，给予一定奖励，未完成考核者，给予惩罚；两率偏差异常清单排名进入市公司前 3 名者，给予一定奖励，后三名者给予惩罚；电量偏差异常清单排名进入市公司前 3 名者，给予一定奖励，后三名者，给予惩罚。

4. 营销部同期系统指标考核

（1）400V 分压月线损达标，按月给予一定奖励，不达标给予惩罚。

（2）当月高线损台区治理达标率完成 100%，给予一定奖励，未完成考核给予惩罚。

（3）当月台区优化运行率占比低于 85%，但较 2021 年 12 月优化运行率提升季度指标 $N×1\%$（N 为季度数）以上，给予一定奖励，反之，给予一定惩罚；若当月台区优化运行率占比高于 85%，给予重奖。

（4）当月台区日达标率排名进入市公司前 3 名这，给予一定奖励；后三名者，给予惩罚。

（5）两率偏差异常清单排名进入市公司前 3 名者，给予一定奖励，后三名者，给予惩罚。电量偏差异常清单排名进入市公司前 3 名者，给予一定奖励，后三名者，给予惩罚。

（6）各供电所的达人完成同期线损及线损助手登录要求，按月给予一定奖励；未完成给予一定惩罚。

（7）入选国网百强百佳供电所、达人榜，按入选数量给予重奖。

5. 供电所线损管理考核

供电所作为线损管理实际实施单位，原则上与各管理专业实施同质化考核。

营销部对各乡镇供电所线损管理考核标准：

（1）400V分压月线损达标，按月给予奖励，不达标给予惩罚。

（2）当月高线损台区治理达标率完成100%，给予奖励，未完成给予惩罚；当月每个负线损台区给予一定惩罚。

（3）当月台区优化运行率占比低于85%，但较2021年12月优化运行率提升季度指标 $N×1\%$（N 为季度数）以上，给予奖励，未完成给予惩罚；若当月台区优化运行率占比高于85%，给予奖励。

（4）日累计达标率前三名供电所，分别给予不同程度的奖励，后三名分别给予不同程度的惩罚。

（5）每月异常台区数（排除系统计算错误）不降反增，按反弹数量每台区给予一定的惩罚。

（6）各供电所的达人完成同期线损及线损助手登录要求，按月给予奖励；未完成给予惩罚。

（7）入选国网百强百佳供电所、达人榜，每入选一个给予一定奖励；每入选一个线损达人给予一定奖励。

三、各专业线损管理责任划分及考核

（1）电力调度控制中心未提前将倒换后的运行方式以短信/微信的形式发给发展建设部线损专责和运维检修部 PMS 专责造成配电线路日线损异常，按次数给予电力调度控制中心惩罚。

（2）运维检修部对于变电站内用电量采集系统无法采集的开关表计，未在当天下午2点前完成掌机补录工作，按次数给予一定惩罚。

（3）10kV 分线日线损出现异常数据时，运维检修部未牵头处理异常数据，造成数据异常超过两天的，按天数给予运维检修部惩罚。

（4）电流互感器倍率调整时，运维检修部未以书面形式提前向发展建设部线损专责和电力调度控制中心线损专责提供 TA 变比调整单，造成同期线损系统关口倍率错误，日线损率异常，按次数给予运维检修部一定惩罚。

（5）变电站内出现检修工作，施工部门应提前向计量班提出加装临时计量装置的书面审批，计量班未按规定安装临时表计，未保证表计处于带电状态，不能正常计量，按次数给予营销部一定惩罚。

（6）变电站内表计出现故障，计量中心接到计量表计故障单后，未在一天内消除故障，按次数给予营销部一定惩罚。计量中心装完表计之后，当天通知发展建设部、运维检修部和电力调度控制中心，否则，按次数给予营销部一定惩罚。

（7）对于因业扩流程线下流转、工作票填写错误、流程环节底数输入错误造成的月度高负线损台区，按台区给予责任部门一定罚款。

（8）同期线损分析会配合：各相关部门必须按照发展建设部相关要求参加同期线损分析会，月度同期线损分析会资料应该在会议召开指标发布日3个工作日内提交，分析会议资料迟报，按天给予责任部门惩罚。

（9）如被省公司通报，按次数给予责任部门重惩；如被市公司通报，按次数给予责任部门一定惩罚。

第五章

降低电力网线损的技术措施

所谓降损技术措施，相对降损管理措施而言，它是指对电网某些部分或部件进行技术改造或技术改进，推广应用节电新技术和新设备，提高电网技术装备水平以及有意识地采用技术手段，调整电网布局，优化电网结构，改善电网运行方式。降损技术措施一般需要一定数额或较大数额的资金投入。它的主要目的是为了降低电网的技术线损即线损的理论值部分，亦即为管理线损（即线损中可以避免的不合理部分）将降到竭尽时，欲进一步降低电网线损势必为之的有效措施（其实两措施并无明显之分，只有侧重，繁简之别）。降损技术措施也可以和降损管理措施同时并举，结合应用，这样降损步幅更大，效果更显著。

第一节 切实加强电网无功补偿，就地就近平衡无功负荷

一、对电网进行无功补偿的作用

在电力系统中，无功电源同有功电源一样重要，都是保证系统安全、经济、稳定、高效运行的必备条件。在电力系统中应保持无功功率的平衡，否则将会导致系统电压降低、设备损坏、电能质量下降、电网能耗显著增大；严重时，还会引起电压崩溃，系统解裂，造成大面积停电事故。因此，保持电网无功容量的充足，有着极为重要的意义。

1. 补充电力系统的无功功率使之保持平衡

电力系统中的电动机、变压器、电焊机、日光灯等，大都是既具有电阻，又具有电感的电感性负载，它们既要吸取消耗有功功率，同时还要吸取消耗无功功率。如电动机在建立并维持三相旋转磁场时，变压器在建立并维持三相交变磁场时，均需吸取并消耗系统的无功功率。其表示式如下

$$\Delta P_1 = \frac{P^2+Q^2}{U^2} \times R \times 10^{-3} \tag{5-1}$$

$$\Delta Q_1 = \frac{P^2+Q^2}{U^2} \times X \times 10^{-3} \tag{5-2}$$

式中　ΔP_1——线路和负载绕组的有功功率损耗，kW；

　　　ΔQ_1——线路和负载绕组的无功功率损耗，kvar；

　　　P——线路和负载绕组中的有功功率，kW；

　　　Q——线路和负载绕组中的无功功率，kvar；

　　　R——线路和负载绕组的电阻，Ω；

　　　X——线路和负载绕组的电抗，Ω；

　　　U——电网或线路的实际运行电压，kV。

　　调研统计资料表明，负载的无功负荷是有功负荷的 1.7 倍，电网中所需的无功负荷 35%~40% 靠电力系统的发电厂供给，其余 60%~65% 要靠电网装设无功补偿设备来解决。这一情况说明电网进行无功补偿不仅相当重要，而且极为必要！统计分析资料还表明，在城乡电网中，电动机消耗的无功功率占 60%，变压器消耗的无功功率占 30%，其余 10% 消耗在 0.4~10（6）kV 等线路上。因此，电力系统不仅要供给负载以有功功率。同时还要供给无功功率，而电网进行无功补偿是其最重要最有效的做法和方式；进一步说，电网的无功补偿应该按照这一统计得到的无功功率消耗实际情况，科学合理配置无功补偿容量，就地就近补偿无功功率消耗，就地就近平衡无功负荷。电网进行无功补偿（见图 5-1）的表示式如下

$$\Delta P_2 = \frac{P^2 + (Q - Q_c)^2}{U^2} \times R \times 10^{-3} \quad (\text{kW}) \tag{5-3}$$

$$\Delta Q_2 = \frac{P^2 + (Q - Q_c)^2}{U^2} \times X \times 10^{-3} \quad (\text{kvar}) \tag{5-4}$$

式中　Q_c——电网无功补偿容量，kvar；

　　　ΔP_2——补偿后的电网有功损耗，kW；

　　　ΔQ_2——补偿后的电网无功损耗，kvar。

2. 降低电网中的功率损耗

　　电网不仅在给用电设备输送有功功率时造成有功损耗，同时，在给用电设备输送无功功率时也要造成有功损耗（见图 5-1）。其表示式为

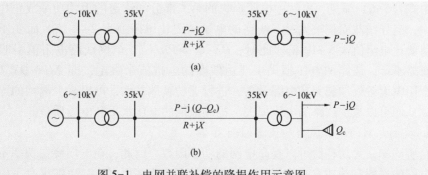

图 5-1　电网并联补偿的降损作用示意图

(a) 补偿前；(b) 补偿后

$$\Delta P_\Sigma = \Delta P_P + \Delta P_Q$$
$$= \left(\frac{P}{U}\right)^2 R \times 10^{-3} + \left(\frac{Q}{U}\right)^2 R \times 10^{-3} \tag{5-5}$$

式中　ΔP_Σ——电网的有功功率总损耗，kW；

　　　ΔP_P——电网输送有功功率时造成的有功损耗，kW；

　　　ΔP_Q——电网输送无功功率时造成的有功损耗，kW；

　　　P——电网给用电设备输送的有功功率，kW；

　　　Q——电网给用电设备输送的无功功率，kvar；

　　　R——电网输送功率的线路电阻，Ω。

由式（5-5）可见，当电网结构固定，输送的有功功率一定时，电网有功功率损耗的大小取决于无功功率的输送量，而且与其平方值成正比。为此很有必要在电网的各个用电负荷点进行无功补偿，以减少电网的无功功率输送量，从而降低有功功率损耗。

更简单地说，从式

$$\Delta P = 3 I_{jf}^2 R \times 10^{-3} = 3\left(\frac{P}{\sqrt{3}\,U\cos\phi}\right)^2 R \times 10^{-3}$$
$$= \frac{P^2}{U^2\cos^2\phi} R \times 10^{-3}$$

也可以看出，因为对电网进行了无功补偿，使得电网的负荷功率因数 $\cos\phi$ 提高了，从而使得线路中的负荷电流变小，功率损耗即线损减少。

3. 减少电网中的电压损失，提高电压质量

电网中无功功率输送量的变化还将造成线路运行电压的波动和电压损失，导致线路首末端有一个电压差，引起用电设备处发生电压波动或不稳定，用电电压质量难以保证。线路电压损失与其输送的无功功率之关系可用下式表示

$$\Delta U = \frac{PR + QX}{U_e} = \frac{PR}{U_e} + \frac{QX}{U_e} \quad (\text{V}) \tag{5-6}$$

式中　U_e——线路额定电压，kV；

　R、X——线路电阻，电抗，Ω。

由式（5-6）显见，电网中电压损失的第二部分和输送的无功功率成正比。在架空线路中，当导线截面积较大时，线路的电抗值要比电阻值大 $2\sim4$ 倍，而变压器绕组的电抗值要比电阻值大 $5\sim10$ 倍。此时，$QX/U_e \gg PR/U_e$，电网线路电阻值引起的电压损失可忽略不计，线路的电压损失主要由线路的电抗值来决定，即 $\Delta U \approx QX/U_e$。因此，在各个用电设备处加装无功电源设备，进行无功就地补偿，可以减少电网的无功功率输送量，从而可以减少线路的电压损失，提高电网的电压水平和电压质量。

4. 提高电网的输送能力和设备的利用率

众所周知，无功补偿可以提高电网的功率因数。因此，在电网视在功率不变的情况下，电网输送的有功功率必将增加，即输送的有功功率更多了，也即提高了电网的输送能力（见表5-1）。这一原理可用下式表示

$$\Delta P = P_2 - P_1 = S(\cos\phi_2 - \cos\phi_1) \quad (\text{kW}) \tag{5-7}$$

式中　　　ΔP——电网输送有功功率的增加量，kW；

S——电网的视在功率，kVA；

$\cos\phi_1$、$\cos\phi_2$——无功补偿前后的电网功率因数（也称力率）。

表 5-1　　　　　　　　　　无功补偿（低压补偿）作用效果表

功率因数由右列数值提高到 0.95	0.60	0.65	0.70	0.75	0.80	0.85	0.90
变压器传输能力提高量（%）	58.3	46.2	35.7	26.7	18.8	11.8	5.6
变压器供电能力增加量（%）	36.8	31.6	26.3	21.1	15.8	10.5	5.3

从另一方面来看，无功补偿可使功率因数提高，那么在传输相同的有功功率下，可以节省设备的容量；即设备在传输原来的有功功率时，设备有超载现象，经无功补偿后就不存在超载现象了；也即提高了设备的利用率或供电能力（见表5-1）。这一原理可用下式表示

$$\Delta S = S_1 - S_2 = \frac{P}{\cos\phi_1} - \frac{P}{\cos\phi_2}$$
$$= P\ (1/\cos\phi_1 - 1/\cos\phi_2)\ (kVA) \tag{5-8}$$

式中　ΔS——传输相同有功功率设备容量的节省量，kVA；

P——设备传输的有功功率（假若不变），kW。

同样，从式

$$I = P/\sqrt{3}\,U\cos\phi\ (A)$$

也可以明显地看出，对电网进行无功补偿后，使得电网的负荷功率因数得以提高，从而使线路中的负荷电流减小，这样就可以选用较小截面的导线。或者说，如果线路导线不更换，由于功率因数提高，线路就可以多送有功负荷，从而提高了电网的输送能力，也即提高了设备的利用率。

5. 提高系统的功率因数，节省电费支出

电学原理告知，在电力系统中，有功功率、无功功率和视在功率三者之间的相量关系总是直角三角形的关系，即 $P^2 + Q^2 = S^2$，且功率因数 $\cos\phi = P/S$，因此，当电网进行无功补偿时，系统中的无功功率就减小，有功功率就相应增大，系统的功率因数也就相应提高（见图5-2）。

功率因数的提高，将使电网线损降低，从而节约了电能和电费支出。即

因 $\Delta A = 3I^2 Rt\times10^{-3} = 3\left(\dfrac{P}{\sqrt{3}\,U\cos\phi}\right)^2 Rt\times10^{-3}$

$$= \left(\frac{P}{U}\right)^2 Rt\times\frac{1}{\cos^2\phi}\times10^{-3}\ (kW\cdot h) \tag{5-9}$$

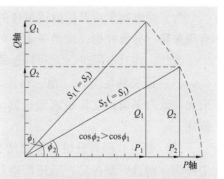

图 5-2　提高功率因数 $\cos\phi$ 电力系统多送有功功率 P 少送无功功率 Q 示意图

故

$$A_j = \Delta A_1 - \Delta A_2 = \left(\frac{P}{U}\right)^2 Rt \times \left(\frac{1}{\cos^2 \phi_1} - \frac{1}{\cos^2 \phi_2}\right) \times 10^{-3} \quad (\text{kW} \cdot \text{h}) \tag{5-10}$$

式中　　　　ΔA——电网线损电量，kW·h；

$\quad\quad\quad$ I——线路的负荷电流，A；

$\quad\quad\quad$ R——电网的线路电阻，Ω；

$\quad\quad\quad$ t——线路的运行时间，h；

$\quad\quad\quad$ P——线路的有功功率，kW；

$\quad\quad\quad$ U——线路的运行电压，kV；

$\cos\phi_1$、$\cos\phi_2$——无功补偿前、后的功率因数；

$\quad\quad$ ΔA_1、ΔA_2——无功补偿前、后的线损电量，kW·h；

$\quad\quad\quad$ A_j——电网线损的节约量，kW·h。

同时，进行无功补偿，将使功率因数提高，从而使执行功率因数（或力率）调整电费办法的企业，获得奖励，节省电费支出。

综上所述，无功补偿无论对发电企业，还是对供电企业和广大用电客户，也不论是于当前，还是在今后数年或10余年内，都有极大益处、颇多效益。有经验体会者说得好：无功补偿真是一举多得、一本多利！故应优先推广应用。

　　打个比喻说，菜农用水桶反复到河边提（挑）取河水，到菜地用水浇菜；则河水喻为有功功率，水桶喻为无功功率，河水与水桶喻为视在功率，河流与菜地之间的道路喻为电路，河流的水源喻为电源，菜地与菜苗喻为用电负载，沿途水的滴漏流淌喻为线损，运载器具（水桶）的更新、维护保养喻为无功补偿……这个比喻说明：无功并非无用之功，无功补偿是何等的重要！

二、无功补偿的原则、无功经济当量与负荷经济功率因数

1. 无功补偿的原则、方式及标准

为了使电网无功补偿取得最佳的综合效益，在进行无功补偿时应遵循"全面规划，合理布局，分级补偿，就地平衡"的原则。

为此，在对电网进行无功补偿的方式中，要始终牢牢把握住如下几个侧重点：

（1）既要满足全区（地区和县）总的无功电力平衡，又要满足分站（所）和线路的无功电力平衡；使长距离输送的无功负荷最小，最大限度地减少有功功率和电能的损耗。

（2）集中补偿与分散补偿相结合，以分散补偿为主。既要在变电站（所）进行集中补偿，而且更要在高、低压配电线路上和设备旁边，以及诸多重点用电户进行分散补偿。

（3）调压与降损相结合，以降损为主。鉴于农村供电系统，除县办工业用电比较集中外，农业和乡镇办工业用电具有线路长、分支多、负荷分散、功率因数低劣、设备

空轻载运行时间较长和电能损耗较大等特点。因此，决定无功补偿的主要作用和最大效益是降损节能，同时兼顾调压。

（4）输电网补偿与配电网补偿相结合，以配电网补偿为主。其原因：一是 0.4～10（6）kV 配电网的无功损耗占 70%，35～110kV 输电线路的无功损耗只占 30%；二是当移相电容器装在 10（6）kV 线路上时，既可以补偿 10（6）kV 网损，还可以补偿 35kV 线损。

（5）供电部门进行补偿与用电单位进行补偿相结合，以用电单位进行补偿为主。其原因：一是在实行力率调整电费办法时，获奖受益者是用电客户；二是据分析，无功功率有 50% 左右是消耗在用户所属的低压线路上和用电设备中；三是低压配电网无功补偿的效果数倍（约 3.5 倍）优于 10kV 配电网无功补偿的效果。

无功补偿的标准，可遵照能源部 1988 年颁发的《电力系统电压和无功电力管理条例》对功率因数的要求指标确定，即高压供电的工业用户和高压供电装有带负荷调整电压装置的电力用户，功率因数为 0.9 及以上。设备容量为 100kVA 及以上电力用户和大、中型电力排灌站，功率因数为 0.85 及以上。趸售和农户的综合功率因数为 0.8 及以上。

2. 电网无功负荷的规划

根据国内电网大量的实际运行资料的统计分析，电网中的有功负荷和无功负荷之间存在着一定的规律。因此，在规划电网的无功负荷时，可采用有功负荷与无功负荷的比值，即采用无功负荷系数"K 值法"进行估算。其表达式为：$K=$电网最大无功负荷 Q_{zd}（kvar）/电网最大有功负荷 P_{zd}（kW）。

K 值与规划地区的负荷结构，特别是与农业用电量所占的比重有着密切关系。根据一定数量电网实际运行资料的分析，建议县级、乡镇的农村电网无功负荷系数 K 值取 1.2～1.4 为宜。因此，在做农村电网无功负荷规划时，其无功负荷量可按 $Q_{zd} = KP_{zd} = (1.2～1.4)P_{zd}$ 进行估算。

3. 无功经济当量

无功补偿的根本目的是使电网少送或尽量少送无功负荷，使负载即用电设备所需用的无功负荷，通过无功补偿直接达到就地平衡，避免上级电网的提供或输送。但是并非按供需的无功缺额，全部予以补偿，才是最经济合理的方法。因为无功补偿后的经济效果将会被无功补偿设备的投资费用、运行维护费用、折旧及本身能耗等抵消一部分。无功补偿的经济效果，随着功率因数的提高而降低，即负荷功率因数越低，补偿效果越高。反之，负荷功率因数越高，补偿效果越差。因此这里面有一个无功补偿最优容量和最佳补偿方式的问题。

无功经济当量就是衡量电网无功补偿经济效果的一个指标，它的具体含义是指：电网中每减少输送 1kvar 的无功功率时，所降低的有功功率损耗量；换言之，它是每装设 1kvar 的无功补偿设备与所能降低的有功功率损耗量之比值。无功经济当量记作 K_Q 或 C_j，单位为 kW/kvar。

因
$$\Delta P_1 = \frac{P^2 + Q^2}{U_e^2} R \times 10^{-3} \quad (\text{kW}) \tag{5-11}$$

在电网输送的有功功率 P 一定的情况下，在消耗无功功率的地点补偿无功功率 Q_c，以减少无功功率在电网中的输送。此时可求得无功补偿后的有功功率损耗 P_2 为

$$\Delta P_2 = \frac{P^2 + (Q - Q_c)^2}{U_e^2} \times R \times 10^{-3} \quad (\text{kW}) \tag{5-12}$$

补偿后比补偿前减少的有功功率损耗量为 $\Delta P_1 - \Delta P_2$，即

$$\Delta P_1 - \Delta P_2 = \left[\frac{P^2 + Q^2}{U_e^2}R - \frac{P^2 + (Q - Q_c)^2}{U_e^2}R\right] \times 10^{-3} \quad (\text{kW}) \tag{5-13}$$

等式两边各除以 Q_c 得

$$\frac{\Delta P_1 - \Delta P_2}{Q_c} = \frac{(2Q - Q_c)}{U_e^2}R \times 10^{-3} \quad (\text{kW/kvar}) \tag{5-14}$$

上式即为无功经济当量 C_j（或 K_Q）的表达式。从式（5-12）~式（5-14）分析可知：

（1）无功经济当量 C_j 与电网线路电阻 R 成正比；说明补偿地点距离电源越远，或者越靠近负荷，C_j 值就越大，无功补偿的经济效果也就越大。因此，强调"随机"和"随器"补偿和无功就地平衡，就是这个道理。

（2）无功经济当量 C_j 与电网线路电压 U 的平方成反比；说明 0.4kV 电网 C_j > 10kV 电网 C_j > 35kV 电网 C_j 值……即无功补偿经济效果 0.4kV 电网优于 10kV 电网优于 35kV 电网……因此要重视低压补偿。

（3）电网线路输送的无功功率 Q 越大，无功经济当量 C_j 值就越大；说明在负荷功率因数较低之时，实施无功补偿获得的经济效果就越大。

（4）式（5-14）中（$2Q - Q_c$）值越大，无功经济当量 C_j 值就越大；说明 C_j 值随着补偿容量的增加是要降低的，即补偿容量从小到大，而相对经济效益从大到小；补偿容量存在一个最佳值或临界值，即应使补偿后的负荷功率因数≤其经济值。

（5）根据无功补偿对改善电网电压质量的基本关系：$\Delta U = [PR + (Q - Q_c)X]/U$，由于 0.4~10kV 配电网线路 $R \geq X$ 值，故其无功补偿是以降损为主，调压为辅；而由于 35kV 及以上电网线路 $X \geq R$，故其无功补偿是以调压为主，降损为辅。

鉴于上述因素，无功补偿效益的大小，应该通过技术经济对比确定。利用无功经济当量分析对比，可衡量电网中某一结点的补偿效果，比较简便地确定无功补偿的地点、补偿的容量、补偿应达到的水平。但它不能作为全网最优补偿的依据。

传统使用的无功功率经济当量值及其典型网络接线图如表 5-2 和图 5-3 所示。

表 5-2　　　　　　　　　　典型供电网络中的无功经济当量值

无功补偿方式	装设地点	无功经济当量值	
		最大负荷时	最小负荷时
装设于发电厂直配用户高压侧	1	0.02	—
装设于用户低压母线侧	2	0.07	0.04
	3	0.12	0.17
	4	0.18	0.12
	5	0.25	0.15

续表

无功补偿方式	装设地点	无功经济当量值	
		最大负荷时	最小负荷时
	6	0.10	0.05
装设于配电变压器低压母线侧	7	0.15	0.10
	8	0.20	0.12
装设于 35kV 变电站 10kV 侧	9	0.15	0.10
装设于 110kV 变电站 10kV 侧	10	0.10	0.06

4. 电力用户负荷经济功率因数

通过上述，电力网进行无功补偿，实现无功负荷就地或就近平衡，益处很多，作用极大。而且按照负荷经济功率因数计算确定电网无功补偿容量是比较简单、实用、直观且较为科学合理的方法。那么负荷经济功率因数是怎样得来的呢？在这里，向大家介绍一种按年运行费用最小的原则，决定电力用户负荷经济功率因数的方法，这是一种较为合理应用最普遍的方法。

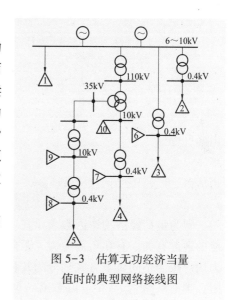

图 5-3　估算无功经济当量值时的典型网络接线图

年运行费用（F）包含电力网电能损耗费用（F_d）和无功补偿设备费用（F_c），即

$$F = F_d + F_c$$
$$= f_d \Delta P_Q T + f_c Q_c T \text{（元）} \tag{5-15}$$

式中　ΔP_Q——电网输送无功负荷引起的有功损耗，kW；

Q_c——电网中装设的无功补偿设备容量，kvar；

T——电网年运行小时数，取 $T = 6000h$；

f_d——单位千瓦时电能损耗费用，根据全国平均供电成本，取 $f_d = 0.07$ 元/（kW·h）；

f_c——单位千乏时无功电力的费用，元/（kvar·h）。

而

$$f_c = \frac{J_{c\Sigma} \beta_{czv}}{T} + P_c f_d \ [\text{元/（kvar·h）}]$$

式中　$J_{c\Sigma}$——单位千乏无功补偿设备的综合造价，取 $J_{c\Sigma} = 50$ 元/kvar；

β_{czv}——无功补偿设备的折旧、维修费的年提存率，取 $\beta_{czv} = 18\%$；

P_c——无功补偿设备每千乏的有功损耗，取 $P_c = 0.003\ 5kW/kvar$。

代入得

$$f_c = \frac{50 \times 0.18}{6000} + 0.003\ 5 \times 0.07 = 0.001\ 745$$

$$= 17.45 \times 10^{-4} \ [\text{元/（kvar·h）}]$$

欲获得年运行费用（F）的最小极限值，必须首先建立电网电能损耗费用（F_d）和无功补偿设备费用（F_c）对补偿后的无功负荷之关系式，即

$$F = f_d \left(\frac{Q_2}{U}\right)^2 RT \times 10^{-3} + f_c (Q_1 - Q_2) T$$

$$= \frac{f_d RT}{U^2} Q_2^2 \times 10^{-3} + f_c T (Q_1 - Q_2)$$

式中　U——电网线路的额定电压，kV；

　　　R——线路导线每相电阻值，Ω；

Q_1、Q_2——补偿前、后电网中输送的无功负荷，kvar。

然后由 F 对 Q_2 求一阶导数并令其值等于零，即 $\dfrac{\mathrm{d}F}{\mathrm{d}Q_2} = 0$，解得

$$Q_2 = \frac{f_c U^2}{2 f_d R} \tag{5-16}$$

由此可得

$$\tan\phi = \frac{f_c U^2}{2 f_d R P} \tag{5-17}$$

最后得

$$\cos\phi = \frac{1}{\sqrt{1 + \tan^2\phi}} = \frac{2 P R f_d}{\sqrt{4 P^2 R^2 f_d^2 + f_c^2 U^4}} \tag{5-18}$$

即为负荷经济功率因数表示式。可见，其值与电网输送有功负荷、负荷点距离电源点的远近有关。有功负荷愈大，距离愈远，则负荷点的经济功率因数值愈高。通过将电力用户按照不同供电方式划分为几种不同的类型，然后分别对它们进行分析（因篇幅所限，本书从略），从中可以看出（见图5-4）：

（1）电力用户功率因数从0.7补偿到0.9时，补偿设备投资费和年运行费都是下降的。

（2）当电力用户的功率因数从0.9提高到0.95时，补偿设备投资费开始逐渐增加，而年运行费则开始逐渐放慢下降速度。但此时增加的补偿设备投资费在4年左右仍然可以抵偿收回。所以，电力用户将负荷功率因数从0.9提高到0.95还是经济合理的。

（3）当负荷功率因数约为0.96时，年运行费用降至最低，此时的 $\cos\phi$ 即为负荷经济功率因数，如图5-4所示。当 $\cos\phi$ 超过0.96时，无功补偿设备投资大增，年运行费用也上升。$\cos\phi$ 愈接近于1，无功补偿的投资愈大，而效益愈小。这一点同对无功经济当量（K_Q）的分析相吻合，当补偿容量愈大时，其对减少有功功率损耗的作用愈小，即单位补偿容量使功率因数提高后的经济效益降低。因此，要求电力用户将功率因数补偿提高到1是不适宜、不科学的，**而要求其不超过0.96或最高达到0.96是经济合理的**。

三、无功补偿容量和补偿点的确定方法

1. 35kV 变电站的无功补偿

这种无功补偿属于集中补偿，就是在35kV变电站的10kV母线上，集中安装容量较大的电容器组以进行无功补偿，主要作用是补偿主变压器的无功功率损耗和变电站以上的35kV线路的部分无功损耗（35kV线路的无功损耗与线路的充电功率基本上可以抵

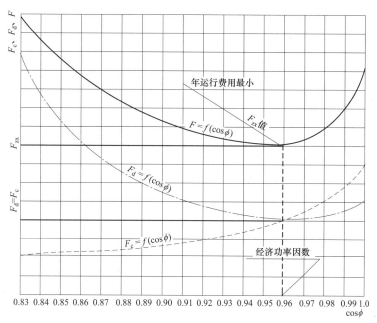

图 5-4　年运行费用 F、电网电能损耗费用 F_d、无功补偿
设备费用 F_c 与用户功率因数 $\cos\phi$ 之关系曲线示意图

消，故不予考虑专项补偿）。也就是说，变电站的集中补偿仅对减少主变压器和 35kV 线路的损耗有效（或起作用）。

（1）负荷集中的工业 35kV 变电站的无功补偿。对以工业负荷为主的 35kV 变电站，一般具有线路较短、负荷较集中、负载率较高的特点；因此，所需无功负荷要求做到就地平衡，即变电站的无功补偿容量可按照满足主变压器的励磁无功功率和漏抗无功损耗的要求进行确定，以减少 35kV 输电线路输送无功功率引起的有功损耗。

变电站主变压器的无功损耗为其空载时的无功损耗与负载时无功损耗之和，即

$$\Delta Q_b = \frac{I_o\%}{100} \times S_e + \frac{U_k\%}{100} \times \beta^2 S_e \quad (\text{kvar}) \tag{5-19}$$

对于农村电网的 35kV 变电站，上式可简化为

$$\Delta Q_b = (0.10 \sim 0.15) S_e \quad (\text{kvar}) \tag{5-20}$$

所以，变电站集中补偿的容量确定为

$$Q_c = \Delta Q_b = (0.10 \sim 0.15) S_e \quad (\text{kvar}) \tag{5-21}$$

式中　　S_e——变电站主变压器的额定容量，kVA；

　　　　β——变电站主变压器的负载率 $\beta = S/S_e$；

　　　　S——变电站主变压器的实际负荷，kVA；

　　$I_o\%$、$U_k\%$——变电站主变压器的空载电流百分数、短路电压百分数。

在变电站进行集中补偿中，当 10kV 母线电压较高，超过额定电压 110% 时，为了避免移相电容器的长时间过电压运行，可采用电压等级较高的电力电容器，如 $13/\sqrt{3}$ 或 $12/\sqrt{3}$ 等系列的电容器。

（2）**负荷分散的农业 35kV 变电站的无功补偿**。对以农业负荷为主的 35kV 变电站，由于存在功率输送距离较远，负荷起伏变化较大、主变压器年均负载率较低等特点，因此，所需无功除要补偿主变压器的无功损耗外，还要满足变电站供电区域内高峰无功负荷需要。为此，对于此种类型的农村电网 35kV 变电站的集中补偿容量，宜按下式确定

$$Q_c = (0.2 \sim 0.3) S_e \quad (\text{kvar}) \tag{5-22}$$

考虑到变电站初建时期负荷较轻，补偿工作可分期进行，起始补偿容量不宜过大（不超过主变压器容量的 10%），待负荷上去后，再将补偿容量逐渐增加到主变压器容量的 20%~30%；同时，宜将集中补偿的电容器分为 2~3 组，在负荷高峰时，全部投入运行，在负荷减轻或低谷时，切除一部分或全部切除。

2. 10（6）kV 配电线路的无功补偿

这种无功补偿属于分散补偿，就是在 10kV 线路上分散安装 1~3 组一定容量的电容器以进行无功补偿，其作用不仅可以降低 10kV 线路的线损，并且对降低 35kV 主变压器及线路的损耗也起作用。

（1）**无功补偿容量的计算确定方法**。从配电网线损理论计算得知，线路上配电变压器的铁损，即其空载损耗或无功励磁损耗，约占高压配电网总损耗的 70%；这说明配电变压器的无功损耗在配电网无功总损耗中，占有极大的份额。因此，10（6）kV 配电线路的无功补偿总容量，可按满足线路上配电变压器总励磁无功功率之需要进行补偿，同时考虑不少农电企业重视变电站的补偿，轻视线路的补偿，造成线路分散补偿较为薄弱的实际情况。即得如下计算式

$$Q_c = \Delta Q_{b \cdot o} = \frac{I_o\%}{100} \sum_{i=1}^{m} S_{e \cdot i} \quad (\text{kvar}) \tag{5-23}$$

为了避免在配电变压器空载时（即在线路停电一定时间后而重新投运的较短时间内，未给配电变压器带负荷时），将造成过补偿；或者为了避免在 10（6）kV 线路非全相运行时易产生铁磁谐振现象的情况，因此，10（6）kV 线路的无功补偿容量也可按下式计算确定

$$Q_c = (0.95 \sim 0.98) \frac{I_o\%}{100} \sum_{i=1}^{m} S_{e \cdot i} \quad (\text{kvar}) \tag{5-24}$$

由于 10（6）kV 线路上的配电变压器台数较多（一般一条线路为 30 台左右），配电变压器空载电流百分数之值获取较为困难，为了方便起见，可采取以代表型配电变压器的 $I_{o \cdot d}\%$ 值近似确定的方法，即

$$I_o\% = \frac{I_{o \cdot d}\% S_{pj}}{S_{e \cdot d}} \tag{5-25}$$

$$S_{pj} = \sum_{1}^{m} S_{e \cdot i} / m \quad (\text{kVA})$$

式中 S_{pj}——线路上配电变压器单台平均容量，kVA；

        $S_{e \cdot d}$——线路上代表型配电变压器标称容量，即与 S_{pj} 值最接近变压器的容量（或上或下均可），此参数可从附录配电变压器技术性能参数表中查取，kVA；

$I_{o \cdot d}\%$——代表型配电变压器的空载电流百分数。如果配电变压器有多种不同系列标准时，虽 $S_{e \cdot d}$ 相同，但 $I_{o \cdot d}\%$ 不同，则须求取它们的加权平均值，即

$$I_{o \cdot d}\% = \frac{\sum I_{o \cdot d_i}\% m_i}{\sum m_i}$$

（2）10（6）kV 线路的最优补偿容量和电容器的最佳装设位置。

为了获取最佳补偿效果，需要在线路上装设一定组数的电容器。如果假定装设电容器组数为 n，则按照最大限度地降低线路线损的原则，可以确定其最优补偿容量和最佳补偿位置。

1）最优补偿容量。单组电容器装设容量为

$$Q_c = \frac{2}{2n+1}Q_1 \quad \text{（kvar）} \tag{5-26}$$

装设电容器总容量为

$$Q_{c\Sigma} = nQ_c = \frac{2n}{2n+1}Q_1 \quad \text{（kvar）} \tag{5-27}$$

$$Q_1 = \frac{I_o\%}{100}\sum_1^m S_{e \cdot i} \quad \text{（kvar）}$$

式中　Q_1——通过线路的无功负荷，kvar；

n——装设电容器组数，$n = 1$、2、3…

2）最佳补偿位置。第 n_i 组电容组的最佳装设位置为

$$L_c = \frac{2n_i}{2n+1}L \quad \text{（km）} \tag{5-28}$$

式中　L——10（6）kV 线路的总长度，km。

上述相关公式称为"$\frac{2n}{2n+1}$法则"，是对负荷均匀分布的线路分析推导出来的，在国外和城网得到了广泛的应用，对于农村电网无大分支且负荷近似均匀分布的线路也有一定价值。因此，特制作下面表格，供参考和直接应用，见表 5-3。

表 5-3　　　　　　　10kV 线路最优补偿容量/电容器最佳装设位置表

电容器装设组数	装一组时		装两组时		装三组时	
	最优补偿容量	最佳补偿位置	最优补偿容量	最佳补偿位置	最优补偿容量	最佳补偿位置
第1组	$\frac{2}{3}Q$	$\frac{2}{3}L$	$\frac{2}{5}Q$	$\frac{2}{5}L$	$\frac{2}{7}Q$	$\frac{2}{7}L$
第2组	—	—	$\frac{2}{5}Q$	$\frac{4}{5}L$	$\frac{2}{7}Q$	$\frac{4}{7}L$
第3组	—	—	—	—	$\frac{2}{7}Q$	$\frac{6}{7}L$
总补偿容量	$\frac{2}{3}Q$		$\frac{4}{5}Q$		$\frac{6}{7}Q$	
无功线损下降率（%）	负荷均匀分布时：88.9 负荷近似均匀分布时：85.7		负荷均匀分布时：96.0 负荷近似均匀分布时：94.5		负荷均匀分布时：98.0 负荷近似均匀分布时：97.1	

在此须说明：一是电容器的装设位置除了考虑补偿效果外，还要考虑是否巡视检查、维护维修方便，比如装设在靠近村庄或农村配电房的最佳补偿点稍前或稍后位置。二是装设组数也是一样，组数多虽然比组数少效果要好，但增大了维护检修的困难，增加了线路的故障点，因此要酌情综合考虑。三是考虑电容器组的安装方便和有利于电容器的安全保护及控制，电容器每组容量宜按 120~150kvar 配置（个别最大者按 60×3 = 180kvar 配置）。

3. 0.4kV 低压配电网和配电变压器电动机的补偿

（1）大宗用户和乡镇企业的无功补偿。对于县办和乡镇办企业之类的大宗用电户，其用电设备无功补偿可采用低压母线就地集中补偿方式，补偿容量可按在用电高峰月份有功功率的平均值，将负荷功率因数提高到所需数值的方法，进行计算确定，即

$$Q_c = P_{zd \cdot pj}\left(\sqrt{\frac{1}{\cos^2\phi_1} - 1} - \sqrt{\frac{1}{\cos^2\phi_2} - 1}\right) \quad (kvar) \qquad (5-29)$$

或

$$Q_c = P_{zd \cdot pj}(\tan\phi_1 - \tan\phi_2) \quad (kvar) \qquad (5-30)$$

式中　$P_{zd \cdot pj}$——大宗用户用电高峰月份有功功率平均值，kW；

　　　$\cos\phi_1$——大宗用户用电设备补偿前的负荷功率因数；

　　　$\cos\phi_2$——补偿后需要达到的功率因数；

$\tan\phi_1$、$\tan\phi_2$——补偿前后功率因数角的正切值。

此外，大宗用户，如乡镇企业的无功补偿容量也可以用查表法进行确定，即首先从"单位有功负荷所需无功补偿容量表"中查取对每千瓦有功负荷将 $\cos\phi_1$ 提高到 $\cos\phi_2$ 所需的无功补偿容量（kvar/kW），见表5-4，然后乘以企业用户的实际使用的有功负荷数，即可得到所需的无功补偿容量（kvar）。

表 5-4　　　　　　　　　单位有功负荷所需无功补偿容量表

$\cos\phi_1$ ＼ $\cos\phi_2$	0.80	0.82	0.84	0.85	0.86	0.88	0.90	0.92	0.94	0.96	0.98	1.00
0.40	1.54	1.60	1.65	1.67	1.70	1.75	1.81	1.87	1.93	2.00	2.09	2.29
0.42	1.41	1.47	1.52	1.54	1.57	1.62	1.68	1.74	1.80	1.87	1.96	2.16
0.44	1.29	1.34	1.39	1.41	1.44	1.50	1.55	1.61	1.68	1.75	1.84	2.04
0.46	1.18	1.23	1.28	1.31	1.34	1.39	1.44	1.50	1.57	1.64	1.73	1.93
0.48	1.08	1.12	1.18	1.21	1.23	1.29	1.34	1.40	1.46	1.54	1.62	1.83
0.50	0.98	1.04	1.09	1.11	1.14	1.19	1.25	1.31	1.37	1.44	1.52	1.73
0.52	0.89	0.94	1.00	1.02	1.05	1.10	1.16	1.21	1.28	1.35	1.44	1.64
0.54	0.81	0.86	0.91	0.94	0.97	1.02	1.07	1.13	1.20	1.27	1.36	1.56
0.56	0.73	0.78	0.83	0.86	0.89	0.94	0.99	1.05	1.12	1.19	1.28	1.48
0.58	0.66	0.71	0.76	0.79	0.81	0.87	0.92	0.98	1.04	1.12	1.20	1.41
0.60	0.58	0.64	0.69	0.71	0.74	0.79	0.85	0.91	0.97	1.04	1.13	1.33

续表

cosϕ_1 \ cosϕ_2	0.80	0.82	0.84	0.85	0.86	0.88	0.90	0.92	0.94	0.96	0.98	1.00
0.62	0.52	0.57	0.62	0.65	0.67	0.73	0.78	0.84	0.90	0.98	1.06	1.27
0.64	0.45	0.50	0.56	0.58	0.61	0.66	0.72	0.77	0.84	0.91	1.00	1.20
0.66	0.39	0.44	0.49	0.52	0.55	0.60	0.65	0.71	0.78	0.85	0.94	1.14
0.68	0.33	0.38	0.43	0.46	0.48	0.54	0.59	0.65	0.71	0.79	0.88	1.08
0.70	0.27	0.32	0.38	0.40	0.43	0.48	0.54	0.59	0.66	0.73	0.82	1.02
0.72	0.21	0.27	0.32	0.34	0.37	0.42	0.48	0.54	0.60	0.67	0.76	0.96
0.74	0.16	0.21	0.26	0.29	0.31	0.37	0.42	0.48	0.54	0.62	0.71	0.91
0.76	0.10	0.16	0.21	0.23	0.26	0.31	0.37	0.43	0.49	0.56	0.65	0.85
0.78	0.05	0.11	0.16	0.18	0.21	0.26	0.32	0.38	0.44	0.51	0.60	0.80
0.80	—	0.05	0.10	0.13	0.16	0.21	0.27	0.32	0.39	0.46	0.55	0.73
0.82			0.05	0.08	0.10	0.16	0.21	0.27	0.34	0.41	0.49	0.70
0.84	—	—		0.03	0.05	0.11	0.16	0.22	0.28	0.35	0.44	0.65
0.85	—	—	—		0.03	0.08	0.14	0.19	0.26	0.33	0.42	0.62
0.86						0.05	0.11	0.17	0.23	0.30	0.39	0.59
0.88							0.06	0.11	0.18	0.25	0.34	0.54
0.90	—	—	—	—	—		—	0.06	0.12	0.19	0.28	0.49

为了避免功率因数 cosϕ 值发生较大的起伏波动，可将电容器分作 2~3 组，分别并联到 0.4kV 母线上。在负荷高峰时，投入电容器 2~3 组，在负荷低当时，退出电容器 1~2 组。这样处理可以防止低负荷时因配电变压器铁心饱和形成过电流，损坏电容器。

表 5-5 是 10kV 变压器在装有随器无功补偿下，其负载率变化，高压侧功率因数保持 0.9，低压侧功率因数亦变化时的测量记录。在城网中，10kV 变压器综合年均负载约为 20%~50%，在农网中，其负载率约为 15%~45%；因此，我们应该以 10kV 变压器综合年均负载 15%~20% 为基点或出发点，来考虑 10kV 变压器低压侧的无功补偿，即电网的随器补偿问题。即为了确保 10kV 变压器高压侧或 10kV 线路负荷功率因数达到 0.9，应将变压器随器补偿后低压侧的功率因数补偿达到 0.968。此后随着变压器负载率升高，低压侧功率因数会略有下降，但其高压侧或 10kV 线路功率因数仍然保持在 0.9 左右。反之，欲保持 10kV 变压器高压侧或 10kV 线路功率因数达到并保持 0.9，我们必须将变压器低压侧的无功补偿，按变压器综合平均负载率 20% 将其补偿到 0.968，方可确保在变压器负载率升高时，10kV 负荷功率因数保持 0.9。这一原理或情况，同电动机的无功补偿，按其空载时功率因数补偿到 1.0，负载率升高时会略有相应不同的下降值，有相似之处或相吻合。

表 5-5 　　　　　　　　　10kV 变压器负载率与其低压侧（二次侧）、
高压侧（一次侧）功率因数关系表

10kV 变压器综合年均负载率（%）	20	30	40	50	60	70	80	90
变压器低压侧功率因数 $\cos\phi_2$	0.968	0.949	0.937	0.930	0.926	0.922	0.919	0.917
变压器高压侧功率因数 $\cos\phi_1$	0.90	0.90	0.90	0.90	0.90	0.90	0.90	0.90

（2）单台电动机的随机补偿。单台电动机的无功补偿，一般是将电动机空载时的功率因数补偿到 1（即 $\cos\phi_2 = 1$）。因为电动机空载时的无功负荷最小，补偿后在满载时的功率因数仍为滞后状态。否则，如果将电动机满载时的功率因数补偿到 1，在其空载或轻载时就会使功率因数超前，出现过补偿现象。

如果电动机过补偿，在切断电动机电源后，电容器将向电动机的静子绕组回路放电，供给电动机一励磁电流，使仍在旋转着的电动机变成了"异步发电机"，此时绕组中的电压值将高出额定电压几倍，即出现过电压现象，并持续较长时间，这种现象称为电动机的自励磁现象。

电动机自励磁的过电压，将危及电动机和电容器本身绝缘（即可能被击穿）。有甚者，对还在旋转着的电动机，如若又重新合闸接通电源，电容器将产生一冲击电流；在这一电流作用下，电动机将产生较大的瞬时转矩，此时很可能导致电动机的轴和联轴器的损坏。

综上所述，异步电动机的随机补偿容量，应当按电动机空载时的功率因数接近到 1（即 $\cos\phi_2 \leqslant 1$）的原则进行计算确定，其计算式表为

$$Q_c \leqslant \sqrt{3}\,U_e I_o \quad (\text{kvar}) \tag{5-31}$$

对于惯性较小（即惰行时间较短）的电动机（如风机等）有

$$Q_c = (0.93 \sim 0.97) \times \sqrt{3}\,U_e I_o \quad (\text{kvar}) \tag{5-32}$$

对于惯性较大（即惰行时间较长）的电动机（如水泵等）

$$Q_c = (0.9 \sim 0.95) \times \sqrt{3}\,U_e I_o \quad (\text{kvar}) \tag{5-33}$$

为了严格防止因过补偿使电动机发生自励磁，国际电工委员会建议感应式电动机的补偿容量按下式计算确定

$$Q_c = 0.90 \times \sqrt{3}\,U_e I_o \quad (\text{kvar}) \tag{5-34}$$

式中　U_e——电动机的额定电压，kV；

　　　I_o——电动机的空载电流，A。

电动机的空载电流 I_o，如果无资料查取，可按电动机额定电流的 25% 左右估算酌定，也可按下式计算确定

$$I_o \approx 2I_e(1 - \cos\phi_e) \quad (\text{A}) \tag{5-35}$$

或
$$I_o \approx \frac{2P_e}{\sqrt{3}\,U_e \cos\phi_e \eta_e}(1-\cos\phi_e)\ (\text{A}) \qquad (5-36)$$

式中 I_e——电动机的额定电流，A；

$\quad\quad P_e$——电动机的额定功率即额定输出功率，kW；

$\quad\quad \eta_e$——电动机在额定负荷下的效率；

$\cos\phi_e$——电动机在额定负荷下的功率因数。

此外，单台电动机的随机补偿容量也可从表5-6中直接查取。

表 5-6 单台电动机所需补偿容量表

电动机额定容量（kW）	电动机转速（r/min）（极数）					
	3000（2极）	1500（4极）	1000（6极）	750（8极）	600（10极）	500（12级）
	并联补偿电容器容量（kvar）					
7.5	2.5	3.0	3.5	4.5	5.0	7.0
10	3.5	3.5	4.5	6.5	7.5	9.0
14	5.0	4.0	6.0	7.5	8.5	11.5
17	6.0	6.0	6.5	8.5	10.0	14.5
22	7.0	7.0	8.5	10.0	12.5	15.5
30	8.5	8.5	10.0	12.5	15.0	18.5
40	11.0	11.0	12.5	15.0	18.0	23.0
45	13.0	13.0	15.0	18.0	22.0	26.0
55	17.0	17.0	18.0	22.0	27.0	33.0
75	21.5	22.0	25.0	29.0	33.0	38.0
100	25.0	26.0	29.0	33.0	40.0	45.0
115	32.5	32.0	33.0	36.0	45.0	52.5
145	40.0	40.0	42.5	45.0	55.0	65.0

（3）农网改造后农村低压电网的无功补偿。

1）补偿的重要性和必要性。在前面农村低压三相负荷不平衡的成因中已叙述过，随着中高档、大功率的家用电器进入寻常百姓家庭，这些家用电器不仅功率较大，一般都在800～2000W，而且大多数都是属于感性负载。这样就一改过去白炽灯（电阻性负载）所占用电负载比重较大，负荷功率因数较高，一般达0.85左右的状况；即感性负载所占比重相应有所上升，负荷功率因数随之有所降低，一般只有0.6左右，有甚者只有0.4～0.5。因而使0.4kV低压配电网的无功消耗占全电网总无功消耗的50%的基本情况进一步加剧，无功缺额情况比以往更严重。进而使农村低压线损长期居高不下，能源浪费严重。因此花大气力、及时加强农村电网改造后农村低压电网的无功补偿，不仅十分重要，而且极为必要。

2）农村低压电网无功补偿的方式。对农村低压电网进行无功补偿，一般有以下几种方式：① 在配电变压器低压侧母线上集中安装电容器进行补偿。这种方式对高压降损作用较大，对低压降损作用极小。② 在低压线路中点或负荷集中之处集中安装电容器进行补偿。这种方式存在一些缺陷，一是用于电容器投切之闸刀安装位置不便操作，若用小型接触器则耗电较大；二是电容器放电问题不易解决，存在不安全的隐患。③ 在电动机旁安装电容器，进行"随机补偿"。这种补偿方式简单易行，不会出现过补偿的问题，而且具有极佳的降损效果。因此，电动机的"随机补偿"是农村低压电网无功补偿的首选方式和途径（据相关资料分析，低压补偿的降损节能效益和经济效益可达高压补偿的 3.5 倍）。

3）电动机"随机补偿"和配电变压器"随器补偿"补偿容量的确定。由于农用电动机大多数与农副产品加工机械配套使用，一般负荷偏重；加之农村低压线路安装电容器进行补偿存在一些缺陷而未予考虑，其无功缺额需考虑由电动机"随机补偿"辅助解决（电动机轻载时就可以腾出一定数量的补偿容量）。为此，电动机的随机补偿容量宜按下式确定，即

$$Q_c = (0.4 \sim 0.6) P_e \ (\mathrm{kvar})$$

同时，在现今已有电容器生产厂家推出 1.6~6kvar 的小容量电容器的情况下，为了切实加强农村低压电网的无功补偿，电动机的随机补偿应由以往的 7.5kW 及其以上者扩大到 5.5kW 及其以下者。

显然，我们不仅要按照上述方式对农村低压电网进行无功补偿，而且还要及时对其进行调整，调整的方式方法和调整的要求标准，同三相负荷不平衡的调整相仿；通过对无功补偿的调整，确保低压无功负荷就地或就近平衡，确保低压线路首端（或配电变压器低压侧出口）的负荷功率因数由 0.6 提高到 0.95；这将使农村低压线损降低 60%以上。

考虑农村高压配电网的降损和县级供电企业的经济效益，农村中的配电变压器也应进行"随器补偿"，其补偿容量可参考表 5-7 中的公式计算确定，即变压器 $I_o\%$ 值较大者取 0.98，变压器 $I_o\%$ 值较小者取 0.95。为了简单方便，也可按下式估算确定。

表 5-7　　　　　　　　　　　农村电网无功补偿汇总简明表

补偿方式 ＼ 补偿容量及电容器安装地点		无功补偿容量（kvar）		电容器的安装地点及安装方式
		精　算　值	速　算　值	
35kV 变电站集中式无功补偿	负荷集中之工业变电站	$Q_c = \dfrac{I_o\%}{100} \times S_e$ $+ \dfrac{U_k\%}{100} \times \beta^2 S_e$	$Q_c \approx (0.10 \sim 0.15) \times S_e$，$I_o\%$、$U_k\%$、$S_e$ 较大者取 0.15，反之取 0.10	集中装于变电站 10kV 母线上，电容器分成 2~4 组，依负荷增减对补偿容量实行自动（或人工手动）投切；电容器在其额定电压 1.1 倍下可运行 6h，但不可长期运行
	负荷分散之农业变电站	基本同上，但约大些	$Q_c \approx (0.2 \sim 0.3) \times S_e$，$I_o\%$、$U_k\%$、$S_e$ 较大者取 0.3，反之取 0.2	分期补偿，随变电站负荷增长增加补偿容量。集中装于变电站 10kV 母线上，并分成 2~4 组，依负荷大、中、小对补偿容量实行自动（或人工手动）投切

补偿容量及电容器安装地点　　补偿方式	无功补偿容量（kvar）		电容器的安装地点及安装方式
	精 算 值	速 算 值	
10kV 配电线路分散式之无功补偿	$Q_c \leqslant \dfrac{I_o\%}{100}\sum\limits_{i=1}^{m}S_{e\cdot i}$ $I_o\% = \dfrac{I_{o\cdot d}\% S_{pj}}{S_{e\cdot d}}$	装一组： $1 \times (100 \sim 150)$ 装两组： $2 \times (100 \sim 150)$ 装三组： $3 \times (100 \sim 150)$	线路愈长、变压器台数愈多、容量愈大时，则补偿容量应愈大、组数应愈多。一组装于 $\frac{2}{3}l$ 处，两组装于 $\frac{2}{5}l$ 处和 $\frac{4}{5}l$ 处，三组装于 $\frac{2}{7}l$ 处、$\frac{4}{7}l$ 处和 $\frac{6}{7}l$ 处，依负荷自动投切
10/0.4kV 配电变压器之无功随器补偿	$Q_c = P_{zd\cdot pj} \times$ $\left[\sqrt{\dfrac{1}{\cos^2\phi_1}-1}-\right.$ $\left.\sqrt{\dfrac{1}{\cos^2\phi_2}-1}\right]$ $= P_{zd\cdot pj} \times (\tan\phi_1 - \tan\phi_2)$	$Q_c \approx (7\% \sim 10\%) \times S_e$ $I_o\%$、S_e 较大者取 10%，$I_o\%$、S_e 较小者取 7%	大宗企业用户装于配电室低压母线上，并分成 2~3 组，依大、中、小负荷实行自动（或人动）投切；农村 1~2 台配电变压器，电容器装于其旁边杆架上，或配电柜上部接在低压母线上
电动机之无功随机补偿	$Q_c \approx 0.9 \times \sqrt{3}\,U_e I_o$ $I_o \approx 2I_e(1-\cos\phi_e)$ $\approx \dfrac{2P_e \times (1-\cos\phi_e)}{\sqrt{3}\,U_e \cos\phi_e \eta_e}$	$Q_c \approx (0.4 \sim 0.6) \times P_e$ I_o、P_e 较大者取 0.6，I_o、P_e 较小者取 0.4	装于电动机控制闸刀下面或右侧的墙上，与电动机并联接线，电动机一开机，电容器即开始补偿，电动机一停机，电容器借电动机的绕组放电，给其配置专用的放电装置对电动机安全更有利

$$Q_c = (7\% \sim 10\%)\,S_e \quad (\text{kvar})$$

同上述一样，变压器 $I_o\%$（或 S_e）值较大者取 10%，变压器 $I_o\%$（或 S_e）值较小者取 7%；式中 S_e 为配电变压器额定容量（kVA）。

4）电动机"随机补偿"之电容器安装方式。农用电动机"随机补偿"的电容器可安装在控制电动机的闸刀下面或右侧的墙上，与电动机并联接线，电动机开机电容器即开始补偿，电动机停机电容器可借电动机的绕组放电（安装专用放电装置，对电动机更安全），这样可以避免电容器遭受电动机运行振动及其周围灰尘不良环境的侵袭，有利于延长电容器使用寿命及其安全运行。

四、无功补偿的降损节能效益及其计算确定方法

从以上叙述的内容可知，在电网中装设电容器，进行无功补偿（变电站的集中补偿、线路上的分散补偿、变压器的随器补偿和电动机的随机补偿），可以提高功率因数，降低由线路和负载绕组电阻 R 值引起的有功损耗，即可变损耗。因此，当功率因数由

$\cos\phi_1$，提高到 $\cos\phi_2$ 时，求得可变损耗的降低量及降低的百分数，即

因为
$$\Delta P_1 = \frac{P^2}{U^2\cos^2\phi_1} \times R \times 10^{-3} \qquad (5-37)$$

$$\Delta P_2 = \frac{P^2}{U^2\cos^2\phi_2} \times R \times 10^{-3} \qquad (5-38)$$

所以
$$\Delta P = \Delta P_1 - \Delta P_2$$
$$= \frac{P^2 R}{U^2}\left(\frac{1}{\cos^2\phi_1} - \frac{1}{\cos^2\phi_2}\right) \times 10^{-3} \qquad (5-39)$$

$$\Delta(\Delta P)\% = \frac{\Delta P_1 - \Delta P_2}{\Delta P_1} \times 100\%$$
$$= \left(1 - \frac{\cos^2\phi_1}{\cos^2\phi_2}\right) \times 100\% \qquad (5-40)$$

式中　　　P——线路和负载绕组中的有功功率，kW；

R——线路和负载绕组的电阻，Ω；

U——电网实际运行电压，kV；

ΔP_1、ΔP_2——无功补偿前后的可变损耗，kW；

$\cos\phi_1$、$\cos\phi_2$——无功补偿前后的功率因数。

由式（5-40），根据假设的 $\cos\phi_1$ 与 $\cos\phi_2$ 之值，可计算得到提高功率因数对降低可变损耗百分数的效益表，见表5-8。

表5-8　　　　　　　　提高功率因数对降低可变损耗百分数的效益表

$\Delta(\Delta P)\%$ / $\cos\phi_1$	$\cos\phi_2$	0.80	0.85	0.90	0.95	1.0
	0.40	75.0	77.85	80.25	82.27	84.0
	0.45	68.36	71.97	75.0	77.56	79.75
	0.50	60.94	65.40	69.14	72.30	75.0
	0.55	52.73	58.13	62.65	66.48	69.75
$\cos\phi_1$	0.60	43.75	50.17	55.56	60.11	64.0
	0.65	33.98	41.52	47.84	53.19	57.75
	0.70	23.44	32.18	39.51	45.71	51.0
	0.75	12.11	22.15	30.56	37.67	43.75
	0.80	0.0	11.42	20.99	29.09	36.0

从式（5-37）和式（5-38）可见，电网中的可变损耗与功率因数的平方成反比关系，因此提高功率因数的降损节能极其显著可观。比如，通过无功补偿，当使功率因数由0.6提高到0.85时，可变损耗将降低50.17%（见表5-8）。这就是我们倡导的，提高三率，降低一率（即提高电网力率、线路负荷率、变压器负载率，降低电网线损率）。

196

提高功率因数的降损效果也可以从表 5-9 看出，当功率因数为 0.7 时，电网中输送的无功功率和有功功率基本相等，由两者造成的有功损耗也基本相等；当功率因数低于 0.7 时，电网中输送的无功功率增大，而有功功率相应减小，则由前者造成的有功损耗大于由后者造成的有功损耗，功率因数愈低，这一变化愈明显。表明电网运行不经济合理或状况欠佳。但是，电网功率因数愈低，无功补偿的效果愈好、愈显著。因此，当电网功率因数低于 0.7 或接近 0.7 时，必须进行无功补偿。反之，当功率因数高于 0.7 时，电网中输送的无功功率减小，而有功功率增大，则由前者造成的有功损耗小于由后者造成的有功损耗；功率因数愈高（不可超过 0.96），这一变化愈明显。表明电网运行经济合理或状况良好，也说明无功补偿、无功负荷平衡是何等的重要。

表 5-9　　　　　　负荷功率因数与电网输送的无功功率、功率损耗的关系表

负荷功率因数 $\cos\phi$	0.9	0.8	0.7	0.6	0.5
$Q:P$	0.48:1	0.75:1	1.02:1	1.33:1	1.74:1
$\Delta P_Q:\Delta P_P$	0.38:1	0.55:1	1.04:1	1.76:1	3.03:1

五、电容器组的安装、开关设备及保护装置

1. 利用电容器进行无功补偿的优缺点

电容器能够在其 1.00~1.05 倍额定电压下长期运行，并总是满负荷地工作，"发出"无功电力，即电容电流。如果把电容器并接在负载（如电动机、变压器）上运行，则负载所要吸取消耗的无功电力就可以由电容器发出的无功电力供给。这就是电网的并联补偿，也是无功就地（随机和随器）补偿。这样一来，线路上就减少甚至避免了无功功率的输送，也就实现了我们所期望的无功补偿和无功负荷平衡的作用。

利用电容器进行无功补偿有很多优点，主要有：

（1）投入资金比调相机节省，电容器本体价格约 30 元/kvar，综合造价 40~50 元/kvar，回收年限较短，约 1.5~2 年。

（2）体积小，重量轻，装卸运输方便，配置灵活，安装也简单方便。

（3）电容器本身电能损耗极小，在温度为 25℃±10℃ 下，一般常用型号的电容器，每 1kvar 电容器的有功损耗约为 0.003 5kW。

（4）无旋转部分，不存在磨损振动问题，运行维护方便。

（5）可以自动投切，以合理调控补偿容量，使效果最佳。

电容器的并联补偿也有缺点，主要有：

（1）使用寿命较短，一般为 10~15 年，质量好的为 20 年。

（2）不允许在 1.10 倍额定电压下长期运行（6h 内许可）。

（3）切除后有残余电荷，必须等待 3min 放电完后，才能再投入。

（4）补偿曲线不如调相机那样连续而均匀。

2. 电容器组的接线方式

其接线方式应使电容器的额定电压和电网运行电压相符合，应使电容器按额定容量

输出无功功率。为此，对小容量的电容器组一般采用三角形接线方式，对于较大容量的电容器组宜采用星形或分段串联单星形接线方式。

3. 电容器组的安装

电容器组的安装方式有：户内式、露天式和半露天式（加装防雨防晒凉棚）三种形式。为了减少电容器组的安装费用和避免夏日阳光直射曝晒（特别是气温较高的地区）损坏电容器，宜采用半露天式。露天安装的电容组，应尽可能安装在台架上。台架底部对地面的垂直距离规定如下：电压 500V 以上的电容器为 3.5m，电压 500V 及以下的电容器为 3.0m。电容器的外壳应与支架连接（外壳带电者除外），并可靠接地。电容器的侧面（即小面）向阳，以减少日晒面积。电容器之间的距离不得小于 100~150mm。

户内安装的电容器，电容器室要单独设置，不要靠近高压配电室、主控制室或其他建筑物。建筑物的防火要求不应低于二级。为了节省安装面积，可将电容器分层装置在铁架上，上下放置层数不得多于三层，水平放置行数一般为一行，以保证散热良好。铁架摆成一排或两排，排与排之间要留通道，铁架必须设置网状遮栏。同一行电容器之间的距离不得小于100mm；单台容量为50kvar及以上的电容器不要小于120mm。上层电容器底部对地面垂直距离一般不应大于2.5m，下层电容器底部对地面垂直距离应大于0.3m。电容器室的通风必须良好，当夏季室内温度超过40℃时，应装设强力通风装置。

4. 电容器组的开关设备

电容器组的开关设备，应满足运行中频繁投入和切除的要求，并应尽量减少电弧的重燃，以避免产生操作过电压。为此，应采用非重燃断路器，如真空断路器等；为安全计，还应考虑加装串联电抗器等，以限制操作过电压的幅值和持续时间。在一般情况下，对于容量为2000kvar及以上的10kV电容器组，应选用ZN$_3$—10型真空断路器；对于容量为2000kvar以下的10kV电容器组，最好选用DW$_{10}$—10G型柱上油断路器或选用ZN$_{10}$—10型少油断路器；对于750kvar以下的10kV电容器组，应选用FN$_1$—10型负荷开关；对于配电线路上安装的10kV小容量电容器组，容量在200kvar及以上者，应选用DW$_{10}$—10型柱上油断路器，容量在180kvar以下的电容器组，可选用跌落式熔断器（10kV配电线路上的电容器，每组容量以120~150kvar为宜，个别最大者为180kvar）。

5. 电容器组的保护装置

电容器与大多数的电气设备不同，当其投入电网使用时，总是满负荷运行，仅在电网频率和电压波动的情况下，负荷才稍有变动。过电压、过电流、高温过热，都会缩短电容器的使用寿命。因此必须严格控制电容器的运行条件和周围环境，也就是说，必须装设相关的保护装置。

电容器组的保护装置有：① 单台电容器的熔丝保护；② 电容器组的过电压保护（按不超过电容器额定电压的1.1倍整定）；③ 电容器组的过电流保护（一般按电容器组额定电流的1.3倍整定）；④ 电容器组的失压保护；⑤ 电容器组的双星形接线时的平衡保护。

具体来说，变电站安装的电容组，应按照有关技术规程的要求，装设过电压保护和继电保护装置，即采用电容器专用熔断器进行单台保护，并配以继电器对整个电容器组进行保护。

对于配电线路上安装的电容器组，应采用单台熔丝和跌落式熔断器进行保护，跌落熔丝应按电容器组额定电流的 1.3～2.0 倍配置，同时应加装阀型避雷器。应该指出的是，电容器组不宜与配电变压器共同使用一组跌落式熔断器。

第二节　合理规划电网布局　及时施行技术改造

一、电网合理规划与技术改造的重要性及内容

要建设一个"安全、可靠、优质、高效"的城乡电网，必须在通过负荷预测，掌握近期（或远期）负荷发展势态下，合理准确地进行规划。合理规划的主要内容是指：变电站的位置应基本在负荷中心；变电站的座数、出线回路数以及每个变电站的主变压器台数与容量应基本合理；应有意识地将高压线路深入负荷中心，以使低压线路和 10kV 配电线路的供电半径得以缩短。合理规划应坚持和体现"小容量、密布点、线路半径宜短不宜长"的原则。规划时要尽量减少变压层次，因为每经过一次变压，大致要消耗电网 1%～2% 的有功功率和 8%～10% 的无功功率，变压层次越多，损耗就越大；同时还要考虑满足负荷发展要求和尽可能延长线路导线更换期，合理确定变电站、线路及配电台区的规划期和使电网建设投资最省、运行维护费用最低。

在电网建好或投入运行若干年以后，由于当时难以预测、复杂多变的环境条件等因素，使规划不能满足远期用电形势发展要求，加上供电部门管理工作跟不上去，最终出现：一是线路末端（不论是主干线，还是分支线）随意接续导线，延伸很远，走径迂回曲折，供电半径超出合理范围；二是农村用电负荷异乎寻常地增长，使线路输送功率急剧增加，负荷电流超出导线的合理载流量，线路存在明显的"卡脖子"或"瓶颈"现象。日积月累，此两种情况又造成电网线损上升或居高不下，而且线路运行的安全可靠性降低，事故增多。此时，必须对电网进行技术调整改造。显然，调整改造的重点或主攻方向是供电半径超长和"卡脖子"或"瓶颈"线路。

二、电网合理规划与技术改造的具体做法和要求

（一）增设新变电站，或将变电站移至负荷中心

（1）当 10kV 线路的供电半径及其线路末端地区负荷密度超过经济合理范围时（见表 5-10），可考虑在该地区增设新的 35/10kV 变电站（即：将供电半径超过合理范围的原 10kV 线路，从中间适当位置断开一分为二，首段为一条线路，仍然由原来的变电站供电；末段为另一条线路，改由增设的新变电站与前相反方向供电。这样线路供电半径就缩短了，该地区的负荷密度就分散了）。虽然 10kV 线路的供电半径尚未超过合理距离，但当线路末端地区负荷密度大于其首端地区负荷密度，并超过经济合理值时，可考虑将原 35/10kV 变电站移至这个地区的负荷中心。在挪移变电站时，如果该变电站是简

陋型、简易型变电站,安全水平较差的变电站,以及本县有此种类型的变电站,应该优先考虑安排将其挪移,并最好与提高安全水平的技术改造结合起来。此时,新增变电站和挪移变电站,同具有提前分流作用,并使供电半径不超标,有利降损节电。

表 5-10　　　　　　　　　农村电网 10kV 配电线路经济供电半径推荐值

负荷密度 P_{jm}（kW/km^2）	<5	5~10	10~20	20~30	30~40	>40
经济供电半径 L_j（km）	20	20~16	16~12	12~10	10~8	<8

（2）变电站的布点对电网结构是否合理关系极大。35kV 变电站设在哪里,布点多少,主要取决于供电范围内的电力负荷密度和供电半径。即首先根据该地区的综合需用系数,预测今后五年内的最大负荷,进而根据用电面积计算出面负荷密度,然后计算出相应负荷密度级下的 10kV 线路经济供电半径和 35kV 变电站的容量。最后再根据所需输送负荷,计算出 35kV 线路的允许供电半径,并校对初选的变电站布点是否适宜。

（3）在确定变电站的具体位置时,首先要有意识将高电压等级线路尽可能延伸,使高压直接深入至负荷中心,从而使变电站尽量靠近负荷较大的县级或乡镇企业用电户;其次要结合考虑线路进出、地形地质、交通条件及行政中心等因素。

（4）变电站的容量选择是否适当,对能否满足实际用电需要,能否使设备得以充分利用关系极大。较为可靠的选择方法,首先是根据已计算确定的 10kV 线路经济供电半径 L_j;35kV 变电站供电控制范围 S_{bdz} 及通过查表（L_j 与 P_{jm} 对应表）得到的供电范围内的负荷密度 P_{jm},按照式（5-41）可以计算出变电站的负荷量为

$$P_{bdz}=S_{bdz}P_{jm}(1+\Delta P_s\%)（kW）\tag{5-41}$$

式中　　P_{bdz}——35kV 变电站的供电负荷,kW;

　　　　S_{bdz}——35kV 变电站供电控制面积,km^2;

　　　　P_{jm}——供电范围内的平均负荷密度,kW/km^2;

　　　　$\Delta P_s\%$——10kV 线路的功率损耗率（即线损率）。

然后,根据变电站应达到的功率因数的要求,按式（5-42）计算确定变电站的主变压器的容量为

$$S=P_{bdz}/\cos\phi（kVA）\tag{5-42}$$

结合我国农村用电水平较发达地区的实际情况,以及用电初期和农业用电比例较大地区用电负荷较低的现实,35kV 变电站的最大容量一般不应超过 1.0 万~1.2 万 kVA,最小容量也不应小于 1000kVA。

（5）由于农电负荷季节性强、波动较大等特点,变电站主变压器的台数,一般宜选择两台为好。考虑到具有并列运行的可能性,两台变压器容量可以相同。在负荷峰谷差较大的地区（如有的竟达 8∶1）,则宜选择一大一小容量不同的变压器。其中小容量主变压器的选择,应满足低谷时最小负荷（kVA 值）不低于其额定容量的 50% 左右为宜。即小主变压器的容量（kVA）不宜超过最低负荷（kW）的 2.5 倍（按 $\cos\phi\approx0.8$ 计算）。

（6）变电站 10kV 出线回路数,一般不宜超过六回路。这是因为这种回路数方案与

其他出线回路数方案相比，具有最佳或较好的技术经济指标。

综上所述，变电站的布点和容量选择，应能满足："小容量、密布点，近电不远送，有电能送出"的原则。

（7）由于改变配电和变电容量的施工难度小于线路更换导线、改变走径等施工难度较小，为了满足电力负荷发展要求和有利于电网安全经济运行，10kV/0.4kV 配电台区、10（6）kV 线路、35kV 变电站、35kV 线路的规划期分别宜按 7 年、10 年、15 年、20 年考虑施行。

（8）电网结构的合理比例。各种电压等级的变电站，特别是 35kV 级变电站的布点是否合理，很大程度上影响到电网结构是否合理。电网结构配置比例应该协调合理，这是电网实现安全运行、经济运行，以及具有较高可靠性的重要技术保证和基本条件。经有关资料分析，其合理比例见表 5-11。

表 5-11　　　　　　　　　　　　电 网 结 构 比 例

序号	电网结构比例类别	合理比例值	全国农网1998年实际	河南农网1998年实际	吉林农网1998年实际
1	主变压器/配电变压器容量	1：（2.5~3.0）	1：1.50	1：1.32	1：2.68
2	配电变压器/用电设备容量	1：（1.5~2.5）	1：1.33	1：1.50	1：1.34
3	63kV/10kV 线路长度	1：（5.2~5.8）	1：8.87	—	1：10.2
4	35kV/10kV 线路长度	1：（5.2~5.8）	1：8.87	1：5.80	—
5	10kV/0.4kV 线路长度	1：（0.9~1.2）	1：2.33	1：1.20	1：2.33

需要说明的是，表 5-11 中电网结构合理比例是在一定设备容量下和一定线路长度下的事故率不超过国家规定值、电网线损率符合国家规定要求值、电网运行可靠性满足国家规定要求值等的情况下，经过分析计算求得的。因此，具有一定的借鉴参考价值。

（二）改造走径迂回曲折且供电半径超过经济合理值的线路

由于线路走径迂回曲折造成其输送负荷的距离超过经济合理长度时，应采取去弯取直的办法进行改造，使线路供电半径符合经济合理值。这一改造方法与上述增设新的变电站，将原供电半径超长的线路从中间适当位置断开，一分为二分别由两个变电站供电的方法相比，其投资节省多得多，工程量也少得多，但效益不会差得很多。因此，这是我们优先或首选采用的方法。

1. 10kV 配电线路的经济供电半径

10kV 配电线路经济供电半径的确定原则，是在这一供电半径控制下，单位供电面积所承担的总计算费用为最小。所谓总计算费用是指 35kV 送变电工程投资，10kV 线路工程投资，以及这两项工程的年运行费用（包括折旧维护费和电能损耗费）。

根据 35/10kV 变电站 10kV 出线为六回路的条件，可推导出 10kV 配电线路的经济供电半径与电力负荷的函数关系式为

$$P_{jm} = \frac{1500}{L_j^2} + \frac{1600}{L_j^3} \quad (kW/km^2) \tag{5-43}$$

式中 P_{jm}——供电范围内的平均电力负荷密度，kW/km^2；

$\quad\quad L_j$——10kV 配电线路的经济供电半径，km。

根据式（5-43）的函数式，可绘制出 $L_j=f(P_{jm})$ 的曲线，如图 5-5 所示。

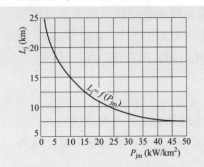

图 5-5　10kV 线路经济供电半径
与负荷密度的关系曲线

为了便于计算，必须将上面的函数式进行简化。为此，先引入一个计算函数，并根据供电范围内的平均电力负荷密度，分段对系数取常数，则可导出 10kV 配电线路经济供电半径的直接计算公式为

$$L_j \approx 10\sqrt{\frac{K_{j1}}{P_{jm}}} \quad (km) \quad\quad (5-44)$$

式中 K_{j1}——10kV 配电线路经济供电半径计算系数，见表 5-12。

表 5-12　　　　　　　　10kV 配电线路经济供电半径计算系数表

P_{jm}（kW/km^2）	<10	10~25	26~40	>40
K_{j1}	22	27	31	34

由经济供电半径的直接计算公式，可求出农村电网 10kV 配电线路的经济供电半径的推荐值。

在运用经济供电半径的实践中，经验算，10kV 配电线路的末端电压降约为线路额定电压的 7%~9%，可见一般均能满足线路的电压要求。

当 10kV 线路的经济供电半径按照上述方法确定后，35/10kV 变电站相应的供电控制范围也可确定，其计算式为

$$S_{bdz} = 2\sqrt{3} \times L_j^2 \quad (km^2) \quad\quad (5-45)$$

式中 S_{bdz}——35kV 变电站的供电控制范围，km^2；

$\quad\quad L_j$——10kV 配电线路的经济供电半径，km。

2. 35kV 输电线路的允许供电半径

35kV 输电线路的允许供电半径应按允许电压降确定，进而确定线路所需导线的截面积及其经济电流密度。若能满足上述要求，则可认为是符合送电线路的技术经济条件。

当 35kV 输电线路无分支路，仅有末端集中负荷时，其允许供电半径可按下式计算确定为

$$L_y \approx \frac{122.5}{2.17\cos\phi + 0.4 P_{zd}\tan\phi} \quad (km) \quad\quad (5-46)$$

式中 P_{zd}——35kV 输电线路的最大供电负荷，MW；

$\quad\quad \cos\phi$——35kV 输电线路的负荷功率因数；

$\tan\phi$——35kV 线路功率因数角的正切值。

根据式（5-46），在一定的输送功率和功率因数下，即可计算出 35kV 输电线路的允许供电半径，其值见表 5-13。

表 5-13　　　　　　　　　　　　35kV 线路允许供电半径与输送功率关系表

35kV 线路输送功率 P_{zd}（MW）		2.0	3.0	5.0	7.0	9.0	10	12
线路允许供电半径 L_y（km）	$\cos\phi=0.9$	52.6	46.6	40.0	35.4	31.8	30.2	27.5
	$\cos\phi=0.8$	50.6	46.1	38.0	32.0	27.7	25.9	23.0
	$\cos\phi=0.7$	49.8	44.9	34.7	28.0	23.9	21.1	19.4

（三）改造导线截面过细且输送负荷较重的"卡脖子"线路

这就要求必须正确合理地选择导线的截面积。

1. 选择导线截面的基本原则

（1）选择导线截面的计算负荷，应该是线路建成（改建）后 5~10 年的线路最大负荷。此最大负荷不只是在个别年份中出现，而是在相当长一段时期内具有一定代表性的负荷。

（2）对于 10（6）kV 线路，以及负荷不大、供电距离较远、最大负荷利用小时很低、又没有任何调压措施的 35kV 线路，一般按允许电压损耗选择导线截面，用机械强度和发热条件校验。10（6）kV 线路导线截面积的选择有一个实际情况需考虑，那就是：更换导线比更换配电变压器要费时费力，较为麻烦，所以，10kV 线路导线截面积的选择宜大不宜小，宽裕度可适当留大一些，即按其 10 年（长于配电台区规划期 2~4 年）最大负荷作为计算负荷，这样既能延长导线的更换周期，又能保障满足其机械强度和发热条件的校验。

（3）35~110kV 架空线路的导线截面，一般按经济电流密度选择，用允许电压损耗、发热条件、电晕和机械强度进行校验。当允许电压损耗不能满足时，一般不提倡采用加大导线截面的办法来降低电压损耗。这是因为导线截面大的架空线路，其电压损失起决定作用的是电抗而不是电阻，所以选用大的导线截面以降低线路电压损失，效果是不显著的。不如采用另外一些调压措施。

（4）当计算所得导线截面在两个相邻标称截面之间，一般选取大一号的标称截面。

（5）应考虑发展余地和过渡的可能性。

2. 导线截面选择的计算方法

城乡电网一般负荷密度不大，比较分散，输配电线路往往较长，电压损失常常成为决定导线截面的首要条件。现就选择导线截面常用两种方法分述如下：

（1）按允许电压损耗选择导线截面。在没有特殊调压设备的电网中，尤其是城乡的 10（6）kV 线路，一般都是按电压损耗的允许值来选择导线截面。线路电压损耗的

计算式为

$$\Delta U = \frac{PR+QX}{U_e} \quad (\text{V}) \qquad (5-47)$$

可见，导线中的电压损耗是由两部分组成。导线电阻中的电压损耗为

$$\Delta U_r = \frac{PR}{U_e} \quad (\text{V}) \qquad (5-48)$$

导线电抗中的电压损耗为

$$\Delta U_x = \frac{QX}{U_e} \quad (\text{V}) \qquad (5-49)$$

即

$$\Delta U = \Delta U_r + \Delta U_x \quad (\text{V}) \qquad (5-50)$$

但是，导线截面积对架空线路电抗的影响很小，由架空线路构成的农村电网，电抗值都在 $0.36 \sim 0.42\Omega/\text{km}$，近似计算可采取 $0.4\Omega/\text{km}$。因此，即使在导线截面积尚未确定的时候，可以先假定线路电抗值，计算出电抗部分中的电压损耗，且当给出了线路允许电压损耗 $\Delta U_{yx}\%$ 之值后，则由导线电阻决定的电压损耗也能计算出来了。即

$$\Delta U_r = \Delta U_{yx} - \Delta U_x \qquad (5-51)$$

此时，若全线路选用一种型号导线时，则有

$$\Delta U_r = \frac{Pr_o l}{U_e} \quad (\text{V}) \qquad (5-52)$$

又因　　　　导线单位长度电阻(r_o) = 导线电阻率(ρ) / 导线截面积(S)

故得

$$S = \frac{P\rho l}{U_e \Delta U_r} \quad (\text{mm}^2) \qquad (5-53)$$

式中　　U_e——线路额定电压，kV；

　　P、Q——线路输送的有功功率，kW，无功功率，kvar；

　　R、X——线路导线的电阻、电抗，Ω；

　ΔU_r、ΔU_x——线路导线电阻、电抗的电压损耗，V；

　　ΔU_{yx}——线路的允许电压损耗，V；

　　　　l——线路导线长度，km；

　　　　S——线路导线的截面积，mm^2；

　　　　r_o——导线单位长度电阻，Ω/km；

　　　　ρ——导线的电阻率，$\Omega \cdot \text{mm}^2/\text{m}$。

（2）按经济电流密度选择导线截面。经济电流密度值是根据节省建设投资和年运行费用，以及节约有色金属等因素，由国家经过分析和计算规定的。我国现行的电流密度值，见表 5-14。

表 5-14　　　　　　　　架空铝线和钢芯铝绞线的经济电流密度 j 值　　　　　　　　A/mm^2

最大负荷利用小时 T_{zd}（h）	500~1500	1500~3000	3000~5000	5000 以上
经济电流密度 j 值	2.0	1.65	1.15	0.9

按经济电流密度选择时,首先必须确定电力网的输送负荷量(功率和电流),以及相应的最大负荷利用时间,然后才能确定导线截面。

1)最大输送负荷电流 I_{zd} 的计算为

$$I_{zd} = \frac{P}{\sqrt{3}\,U_e\cos\phi} \quad (\text{A})$$
(5-54)

式中　P——计算输送功率,kW;

　　　U_e——线路额定电压,kV;

　　$\cos\phi$——线路负荷功率因数。

2)确定输电线路的最大负荷利用小时数为

$$T_{zd} = \frac{A}{P_{zd}} \quad (\text{h})$$
(5-55)

式中　A——输电线路年输送的电量,kW·h;

　　　P_{zd}——输电线路输送的最大有功负荷,kW。

农村 35kV 输电线路的最大负荷利用时间一般为 1500~3000h,110kV 输电线路的最大负荷利用时间一般为 3000~5000h。

3)确定导线截面为

$$S = \frac{I_{zd}}{j} \quad (\text{mm}^2)$$
(5-56)

式中　I_{zd}——线路的最大负荷电流,A;

　　　j——经济电流密度值,A/mm^2。

按照上述计算方法求得导线截面积后,必须根据国家目前生产的导线标称面积选择一种与计算结果相近的标准导线。其后,按照所选定的实际导线截面积,计算求出实际的电压损耗,验算电压损耗是否符合要求;如果不符合要求,就另选一邻近的标称截面积;再验算电压损耗,直至满足要求为止。

(3)按照上述计算方法选择导线截面积后,还需要按正常工作的条件作下列校验:

1)导线机械强度校验。为了保证架空线路导线具有必要的机械强度,避免由于强度不够而发生断线事故,必须进行机械强度校验。要求各种电压等级的线路采用不同材料制成的导线时,其最小截面(或直径)不得小于表 5-15 中所列出的数值。

表 5-15　　　　　　架空线路导线的最小允许截面积或直径　　　　　　mm^2、mm

导线材料		线路电压(kV)		导线材料		线路电压(kV)	
		0.22~0.38	3~35			0.22~0.38	3~35
单股型	铜	6		多股型	铜	6	10
	钢、铁	直径3mm			钢、铁	10	10
	铝	不许用	不许用		铝及钢芯铝线	10	16

2)导线的正常发热校验。为了保证运行中的线路导线温度不超过其最高允许值(对裸导线为 70℃),必须进行正常发热的校验。

为了使用方便，工程上都预先根据各类导线允许持续工作的最高温度，制定了各类导线的持续允许电流 I_{yx}，表 5-16 为各类导线的持续允许电流值。

表 5-16　　　　　　裸铜、铝及钢芯铝线的持续允许电流
（周围空气温度为 25℃时）

铜 绞 线			铝 绞 线			钢芯铝绞线	
导线型号（mm²）	持续允许电流（A）		导线型号（mm²）	持续允许电流（A）		导线型号（mm²）	持续允许电流（A）
	屋外	屋内		屋外	屋内		
TJ—4	50	25	LJ—10	75	55	LGJ—35	170
TJ—6	70	35	LJ—16	105	80	LGJ—50	220
TJ—10	95	60	LJ—25	135	110	LGJ—70	275
TJ—16	130	100	LJ—35	170	135	LGJ—95	335
TJ—25	180	140	LJ—50	215	170	LGJ—120	380
TJ—35	220	175	LJ—70	265	215	LGJ—150	445
TJ—50	270	220	LJ—95	325	260	LGJ—185	515
TJ—60	315	250	LJ—120	375	310	LGJ—240	610
TJ—70	340	280	LJ—150	440	370		
TJ—95	415	340	LJ—185	500	425		
TJ—120	485	405	LJ—240	610			
TJ—150	570	480					
TJ—185	645	550					
TJ—240	770	650					

在选择导线时，应使导线的最大工作电流 I_{zd} 小于其持续允许电流 I_{yx}，即 $I_{zd} < I_{yx}$。对于作为备用的线路，导线最大工作电流应该是：考虑到非备用线路故障时，需要它起到备用作用的最大工作电流。

表 5-15 所列的数值是周围空气温度在最炎热月份的平均最高温度为 25℃时各类导线的持续允许电流值。如果最炎热月份空气平均最高温度不是 25℃，则导线的持续允许电流应乘以表 5-17 中的系数。

表 5-17　　　　　　在不同周围空气温度下的修正系数

导线材料	周围空气温度（℃）							
	5	10	15	20	25	30	35	40
铜	1.17	1.13	1.09	1.04	1	0.95	0.9	0.85
铝	1.45	1.11	1.074	1.038	1	0.96	0.92	0.88
钢	1.095	1.072	1.05	1.025	1	0.975	0.95	0.922

在这里说明一下，上述选择导线截面的计算方法，适宜于新建线路的规划，也就是说，在进行电网规划时，要做到规划合理、准确，其中一个重要环节，必须按照上述选

择导线截面的计算方法，正确而合理地选择确定线路导线。对于"卡脖子"的旧线路调整改造来说，也应该按照上述选择导线截面的计算方法，合理选定线路导线。一般来说，多数线路特别是10（6）kV线路，它们的负荷是前重后轻，呈递减状态（或者前后一样重，基本呈均衡状态）。此时，当线路具有两种及以上型号的导线时，就其截面而言，应该是首端线大于（或等于）主干线、大于分支线（或末端线）。

（四）农村电网建设改造参考价格

我国国土面积较大，地域辽阔，地形复杂，各地经济发展水平不一，甚至极不平衡。因此，农村电网建设改造价格不仅东、西、中或南、北、中各不相同，而且即使在同一个省，平原地区与丘陵地区、沼泽地区、荒漠地区、山区之间也各不相同，甚至差异较大。下面仅以地处我国中原腹地的河南省农村电网建设改造价格（也是大概值）作一简单介绍，见表5-18，供参考。

表 5-18　　　　　　　　　　农村电网建设改造参考价格

类　别	新　建　项　目	改　造　项　目
0.4kV 工程	线路：2.0 万元/km 台区：1.6 万元/个	线路：1.5 万元/km 台区：0.8 万元/个
10kV 工程	线路：4.0 万元/km 配电变压器：1.6 万元/台	线路：3.0 万元/km 配电变压器：0.8 万元/台
35kV 工程	线路：13 万元/km 变电站：220 万元/座 主变压器：40 万元/台	线路：10 万元/km 变电站：150 万元/座 主变压器：25 万元/台
110kV 工程	线路：30 万元/km 变电站：1100 万元/座 主变压器：200 万元/台	线路：23 万元/km

三、调整改造线路的降损节电效果

（1）通过对线路的调整改造，使其供电半径超长、输送负荷距离过远的不良状况，缩短到经济合理范围的新状况。即有

$$\Delta L = L_1 - L_2 \ (\text{km}) \tag{5-57}$$

（2）通过对线路的调整改造，使其导线截面过小得以更换而适当增大，输送负荷时由"卡脖子"现象变成畅通合理的状态。即有

$$\Delta r_o = r_{o1} - r_{o2} \ (\Omega/\text{km}) \tag{5-58}$$

（3）在调整改造线路时，为了取得较佳效果，可将前两项措施同时并举，既将走径迂回曲折者取直，供电半径超长者缩短到合理值，又将导线截面过小者进行更换而适当增大。此时，线路导线的电阻值将相应减小，即有

$$\Delta R = r_{o1} L_1 - r_{o2} L_2 \ (\Omega) \tag{5-59}$$

实际情况表明，电网的技术改造往往是在电力负荷发展和用电量增长较快的地区，

以及针对重负荷线路进行的，因为输送的负荷和可变损耗所占比重均较大，所以，调整改造后的降损节电是极其显著的。其降损节电量可按下式计算确定为

$$\Delta A_{j} = 3I_{jf}^2(R_1 - R_2)t \times 10^{-3}$$
$$= 3I_{jf}^2 \Delta R t \times 10^{-3} \ (\text{kW} \cdot \text{h}) \quad (5-60)$$

而线路线损的降低率，即节电率为

$$\Delta A_{j}\% = \frac{R_1 - R_2}{R_1} \times 100\% = \frac{\Delta R}{R_1} \times 100\% \quad (5-61)$$

更换改造线路导线型号降损节电效果见表5-19。

表5-19　　　　　更换改造线路导线型号降损节电效果表

改造前导线		改造后导线		线路可变线损降低率（%）
型　号	电阻（Ω/km）	型　号	电阻（Ω/km）	
LGJ（LJ）—16	2.04（1.98）	LGJ（LJ）—25	1.38（1.28）	32.4（35.4）
LGJ（LJ）—25	1.38（1.28）	LGJ（LJ）—35	0.95（0.92）	31.2（28.1）
LGJ（LJ）—35	0.95（0.92）	LGJ（LJ）—50	0.65（0.64）	31.6（30.4）
LGJ（LJ）—50	0.65（0.64）	LGJ（LJ）—70	0.46（0.46）	29.6（29.2）
LGJ（LJ）—70	0.46（0.46）	LGJ（LJ）—95	0.33（0.34）	28.3（26.1）
LGJ（LJ）—95	0.33（0.34）	LGJ（LJ）—120	0.27（0.27）	18.2（20.6）
LGJ（LJ）—120	0.27（0.27）	LGJ（LJ）—150	0.21（0.21）	22.2（22.2）
LGJ（LJ）—150	0.21（0.21）	LGJ（LJ）—185	0.17（0.17）	19.0（19.0）
LGJ（LJ）—185	0.17（0.17）	LGJ（LJ）—240	0.132（0.132）	22.4（22.4）
LGJ（LJ）—240	0.132（0.132）	LGJ（LJ）—300	0.107（0.107）	18.9（18.9）

第三节　电网的升压运行与升压改造

一、电网升压运行的意义

随着工农业生产的扩大、城乡经济的发展和城乡居民生活水平的提高，城乡对用电量的需求增长极快。这样一来，使原来投入运行的城乡电力线路输送的电力负荷增加很多，转变成重负荷线路。不仅供电能力满足不了当今城乡用电的需要，而且线路中的电能损耗也迅猛升高，线损率超过国家规定值很多，经采取除电网升压改造以外的很多措施，仍然居高不下，给国家造成了极大的能源浪费。

为了提高电网的供电能力，进一步满足城乡生产、生活用电发展的需求；特别是为了降低电网的线损率，节约能源，有必要对原有电网进行升压改造，将电网运行电压提高一个电压等级，使电网在高一个电压等级的电压下运行。

二、电网升压改造的经济合理技术条件

上面提到的电网供电能力、电网电能损耗率（线损率）是电网运行的技术参数。

208

在什么样的技术条件下，将电网进行升压改造和升压运行，才算经济合理呢？下面以 6kV 电网升压改造为 10kV 电网作范例进行分析，找出其规律。然后在此规律引导下，举一反三，在适当的技术条件下，将 10kV 电网升压改造为 35 （66） kV 电网；将 35 （66） kV 电网升压改造为 110kV 电网……

若设原有 6kV 电网的可变损耗为 ΔP_{kb1}，计划升压为 10kV 电网的可变损耗为 ΔP_{kb2}（可变损耗与电网供电能力、线损率有着密切关系）。则

$$\Delta P_{kb1} = 3\left(\frac{P}{\sqrt{3}\,U_1}\right)^2 R_{d\Sigma} = 3\left(\frac{P}{\sqrt{3}\,6}\right)^2 R_{d\Sigma} \tag{5-62}$$

$$\Delta P_{kb2} = 3\left(\frac{P}{\sqrt{3}\,U_2}\right)^2 R_{d\Sigma} = 3\left(\frac{P}{\sqrt{3}\times 10}\right)^2 R_{d\Sigma} \tag{5-63}$$

式中　P——线路输送的有功功率，kW；

　　　$R_{d\Sigma}$——线路的总等值电阻，Ω；

　　U_1、U_2——电网升压改造前后的电压，kV。

故有 $$\Delta P_{kb2}/\Delta P_{kb1} = \left(\frac{1}{U_2}\right)^2 \bigg/ \left(\frac{1}{U_1}\right)^2 = 36/100 = 0.36 \tag{5-64}$$

此结果说明，电网升压后其可变损耗减少了。

又设原有 6kV 电网的固定损耗为 ΔP_{gd1}，计划升压为 10kV 电网的固定损耗为 ΔP_{gd2}（固定损耗与电网供电能力、线损率仍有密切关系）。则

$$\Delta P_{gd1} = U_1^2 G_{bd} = 6^2 \times G_{bd} = 36 \times G_{bd} \ （W） \tag{5-65}$$

$$\Delta P_{gd2} = U_2^2 G_{bd} = 10^2 \times G_{bd} = 100 \times G_{bd} \ （W） \tag{5-66}$$

式中　G_{bd}——线路中变压器的等值电导，S（西门子）。

故有 $$\Delta P_{gd2}/\Delta P_{gd1} = U_2^2/U_1^2 = 100/36 = 2.78 \tag{5-67}$$

此结果说明，电网升压后其固定损耗增加了。

显然，欲使电网升压后其总损耗降低，符合经济合理的原则，必须使电网升压后其可变损耗的减少量超过（或大于）其固定损耗的增加量。

即
$$(\Delta P_{kb1} - \Delta P_{kb2}) - (\Delta P_{gd2} - \Delta P_{gd1}) \geqslant 0$$
$$(\Delta P_{kb1} - 0.36 \times \Delta P_{kb1}) - (2.78 \times \Delta P_{gd1} - \Delta P_{gd1}) \geqslant 0$$
$$0.64 \times \Delta P_{kb1} - 1.78 \times \Delta P_{gd1} \geqslant 0 \tag{5-68}$$

故得 $$\Delta P_{kb1}/\Delta P_{gd1} \geqslant 1.78/0.64 \geqslant 2.78 \tag{5-69}$$

此分析计算结果说明，当原有 6kV 电网中的可变损耗上升增至等于（或超过）同一电网中的固定损耗的 2.78 倍时，应将其升压改造为 10kV 电网，以有利于降损节能、电网的经济合理运行。

根据以上分析，即可得到电网升压的技术条件表示式为

$$\frac{原电网可变损耗}{原电网固定损耗} \geqslant \left[\left(\frac{新电网额定电压}{原电网额定电压}\right)^2 - 1\right] \bigg/ \left[1 - \left(\frac{原电网额定电压}{新电网额定电压}\right)^2\right]$$

$$\tag{5-70}$$

根据这一条件满足式，可以得到相关电网升压应满足的条件的简明参数表，见表 5-20。

表 5-20　　　　　　　　　　电网升压技术条件表

原有电网电压等级（kV）	6	6	10	10	66	110
计划升压电网电压等级（kV）	10	20	20	35	110	220
升压技术条件（$\Delta P_{kb1}/\Delta P_{gd1}$）	≥2.78	≥11.11	≥4.0	≥12.25	≥2.78	≥4.0

三、电网升压与提高供电能力的关系

为了求得电网升压与提高供电能力的关系，设电网在升压前、后线路上流经的负荷电流不变。当电网的电压等级由原来的 $U_1 \mathrm{kV}$，升压为 $U_2 \mathrm{kV}$ 时，则得到电网升压前、后的输送功率分别为

$$P_1 = \sqrt{3}\, U_1 I \cos\phi \quad (\mathrm{kW}) \tag{5-71}$$

$$P_2 = \sqrt{3}\, U_2 I \cos\phi \quad (\mathrm{kW}) \tag{5-72}$$

由于 U_2 高于 U_1，所以 P_2 大于 P_1。由此可求得电网输送能力提高的百分数为

$$P_{\tan}\% = \frac{P_2 - P_1}{P_1} \times 100\%$$

$$= \frac{\sqrt{3}\, U_2 I \cos\phi - \sqrt{3}\, U_1 I \cos\phi}{\sqrt{3}\, U_1 I \cos\phi} \times 100\%$$

$$= \frac{U_2 - U_1}{U_1} \times 100\% \tag{5-73}$$

此外，由前面的假设可知，由于电网升压前后的负荷电流不变，并且升压保持了电网原来的结构，所以，电网升压前后的有功功率损耗（即线损）也不变，即都等于 $\Delta P = 3I^2 R \times 10^{-3}$（kW）。

但是，由于电网升压后的输送功率 P_2 比升压后的输送功率 P_1 增大了，所以，电网升压后的线损率比升压前的线损率降低了，其降低的百分数按下式计算确定：

因为

$$\Delta P_1\% = \frac{\Delta P}{P_1} \times 100\%, \quad \Delta P_2\% = \frac{\Delta P}{P_2} \times 100\%$$

所以

$$\Delta P_{jd}\% = \frac{\Delta P_1\% - \Delta P_2\%}{\Delta P_1\%} \times 100\% = \frac{\Delta P/P_1 - \Delta P/P_2}{\Delta P/P_1} \times 100\%$$

$$= \left(1 - \frac{P_1}{P_2}\right) \times 100\% = \left(1 - \frac{U_1}{U_2}\right) \times 100\% \tag{5-74}$$

式中　I——线路上流经的负荷电流，A；

　　$\cos\phi$——负荷功率因数；

$P_{tan}\%$——电网升压后输送能力提高的百分数；

$\Delta P_1\%$——电网升压前的线损率；

$\Delta P_2\%$——电网升压后的线损率；

$\Delta P_{jd}\%$——电网升压后线损率降低的百分数。

综上所述，可得到在功率损失不变的情况下电网升压与提高供电能力的关系数值见表 5-21。

表 5-21　　　　　　　　　　电网升压与提高供电能力的关系数值表

电网升压前的电压等级（kV）	3	6	10	35	110	154
电网升压后的电压等级（%）	10		20	35	110	220
升压后提高供电能力（升压前后功率损失相同时）（%）	233.33	66.67	100	250	214.29	100	42.86
升压后电网线损率为升压前的倍数	0.3	0.6	0.5	0.29	0.32	0.5	0.7
升压后线损率比升压前线损率降低的百分数（%）	70	40	50	71.43	68.18	50	30

四、电网升压与降低线损的关系

为了求得电网升压与降低线损的关系，假设电网在升压前和在升压后，电网输送的有功功率不变，$P_1 = P_2$，即

$$\sqrt{3}\,U_1 I_1 \cos\phi = \sqrt{3}\,U_2 I_2 \cos\phi \tag{5-75}$$

所以

$$I_2 = \frac{U_1}{U_2} I_1 \ （A）$$

电力网升压后，线路上流经的负荷电流减小了。因此，电网中的功率损耗（即线损）也必然相应降低。其降低百分数按下式计算确定：

因为

$$\Delta P_1 = 3 I_1^2 R \times 10^{-3} \ （kW）$$

$$\Delta P_2 = 3 I_2^2 R \times 10^{-3} \ （kW）$$

所以

$$\Delta P_{jd}\% = \frac{\Delta P_1 - \Delta P_2}{\Delta P_1} \times 100\% = \left(1 - \frac{\Delta P_2}{\Delta P_1}\right) \times 100\%$$

$$= \left(1 - \frac{I_2^2}{I_1^2}\right) \times 100\% = \left(1 - \frac{U_1^2}{U_2^2}\right) \times 100\% \tag{5-76}$$

式中　ΔP_1——电网升压前的有功功率损耗，kW；

ΔP_2——电网升压后的有功功率损耗，kW；

I_1——电网升压前线路上流经的负荷电流，A；

I_2——电网升压后线路上流经的负荷电流，A；

$\Delta P_{jd}\%$——电网升压后线损降低的百分数。

由上所述，可得到在输送功率不变的情况下电网升压与降低线损（即有功功率损耗）的关系数值表见表 5-22。

表 5-22　　　　　　　　　　　电网升压与降低功率损耗的关系数值表

电网升压前的电压等级（kV）	3	6	10		35	110	154
电网升压后的电压等级（kV）		10	20	35	110		220
升压后电网线损率为升压前的倍数	0.09	0.36	0.25	0.08	0.10	0.25	0.49
升压后线损率比升压前线损率降低的百分数（%）	91	64	75	91.84	89.88	75	51

五、电力网升压运行的节电效益

电力网升压改造后按新的电压等级运行，不仅可以提高输送功率的能力，而且可以降低电网的功率损耗（即线损）。近几年来，在农电系统中，都积极将原来 6kV 的电网升压改造为 10kV，从而使线损率降低 40%～64%，供电能力提高 66%。还有将原来 10kV 的电网升压改造为 35kV，能使线损率降低 71%～91%，供电能力提高 250%。在 20 世纪 80 年代，豫、鲁、湘等省准备尝试 20kV 新的配电方式，显然，这比 10kV 老的配电方式，可使电网线损率降低 50%～75%，供电能力提高 100%。

电网升压改造是要投入一定数量资金的，但是改造后的线路在投运 5～8 年后，这一部分投资就可以从电网的降损节能中收回。

电力网升压运行的节电效果按下式计算确定为

$$A_{j} = (A_{P.g} + A_{P.g}r\%)(\Delta A_{1}\% - \Delta A_{1}\%\delta\%)$$
$$= A_{P.g}\Delta A_{1}\%(1+r\%)(1-\delta\%)\quad(kW \cdot h)\qquad(5-77)$$

电力网升压改造投资回收年限为

$$N = \frac{Z_{\Sigma}}{A_{j}G_{d}}\quad(年)\qquad(5-78)$$

式中　A_{j}——电力网升压运行年节电量，$kW \cdot h$；

　$A_{P.g}$——电力网升压改造前年供电量，$kW \cdot h$；

　$r\%$——电力网升压改造前年供电量递增率；

　$\Delta A_{1}\%$——电力网升压改造前年均线损率；

　$\delta\%$——电力网升压运行线损率降低百分数；

　Z_{Σ}——电力网升压改造的总投资，元；

　G_{d}——线损节约电量的综合平均电价，元/（$kW \cdot h$）。

第四节　更新改造高能耗变压器　推广应用低损耗变压器

一、高能耗配电变压器与低损耗配电变压器

所谓高能耗配电变压器，是指 JB 500—1964 标准的配电变压器，其型号有：SJL、SJL$_1$、SJ、SJ$_1$、SJ$_2$、SJ$_3$、SJ$_4$、TM 等。JB 1300—1973 组Ⅱ（热轧硅钢片）标准的配

电变压器，JB 1300—1973 组Ⅰ（冷轧硅钢片）标准的配电变压器，具体型号有：SL、
SL_1、SL_2、SL_3、SL_4 等。所谓热硅轧钢片，是指表面不太光滑和涂漆较厚者，且剪切
时一般使用直接缝结构；所谓冷轧硅钢片，是指表面光滑有绝缘漆膜者，且剪切时一般
使用斜接缝结构。

所谓低损耗配电变压器，是指：① 1981 年 5 月由上海等 15 个变压器厂家联合设
计，1982 年 2 月试制成功，1982 年 5 月在天津通过国家鉴定的 GB 6451—1985 标准 SL_7
系列和 S_7 系列的配电变压器；② 由沈阳变压器研究所组织全国 12 个变压器厂家联合设
计，1986 年 5 月中旬试制成功的 GB 6451—1986 标准 S_9 系列配电变压器；③ 20 世纪
80 年代末期研制成功的新型 S_9 系列的配电变压器；④ 20 世纪 90 年代末期研制成功的
S_{11} 系列和 21 世纪初研制成功的 S_{13} 系列的配电变压器；⑤ 非晶态合金钢片变压器等。

必须指出，SL_7 系列和 S_7 系列配电变压器虽属低损耗变压器，但与国外同容量先进
产品相比，体积较大，消耗原材料较多，总重量超出国外先进产品 30%，总功率损耗比
高能耗变压器虽有所降低（如空载损耗比 73 标准降低 40%），但仍不甚理想。而 S_9 系
列变压器，在性能、结构、总重量等方面都达到 20 世纪 80 年代国际先进水平，如空载
损耗又比 SL_7 系列降低 5.6%，短路损耗平均降低 23.3%，总损耗平均降低 20%~26%，
总重量平均降低 6.67%，油重平均降低 17%。而 S_{11} 型变压器空载损耗比 S_9 型变压器降
低 20% 以上；S_{13} 型变压器空载损耗比 S_{11} 型变压器降低 10%，非晶态合金钢片变压器
的空载损耗比 S_{13} 型变压器降低 150%，负载损耗再降低 1.22%，但价格增高 30%，
见表 5-23。

表 5-23　　　　　　　额定容量 100kVA 8 种标准（系列）配电
变压器空载损耗（P_o）相互比较降低百分数（%）表

序 号	1	2	3	4	5	6	7	8
额定容量 S_e=100kVA	JB 500—1964 标准 P_o=730W	JB 1300—1973 组Ⅱ标准 P_o=620W	JB 1300—1973 组Ⅰ标准 P_o=540W	SL_7（S_7）系列 P_o=320W	S_9 系列 P_o=290W	新 S_9 系列 P_o=290W	S_{11} 系列 P_o=200W	S_{13} 系列 P_o=180W
JB 500—1964 标准 P_o=730W		15.07	26.03	56.16	60.27	60.27	72.60	75.34
JB 1300—1973 组Ⅱ标准 P_o=620W	15.07		12.90	48.39	53.23	53.23	67.74	70.97
JB 1300—1973 组Ⅰ标准 P_o=540W	26.03	12.90		40.74	46.30	46.30	62.96	66.67
SL_7（S_7）系列 P_o=320W	56.16	48.39	40.74		9.38	9.38	37.50	43.75
S_9 系列 P_o=290W	60.27	53.23	46.30	9.38			31.03	37.93

续表

序　　号	1	2	3	4	5	6	7	8
额定容量 $S_e = 100kVA$	JB 500—1964 标准 $P_o = 730W$	JB 1300—1973 组 II 标准 $P_o = 620W$	JB 1300—1973 组 I 标准 $P_o = 540W$	SL_7 (S_7) 系列 $P_o = 320W$	S_9 系列 $P_o = 290W$	新 S_9 系列 $P_o = 290W$	S_{11} 系列 $P_o = 200W$	S_{13} 系列 $P_o = 180W$
新 S_9 系列 $P_o = 290W$	60.27	53.23	46.30	9.38			31.03	37.93
S_{11} 系列 $P_o = 200W$	72.60	67.74	62.96	37.50	31.03	31.03		10.00
S_{13} 系列 $P_o = 180W$	75.34	70.97	66.67	43.75	37.93	37.93	10.00	

基于上述情况，1998 年国家计委、科委、机械工业部下发〔1998〕272 号文件通知，要求推广节能产品，淘汰高能耗产品，1998 年 12 月底停止生产、停止安装使用 S_7 系列和 SL_7 系列的变压器，改用 S_9 系列变压器。

据有关资料介绍及调查统计显示，在我国城乡电网中，现今还有一些 5% ~ 10% 的属于 JB 1300—1973 标准的高能耗配电变压器，这些高能耗变压器是 20 世纪 80 年代前安装使用，至今尚未更新改造或经近 20 余年更新改造遗留下来的。

高能耗配电变压器的能耗比低损耗配电变压器的能耗大得多。下面以额定容量 50、80（75）、100kVA 三种配电变压器为典型实例，列表（见表 5-24）说明。

表 5-24　　　　　　　三种容量高能耗配电变压器与
低损耗配电变压器技术性能比较表

参数　额定容量（kVA）　标准系列	空载损耗（W）			负载损耗（W）			空载电流（%）			阻抗电压（%）		
	50	80 (75)	100	50	80 (75)	100	50	80 (75)	100	50	80 (75)	100
JB 500—1964 标准	440	590	730	1325	1875	2400	8.0	7.5	7.5	4.5	4.5	4.5
JB 1300—1973（II）标准	380	530	620	1260	1800	2250	9.0	8.0	7.5	4.0	4.0	4.0
JB 1300—1973（I）标准	350	470	540	1200	1700	2100	12.0	9.5	8.5	4.0	4.0	4.0
SL_7（S_7）系列	190	270	320	1150	1650	2000	6.0	4.7	4.2	4.0	4.0	4.0
S_9 系列	170	250	290	870	1250	1500	2.2	2.0	2.0	4.0	4.0	4.0
新 S_9 系列	170	240	290	870	1250	1500	2.2	1.8	1.6	4.0	4.0	4.0
S_{11} 系列	130	180	200	870	1250	1500	0.42	0.36	0.35	4.0	4.0	4.0
S_{13} 系列	110	150	180	830	1200	1430	0.3	0.25	0.25	4.0	4.0	4.0

二、高能耗配电变压器的改造价值及改造技术要求

1. 确定高能耗配电变压器的改造价值

国家相关标准要求：农村电网中高能耗配电变压器必须限期尽快更新改造。

高能耗配电变压器是否有改造价值，按以下原则确定：

（1）当变压器的空载损耗值，经测试高于相关标准值30%以上时，可以认为无改造价值（见表5-23）。对于技术性能劣于相关标准的非标、杂牌、劣质变压器，必须当即在本单位报废，即进行解体处理，不准转让出卖和进行恢复性的大修。

（2）当变压器的空载损耗值，经测试高于相关标准值15%时，在进行改制设计过程中，应严格控制其计算值（见表5-23）、使用材料和工艺要求。否则，不具备这一水平和条件的，也不宜进行改造。

2. 高能耗配电变压器改造的技术要求

根据国家对配电变压器能耗标准要求，对高能耗变压器进行节能技术改造，必须达到如下技术指标（如有偏差，应不超过国家有关规定的允许值）：

（1）空载损耗值比改造前要降低45%～65%，优于相关标准的数据，接近或达到 SL_7 系列变压器同容量的空载损耗值（见表5-23和表5-24）。

（2）空载电流比改造前要降低70%左右。

（3）短路损耗（或负载损耗）符合相关标准规定值，或达到 SL_7 系列变压器同容量的短路损耗值。

（4）阻抗电压一般在4%～4.9%范围之内。

（5）根据国家有关规定，更新改造后的变压器在出厂前，必须做以下九项试验：① 电压比测量；② 绕组直流电阻测量；③ 绕组绝缘电阻和吸收比测量；④ 变压器油试验；⑤ 绕组绝缘1min工频耐压试验；⑥ 感应耐压试验；⑦ 空载损耗和空载电流测量；⑧ 阻抗电压和负载损耗测量；⑨ 密封试验。并要求全部试验合格，以确保变压器质量。

（6）改造后变压器使用寿命应在10～15年之间或以上。

三、高能耗配电变压器的改造方法

国内一些重点变压器厂和电力修造厂对高能耗变压器进行节能技术改造做了大量工作，取得了良好的效果。改造方法归纳起来主要有三种：减容量法、保容量法和调容量法。具体或更细又分有：减容、调容、减容调容（结合）、换铁心、换绕组、换心体、换部分铁心和绕组等方法。

（一）高能耗变压器的减容量改造方法

高能耗变压器减容量改造方法，适宜中、小型配电变压器，其基本原理及采取的措施如下。

1. 高能耗变压器减容量改造法的基本原理

高能耗变压器最关键、最明显的症结是空载损耗过大，应设法着重降低（见表5-23）。

因变压器的空载损耗 P_o 为

$$P_o = K_o P_c G_t$$

式中　K_o——铁心制造工艺系数（一般取 $K_o = 1.5 \sim 1.70$）；

　　　P_c——铁心单位重量的电功率损耗，W/kg；

　　　G_t——变压器铁心总质量，kg。

又因

$$P_c = \left(\frac{\beta_m}{1000}\right)^2 \left(\frac{f}{50}\right)^{1.3} \tag{5-79}$$

$$\beta_m = \frac{E \times 10^{-4}}{4.44 f W A_t} = \frac{E_o \times 10^{-4}}{4.44 f A_t} \tag{5-80}$$

式中　f——电源电压频率，Hz；

　　　β_m——铁心的磁通密度，T（一般按 $1.0 \sim 1.1$T 选取）；

　　　E——变压器绕组总感应电压值，kV；

　　　E_o——变压器每匝绕组感应电压值（$E_o = E/W$），kV/匝；

　　　W——变压器每相绕组匝数（一次侧或二次侧）；

　　　A_t——变压器铁心横截面积，mm^2。

从式（5-80）可知，在变压器铁心制造工艺系数、铁心总质量、铁心横截面积、电源电压频率不变的情况下，适当增加变压器绕组每相匝数，就能够降低匝电压、磁通密度和铁心单位重量的电功率损耗，最后使变压器的空载损耗减少。

2. 高能耗变压器减容量改制的具体做法

（1）适当减少变压器的容量。改制后的变压器容量按下式计算确定

$$S_g = \left(K_c \frac{540 S_{e \cdot y}^2}{P_{o \cdot y} P_{k \cdot y}}\right)^{-0.465} \tag{5-81}$$

式中　$S_{e \cdot y}$——原高能耗变压器的额定容量，kVA；

　　　$P_{o \cdot y}$——原高能耗变压器的空载损耗，W；

　　　$P_{k \cdot y}$——原高能耗变压器的短路损耗，W；

　　　K_c——系数（当绕组的导线材质不变时取 $K_c = 1.0$，当以铜导线替代铝导线时取 $K_c = 1.673$）。

一般来说，改制的变压器容量比原高能耗变压器容量以减少 20% ~ 25% 为宜（即降低一个容量等级，并由计算容量 S_g 值根据 GB 6451—1986 标准，取与其接近的标称容量。）变压器容量减少，就相当于其额定电流减少，相应地使得变压器的短路损耗也降低。为了进一步降低变压器的短路损耗，还要适当增大绕组导线的截面积，以减少导线电流密度。

（2）适当增加变压器高低压绕组的匝数。改制后的变压器低压绕组匝数和高压绕组匝数分别按下式计算确定

$$W_2 = W_{y2} \sqrt{P_{o \cdot y} / P_o} \tag{5-82}$$

$$W_1 = W_2 K_u = W_2 \frac{U_1}{U_2} \tag{5-83}$$

式中　W_2——改制后的变压器低压绕组的匝数；

　　　W_1——改制后的变压器高压绕组的匝数；

　　　W_{y2}——原高能耗变压器低压绕组的匝数；

　　　$P_{o \cdot y}$——原高能耗变压器的空载损耗，W；

　　　K_u——配电变压器的变压比；

　　　P_o——改制后的变压器空载损耗，W。

一般来说，改制后的变压器高压绕组的匝数以增加 42% ~ 46% 为宜，而低压绕组的匝数以增加 8.3% ~ 12.5% 为宜。

还应指出的是，由于变压器的铁心窗口尺寸未予变动，绕组导线材质也可能不变（铝导线或铜导线），因此，在适当增加高低压绕组匝数，以及在适当增大绕组导线截面积，而重新绕制时，应当严格控制新绕组的高度和直径，以便使得新绕组能够置入原铁心窗口之内。

由于高能耗配电变压器型号繁多复杂，为使经改造后的变压器在确保损耗降低达到要求的前提下，力求较少降低容量，在减容量改制时，应根据原变压器质量不同情况，选取一种最佳方案。为此，特将高能耗配电变压器减容量改制的参数推荐值列于表 5-25 中。

表 5-25　　　　　　　　　　　高能耗变压器减容改制参数推荐值

改前容量（kVA）	改后容量（kVA）	低压绕组		高压绕组		每匝电压（V）
		匝数	铜导线截面（mm²）	总匝数	铜导线截面（mm²）	
50	30~40	88~95（100）	15.1~18.1	2310~2494	0.524 7~0.636 2	2.432~2.625
75	50	64~73	22.1~24.0	1680~1916	0.724~0.849 5	3.164~3.609
100	63~75	56~60（70）	32.4~38.1	1470~1575	1.327~1.539	3.85~4.125

（3）高能耗变压器减容量改制法的特点主要有：① 只需要重新绕制绕组，不需要改动铁心，因此工艺简单，操作方便，不受优质硅钢片来源困难和价格昂贵的限制，适用于没有冲剪设备县级变压器修试单位；② 减容量改制所需费用较低，一般为同容量 SL₇ 型低损耗变压器售价的 1/3 左右，因此较快将投资收回；③ 绕组是变压器的心脏，由于绕组重绕更新，因此改制后的变压器比原来的变压器运行更安全可靠（据调查统计，变压器发生的事故，90% 以上是在绕组方面），使用寿命增长，同一台新变压器相当，主要技术性能指标达到或接近同容量 SL₇ 系列低损耗变压器的标准值；④ 由于改造后的变压器的额定容量比原变压器减少 20% ~ 25%，因此减容量改造法一般适用于负载率低于 30%，且在五年内负荷无较大发展的配电变压器，以及配电变压器的使用可以互相调换的地区。

（二）高能耗变压器的保容量改造方法

保容量改造法是兴于减容量法之后，较晚些时间推广的一种方法。相对后者而言，它的工艺比较复杂，操作比较麻烦，运用于具有冲剪设备的变压器修试单位；所需费用也较高，一般为同容量 SL$_7$ 低损耗变压器售价的 2/3 左右，但变压器容量或出力保持不变，因此适宜于经济条件较好，用电负荷较大或发展较快，有优质硅钢片来源的地区。高能耗变压器保容量改造法有好几种，下面分别叙述。

1. 铝导线换成铜导线，更换绕组保容改制法

对于技术性能属于 JB 500—1964 标准的高能耗配电变压器，当其绕组导线为铝导线时，为了使改造后的变压器保持原有容量，可综合采取以下措施或方法：

（1）绕组以铜导线替代铝导线（即铝导线换成铜导线）。因为在 75℃ 时，铜的电阻率仅为铝的 61.2%；且在相同的导线截面和长度下，可使变压器绕组的电阻值降低 38.8%，短路损耗也降低 38.8%；而无氧铜线又比常规电解电工用铜线的电阻值和短路损耗，再降低 8.5%。

（2）重新绕制高压绕组和低压绕组，并要适当增加其匝数，铜导线的电流密度按 3.1A/mm^2 左右选定，以降低绕组每匝的电压值、铁心的磁通密度和铁心单位重量的电功率损耗值，从而降低变压器的空载损耗。具体做法为：首先在原变压器低压侧施加适当的三相交流电压，使变压器的空载损耗等于 S$_7$ 型低损耗变压器的空载损耗；然后，以此电压值为基础计算出匝间电压，进而计算确定绕组所需增加的匝数。

（3）JB 500—1964 标准的高能耗配电变压器的磁通密度，原设计值多数为 1.45T 左右，改造时其值应取 1.00~1.15T 拉。

（4）在原铁心材质基础上，改变硅钢片的叠装方式或工艺，即将原来三片（或四片、五片）一层改为一片一层；两种叠装方式相比，经试验，新的叠装方式可使铁心电功率损耗降低 8%~12%。

（5）为使变压器短路损耗在绕组匝数增加、导线加长的情况下能够达到或接近 S$_7$ 型低损耗变压器的短路损耗之值，应尽量减小绕组的直径，以充分利用原铁心窗口的有效高度；而且，在原铁心窗口能够容纳绕组的条件下，最好选用较大截面的导线或适当加大导线截面；同时，将二次侧绕组导线由原来的平绕圆筒式改为立绕（导线窄面为径向）圆筒式（对容量较大的变压器更适宜）。

（6）对于原铁心材质差、工艺粗糙、片间绝缘老化的变压器，可进行热处理，重新涂刷绝缘漆。

2. 以优质硅钢片替代劣质硅钢片，更换铁心保容法

由于 JB 500—1964 标准高能耗配电变压器的铁心一般是采用 0.5（或 0.35）mm 厚的热轧硅钢片，并且制造质量较差，因此，单位质量的铁心功率损耗较大，比如 D$_{42}$—0.35 热轧硅钢片，在磁通密度为 1.5T 下，单位重量的铁损达 2.84W/kg；而国产 Q$_{10}$—0.35 冷轧优质硅钢，只有 0.99W/kg；日本产 Z$_{10}$—0.35 冷轧优质硅钢片，只有 0.85W/kg；国内外最新产品—非晶态合金钢片的铁损仅为 0.21~0.27W/kg。更换铁心改制时，用优质硅钢片替代劣质硅钢片，将大大降低变压器的空载损耗。

在用优质硅钢片重新制作铁心时，铁心可保持原有几何尺寸和磁通密度不变，而铁心级数应选用与低损耗变压器相同的标准级数或适当增加级数，并且采用45°全斜不冲孔结构形式，即以斜接缝形式替代直接缝形式（因此时铁损将降低25%～30%）；叠装时，由多片一层改为一片一层的方式。

更换铁心改制法，适用于变压器原有绕组质量较好，绝缘老化轻微，经测试判断仍可使用10年以上者；以及具有硅钢片冲剪设备及其工艺水平较高的单位。

3. 更换部分铁心保容量改制法

更换部分铁心保容量法与更换铁心保容量法大同小异。更换部分铁心即是将高能耗变压器，原铁心的中间叠层抽掉，用国产 Q_{10}—0.35 或日本产 Z_{10}—0.35 冷轧优质硅钢片，按照原尺寸规格裁剪后，重新叠装进去。高压、低压绕组利用原来的。这种改造方法与更换铁心保容量法相比，消耗优质硅钢片较少，改制费用也较低（同减容量法相近）。但是，改造后的变压器铁损降低幅度不大，主要技术性能指标一般达不到同容量低损耗变压器 SL_7（S_7）系列标准值。

4. 更换铁心立柱和重绕高压绕组的保容量改制法

（1）改造原则。

1）材料应尽量利用本身旧材料，以降低改造价格。

2）变压器的绝缘和散热结构，采用现行通用结构。

3）改制工艺应力求简单，尽量适宜于县级电业部门变压器修造厂的工艺水平，以便就地实施改造。

4）改造后的变压器主要技术性能指标应达到或接近同容量低损耗变压器 SL_7（S_7）系列标准值。

（2）降低变压器空载损耗的技术措施。

1）更换铁心立柱，即将原铁心立柱 D_{42}—0.35 热轧劣质硅钢片改换成国产 Q_{10}—0.35 和日本产 Z_{10}—0.35 冷轧优质硅钢片，并采用直接缝的叠片方式叠成新立柱。

2）增加立柱级数，即比典型设计增加2～3级，以便使立柱面积在相同直径下增加2.5%～4.0%。

3）将旧心柱以原宽用于铁轭，以使铁轭宽度和面积比原来的铁轭有相应增加。

4）重新绕制高压绕组（低压绕组利用原来的），并适当增加匝数，以降低铁心中的磁通密度；心柱磁通密度取1.4T，铁轭磁通密度取1.0T。

（3）降低变压器负载损耗的技术措施。

1）适当增大高压绕组导线的线径。

2）配合阻抗要求，适当增高铁心窗高，减少绕组层数。

3）高压绕组层间绝缘采用分级绝缘的垫法。

（4）更换铁心立柱和重绕高压绕组保容改制法的特点。

1）这种改制方法只适用于旧铁心硅钢片为0.35mm厚，性能优于 D_{42}—0.35 的高能耗变压器的改造，外壳高度应能满足改后尺寸要求。

2）改制中，有 40% 的旧硅钢片，30% 的旧铜线和外壳等附属零件可以利用，因此，比购置一台新的 S_7 型低损耗变压器节约资金 34%~40%。

3）改造后的变压器的主要技术性能指标一般能达到低损耗变压器 SL$_7$（S_7）系列标准值，使用寿命也与之相近。

5. 更换绕组和铁心的保容量改制法

对于绕组松动且绝缘老化，铁心材质低劣（如热轧硅钢片）且制造工艺较差，需要大修的高能耗变压器，可采取更换心体（绕组和铁心）保容量的方式进行改制。

改造时，按照低损耗变压器 S_9 系列标准，重新设计、制作绕组和铁心；即铁心选用国产 Q$_{10}$—0.35 或日本产 Z$_{10}$—0.35 冷轧优质硅钢片，叠装采取 45° 全斜不冲孔结构形式；绕组选用铜导线重新绕制，这种改制方法的特点是：

（1）工艺要求较高，适宜于技术水平和装配工艺质量水平较高且具备专用冲剪设备的单位和专业制造厂。

（2）除外壳外，铁心和绕组均更换，所需材料较多，改制费用较高，且受优质硅钢片和铜导线的货源限制。

（3）改造后的变压器主要技术性能指标能够达到低损耗变压器标准，使用寿命也相近；并且这种改造方法不受容量大小、用电负荷轻重等情况的限制，适且范围相对较广。

（4）此种方法是上述各种方法费用最高的一种。因此，建议只能在经过算账后，改制一台旧的高能耗变压器比购置一台新的低损耗变压器能节约 20% 及以上费用的前提下进行。

（三）高能耗变压器的调容量改造方法

为了适应家电负荷季节性变化大的特点，一些地区和单位采取切换配电变压器容量，节约电能的改造方法。即利用原变压器的外壳和铁心，重新绕制绕组，增设一个无励磁调容量开关，并通过切换调容开关的接线方式，改变变压器的使用容量。目前，调容量的方法有两种，一种是绕组并联或串联调容量法，另一种是绕组△—Y连接调容量法。

1. 串并联调容量的配电变压器（见图 5-6）

（1）改制原理。将高能耗配电变压器的每相一次绕组和二次绕组各分成两段，每段都保持原有匝数，导线截面缩小一半，增设一个调容量开关，根据季节进行调节，实现串联或并联运行。并联时：将有效匝数和导线截面保持原有数值，允许绕组通过额定电流，变压器保持全容量。串联时：绕组匝数为原匝数的两倍，导线截面为原截面的一半，允许绕组通过铭牌额定电流的一半，配电变压器容量减半。

（2）串联、并联的运行条件。据公式推导，在配电变压器处于小负荷时，串联运行的损耗小于并联运行的损耗。此后，随着配电变压器负荷的增长，串联运行损耗曲线比并联运行损耗曲线，变化陡急。当负荷增加到某一数值时，两条损耗曲线相交于一点（见图 5-7），这一负荷值称为串并联调容量配电变压器的临界负载，相应的负载率即为临界负载率。反之，在配电变压器处于大负荷时，如配电变压器负荷超过临界负载，并联运行比串联运行较为经济，损耗较小。但是，调容量变压器运行的真正节电区，是在负载率小于临界负载率的区域，如图 5-7 中阴影部分所示。对有功负荷而言，临界负载率为 20% ~ 25%；对有功和无功总负荷而言，综合临界负载率为 24% ~ 39%。

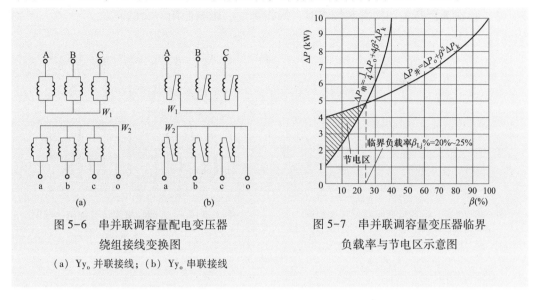

图 5-6　串并联调容量配电变压器
绕组接线变换图

（a）Yy₀ 并联接线；（b）Yy₀ 串联接线

图 5-7　串并联调容量变压器临界
负载率与节电区示意图

（3）串并联调容改制法的评价。

1）串并联调容改制技术比较简单，便于县级电业修试单位实施。

2）对于农电负荷季节性变化大，一年内调容开关切换次数极少，管理制度健全，电工素质好的地区和单位，适宜采用。但是，调容开关切换次数较多时，不仅操作麻烦，而且影响开关的使用寿命。因此，对于农电负荷季节变化小，或者日负荷变化大，需要日调容、管理薄弱而缺乏负荷记录的地区和单位，不宜推广应用。

3）由于受临界负载率较低所限，使用范围不广，节电效果不高，在全容量挡运行时，仍是"高能耗"。

4）改制费用较高，为同容量低损配电变压器价的 60% ~ 70%。

2. Y—△调容量的配电变压器

（1）改制方法。Y—△调容量配电变压器的高压绕组与普通配电变压器相同，原高耗配电变压器的铁心也不动；低压绕组做成三段（见图 5-8），Ⅰ段具有绕组 27% 的匝数，Ⅱ段和Ⅲ段的匝数相同，均具有绕组 73% 的匝数；同时，Ⅱ段和Ⅲ段导线截面积相等，均为第Ⅰ段的一半。变压器增设一个调容量开关。当使高压三相绕组接△形，低压绕组每相的Ⅱ、Ⅲ段并联后与第Ⅰ段串联，三相再接成Y₀形时，配电变压器具有额定容量，当使高压绕组的三相接成Y形，低压绕组每相三段全部串联后，三相再接成Y₀形成，配电变压器容量减半，具有半容量（见图 5-9）。

（2）Y—△调容制改法的评价。

1）与串并联调容改制法相比，临界负载率较高，有功临界负载率可达 34%（见图 5-10）。有功和无功的总临界负载率可达 48%（见图 5-11）。因此该调容量变压器使用范围较广，适应性较强，节电效果较佳（但在全容量挡运行时，仍是"高能耗"）。

2）串并联调容改制需将绕组分成两段，Y—△调容改制需将绕组分成三段，因此，同样存在线头多，焊接也多，增加改制工时的问题。

3) 存在调容开关切换次数较多时，操作麻烦，影响使用寿命的问题。

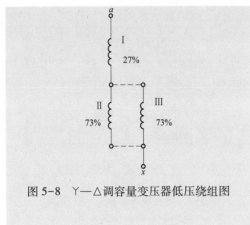

图 5-8　Ⅵ—△调容量变压器低压绕组图

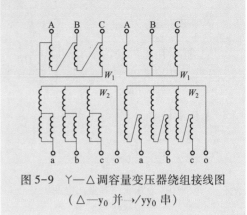

图 5-9　Ⅵ—△调容量变压器绕组接线图
（△—y$_0$ 并 ↘/yy$_0$ 串）

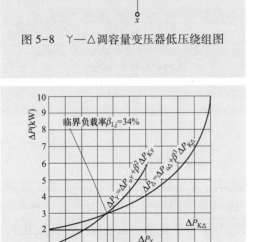

图 5-10　Ⅵ—△调容量变压器有功临界
负载率示意图

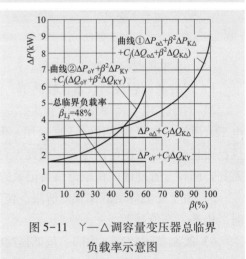

图 5-11　Ⅵ—△调容量变压器总临界
负载率示意图

4) 存在改制费用较高的弊端，平均为同容量低损耗配电变压器售价的 60%～70%。

四、改造高能耗变压器的绝缘或安全要求

1. 高压绕组和低压绕组改制技术要求

高压绕组一般需绕在电木纸筒上，纸筒厚度约 2.5～3mm。绕组分内、外两个线圈绕制，内圈约占总层数的 1/3，外圈占总层数的 2/3；两个线圈之间的油道宽为 4～6mm。高压绕组端部绝缘应高出线圈高度 10～15mm，它到铁轭的绝缘距离一般为 20～25mm，相邻两心柱上的高压绕组间距为 8mm，否则两相之间应加装厚度不小于 2mm 的绝缘隔板。低压绕组可不用电木纸筒，在套入铁心时，使用 1mm 厚的绝缘纸板与铁心隔开即可；低压绕组端部绝缘宜高出线圈 5mm，线圈心柱之间的油道宽度为 5mm，它到铁轭的绝缘不应小于 15mm；低压绕组并绕导线不宜超过 4 根，并绕导线型号不能超过两种；如导线立绕时，其宽边与窄边之比不应小于 1.3 倍，也不应大于 3.0 倍。

2. 高压绕组和低压的层间绝缘及绝缘结构要求

线圈层间绝缘一般采用 0.12mm 厚的 K_{12} 型电缆纸，当两层间的工作电压不大于 500V 时，垫 2 层；当其电压为 501~1300V 时，垫 3 层；当层间总工作电压为 1301~1800V 时，垫 4 层；1801~2300V 时垫 5 层；2301~2800V 时垫 6 层；2801~3300V 时垫 7 层；3301~3800V 时垫 8 层；2801~4300V 时垫 9 层。层间绝缘均应高出线圈端部 10~16mm。

高压绕组和低压绕组的引线应缠包绝缘，其对地最小距离见表 5-26，引线间最小距离见表 5-27。

表 5-26　　　　　　　　　　　　　引 线 对 地 最 小 距 离

电压 （kV）	包绝缘厚 （mm）	平面 （mm）	尖角 （mm）	沿木件 （mm）	对夹木螺丝 （mm）
0.4	0	10	10	25	25
10	2	10	12	25	30
35	3	25	40	80	80

表 5-27　　　　　　　　　　　　　引 线 间 最 小 距 离

电压 （kV）	包绝缘厚 （mm）	沿木件 （mm）	油间隙 （mm）
0.4	0	25	10
10	2	25	10
35	3	70	20

各引线在油箱中露出油面部分与油箱及接地部分的距离小于 120mm 时，应加套黄蜡管。高压套管引线对大盖的高度不小于 140mm（电压为 6~10kV 时）。

油中裸露带电零件对地最小距离为：低压 0.4kV 为 10mm，10kV 为 30mm，35kV 为 90mm。若小于上述规定时，应加装 3mm 厚的绝缘板隔离。

3. 改制时对铁心的绝缘要求

改造变压器的铁心应清洁、无油污、无水锈；硅钢片绝缘漆完好，漆膜（两边）不应超过 0.02mm；穿心螺丝与铁心之间应绝缘良好，其绝缘电阻不小于 $2M\Omega$，绝缘纸垫外径应大于穿钉垫圈外径 2mm，厚度不应小于 2mm；铁轭夹件应垫上厚度不小于 1.5mm 的绝缘纸；铁心在低压侧应有一点接地。

五、更新改造高能耗变压器的效益及其分析

1. 效益分析所用参数及其取值

从抽象的概念来看，不少企业管理人员认为，对电网中的高能耗变压器进行分期分批的更新改造，确实有利于电网的降损节能，在经济上是合算的，而且也符合国家的节能政策。那么，它对降损节能及其带来的经济效益如何？下面就这一问题进行具体计算分析，给予明确答复。

在进行效益计算分析时，为了使结论尽可能准确，所用参数的取值应尽量符合我国农村电网中配电变压器的现状。

（1）配电变压器额定容量。根据全国农电统计，全国农用配电变压器的平均单台容量，前几年不足80kVA，近几年已增加到80～90kVA，甚至接近100kVA（这也许是用电负荷发展的象征，但对降损节能不利）。因此，取100kVA作为高能耗配电变压器和低损耗节能配电变压器额定容量的代表值，并且取JB 500—1964标准和S_{11}系列的4个技术性能参数（见表5-24）分别作为高耗变和低损变的相应代表值，进行计算分析。

（2）配电变压器年均运行时间。据调查统计，当今农村农业用配电变压器年投运时间约为5500～6000h，农村工业用配电变压器年投运时间约为6000～6500h；因两者用电量比例相近，计算分析时取其平均为6000h（用T_{pj}表示）。

（3）配电变压器年均负载率。其值按式（5-84）计算确定为

$$\beta\% = \frac{\sum A_{y \cdot i}}{\sum S_{e \cdot i} \cos\phi\, T_{pj}} \times 100\% \tag{5-84}$$

式中　$\sum A_{y \cdot i}$——各配电变压器二次侧总表抄见电量总和，kW·h；

　　　$\sum S_{e \cdot i}$——各配电变压器额定容量之总和，kVA；

　　　$\cos\phi$——配电变压器负荷功率因数，取$\cos\phi = 0.8$。

据统计，2002年全国农村电网3～10/0.4kV配电变压器总容量为45 509万kVA，其二次侧总表抄见电量的总和为7212亿kW·h，将这两个数据和T_{pj}、$\cos\phi$的取值代入式（5-84），求得全国农网配变2002年的平均负载率约为33.02%；分析计算时取30%。

（4）配电变压器无功经济当量。据有关资料介绍，农村电网（县及以下）配电变压器的无功经济当量（以K_Q表示）一般约为0.10～0.15，分析计算时取$K_Q = 0.12$kW/kvar。

2. 效益分析的计算

因为更新改造高能耗变压器是以低损耗变压器进行取而代之为要求的（或前者达到、接近后者的标准值），所以，分析计算时采取以两者对比的方法。

（1）每台低损耗变压器比高能耗变压器一年节约电量和节约价值分别为

$$
\begin{aligned}
A_j &= \Bigg[(P_{01} - P_{02}) + \beta^2 (P_{k1} - P_{k2}) \\
&\quad + \left(\frac{I_{01}\% - I_{02}\%}{100} S_e + \beta^2 \frac{U_{k1}\% - U_{k2}\%}{100} S_e \right) K_Q \Bigg] T_{pj} \\
&= \Bigg[(0.73 - 0.2) + 0.3^2 \times (2.4 - 1.5) \\
&\quad + \left(\frac{7.5 - 0.35}{100} \times 100 + 0.3^2 \times \frac{4.5 - 4.0}{100} \times 100 \right) \times 0.12 \Bigg] \times 6000 \\
&= 8846.4 \ (\text{kW} \cdot \text{h})
\end{aligned} \tag{5-85}
$$

$$
\begin{aligned}
A &= \text{农村综合平均电价}[\text{元}/(\text{kW} \cdot \text{h})] \times A_j \\
&= 0.56 \times 8846.4 = 4953.98 \ (\text{元})
\end{aligned}
$$

上面的计算结果表明，推广应用低损耗变压器具有极其显著可观的降损节电效果。由此方法并根据全县、全省和全国现有的高能耗配电变压器的台数，在进行更新改造之后，可计算得到一年的总节约电量和总节约价值。显然，其数目是极其可观的。如果更新的低损耗变压器不是 S_{11} 型而是 S_9 或新 S_9 型的，其节电效益将会相应减小一些，但仍然可观。

（2）更新改造高能耗变压器的投资回收年限。因购置一台 100kVA S_{11} 型低损耗配电变压器的价格约为 15 500 元，而将一台 100kVA 高能耗配电变压器改制成同容量的低损耗配电变压器所需的费用假设为上述价格的 30%～70%（因改造方法不同，费用有高低之别）。因此可求得更新投资回收年限和改造回收年限为

更新时　　　$N_{gx} = \dfrac{\text{新低损配电变压器售价}}{\text{年节电价值}} = \dfrac{15\ 500}{4953.98} = 3.13$（年）

改造时　　$N_{gz} = \dfrac{\text{高耗配电改造费用}}{\text{年节电价值}} = \dfrac{15\ 500 \times (0.3 \sim 0.7)}{4953.98 \times 0.70} = 1.34 \sim 3.13$（年）

　　说明两点：一是改造后变压器的年节电价值是按 S_7 型低损配变计算的，其值约为 S_{11} 型低损配变的 70%。二是若更新的低损耗变压器不是 S_{11} 型，而是 S_9 或新 S_9 型的，其投资回收年限将会相应增长一些。

（3）改造与更新相比的节约价值。因对高能耗变压器采取改造的办法，比采取淘汰更换（即淘汰旧变压器换成新变压器）的办法，投资回收年限较短，见效较快，所以在经济上比较合算，很适宜于经济条件较差，资金来源困难的县乡或省份。此时，每台配电变压器的年节省费用为

$$
\begin{aligned}
A_{zj} &= A_{jd} \times (N_{gx} - N_{gz}) \\
&= 4953.98 \times 0.70 \times [3.13 - (1.34 \sim 3.13)] \\
&= 0 \sim 6207.34 \text{（元）}
\end{aligned}
$$

式中　A_{zj}——用改造法比淘汰更换法的年节省费用，元；

　　　A_{jd}——经过改造后配变的年节电价值，元。

同样，由此方法并根据全县、全省和全国现有高能耗变压器的台数，可计算得到改造比更换节省的总费用。显然，其数目也是极其可观的。因此，凡是有改造价值的高能耗变压器，应尽量采用改造的方法，而不能轻易采用将其淘汰、以旧换新的方法；这比较符合我国经济欠发达地区的情况。

客观地说，对于经济较为发达的地区，或者对高能耗变压器没有改造能力和条件的县乡镇，为安全、可靠和保险起见，从省时省力及方便考虑，也可以将高能耗变压器直接送到变压器厂家（也可以将高损变压器自行作报废处理），以旧换新，各算各价，一步到位直接购取新的低损耗变压器，尽快安装投运使用。低损耗变压器与高能耗相比，具有诸多优越点：①空载损耗和空载电流百分数均低得多，说明节能性能极佳；②经济负载率低得多，相差 10%以上，说明低损变压器经济点的起点低，易进入经济运行区，有较为广阔的节电空间；③最佳功耗率低得多，相差近两倍，说明低损变压器本

身能耗极小；④ 最高效率要高，在相同的经济负载率下，高得更多，说明低损变压器出力较大，过载能力较强。

第五节　城乡电网中变压器的经济运行

一、变压器运行的几个概念及经济运行的含义

1. 变压器运行中的几个概念

（1）变压器的电功率损耗。变压器在运行中所产生的电功率损耗，主要有以下两部分：

1）变压器的空载损耗。即变压器的铁损，主要产生在铁心等部位，其中以励磁损耗为主要成分，涡流损耗为次要成分。因变压器的空载损耗不随它所带负荷大小的变化而变化，在任何负荷下都保持一固定数值，所以此损耗又称为固定损耗。变压器的空载损耗通常用 ΔP_o（或 P_o）表示，单位为 W（或 kW）。

2）变压器的负载损耗。即变压器的铜损，主要产生在绕组中。因为变压器的负载损耗随着它所带负荷大小的变化而变化，故又称为可变损耗。变压器的负载损耗记为 ΔP_f（或 P_f），单位为 W（或 kW）。计算公式为

$$\Delta P_f = \Delta P_k \left(\frac{I}{I_e}\right)^2 \times 10^{-3}(\text{kW})$$

或

$$\Delta P_f = \Delta P_k \left(\frac{S}{S_e}\right)^2 \times 10^{-3}(\text{kW})$$

或

$$\Delta P_f = \Delta P_k \left(\frac{P}{P_e}\right)^2 \times 10^{-3}(\text{kW})$$

$$(5-86)$$

式中　ΔP_k——变压器的短路损耗，W；

S_e、P_e、I_e——变压器的额定容量，kVA；额定有功功率，kW；额定电流，A；

S、P、I——变压器的实际视在功率，kVA；实际有功功率，kW；实际负荷电流，A。

3）变压器的总损耗。为变压器空载损耗（即铁损或固定损耗）与负载损耗（即铜损或可变损耗）之和。即

$$\Delta P_\Sigma = \Delta P_o + \Delta P_f = \Delta P_o + \left(\frac{I}{I_e}\right)^2 \Delta P_k$$

或

$$\Delta P_\Sigma = \Delta P_o + \left(\frac{S}{S_e}\right)^2 \Delta P_k$$

或

$$\Delta P_\Sigma = \Delta P_o + \left(\frac{P}{P_e}\right)^2 \Delta P_k$$

$$(5-87)$$

（2）变压器的负载率。变压器的实际负荷值（即 I、S、P）对变压器的额定负荷值（即 I_e、S_e、P_e）之比值，即为变压器的负载率；通常以 β 表示。因此

$$\beta = \frac{I}{I_e} = \frac{S}{S_e} = \frac{P}{P_e}$$

$$(5-88)$$

显然，当 $\beta=0$ 时，变压器处于空载运行；当 $\beta=1$ 时，变压器处于满载运行；当 $\beta>1$ 时，变压器处于超载运行；当 $0<\beta<1$ 时，变压器处于正常负载运行。

（3）变压器的电功率损耗率（简称功耗率）。变压器功率总损耗对输入功率之比值，即为变压器的电功率损耗率；通常以 $\Delta P\%$ 表示。它的计算公式为

$$\Delta P\% = \frac{\Delta P_\Sigma}{P_1} \times 100\% = \frac{\Delta P_o + \Delta P_f}{P_1} \times 100\%$$

或

$$\left. \begin{aligned} \Delta P\% &= \left(\frac{\Delta P_o}{P_1} + \frac{\beta^2 \Delta P_k}{P_1} \right) \times 100\% \\[2ex] \Delta P\% &= \left(\frac{\Delta P_o}{P_1} + \frac{\Delta P_k}{P_e^2} P_1 \right) \times 100\% \\[2ex] \Delta P\% &= \frac{\Delta P_o + \beta^2 \Delta P_k}{\Delta P_o + \beta^2 \Delta P_k + P_2} \times 100\% \end{aligned} \right\} \tag{5-89}$$

或

$$\Delta P\% = \frac{\Delta P_o + \beta^2 \Delta P_k}{\Delta P_o + \beta^2 \Delta P_k + S_e \cos\phi_2 \beta} \times 100\%$$

式中 P_1、P_2——变压器输入、输出的有功功率，kW；

$\cos\phi_2$——变压器负荷功率因数（加权平均值）。

（4）变压器的效率。变压器的输出功率对输入功率之比值，即为变压器的效率；通常用 $\eta\%$ 表示。它的计算公式为

$$\eta\% = \frac{P_2}{P_1} \times 100\% = \frac{P_1 - \Delta P}{P_1} \times 100\% = \left(1 - \frac{\Delta P}{P_1} \right) \times 100\% \tag{5-90}$$

或

$$\eta\% = \frac{P_2}{\Delta P + P_2} \times 100\% = \frac{\beta S_e \cos\phi_2}{\Delta P_o + \beta^2 \Delta P_k + \beta S_e \cos\phi_2} \times 100\% \tag{5-91}$$

2. 变压器经济运行的含义

所谓变压器的经济运行，是指变压器在运行中，它所带的负荷在通过调整之后达到某一合理值；此时，变压器的负载率达到合理值，而变压器的电功率损耗率达到最低值，效率达到最高值。变压器的这一运行状态，就是经济运行状态。

二、单台、两台和多台变压器的经济运行

1. 单台变压器的经济运行

（1）单台变压器功耗率曲线和效率曲线　前面介绍变压器运行的功耗率和效率的计算公式，实际上是对一台变压器而言。因此，根据下式

$$\Delta P\% = \left(\frac{\Delta P_o}{P_1} + \frac{\Delta P_k}{P_e^2} P_1 \right) \times 100\% \tag{5-92}$$

$$\eta\% = \left(1 - \frac{\Delta P_\Sigma}{P_1} \right) \times 100\% \tag{5-93}$$

假定式中的 P_1 为若干个适当的值，即可作出变压器运行的功耗率曲线和效率曲线，如

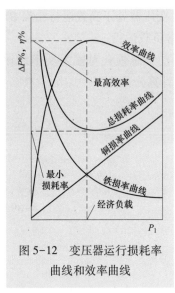

图 5-12 变压器运行损耗率
曲线和效率曲线

图 5-12 所示。

从图 5-12 可知，在变压器的功耗率达到最低值，效率达到最高值，即变压器处于经济运行时，变压器的空载损耗率曲线和负载损耗率曲线相交于一点，这表示变压器空载损耗率和负载损耗率相等。

（2）单台变压器的经济负载率、经济负载、最小功耗率、最高效率。根据变压器经济运行时，空载损耗率与负载损耗率相等的原理，可以得到如下函数关系

$$\frac{\Delta P_o}{P_1} \times 100\% = \frac{\beta^2 \Delta P_k}{P_1} \times 100\%$$

即

$$\Delta P_o = \beta^2 \Delta P_k$$

所以

$$\beta = \beta_j = \sqrt{\frac{\Delta P_o}{\Delta P_k}} \tag{5-94}$$

这就是变压器经济负载率（记作 β_j）的计算确定公式。计及变压器无功损耗的影响时（β_j 值约增大 5%~13%），可表示为

$$\beta_j = \sqrt{\frac{\Delta P_o + K_Q \Delta Q_o}{\Delta P_k + K_Q \Delta Q_k}} \tag{5-95}$$

而

$$\Delta Q_o = \sqrt{3} U_e I_o = \frac{I_o\%}{100} S_e \quad (\text{kvar})$$

$$\Delta Q_k = \frac{U_k\%}{100} S_e \quad (\text{kvar})$$

式中　ΔQ_o、ΔQ_k——变压器的空载无功损耗，短路无功损耗；

　　　$I_o\%$、$U_k\%$——变压器空载电流百分数，短路电压百分数；

　　　K_Q——变压器负荷无功经济当量，一般主变压器 $K_Q = 0.06~0.10$ kW/kvar，配变 $K_Q = 0.10~0.15$ kW/kvar。

因此，得变压器经济运行时的经济负载值，即变压器输出的有功功率的经济值为

经济负载值　　$P_j = \beta_j P_e = S_e \cos\phi_2 \sqrt{\dfrac{\Delta P_o}{\Delta P_k}} \quad (\text{kW}) \tag{5-96}$

随之可得变压器经济运行时的最小功耗率和最高效率之值为

最小功耗率　　$\Delta P_j\% = \dfrac{\Delta P_o + \beta_j^2 \Delta P_k}{\beta_j P_e + \Delta P_o + \beta_j^2 \Delta P_k} \times 100\%$

$$= \frac{2\Delta P_o}{\beta_f S_e \cos\phi_2 + 2\Delta P_o} \times 100\% \tag{5-97}$$

最高效率　　$\eta\% = \left(1 - \dfrac{2\Delta P_o}{\beta_j S_e \cos\phi_2 + 2\Delta P_o}\right) \times 100\% \tag{5-98}$

式中 $\cos\phi_2$——变压器二次侧负荷功率因数（加权平均值）。

根据以上公式可以计算出不同标准（或系列）、不同容量主、配变压器的经济负载、经济负载率、最高效率、最小经济负载、最小经济负载率，如表 5-28 和表 5-29 所示。

表 5-28　　　　　　　SL_7、S_9、SF_9 系列 35kV 主变压器技术性能及
经济运行参数表

参数 系列	额定容量 S_e （kVA）	空载损耗 P_o （kW）	短路损耗 P_k （kW）	空载电流 阻抗电压 $I_o\%$/ $U_k\%$	经济负载 率 β_j （%）	最高效率 η_{zg} （%）	最佳功耗 率 ΔP_{jz} （%）	最小经济 负载率 β_j'（%）
SL₇	1600	2.9	16.5	2.5/6.5	41.92	98.93	1.07	17.58
	2000	3.4	19.8	2.5/6.5	41.44	98.98	1.02	17.17
	2500	4.0	23.0	2.2/6.5	41.70	99.05	0.95	17.39
	3150	4.75	27.0	2.2/7.0	41.94	99.11	0.89	17.59
	4000	5.65	32.0	2.2/7.0	42.02	99.17	0.83	17.66
	5000	6.75	36.7	2.0/7.0	42.89	99.21	0.78	18.39
	6300	8.2	41.0	2.0/7.5	44.72	99.28	0.72	20.0
	8000	9.8	50.0	1.0/7.5	44.27	99.31	0.69	19.60
	10 000	11.5	59.0	1.0/7.5	44.15	99.35	0.65	19.49
S₉	800	1.23	9.9	1.5/6.5	35.25	98.92	1.08	12.42
	1000	1.45	12.15	1.4/6.5	34.55	98.96	1.04	11.93
	1250	1.75	14.70	1.3/6.5	34.50	99.00	1.00	11.90
	1600	2.10	17.15	1.2/6.5	34.99	99.07	0.93	12.24
	2000	2.70	17.80	1.1/6.5	38.95	99.14	0.86	15.17
	2500	3.20	20.70	1.1/6.5	39.32	99.19	0.81	15.46
	3150	3.80	24.50	1.0/7.0	39.38	99.24	0.76	15.51
	4000	4.55	28.80	1.0/7.0	39.75	99.29	0.71	15.80
	5000	5.40	33.05	0.9/7.0	40.42	99.34	0.66	16.34
	6300	6.55	36.90	0.8/7.5	42.13	99.39	0.61	17.75
SF₉	8000	9.20	40.50	0.8/7.5	47.66	99.40	0.60	22.72
	10 000	10.90	47.70	0.8/7.5	47.80	99.43	0.57	22.85

表 5-29　　　　　　　五种标准系列
四种额定容量 配电变压器 $\dfrac{空载损耗}{短路损耗}$ 及经济运行参数表

标准或 系列	额定容量 S_e （kVA）	空载损耗 P_o （W）	短路损耗 P_k （W）	经济负载 S_i （kVA）	经济负载 率 B_i （%）	最高效率 η_{zg} （%）	最小经济 负载 S_j' （kVA）	最小经济 负载率 β_j' （%）
JB 500— 1964 标准	30	300	850	17.82	59.40	95.79	10.55	35.30
	50	440	1325	28.82	57.63	96.18	16.60	33.20
	75	590	1875	42.08	56.10	96.49	23.60	31.47
	100	730	2400	55.15	55.15	96.69	30.42	30.42

标准或系列	额定容量 S_e (kVA)	空载损耗 P_o (W)	短路损耗 P_k (W)	经济负载 S_i (kVA)	经济负载率 B_i (%)	最高效率 η_{zg} (%)	最小经济负载 S_j' (kVA)	最小经济负载率 β_j' (%)
JB 1300—1973 组 II 标准	30	270	850	16.91	56.36	96.01	9.53	31.77
	50	380	1260	27.46	54.92	96.54	15.08	30.16
	80	530	1800	43.41	54.26	96.95	23.56	29.45
	100	620	2250	52.49	52.49	97.05	27.56	27.58
JB 1300—1973 组 I 标准	30	240	810	16.33	54.43	96.33	8.89	29.63
	50	350	1200	27.01	54.01	96.76	14.58	29.16
	80	470	1700	42.06	52.58	97.21	22.12	27.65
	100	540	2100	50.71	50.71	97.34	25.71	25.71
SL₇、S₇ 系列	30	150	800	13.97	46.55	97.11	6.50	21.67
	50	190	1150	22.10	44.20	97.66	9.77	19.54
	80	270	1650	35.06	43.82	97.91	15.36	19.20
	100	370	2450	43.97	43.07	97.62	19.33	19.33
S₉ 系列	30	130	600	12.99	43.30	97.67	5.63	18.77
	50	170	870	20.33	40.65	98.08	8.26	16.52
	80	240	1250	32.36	40.45	98.29	13.09	16.36
	100	290	1500	38.86	38.86	98.35	15.10	15.10

（3）变压器的最小经济负载和经济运行区。

1）变压器最小经济负载的含义。从上述可知，变压器在经济负载这一点运行最经济，这是无疑的。但是变压器在额定负载（即满载）运行时，功耗率虽然有所增加，但增加不大，因此，变压器运行比较经济，我们把这一负载，称为变压器的最大经济负载。可想而知，对应于最大经济负载，必然有一个最小经济负载。所谓变压器最小经济负载，是指在变压器功耗率曲线上，变压器功耗率与其在最大经济负载时，功耗率相等时所对应的最小负载，如图 5-13 所示。显而易见，变压器最小经济负载<变压器理想经济负载<变压器最大经济负载。

2）变压器最小经济负载和经济运行区的确定。因为变压器在最大经济负载时和最小经济负载时的功耗率分别为

$$\Delta P_e\% = \frac{\Delta P_o + \Delta P_k}{P_e} \times 100\% \qquad (5-99)$$

$$\Delta P_{jx}\% = \frac{\Delta P_o + \left(\dfrac{P_{jx}}{P_e}\right)^2 \Delta P_k}{P_{jx}} \times 100\% \qquad (5-100)$$

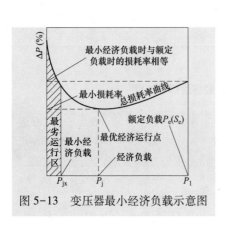

图 5-13 变压器最小经济负载示意图

根据变压器最小经济负载的含义 $\Delta P_{jx}\% = \Delta P_e\%$

得

$$\frac{\Delta P_o + \left(\dfrac{P_{jx}}{P_e}\right)^2 \Delta P_k}{P_{jx}} = \frac{\Delta P_o + \Delta P_k}{P_e} \qquad (5-101)$$

即

$$P_{jx}^2 - \frac{P_e\ (\Delta P_o + \Delta P_k)}{\Delta P_k}P_{jx} + \frac{P_e^2 \Delta P_o}{\Delta P_k} = 0 \qquad (5-102)$$

此式为一元二次方程式，解得

$$P_{jx} = \frac{P_e}{2}\left(\frac{\Delta P_o + \Delta P_k}{\Delta P_k} \mp \frac{\Delta P_o - \Delta P_k}{\Delta P_k}\right) \qquad (5-103)$$

取负号时，最大经济负载为 $P_{jd} = P_e = S_e\cos\phi_2$

取正号时，最小经济负载为 $P_{jx} = \dfrac{\Delta P_o}{\Delta P_k}P_e = \dfrac{\Delta P_o}{\Delta P_k}S_e\cos\phi_2$ $\qquad\Big\}\qquad (5-104)$

由此得变压器最小经济负载率为

$$\beta_{jx}\% = \frac{P_{jx}}{P_e}\times 100\% = \frac{\Delta P_o}{\Delta P_k}\times 100\% \qquad (5-105)$$

变压器最小经济负载是变压器躲过运行最劣区（即轻载区），起码要担负的、使它进入经济运行区的最低负载。由此可见，变压器存在一个经济运行区，负载从 $\dfrac{\Delta P_o}{\Delta P_k}P_e$ 至 P_e，其中理想的经济负载为 $P_e\sqrt{\dfrac{\Delta P_o}{\Delta P_k}}$；负载率从 $\dfrac{\Delta P_o}{\Delta P_k}$ 至 1，其中理想的经济负载率为 $\sqrt{\dfrac{\Delta P_o}{\Delta P_k}}$。

为了降低变压器的损耗，节约能源，供用电单位应该按此负载或负载率，组织和调整负荷，使变压器运行既不要超载，也不要轻载（即要躲过最劣区），最好是使变压器在经济负载点上（或其附近）运行；超码也得使它在经济区运行。

（4）各种生产班次企业专用变压器的经济运行。

1）三班制生产企业专用变压器的经济运行。因为企业在三班制生产时，变压器运行一昼夜的总能耗为

$$\Delta A = 3\Delta P_o t_m + 3\beta^2 \Delta P_k t_m \ (\text{kW}\cdot\text{h}) \qquad (5-106)$$

而变压器在一昼夜输出的有功电量为

$$A_2 = 3\beta S_e\cos\phi_2 t_m \ (\text{kW}\cdot\text{h}) \qquad (5-107)$$

故变压器在一昼夜运行中的能耗率为

$$\Delta A\% = \frac{\Delta A}{A_1}\times 100\% = \frac{\Delta A}{\Delta A + A_2}\times 100\% = \frac{\Delta P}{\Delta P + P_2}\times 100\%$$

$$= \frac{3\Delta P_o + 3\beta^2 \Delta P_k}{3\Delta P_o + 3\beta^2 \Delta P_k + 3\beta S_e\cos\phi_2}\times 100\%$$

$$= \frac{\Delta P_o + \beta^2 \Delta P_k}{\Delta P_o + \beta^2 \Delta P_k + S_e\beta\cos\phi_2}\times 100\% \qquad (5-108)$$

因为变压器为经济运行状态，所以变压器的能耗率为最小值。其值可通过求导数并令其值为零的方法求取，即由

$$\frac{d}{d\beta}(\Delta A\%)=0$$

得

$$\beta^2\Delta P_k-\Delta P_o=0$$

则变压器的经济负载率为

$$\beta_j=\sqrt{\frac{\Delta P_o}{\Delta P_k}} \tag{5-109}$$

或

$$\beta_j=\sqrt{\frac{\Delta P_o+K_Q\Delta Q_o}{\Delta P_k+K_Q\Delta Q_k}} \tag{5-110}$$

经济负载为

$$S_j=\beta_j S_e \ (kVA)$$

或

$$P_j=S_e\beta_j\cos\phi_2 \ (kW)$$

而变压器的最小经济负载率为

$$\left.\begin{array}{l}\beta_{jx}=\dfrac{\Delta P_o}{\Delta P_k}\\[2mm]\beta_{jx}=\dfrac{\Delta P_o+K_Q\Delta Q_o}{\Delta P_k+K_Q\Delta Q_k}\end{array}\right\} \tag{5-111}$$

最小经济负载为

或

$$\left.\begin{array}{l}S_{jx}=S_e\beta_{jx} \ (kVA)\\[2mm]P_{jx}=\beta_{jx}S_e\cos\phi_2 \ (kW)\end{array}\right\} \tag{5-112}$$

而变压器的最高效率为

$$\eta_{zg}\%=\frac{A_2}{A_1}\times100\%=\frac{A_2}{\Delta A+A_2}\times100\%=\frac{P_2}{\Delta P+P_2}\times100\%$$

$$=\frac{3\beta_j S_e\cos\phi_2}{3\Delta P_o+3\beta_j^2\Delta P_k+3\beta_j S_e\cos\phi_2}\times100\%$$

$$=\frac{\beta_j S_e\cos\phi_2}{\Delta P_o+\beta_j^2\Delta P_k+\beta_j S_e\cos\phi_2}\times100\% \tag{5-113}$$

将经济负载率 β_j 值和最小经济负载率 β_{jx} 值代入能耗率计算式中分别得

$$\Delta A_j\%=\frac{\Delta P_o+\beta_j^2\Delta P_k}{\Delta P_o+\beta_j^2\Delta P_k+\beta_j S_e\cos\phi_2}\times100\% \tag{5-114}$$

$$\Delta A_{jx}\%=\frac{\Delta P_o+\beta_{jx}^2\Delta P_k}{\Delta P_o+\beta_{jx}^2\Delta P_k+\beta_{jx}S_e\cos\phi_2}\times100\% \tag{5-115}$$

显然 $\Delta A_j\%<\Delta A_{jx}\%$，因此变压器在 β_j 点运行时相对于在 β_{jx} 点运行时的节电量（线损节约量）为

$$A_j=A_1(\Delta A_{jx}\%-\Delta A_j\%) \ (kW\cdot h)$$

2）两班制生产企业专用变压器的经济运行。因为企业在两班制生产时，变压器运

行一昼夜的总能耗为

$$\Delta A = 3\Delta P_o t_m + 2\beta^2 \Delta P_k t_m \quad (kW \cdot h) \tag{5-116}$$

而变压器在一昼夜输出的有功电量为

$$A_2 = 2\beta S_e \cos\phi_2 t_m \quad (kW \cdot h) \tag{5-117}$$

故变压器在一昼夜运行中的能耗率为

$$\Delta A\% = \frac{\Delta A}{A_1} \times 100 = \frac{\Delta A}{\Delta A + A_2} \times 100\%$$

$$= \frac{\Delta P}{\Delta P + P_2} \times 100\%$$

$$= \frac{3\Delta P_o + 2\beta^2 \Delta P_k}{3\Delta P_o + 2\beta^2 \Delta P_k + 2\beta S_e \cos\phi_2} \times 100\%$$

变压器的经济负载率可采取对上式中的负载率 β 求导数，并令其值等于零的方法求取，即由

$$\frac{d}{d\beta}(\Delta A\%) = 0$$

得

$$2\beta^2 \Delta P_k - 3\Delta P_o = 0$$

则变压器的经济负载率为

$$\beta_j = \sqrt{\frac{3\Delta P_o}{2\Delta P_k}} \tag{5-118}$$

或

$$\beta_j = \sqrt{\frac{3(\Delta P_o + K_Q \Delta Q_o)}{2(\Delta P_k + K_Q \Delta Q_k)}} \tag{5-119}$$

经济负载为

$$S_j = S_e \beta_j \quad (kVA)$$

或

$$P_j = S_e \cos\phi_2 \beta_j \quad (kW)$$

而变压器的最小经济负载率为

$$\beta_{jx} = \frac{3\Delta P_o}{2\Delta P_k} \tag{5-120}$$

或

$$\beta_{jx} = \frac{3(\Delta P_o + K_Q \Delta Q_o)}{2(\Delta P_k + K_Q \Delta Q_k)} \tag{5-121}$$

最小经济负载为

$$S_{jx} = S_e \beta_{jx} \quad (kVA)$$

或

$$P_{jx} = S_e \cos\phi_2 \beta_{jx} \quad (kW)$$

而变压器的最高效率为

$$\eta_{zg}\% = \frac{A_2}{A_1} \times 100\% = \frac{P_2}{P_1} \times 100\% = \frac{P_2}{\Delta P + P_2} \times 100\%$$

$$= \frac{2\beta_j S_e \cos\phi_2}{3\Delta P_o + 2\beta_j^2 \Delta P_k + 2\beta_j S_e \cos\phi_2} \times 100\% \tag{5-122}$$

将经济负载率 β 值和最小经济负载率 β_{jx} 值代入能耗率计算式分别得

$$\Delta A_j\% = \frac{3\Delta P_o + 2\beta_j^2 \Delta P_k}{3\Delta P_o + 2\beta_j^2 \Delta P_k + 2\beta_j S_e \cos\phi_2} \times 100\% \tag{5-123}$$

$$\Delta A_{jx}\% = \frac{3\Delta P_o + 2\beta_{jx}^2\Delta P_k}{3\Delta P_o + 2\beta_{jx}^2\Delta P_k + 2\beta_{jx}S_e\cos\phi_2}\times100\% \tag{5-124}$$

显然 $\Delta A_j\% < \Delta A_{jx}\%$，因此，变压器在 β_j 点运行时相对于在 β_{jx} 点运行时的节电量（线损节约量）为

$$A_j = A_1(\Delta A_{jx}\% - \Delta A_j\%) \quad (kW\cdot h)$$

3）单班制生产企业专用变压器的经济运行。因为企业在单班制生产时，变压器运行一昼夜的总能耗为

$$\Delta A = 3\Delta P_o t_m + \beta^2\Delta P_k t_m \quad (kW\cdot h) \tag{5-125}$$

而变压器在一昼夜输出的有功电量为

$$A_2 = \beta S_e\cos\phi_2 t_m \quad (kW\cdot h) \tag{5-126}$$

故变压器在一昼夜运行中的能耗率为

$$\Delta A\% = \frac{\Delta A}{A_1}\times100\% = \frac{\Delta A}{\Delta A + A_2}\times100\% = \frac{\Delta P}{\Delta P + P_2}\times100\%$$

$$= \frac{3\Delta P_o + \beta^2\Delta P_k}{3\Delta P_o + \beta^2\Delta P_k + \beta S_e\cos\phi_2}\times100\% \tag{5-127}$$

变压器的经济负载率可采取对上式中的负载率 β 求导数，并令其值等于零的方法求取，即由

$$\frac{d}{d\beta}(\Delta A\%) = 0$$

得

$$\beta^2\Delta P_k - 3\Delta P_o = 0$$

则变压器的经济负载率为

$$\beta_j = \sqrt{\frac{3\Delta P_o}{\Delta P_k}} \tag{5-128}$$

或

$$\beta_j = \sqrt{\frac{3(\Delta P_o + K_Q\Delta Q_o)}{\Delta P_k + K_Q\Delta Q_k}} \tag{5-129}$$

经济负载为

$$S_j = S_e\beta_j \quad (kVA)$$

或

$$P_j = \beta_j S_e\cos\phi_2 \quad (kW)$$

而变压器的最小经济负载率为

$$\beta_{jx} = \frac{3\Delta P_o}{\Delta P_k} \tag{5-130}$$

或

$$\beta_{jx} = \frac{3(\Delta P_o + K_Q\Delta Q_o)}{\Delta P_k + K_Q\Delta Q_k} \tag{5-131}$$

最小经济负载为

$$S_{jx} = S_e\beta_{jx} \quad (kVA)$$

或

$$P_{jx} = \beta_{jx}S_e\cos\phi \quad (kW)$$

而变压器的最高效率为

$$\eta_{zg}\% = \frac{A_2}{A_1}\times100\% = \frac{P_2}{P_1}\times100\% = \frac{P_2}{\Delta P + P_2}\times100\%$$

$$=\frac{\beta_{\mathrm{j}}S_{\mathrm{e}}\cos\phi_2}{3\Delta P_{\mathrm{o}}+\beta_{\mathrm{j}}^2\Delta P_{\mathrm{k}}+\beta_{\mathrm{j}}S_{\mathrm{e}}\cos\phi_2}\times100\% \tag{5-132}$$

将经济负载率 β_{j} 值和最小经济负载率 β_{jx} 值代入能耗率计算式分别得

$$\Delta A_{\mathrm{j}}\%=\frac{3\Delta P_{\mathrm{o}}+\beta_{\mathrm{j}}^2\Delta P_{\mathrm{k}}}{3\Delta P_{\mathrm{o}}+\beta_{\mathrm{j}}^2\Delta P_{\mathrm{k}}+\beta_{\mathrm{j}}S_{\mathrm{e}}\cos\phi_2}\times100\% \tag{5-133}$$

$$\Delta A_{\mathrm{jx}}\%=\frac{3\Delta P_{\mathrm{o}}+\beta_{\mathrm{jx}}^2\Delta P_{\mathrm{k}}}{3\Delta P_{\mathrm{o}}+\beta_{\mathrm{jx}}^2\Delta P_{\mathrm{k}}+\beta_{\mathrm{jx}}S_{\mathrm{e}}\cos\phi_2}\times100\% \tag{5-134}$$

显然 $\Delta A_{\mathrm{j}}\%<\Delta A_{\mathrm{jx}}\%$ ，因此，变压器在 β_{j} 点运行时相对于在 β_{jx} 点运行时的节电量（线损节约量）为

$$A_{\mathrm{j}}=A_1(\Delta A_{\mathrm{jx}}\%-\Delta A_{\mathrm{j}}\%)\ (\mathrm{kW}\cdot\mathrm{h})$$

式中　A_1、A_2——变压器输入、输出的有功电量，$\mathrm{kW}\cdot\mathrm{h}$；

P_1、P_2——变压器输入、输出的有功功率，kW；

$\cos\phi_2$——变压器负荷功率因数（加权平均值）；

t_{m}——企业每班次生产（或工作）的时间，h。

在以上分析的基础上，为了使读者对三种生产班次企业变压器的经济运行情况便于进行对比和掌握运用，特将它们的参数表示式汇集于表 5-30。

2. 两台变压器的经济运行

对于供电连续性要求较高的非季节性的综合用电负荷，为了降损节电，实现变压器的经济合理运行，可在变电站或配电台区（配电所）安装两台变压器，根据大小不同的用电负荷，投入不同容量的变压器。两台变压器的经济运行有两种情况（或方式），一种是两台同型号且同容量的，另一种是两台变压器同型号，但不同容量的（例如"母子变压器"），现分别介绍如下。

（1）两台同型号、同容量变压器的经济运行。

1）变压器在运行中的功率损耗。

一台变压器运行时的功率损耗为

$$\Delta P_{\mathrm{I}}=\Delta P_{\mathrm{o}}+\left(\frac{S}{S_{\mathrm{e}}}\right)^2\Delta P_{\mathrm{k}}\ (\mathrm{kW}) \tag{5-135}$$

两台变压器都运行时的功率损耗为

$$\Delta P_{\mathrm{II}}=2\Delta P_{\mathrm{o}}+\left(\frac{S}{2S_{\mathrm{e}}}\right)^2 2\Delta P_{\mathrm{k}}=2\Delta P_{\mathrm{o}}+\frac{1}{2}\left(\frac{S}{S_{\mathrm{e}}}\right)^2\Delta P_{\mathrm{k}}\ (\mathrm{kW}) \tag{5-136}$$

式中　S——变电站或配电台区用电负荷的视在功率，kVA；

S_{e}——每一台变压器的额定容量，kVA；

ΔP_{o}——每一台变压器的空载损耗，kW；

ΔP_{k}——每一台变压器的短路损耗，kW。

2）经济运行的临界负载。根据上列公式，假定式中的 $\beta=S/S_{\mathrm{e}}$ 为若干个适当值，

表5-30　三种生产班次企业变压器经济运行参数对比表

参数名称	三班制生产企业的变压器的经济运行	两班制生产企业的变压器的经济运行	单班制生产企业的变压器的经济运行
变压器总电能损耗（kW·h）	$\Delta A = 3\Delta P_o t_m + 3\beta^2 \Delta P_k t_m$	$\Delta A = 3\Delta P_o t_m + 2\beta^2 \Delta P_k t_m$	$\Delta A = 3\Delta P_o t_m + \beta^2 \Delta P_k t_m$
变压器输出的有功电量（kW·h）	$A_2 = 3\beta S_e \cos\phi_2 t_m$	$A_2 = 2\beta S_e \cos\phi_2 t_m$	$A_2 = \beta S_e \cos\phi_2 t_m$
变压器的能耗率（%）	$\Delta A\% = \dfrac{\Delta P_o + \beta^2 \Delta P_k}{\Delta P_o + \beta^2 \Delta P_k + \beta S_e \cos\phi_2} \times 100\%$	$\Delta A\% = \dfrac{3\Delta P_o + 2\beta^2 \Delta P_k}{3\Delta P_o + 2\beta^2 \Delta P_k + 2\beta S_e \cos\phi_2} \times 100\%$	$\Delta A\% = \dfrac{3\Delta P_o + \beta^2 \Delta P_k}{3\Delta P_o + \beta^2 \Delta P_k + \beta S_e \cos\phi_2} \times 100\%$
变压器的经济有功负荷率	$\beta_j = \sqrt{\dfrac{\Delta P_o}{\Delta P_k}}$	$\beta_j = \sqrt{\dfrac{3\Delta P_o}{2\Delta P_k}}$	$\beta_j = \sqrt{\dfrac{3\Delta P_o}{\Delta P_k}}$
变压器的经济综合负载率	$\beta_j = \sqrt{\dfrac{\Delta P_o + K_Q \Delta Q_o}{\Delta P_k + K_Q \Delta Q_k}}$	$\beta_j = \sqrt{\dfrac{3(\Delta P_o + K_Q \Delta Q_o)}{2(\Delta P_k + K_Q \Delta Q_k)}}$	$\beta_j = \sqrt{\dfrac{3(\Delta P_o + K_Q \Delta Q_o)}{\Delta P_k + K_Q \Delta Q_k}}$
变压器的最小经济有功负载率	$\beta_{jx} = \dfrac{\Delta P_o}{\Delta P_k}$	$\beta_{jx} = \dfrac{3\Delta P_o}{2\Delta P_k}$	$\beta_{jx} = \dfrac{3\Delta P_o}{\Delta P_k}$
变压器的最小经济综合负载率	$\beta_{jx} = \dfrac{\Delta P_o + K_Q \Delta Q_o}{\Delta P_k + K_Q \Delta Q_k}$	$\beta_{jx} = \dfrac{3(\Delta P_o + K_Q \Delta Q_o)}{2(\Delta P_k + K_Q \Delta Q_k)}$	$\beta_{jx} = \dfrac{3(\Delta P_o + K_Q \Delta Q_o)}{\Delta P_k + K_Q \Delta Q_k}$
变压器的最高效率（%）	$\eta_{zg}\% = \dfrac{\beta_j S_e \cos\phi_2}{\Delta P_o + \beta_j^2 \Delta P_k + \beta_j S_e \cos\phi_2} \times 100\%$	$\eta_{zg}\% = \dfrac{2\beta_j S_e \cos\phi_2}{3\Delta P_o + 2\beta_j^2 \Delta P_k + 2\beta_j S_e \cos\phi_2} \times 100\%$	$\eta_{zg}\% = \dfrac{\beta_j S_e \cos\phi_2}{3\Delta P_o + \beta_j^2 \Delta P_k + \beta_j S_e \cos\phi_2} \times 100\%$
变压器的经济能耗率（%）	$\Delta A_j\% = \dfrac{\Delta P_o + \beta_j^2 \Delta P_k}{\Delta P_o + \beta_j^2 \Delta P_k + \beta_j S_e \cos\phi_2} \times 100\%$	$\Delta A_j\% = \dfrac{3\Delta P_o + 2\beta_j^2 \Delta P_k}{3\Delta P_o + 2\beta_j^2 \Delta P_k + 2\beta_j S_e \cos\phi_2} \times 100\%$	$\Delta A_j\% = \dfrac{3\Delta P_o + \beta_j^2 \Delta P_k}{3\Delta P_o + \beta_j^2 \Delta P_k + \beta_j S_e \cos\phi_2} \times 100\%$
变压器的最小经济能耗率（%）	$\Delta A_{jx}\% = \dfrac{\Delta P_o + \beta_{jx}^2 \Delta P_k}{\Delta P_o + \beta_{jx}^2 \Delta P_k + \beta_{jx} S_e \cos\phi_2} \times 100\%$	$\Delta A_{jx}\% = \dfrac{3\Delta P_o + 2\beta_{jx}^2 \Delta P_k}{3\Delta P_o + 2\beta_{jx}^2 \Delta P_k + 2\beta_{jx} S_e \cos\phi_2} \times 100\%$	$\Delta A_{jx}\% = \dfrac{3\Delta P_o + \beta_{jx}^2 \Delta P_k}{3\Delta P_o + \beta_{jx}^2 \Delta P_k + \beta_{jx} S_e \cos\phi_2} \times 100\%$

即可绘制出一台变压器单独运行和两台变压器同时运行的功率损耗曲线，即分别为 $\Delta P_{\text{I}} =f(S)$ 和 $\Delta P_{\text{II}} =f(S)$。

从图 5-14 可知，两条曲线有一相交点，这表示变电站或配电台区（配电所）的两种不同运行方式的功率损耗是相等的，即 $\Delta P_{\text{I}} = \Delta P_{\text{II}}$。此时，变电站或配电台区（配电所）的用电负荷有一对应值，叫做"临界负荷"，记作 S_{Lj}（kVA）。临界负荷的作用是启示用电管理人员，当用电负荷小于"临界负荷"时（$S<S_{\text{Lj}}$），投一台变压器运行，功率损耗（或电能损耗）最小，最经济；反之，当用电负荷大于"临界负荷"时（$S>S_{\text{Lj}}$），将两台变压器都投入运行，功率损耗（或电能损耗）最小，最经济。

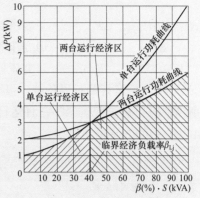

图 5-14　两台同型号、同容量变压器运行的功率损耗曲线

"临界负荷"的计算确定可根据 $\Delta P_{\text{I}} = \Delta P_{\text{II}}$ 的条件，即

$$\Delta P_{\text{o}}+\left(\frac{S}{S_{\text{e}}}\right)^2 \Delta P_{\text{k}} = 2\Delta P_{\text{o}}+\frac{1}{2}\left(\frac{S}{S_{\text{e}}}\right)^2 \Delta P_{\text{k}}$$

$$S = S_{\text{Lj}} = S_{\text{e}}\sqrt{\frac{2\Delta P_{\text{o}}}{\Delta P_{\text{k}}}}\ (\text{kVA}) \tag{5-137}$$

或

$$S = S_{\text{Lj}} = S_{\text{e}}\sqrt{\frac{2(\Delta P_{\text{o}}+K_{\text{Q}}\Delta Q_{\text{o}})}{\Delta P_{\text{k}}+K_{\text{Q}}\Delta Q_{\text{k}}}}\ (\text{kVA}) \tag{5-138}$$

应当指出，根据"临界负荷"投切变压器的容量，对于供电连续性要求较高的、随月份变化的综合用电负荷，不仅有重大的降损节能意义，而且也是切实可行的。但是，对于一昼夜或短时间内负荷变化较大的情况，往往为了防止跌落保险开关操作次数过多，而增加检修或造成损坏，同时为了避免操作过电压，影响变压器的使用寿命，则不宜采取这个措施。

（2）两台不同容量变压器，即"母子变压器"的经济运行。

1）"母子变压器"在运行中的功率损耗。因"母子变压器"是两台容量大小不同的变压器，所以运行方式有三种：一是小负荷用电投"子变"；二是中负荷用电投"母变"；三是大负荷用电"母变"和"子变"都投入运行。三种不同方式运行下的功率损耗分别为

$$\Delta P_{\text{z}} = \Delta P_{\text{o}\cdot\text{z}}+\left(\frac{S}{S_{\text{e}\cdot\text{z}}}\right)^2 \Delta P_{\text{k}\cdot\text{z}}\ (\text{kW}) \tag{5-139}$$

$$\Delta P_{\text{m}} = \Delta P_{\text{o}\cdot\text{m}}+\left(\frac{S}{S_{\text{e}\cdot\text{m}}}\right)^2 \Delta P_{\text{k}\cdot\text{m}}\ (\text{kW}) \tag{5-140}$$

$$\Delta P_{\text{m}\cdot\text{z}} = \Delta P_{\text{o}\cdot\text{z}}+\Delta P_{\text{o}\cdot\text{m}}+\left[\frac{SS_{\text{e}\cdot\text{z}}}{(S_{\text{e}\cdot\text{z}}+S_{\text{e}\cdot\text{m}})^2}\right]^2$$

$$\times\Delta P_{k\cdot z}+\left[\frac{SS_{e\cdot m}}{(S_{e\cdot z}+S_{e\cdot m})^2}\right]^2\Delta P_{k\cdot m}\quad(\mathrm{kW})\qquad(5\text{-}141)$$

式中　$\Delta P_{o\cdot z}$、$\Delta P_{k\cdot z}$——子变压器的空载损耗、短路损耗，kW；

　　　$\Delta P_{o\cdot m}$、$\Delta P_{k\cdot m}$——母变压器的空载损耗、短路损耗，kW；

　　　$S_{e\cdot z}$、$S_{e\cdot m}$——子变压器、母变压器的额定容量，kVA。

2）经济运行的临界负载。根据上列三式，假定式中的 S 为若干个适当值，即可分别绘制出"母子变压器"三种运行方式的功率损耗曲线，记为 $\Delta P_z=f(S)$、$\Delta P_m=f(S)$、$\Delta P_{m\cdot z}=f(S)$。

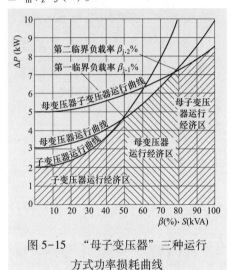

图5-15　"母子变压器"三种运行方式功率损耗曲线

由图5-15可见，三条曲线有三个相交点，第一个相交点为曲线 $\Delta P_z=f(S)$ 和曲线 $\Delta P_{m\cdot z}=f(S)$ 的相交点，表示这两种运行方式变压器的功率损耗相等，其所对应的用电负荷为这两种运行方式的"临界负荷"，记为 $S_{L_{j\cdot 1}}$；第二个相交点为曲线 $\Delta P_m=f(S)$ 和曲线 $\Delta P_{m\cdot z}=f(S)$ 的相交点，表示这两种运行方式变压器的功率损耗相等，其所对应的用电负荷为这两种运行方式的"临界负荷"记为 $S_{L_{j\cdot 2}}$；第三个交点为曲线 $\Delta P_z=f(S)$ 和曲线 $\Delta P_{m\cdot z}=f(S)$ 的相交点，此点无作用，因为在此点对应的负荷 S，母变压器运行的功率损耗要比母子变压器在此点运行时的功耗小或低。

同时，从曲线还可以看出，当用电负荷小于第一个临界负荷时（即 $S<S_{L_{j\cdot 1}}$），将子变压器投入运行功耗最小，最经济；当用电负荷大于第一个临界负荷而小于第二个临界负荷时（即 $S_{L_{j\cdot 1}}<S<S_{L_{j\cdot 2}}$），将母变压器投入运行功耗最小，最经济；当用电负荷大于第二个临界负荷时（即 $S>S_{L_{j\cdot 1}}$），将母变压器和子变压器都投入运行功耗最小，最经济。

3）临界负荷的计算确定方法。第一个临界负荷的确定依据，是等式 $\Delta P_z=\Delta P_m$，代入整理后得

$$S_{L_{j\cdot 1}}=S_{e\cdot m}S_{e\cdot z}\sqrt{\frac{\Delta P_{o\cdot m}-\Delta P_{o\cdot z}}{S_{e\cdot m}^2\Delta P_{k\cdot z}-S_{e\cdot z}^2\Delta P_{k\cdot m}}}\quad(\mathrm{kVA})\qquad(5\text{-}142)$$

第二个临界负荷的确定依据，是等式 $\Delta P_m=\Delta P_{m\cdot z}$，代入整理后得

$$S_{L_{j\cdot 2}}=S_{e\cdot m}\sqrt{\frac{\Delta P_{o\cdot z}}{\Delta P_{k\cdot m}-\dfrac{S_{e\cdot m}^4\Delta P_{k\cdot m}}{(S_{e\cdot m}+S_{e\cdot z})^4}-S_{e\cdot m}^2S_{e\cdot z}^2}}\qquad(5\text{-}143)$$

必须指出，"母子变压器"供电方式适用于对供电连续性要求较高和随月份变化的综合用电负荷，根据计算确定的临界负荷，来衡量用电负荷达到哪一境界范围，然后确

定投运变压器的容量，采取适宜的供电方式。这不仅是用电管理人员的正常业务，而且这一工作具有提高设备利用率，降低线损，节约能源的重大意义。

3. 多台变压器的经济运行

这里所说的多台变压器，是指同型号、同容量的三台及三台以上变压器。它们的经济运行，可运用下式进行说明。

$$S_e\sqrt{\frac{\Delta P_o}{\Delta P_k}n(n-1)}<S<S_e\sqrt{\frac{\Delta P_o}{\Delta P_k}n(n+1)} \tag{5-144}$$

或

$$S_e\sqrt{\frac{\Delta P_o+K_Q\Delta Q_o}{\Delta P_k+K_Q\Delta Q_k}n(n-1)}<S<S_e\sqrt{\frac{\Delta P_o+K_Q\Delta Q_o}{\Delta P_k+K_Q\Delta Q_k}n(n+1)} \tag{5-145}$$

式中　　S——变电站或配电台区用电负荷的视在功率，kVA；

　　　　S_e——每台变压器的额定容量，kVA；

　　　　n——变电站或配电台区内变压器的台数；

ΔP_o、ΔP_k——每台变压器的空载损耗、短路损耗，W。

这种供电方式适用于对供电连续性要求较高，负荷随季节变化较大的用电负荷。

当变电站或配电台区的总负荷 S 增大，且达到

$$S>S_e\sqrt{\frac{\Delta P_o}{\Delta P_k}n(n+1)}\quad(kVA) \tag{5-146}$$

或

$$S>S_e\sqrt{\frac{\Delta P_o+K_Q\Delta Q_o}{\Delta P_k+K_Q\Delta Q_k}n(n+1)} \tag{5-147}$$

时，应增加投运一台变压器，即投用（$n+1$）台变压器较经济合理。

当变电站或配电台区的总负荷 S 降低，且降到

$$S<S_e\sqrt{\frac{\Delta P_o}{\Delta P_k}n(n-1)}\quad(kVA) \tag{5-148}$$

或

$$S<S_e\sqrt{\frac{\Delta P_o+K_Q\Delta Q_o}{\Delta P_k+K_Q\Delta Q_k}n(n-1)} \tag{5-149}$$

时，应停用一台变压器，即投用（$n-1$）台变压器较经济合理。

必须指出，对于负荷随昼夜起伏变化，或在短时间内变化较大的用电，采用上述方法降低变压器的电能损耗是不合理的；因为这将使变压器高压侧的开关操作次数过多而增加损坏的机会和检修的工作量；同时，操作过电压对变压器的使用寿命也有一定影响。

三、高能耗主变压器经济运行与低损耗主变压器经济运行之对比

因为全国农村电网与河南省农村电网的 35kV 主变压器的平均单台容量均约为（接近）5000kVA；所以，高能耗主变压器和低损耗主变压器同选择容量为 5000kVA 作对比。经计算，求得它们经济运行时的经济负载率（$\beta_j\%$），最小经济负载率（$\beta_j'\%$）、最

高效率（$\eta_{zg}\%$）、最佳功率损耗率（$\Delta P_{jz}\%$），见表5-31。

表5-31   35kV 高能耗主变压器与低损耗主变压器经济运行之对比表

标准系列	额定容量 S_e (kVA)	空载损耗 P_o (kW)	短路损耗 P_k (kW)	空载电流 I_o (%)	阻抗电压 U_k (%)	经济负载率 β_j (%)	最小经济负载率 β_j' (%)	最高效率 η_{zg} (%)	最佳功耗率 ΔP_{jz} (%)
JB 1300—1973 （Ⅱ）	5000	13.5	47.5	4.0	7.0	53.31	28.42	98.75	1.25
S_9	5000	5.40	33.05	0.9	7.0	40.42	16.34	99.34	0.66

从表5-31中35kV高能耗主变压器与低损耗主变压器经济运行参数的对比中可以看出：

（1）低损耗主变压器的经济负载率比高能耗主变压器的经济负载率低得多，相差12.89%，说明低损变经济负载率起点较低，易于进入经济运行区，有广阔的节电空间。

（2）低损耗主变压器的最高效率比高能耗主变的最高效率要高，但相差不大，说明低损变技术性能更好，出力更大；一般来说，变压器的效率都比较高。

（3）低损耗主变压器的最佳功率损耗率比高能耗主变压器的最佳功率损耗率要低得多，相差约两倍，说明低损变本身损耗较小，月积年累，或全国农电两万多台主变压器都按经济运行方式运行，其节约能源的数目是相当可观的，应积极推广应用。

（4）如果高能耗主变压器在与低损耗主变压器在相同的经济负载率，即在 $\beta_j =$ 40.42%下运行，经计算，高能耗主变压器的效率将下降至97.70%；功率损耗率将上升至1.30%。说明高能耗主变压器尚未进入经济运行状态，或不在经济运行点上。

综上所述，为了降低电网的电能损耗，更充分地利用设备的出力，提高电网安全水平和企业经济效益，应该重视并切实搞好城乡变电站中主变压器的经济运行。为了实现这一目标，应该组织、调整好变电站和配电台区的供用电负荷，使其负荷值尽量接近主变压器、配电变压器的经济负荷值，这样，变压器就基本处于经济运行状态下运行。

🌿 第六节 配电网的经济运行

一、配电网经济运行的意义

1. 高压配电网在各种电压等级电网中的地位

10（6）kV 配电网和0.4kV 配电网、35～110kV 输电网相比较，具有以下几个特点：

（1）有关统计资料表明，有诸多重要技术参数10（6）kV 配电网要超过35～110kV 输电网而具有突出地位：① 线路总长度超过，其比例约为1∶0.14；② 电网中变压器总台数和总容量超过，其比例分别约为1∶0.01 和1∶0.89；③ 电网中线损电量超过，其比例约为1∶0.58；④ 电网线损率超过，其比例约为1∶0.45 等。所以10（6）kV 配电网的维护、检修和管理工作量相对较大。

（2）低压配电网不一定全部归市、地供电企业和县级供电企业直接管理，而10（6）kV配电网则全部归他们直接管理。电网的安全指标和经济指标也都属他们的统计范围。

（3）由于10（6）kV配电网的规模超过输电网；在有小水电和小火电的地区，10（6）kV配电网的供电量将超过输电网，加之它的线损率相比较要高得多，因而，10（6）kV配电网的降损节电潜力较大。10（6）kV配电网的经济指标完成情况如何，直接关系到市、县两级供电企业的经济效益，也就是说，其影响力超过输电网。

可见，10（6）kV配电网的安全运行和经济运行的意义及作用，是何等的重要。

2. 高压配电网经济运行的含义

所谓配电网的经济运行，是指在现有电网结构和布局下，一方面，要把用电负荷组织好，调整得尽量合理（当前以防止长时间小负荷的轻载运行为主），以期线路及设备在运行时间内，所输送的负荷也尽量合理；另一方面，通过一定途径，按季节调节电网运行电压水平，也使其接近或达到合理值。

电力部门在供用电管理工作中，要充分、合理地利用"调荷"和"调压"这两个途径，使电网处于经济合理运行状态，以实现"安全、经济、多供、少损"，提高企业经济效益的目的。

二、配电网实现经济运行的技术条件

因为在10（6）kV配电网中既存在可变损耗，也存在固定损耗，两者之和即为总损耗；相对应地就有：可变损耗率与固定损耗率之和等于总损耗率（或称总线损率）。

即

$$\Delta A_{\Sigma} = \Delta A_{kb} + \Delta A_{gd} \ (kW \cdot h) \tag{5-150}$$

$$\Delta A_{\Sigma}\% = \Delta A_b\% + \Delta A_d\% \tag{5-151}$$

因

$$\Delta A_b\% = \frac{\Delta A_{kb}}{A_{P \cdot g}} \times 100\% \tag{5-152}$$

$$\Delta A_d\% = \frac{\Delta A_{gd}}{A_{P \cdot g}} \times 100\% \tag{5-153}$$

$$\Delta A_{kb} = 3I_{Pj}^2 K^2 R_{d \cdot \Sigma} t \times 10^{-3} \ (kW \cdot h) \tag{5-154}$$

$$\Delta A_{gd} = \left(\sum_{i=1}^{m} \Delta P_{o \cdot i} \right) t \times 10^{-3} (kW \cdot h) \tag{5-155}$$

$$A_{P \cdot g} = \sqrt{3} U_e I_{Pj} t \cos \phi \ (kW \cdot h) \tag{5-156}$$

故

$$\Delta A_b\% = \frac{\sqrt{3} I_{Pj} K^2 R_{d \cdot \Sigma}}{U_e \cos \phi \times 10^3} \times 100\% \tag{5-157}$$

$$\Delta A_d\% = \frac{\sum_1^m \Delta P_{o \cdot i} \times 10^{-3}}{\sqrt{3} U_e I_{Pj} \cos \phi} \times 100\% \tag{5-158}$$

式中 $A_{\mathrm{P.g}}$——线路有功供电量，kW·h；

I_{Pj}——线路首端负荷电流的平均值，A；

K——线路负荷曲线形状系数；

$R_{\mathrm{d.\Sigma}}$——线路总等值电阻，Ω；

t——线路运行时间，h；

$\Delta P_{\mathrm{o.i}}$——线路上每台变压器的空载损耗，W；

U_{e}——线路的额定电压，kV；

$\cos\phi$——线路负荷功率因数。

在电网结构、线路导线型号及长度、变压器型号容量及台数，以及无功补偿容量在一定时期不变的情况下，上式中只有线路负荷电流是变量，其余各参数均为常量。即

$$C_{\mathrm{b}} = \frac{\sqrt{3}K^2 R_{\mathrm{d.\Sigma}} \times 10^{-3}}{U_{\mathrm{e}}\cos\phi} \quad \text{并令 } C_{\mathrm{b}} = B \qquad (5\text{-}159)$$

$$C_{\mathrm{d}} = \frac{\sum_1^m \Delta P_{\mathrm{o.i}} \times 10^{-3}}{\sqrt{3}\,U_{\mathrm{e}}\cos\phi} \quad \text{并令 } C_{\mathrm{d}} = D \qquad (5\text{-}160)$$

故得

$$\Delta A_{\Sigma}\% = BI_{\mathrm{Pj}} \times 100\% + \frac{D}{I_{\mathrm{Pj}}} \times 100\% \qquad (5\text{-}161)$$

式（5-161）说明，配电网的总线损率（即总理论线损率）是由可变损耗率与固定损耗率之和所组成；其中可变损耗率是与线路负荷电流成正比（直线斜率即为 C_{b} 或 B），固定损耗率是与线路负荷电流成反比。也就是说，三个线损率都是线路负荷电流的随机函数。

即

$$\left.\begin{array}{l} \Delta A_{\Sigma}\% = f(I_{\mathrm{pj}}) \\[4pt] \Delta A_{\mathrm{b}}\% = f(I_{\mathrm{pj}}) \\[4pt] \Delta A_{\mathrm{d}}\% = f(I_{\mathrm{pj}}) \end{array}\right\} \qquad (5\text{-}162)$$

当电网（或线路）的负荷电流用电网（或线路）中的配电变压器的综合平均负载率表示时（在理论上是可以的），同理可得

$$\left.\begin{array}{l} \Delta A_{\Sigma}\% = f(\beta) \\[4pt] \Delta A_{\mathrm{b}}\% = f(\beta) \\[4pt] \Delta A_{\mathrm{d}}\% = f(\beta) \end{array}\right\} \qquad (5\text{-}163)$$

根据上面的表示式，当假定 I_{pj}（或 β）为若干个适当数值，即可计算出相应的 $\Delta A_{\mathrm{b}}\%$、$\Delta A_{\mathrm{d}}\%$ 与 $\Delta A_{\Sigma}\%$；当选定适当比例尺或坐标时，即可作出三个线损率的曲线；此曲线即为三线损率随线路负荷电流变化而变化的规律，如图5-16所示。

从图5-16三条曲线可见，$\Delta A_{\mathrm{b}}\% = f(I_{\mathrm{pi}})$ 与 $\Delta A_{\mathrm{d}}\% = f(I_{\mathrm{pj}})$ 有一个交点；在这一点上，$\Delta A_{\mathrm{b}}\% = \Delta A_{\mathrm{d}}\%$，相对应地 $\Delta A_{\Sigma}\%$ 有一个极小值；I_{pj} 有一个经济值（以 I_{jj} 表示），称为线路经济负荷电流；β 也有一个经济值（以 β_{jj} 表示），称为变压器经济综合平均负载率。总而言之，$\Delta A_{\mathrm{b}}\% = \Delta A_{\mathrm{d}}\%$ 之点或 $\Delta A_{\Sigma}\%$ 极小值之点、I_{jj} 和 β_{jj} 出现之点，就是10（6）kV配电网（或线路）经济运行的技术条件。

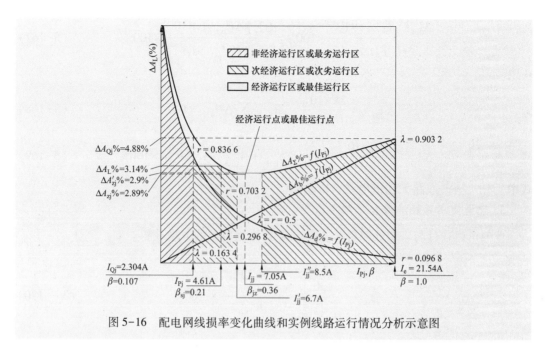

图 5-16　配电网线损率变化曲线和实例线路运行情况分析示意图

三、配电网经济运行参数的计算确定方法

如前所述，通过"调荷"途径，使线路负荷电流 I_{pj} 达到经济负荷电流 I_{jj}，或使变压器综均负载率 β 达到经济综均负载率 β_{jj}，10（6）kV 线路才能实现经济运行。此时线路线损率才能达到最低值，此线损率称为最佳线损率或经济线损率，以 $\Delta A_{zj}\%$ 表示。为了便于指导"调荷"工作，以及使线路在非经济运行下的实际线损率（$\Delta A_s\%$）和在管理工作中用到的统计线损率（$\Delta A_t\%$）有一个对比参照值，有必要将 I_{jj}、β_{jj}、$\Delta A_{zj}\%$ 等计算出来。

1. 线路经济负荷电流

此值可以通过求解线路可变损耗与固定损耗相等的式子

$$3I_{pj}^2 K^2 R_{d.\Sigma} t \times 10^{-3} = \Big(\sum_{i=1}^{m} \Delta P_{o \cdot i} \Big) \times t \times 10^{-3} \tag{5-164}$$

获取，也可以通过对含有线路负荷电流 I_{pj} 的理论线损率 $\Delta A_{\Sigma}\%$（或 $\Delta A_L\%$）的表示式

$$\Delta A_L\% = \frac{3I_{pj}^2 K^2 R_{d.\Sigma} t \times 10^{-3} + (\sum_1^m \Delta P_{o \cdot i}) \times t \times 10^{-3}}{\sqrt{3} U_e I_{pj} t \cos \phi} \times 100\% \tag{5-165}$$

并对 I_{pj} 求一阶导数且令其值等于零求得。

即
$$I_{jj} = \sqrt{\frac{\sum_{i=1}^{m} \Delta P_{o \cdot i}}{3K^2 R_{d.\Sigma}}} \quad (A) \tag{5-166}$$

2. 线路最佳线损率

此值可以通过对将线路经济电流 I_{jj} 替代线路负荷电流 I_{pj} 的理论线损率 $\Delta A_{\Sigma}\%$ 的表示式进行化简求得；也可以通过求解线路可变损耗率与固定损耗率相等式子

$$\frac{3I_{pj}^2 K^2 R_{d\cdot\Sigma} t \times 10^{-3}}{\sqrt{3}\, U_e I_{pj} t \cos\phi} \times 100\% = \frac{\left(\sum_1^m \Delta P_{o\cdot i}\right) t \times 10^{-3}}{\sqrt{3}\, U_e I_{pj} t \cos\phi} \times 100\% \qquad (5\text{-}167)$$

获取。

即

$$\Delta A_{zj}\% = \frac{2K \times 10^{-3}}{U_e \cos\phi} \sqrt{R_{d\cdot\Sigma} \sum_{i=1}^m \Delta P_{o\cdot i}} \times 100\% \qquad (5\text{-}168)$$

或

$$\Delta A_{zj}\% = \frac{2K \times 10^{-3}}{U_e A_{p\cdot g}} \sqrt{R_{d\cdot\Sigma}\left(A_{p\cdot g}^2 + A_{Q\cdot g}^2\right) \sum_{i=1}^m \Delta P_{o\cdot i}} \times 100\% \qquad (5\text{-}169)$$

式中 $A_{Q\cdot g}$——线路无功供电量，kvar·h。

3. 配电变压器经济综合平均负载率

此值可以通过与求取线路经济负荷电流 I_{jj} 值相类似的方法获得。即

$$\beta_{jj}\% = \frac{U_e}{K \sum_{i=1}^m S_{e\cdot i}} \sqrt{\frac{\sum_{i=1}^m \Delta P_{o\cdot i}}{R_{d\cdot\Sigma}}} \times 100\% \qquad (5\text{-}170)$$

式中 $\sum_{i=1}^m S_{e\cdot i}$——线路上投入运行的配电变压器额定容量之总和，kVA。

4. 线路运行区界负荷电流

配电线路运行区界，是指非经济运行区（或称最劣运行区）与次经济运行区（或称次劣运行区）的分界线；而处在这一分界线上的线路负荷电流，即谓之线路运行区界负荷电流，记作 I_{Qj}。它的计算确定原理是，线路在这一负荷电流下的理论线损率与线路在额定负荷电流（线路上配电变压器满载下的电流）下的理论线损率相等的条件，求解其等式并整理得

$$I_{Qj} = \frac{\left(BI_e + \dfrac{D}{I_e}\right) - \sqrt{\left(BI_e + \dfrac{D}{I_e}\right)^2 - 4BD}}{2B} \quad (A) \qquad (5\text{-}171)$$

$$I_e = \sum_{i=1}^m S_{e\cdot i} / \sqrt{3}\, U_e \quad (A) \qquad (5\text{-}172)$$

式中 I_e——线路额定负荷电流，即线路上配变满载时电流，A。

5. 线路运行区界配电变压器综合平均负载率

对应于线路运行区界负荷电流 I_{Qj} 的线路上配电变压器的综合平均负载率记作 $\beta_{Qj}\%$。显然可得

$$\beta_{Qj}\% = \frac{I_{Qj}}{I_e} \times 100\% = \frac{\sqrt{3}\, U_e I_{Qj}}{\sum_1^m S_{e\cdot i}} \times 100\% \qquad (5\text{-}173)$$

6. 线路配电变压器满载线损率

在理论线损率中，将线路负荷电流 I_{pj} 以线路额定负荷电流 I_e（即线路上配电变压

器满载时电流）替代，化简而得，记作 $\Delta A_{mz}\%$。

即
$$\Delta A_{mz}\% = \left[\frac{\left(\sum_{i=1}^{m} S_{e\cdot i}\right) K^2 R_{d\cdot\Sigma} \times 10^{-3}}{U_e^2 \cos\phi} + \frac{\left(\sum_{i=1}^{m} \Delta P_{o\cdot i}\right) \times 10^{-3}}{\left(\sum_{i=1}^{m} S_{e\cdot i}\right) \cos\phi}\right] \times 100\% \quad (5\text{-}174)$$

7. 线路运行区界线损率

在理论线损率中，将线路负荷电流 I_{pj} 以线路运行区界负荷电流 I_{Qj} 替代，化简而得，记作 $\Delta A_{Qj}\%$。显然可得

$$\Delta A_{Qj}\% = \Delta A_{mz}\% = \left[\frac{\left(\sum_{i=1}^{m} S_{e\cdot i}\right) K^2 R_{d\cdot\Sigma} \times 10^{-3}}{U_e^2 \cos\phi} + \frac{\left(\sum_{i=1}^{m} \Delta P_{o\cdot i}\right) \times 10^{-3}}{\left(\sum_{i=1}^{m} S_{e\cdot i}\right) \cos\phi}\right] \times 100\%$$

$$(5\text{-}175)$$

需要说明的是，线路运行区界负荷电流 I_{Qj}、线路运行区界配电变压器综合平均负载率 $\beta_{Qj}\%$、线路配电变压器满载线损率 $\Delta A_{mz}\%$、线路运行区界线损率 $\Delta A_{Qj}\%$ 均为非线路经济运行点上的参数，当然更不是最佳、最理想的数值；这里把它们提出来，完全是为了对比分析所用。

四、配电网经济运行与非经济运行的特点分析

1. 配电网在经济运行点上的特点

（1）存在一个线路经济负荷电流 I_{jj} 值、一个最佳线损率 $\Delta A_{zj}\%$ 值、另一个配电变压器经济综均负载率 $\beta_{jj}\%$。

（2）可变损耗电量等于固定损耗电量，各等于总损耗电量的一半；即 $\Delta A_{kb} = \Delta A_{gd} = \frac{1}{2}\Delta A_\Sigma$。

（3）可变损耗率等于固定损耗率，各等于总损耗率的一半；即 $\Delta A_b\% = \Delta A_d\% = \frac{1}{2}\Delta A_\Sigma\%$。

（4）可变损耗所占比重等于固定损耗所占比重，各等于总损耗的 50%；即 $\gamma = \lambda = 0.5$。

2. 配电网在非经济运行点上的特点

（1）在经济运行点左侧为配电网轻负荷运行状态（或属轻负荷运行线路）；反之，其右侧为配电网重负荷运行状态（或属重负荷运行线路）。两者的线损率均较高。

（2）可变损耗电量不等于固定损耗电量，但它们之和等于总损耗电量。

（3）可变损耗率不等于固定损耗率，但它们之和等于总损耗率。

（4）可变损耗所占比重不等于固定损耗所占比重，但它们之和等于 100%。

五、配电网运行区的划分与负荷调控的要求

（1）线路负荷电流在 $0 \sim I_{0j}$ 值之间，为配电网非经济运行区，即最劣运行区，必须设法避开。

（2）线路负荷电流为 I_{jj} 值时，为配电网经济运行点，即最佳运行点，电网线损率达到最低值；负荷调控难度大，希望力争做到。

（3）线路负荷电流在 I_{jj} 的 $-5\% \sim +21\%$ 之间，线损率基本保持一个水平，而且接近最低值 $\Delta A_{zj}\%$，为配电网经济运行区（或称最佳运行区）。由于其范围或空间不小，负荷调控的困难度不算大，故必须采取有效措施，切实做好。最佳运行区的范围或空间不能过大且大于经济运行区，其线损率不能过高且高出经济负荷电流较多，否则就不能成为最佳运行区。如线路上低损耗配电变压器较多、其空载损耗较小、导线截面较大时，则总线损率曲线 $\Delta A_{\Sigma}\% = f(I_{pj})$ 的曲率将愈来愈小，负荷可调控到 I_{jj} 的 $+20\%$ 左右，线损率仍然保持接近 $\Delta A_{zj}\%$ 值的较低水平（参见本节例 5-1 结果）。

（4）线路负荷电流在 I_{0j} 与 I_{jj} 的 -5% 之间、或在 I_{jj} 的 $+21\%$ 与 I_e 之间，为配电网左右两个次经济运行区，即次劣运行区，应尽量设法避开。

六、合理调节配电网的运行电压

1. 配电网的运行电压和线损的关系

对于城乡配电网，在首先满足安全要求的情况下，为了降损节能，实现配电网的经济运行，可根据不同的季节、不同的线路调节电网运行电压，使其在合理的电压水平运行。这是因为配电网的线损主要由：可变损耗与固定损耗两大部分组成，它们的大小都与配电网的运行电压水平高低有关。即

$$\Delta P_{\Sigma} = \Delta P_{kb} + \Delta P_{gd} = \frac{P^2 + Q^2}{U^2} R_{d \cdot \Sigma} + \left(\frac{U}{U_e}\right)^2 \sum_{i=1}^{m} P_{o \cdot i} \tag{5-176}$$

式中　　　　U_e、U——线路额定电压、实际运行电压，kV；

　　　　　　P——线路输送的有功功率，kW；

　　　　　　Q——线路输送的无功功率，kvar；

ΔP_{Σ}、ΔP_{kb}、ΔP_{gd}——线路有功功率的总损耗、可变损耗、固定损耗，kW。

由式（5-176）可见，配电网的可变损耗与电网运行电压的平方成反比，配电网的固定损耗与电网运行电压的平方成正比。配电网的总损耗又如何随着配电网的运行电压的变化而变化呢？这则要看在总损耗中是可变损耗占的比重大，还是固定损耗占的比重大。据线损理论计算和分析的结果表明，在农村配电网中，绝大多数的配电线路的固定损耗（即配电变压器的空载损耗或铁损）占总损耗的 $50\% \sim 90\%$，也就是说，绝大多数线路是轻载线路，因此，农村配电网的总损耗是随着配电网的运行电压的升高而增大的。这是农村配电网区别于城市配电网所具有的特殊性。

鉴于农村配电网的这一客观特点，为了降低其电能损耗，应在满足安全用电要求的前提下，根据不同线路、不同季节，适当降低农村配电网的运行电压（一般以降低 5%

为宜），使那些固定损耗比重大于可变损耗比重的农村配电线路在较低电压水平运行（显然，当线路的可变损耗比重大于固定损耗比重时，即线路为重负荷者，应适当提高运行电压，才能降低线路的电能损耗，这是确定线路能否采取降低运行电压措施的条件）。

2. 农村配电网降压运行的降损效益分析

为了分析方便起见，配电网运行电压、可变损耗、固定损耗、总损耗的变化，均以它们的变化率表示。从而可推导出配电网的三种损耗在电网运行电压降低某一比例的变化状况，即

$$\Delta P_{kb} \uparrow \% = \frac{\Delta P''_{kb} - \Delta P'_{kb}}{\Delta P'_{kb}} \times 100\% = \frac{2\delta - \delta^2}{(1-\delta)^2} \times 100\% \qquad (5-177)$$

$$\Delta P_{gd} \downarrow \% = \frac{\Delta P'_{gd} - \Delta P''_{gd}}{\Delta P'_{gd}} \times 100\% = (2\delta - \delta^2) \times 100\% \qquad (5-178)$$

$$\Delta P_{\Sigma} \downarrow \% = \Delta P_{gd} \downarrow \% r - \Delta P_{kb} \uparrow \% (1-r) \qquad (5-179)$$

式中　　δ——配电网运行电压降低的比例系数，即 $\delta = (U_e - U)/U_e$；

r——固定损耗在配电网总损耗中所占比例系数；

$\Delta P'_{kb}$、$\Delta P''_{kb}$——降压运行前、后的可变损耗，kW；

$\Delta P'_{gd}$、$\Delta P''_{gd}$——降压运行前、后的固定损耗，kW；

$\Delta P_{kb} \uparrow \%$——电网降压运行时可变损耗上升的百分率；

$\Delta P_{gd} \downarrow \%$——电网降压运行时固定损耗下降的百分率；

$\Delta P_{\Sigma} \downarrow \%$——电网降压运行时总损耗下降的百分率。

根据上列函数关系式，对相应参数取若干个数值，即可得到表5-32。

从表5-32可见，当配电网的运行电压降低5%时，电网中的固定损耗将降低9.75%，而可变损耗将升高10.8%。但是，由于农村配电网固定损耗在总损耗中占的比重一般都大于可变损耗的比重，例如当固定损耗的比重 $r_1 = 0.6$、$r_2 = 0.7$、$r_3 = 0.8$ 时，总损耗将相应降低，即分别降低：1.53%、3.58%、5.64%。这就是说，对农村配电网，降低运行电压，不仅不会使线损上升，反而会使线损下降，获得降损节能的效益（但是降低运行电压是有条件和标准的）。

表5-32 农村配电网降压运行与降低线损的关系表

$\delta \downarrow \%$		1	2	3	4	5	6	7	8	9	10
$\Delta P_{gd} \downarrow \%$		1.99	3.96	5.91	7.84	9.75	11.64	13.51	15.36	17.19	19.00
$\Delta P_{kd} \uparrow \%$		2.03	4.12	6.28	8.51	10.80	13.17	15.62	18.15	20.76	23.46
配电网总损耗下降率（$\Delta P_{\Sigma} \downarrow \%$）											
	0.5	-0.02	-0.08	-0.19	-0.34	-0.53	-0.77	-1.06	-1.4	-1.79	-2.23
	0.6	0.38	0.73	1.03	1.30	1.53	1.72	1.86	1.96	2.01	2.02
γ 系数	0.7	0.78	1.54	2.25	2.94	3.58	4.22	4.77	5.31	5.81	6.26
	0.8	1.19	2.34	3.47	4.57	5.64	6.68	7.68	8.66	9.60	10.51
	0.9	1.59	3.15	4.69	6.21	7.69	9.16	10.60	12.01	13.40	14.75

七、实现配电网经济运行的具体措施

1. 调整好线路的用电负荷和用户的用电时间

（1）在电网线损理论计算的基础上，首先将每一条 10（6）kV 线路的经济负荷电流值计算出来，然后根据此值将用户的用电负荷组织上去，并调整好，最后进行用电负荷的估算。当获悉实际用电负荷电流接近或达到经济负荷电流时，将线路投入运行，并从线路出口电流表观察实际用电负荷，以便健全和完善下次的调荷工作，以及尽量减少线路的空轻载运行时间或者过负荷运行时间。

（2）对于轻负荷线路，或当线路负荷较小时，为了避免线路的轻载运行，可采取集中供用电时间的方式（即在安排用户用电时间内，线路投入运行对其供电，其他时间线路暂时停运）；如果这样的线路有几条，可采取轮流定时供电方式。

（3）对于重负荷线路，或当线路负荷较大时，为了避免线路过负荷运行，可将用户用电时间分散安排开，要求各用户在安排计划的时间内用电；或在线路过负荷高峰时，适当将次要负荷压限一段时间，等高峰过去后再恢复供电。

2. 合理调整 10（6）kV 线路的运行电压

在线损理论计算的基础上，首先将每条配电线路的固定损耗在总损耗中所占比重，按不同的用电季节或不同的用电时间计算出来，然后，将线路末端用电设备（或器具）允许的电压波动范围调查清楚，最后，合理确定线路运行电压降低的百分比，并通过下列措施，进行调压或适当降低运行电压。

（1）通过调节变电站主变压器的电压分接开关进行调压，此措施适宜于季节性的电压调整。

（2）通过投切变电站内和线路上的补偿电容器的容量进行调压，此措施适应较短时间内用电负荷的变化而进行的电压调整（如昼夜负荷变化）。

（3）通过装用有载调压主变压器和其他调压装置进行调压（如研制应用线路串联调压变压器）。

降低线路的运行电压必须使线路末端的电压质量能得到保证。因此，线路末端的电压波动范围应在额定电压的±7%之间变化。为配合线路调压，配电变压器也要进行调压，根据不同用电季节和用电时间、不同用电负荷和设备，将配电变压器电压分接开关调节到适当位置。总之，一定要确保线路末端的电动机、日光灯、电视机等电器能够启动和正常运转工作，不能因电压质量低劣，而发生烧毁电动机和其他电器的事故。

3. 调荷与调压相结合

通过调荷使线路经济运行涉及调整、组织用电负荷工作，此工作较为复杂。而调压，主要是供电单位的工作，较为容易进行，因此，应优先推广应用。但是，对那些固定损耗比重特别大，输送距离特别长，电压水平本来就很低的配电线路，采用降压运行很可能发生电压质量更加低劣的问题。因此，为了避免调压运行这种弊端，为更有效地实现经济运行，对此类线路应采取调压与调荷相结合的办法。

八、配电网经济运行的实例计算分析

【例 5-1】　某 10kV 配电线路，有低损耗配电变压器 SL$_7$ 型共 7 台 373kVA，查设备技术规范表得其空载损耗共 1410W，短路损耗共 8450W，测算得线路负荷曲线形状系数为 1.08，计算得负荷功率因数为 0.8，线路导线等值电阻为 1.97Ω，配电变压器绕组等值电阻为 6.18Ω，即线路总等值电阻为 8.1Ω；试对该线路作经济运行计算分析。

解　线路经济负荷电流为

$$I_{jj} = \sqrt{\frac{\sum \Delta P_{o \cdot i}}{3K^2 R_{d\Sigma}}} = \sqrt{\frac{1410}{3 \times 1.08^2 \times 8.1}} = 7.05 \ (\text{A})$$

而线路非经济运行时的平均负荷电流为 $I_{pj} = 4.61\text{A}$。

配变经济综均负载率为

$$\beta_{jj}\% = \frac{U_e}{K \sum S_{e \cdot i}} \sqrt{\frac{\sum \Delta P_{o \cdot i}}{R_{d\Sigma}}} \times 100\% = \frac{10}{1.08 \times 373} \sqrt{\frac{1410}{8.1}} \times 100\% = 36\%$$

而线路非经济运行时，配电变压器实际综均负载率为 $\beta_{sz}\% = 21\%$。

线路最佳线损率为

$$\begin{aligned} \Delta A_{zj}\% &= \frac{2K \times 10^{-3}}{U_e \cos\phi} \sqrt{R_{d\Sigma} \sum \Delta P_{o \cdot i}} \times 100\% \\ &= \frac{2 \times 1.08 \times 10^{-3}}{10 \times 0.8} \sqrt{8.1 \times 1410} \times 100\% \\ &= 2.89\% \end{aligned}$$

而线路非经济运行时的线损率为 $\Delta A_L\% = 3.14\%$。

线路实际线损率（或统计线损率）为 $\Delta A_s\% = 4.09\%$。

显见　　　　　　　　$\Delta A_s\% > \Delta A_L\% > \Delta A_{zj}\%$，$\beta_{sz} < \beta_{jj}$，$I_{pj} < I_{jj}$

说明这条线路是轻负荷线路，或线路处于轻负荷运行状态。

因　　　　$B = \frac{\sqrt{3} K^2 R_{d\Sigma} \times 10^{-3}}{U_e \cos\phi} = \frac{\sqrt{3} \times 1.08^2 \times 8.1 \times 10^{-3}}{10 \times 0.8} = 2.05 \times 10^{-3}$

$$D = \frac{\sum \Delta P_{o \cdot i} \times 10^{-3}}{\sqrt{3} U_e \cos\phi} = \frac{1410 \times 10^{-3}}{\sqrt{3} \times 10 \times 0.8} = 0.102$$

线路额定负荷电流为

$$I_e = \frac{\sum S_{e \cdot i}}{\sqrt{3} U_e} = \frac{373}{\sqrt{3} \times 10} = 21.54 \ (\text{A})$$

故线路运行区界负荷电流为

$$I_{Qj} = \frac{\left(BI_e + \dfrac{D}{I_e}\right) - \sqrt{\left(BI_e + \dfrac{D}{I_e}\right)^2 - 4BD}}{2B}$$

$$= \frac{(2.05 \times 21.54 \times 10^{-3} + 0.102/21.54) - \sqrt{(2.05 \times 21.54 \times 10^{-3} + 0.102/21.54)^2 - 4 \times 2.05 \times 0.102 \times 10^{-3}}}{2 \times 2.05 \times 10^{-3}}$$

$$= 2.304 \ (\text{A})$$

线路运行区界配电变压器综均负载率为

$$\beta_{Qj}\% = \frac{I_{Qj}}{I_e} \times 100\% = \frac{\sqrt{3}\,U_e I_{Qj}}{\sum S_{e \cdot i}} \times 100\%$$

$$= \frac{\sqrt{3} \times 10 \times 2.304}{373} \times 100\% = 10.7\%$$

从线损率变化曲线可见，在线路运行区界可变损耗所占比重较小，而固定损耗所占比重较大。因从直角三角形线段比可知 $I_{jj}/I_{Qj} = \lambda_{jj}/\lambda_{Qj}$，即

$$7.05/2.304 = 0.5/\lambda_{Qj}$$

故 $\qquad\qquad \lambda_{Qj} = 2.304 \times 0.5/7.05 = 0.163\,4$

即 $\qquad\qquad \Delta A'_{kb}\% = 16.34\%$

$$\gamma_{Qj} = 1 - 0.163\,4 = 0.836\,6$$

即 $\qquad\qquad \Delta A'_{gd}\% = 83.66\%$

从线损率变化曲线还可见，在线路上配电变压器满载时，即 $\beta_{mz} = \beta_e = 1.0$，可变损耗所占比重必然大于固定损耗所占比重，其计算确定方法如下

$$\lambda_e = \frac{\Delta P_{kb}}{\Delta P_{\sum}} = \frac{3I_e^2 K^2 R_{d\Sigma}}{3I_e^2 K^2 R_{d\Sigma} + \sum \Delta P_{o \cdot i}}$$

$$= \frac{3 \times 21.54^2 \times 1.08^2 \times 8.1}{3 \times 21.54^2 \times 1.08^2 \times 8.1 + 1410}$$

$$= 0.903\,2$$

即 $\qquad\qquad \Delta A''_{kb}\% = 90.32\%$

$$\gamma_e = 1 - 0.903\,2 = 0.096\,8$$

即 $\qquad\qquad \Delta A''_{gd}\% = 9.68\%$

此时，相对应的线路额定线损率，即线路上配电变压器满载时的线损率为

$$\Delta P_e\% = \frac{\Delta P_e}{P_g} \times 100\% = \frac{3I_e^2 K^2 R_{d \cdot \Sigma} \times 10^{-3} + \sum \Delta P_{o \cdot i} \times 10^{-3}}{\sqrt{3}\,U_e I_e \cos\phi} \times 100\%$$

$$= \frac{3 \times 21.54^2 \times 1.08^2 \times 8.1 \times 10^{-3} + 1410 \times 10^{-3}}{\sqrt{3} \times 10 \times 21.54 \times 0.8} \times 100\%$$

$$= 4.88\%$$

从线损率变化曲线可见，$I_{pj} = I_{jj} = 7.05A$，为线路经济运行点；$I_{pj} = 0 \sim I_{Qj} = 0 \sim 2.304A$，为线路的非经济运行区，即最劣运行区。欲确定线路的次经济运行区（即次劣运行区），宜先计算确定线路负荷电流 I_{pj} 的经济运行区。

因从线损率变化曲线图可见，$l_{jj} - I_e$ 的间距大于 $I_{jj} \sim 0$ 的间距，故曲线 $\Delta A_{\Sigma}\% = f(I_{pj})$ 左边曲率大于其右边曲率，即经济运行区在经济运行点附近呈左窄右宽状。根据线损率低，且极接近最佳线损率的原则（这意味着最佳运行区的范围不是较大而是较小，且应不大于经济运行区），以及线路与变压器综合负载率越高，越需无功补偿（如

重负荷线路），但其补偿效果越差的情况（因线路负荷加重和变压器负载率升高，其负荷功率因数下降；欲保持其不下降，必须加大补偿力度，投入更多的补偿容量，但此时补偿的效果与补偿容量已经不再是比例的关系）；比照前面所述电动机经济合理运行范围，即其最佳运行区，即取设电流值为 I_{jj} 的 -5% 的线路负荷电流为 I_{jx}，则

$$I_{jx} = I_{jj}(1-5\%) = 7.05 \times (1-0.05) = 6.7 \ (A)$$

而此时，相对应的理论线损率为

$$\Delta P'_{zj}\% = \frac{\Delta P_{\Sigma}}{P_g} \times 100\%$$

$$= \frac{3 I_{jx}^2 K^2 R_{d.\Sigma} \times 10^{-3} + \sum \Delta P_{o.i} \times 10^{-3}}{\sqrt{3} \, U_e I_{jx} \cos \phi} \times 100\%$$

$$= \frac{3 \times 6.7^2 \times 1.08^2 \times 8.1 \times 10^{-3} + 1410 \times 10^{-3}}{\sqrt{3} \times 10 \times 6.7 \times 0.8} \times 100\%$$

$$= 2.90\%$$

与 $\Delta P_{zj}\% = 2.89\%$ 极为接近。

同样根据前述，设电流值 I_{jj} 的正若干倍的线路负荷电流为 I_{jd}，并根据在 $\Delta A_{\Sigma}\% = f(I_{pj})$ 曲线上，对应于 I_{jx} 和 I_{jd} 两点线损率相等的条件，则有

$$2.9\% = \frac{3 I_{jd}^2 \times 1.08^2 \times 8.1 \times 10^{-3} + 1410 \times 10^{-3}}{\sqrt{3} \times 10 \times I_{jd} \times 0.8} \times 100\%$$

整理得

$$2 I_{jd}^2 - 29 I_{jd} + 102 = 0$$

此式为一元二次方程式，解得　　$I_{jd} = 8.5 \ (A)$

此电流值比 I_{jj} 增大的比例为

$$\delta\% = \frac{I_{jd} - I_{jj}}{I_{jj}} \times 100\% = \frac{8.5 - 7.05}{7.05} \times 100\% = 20.57\%$$

所以，线路负荷电流 I_{pj} 的经济运行区，即最佳运行区为 $I_{jx} \sim I_{jd} = 6.7 \sim 8.5A$，即为线路经济负荷电流 I_{jj} 的 $-5\% \sim +20.57\%$ 之间；可见，线路最佳运行区的范围或空间已经够大了（定得太大，线损率就高，对降损不利或难以确保线损降下来）。同时，总线损率曲线 $\Delta A_{\Sigma}\% = f(I_{pj})$ 在 $\Delta A_{zj}\%$ 点左边的曲率高于其右边的曲率。

此时便可知：线路左右两个次经济运行区（即次劣运行区）分别为 $I_{Qj} \sim I_{jx} = 2.304 \sim 6.7A$，$I_{jd} \sim I_e = 8.5 \sim 21.54A$。

至此，全部计算完毕。从以上计算分析可见，线路的实际线损率 $\Delta A_s\%$ 与理论线损率 $\Delta A_{\Sigma}\%$ 相比差 0.95 个百分点，与经济运行最佳线损率 $\Delta A_{zj}\%$ 相比差 1.2 个百分点。如果采取多种有效措施使实际线损率降低，接近或达到理论线损率和最佳线损率，对于全国农村电网 20 万条左右的 10（6）kV 线路来说，其降损节电的效益是极其可观的。

为了便于读者观察比较分析，本例题计算的多个结果，已标于配电网线损率变化曲线图上（见图 5-16），并制表列于表 5-33 中。

表 5-33　　　　　某 10kV 线路在表中运行状况的参数计算结果表

运行状况 参数计算结果 运行参数	经济运行点（最佳运行点）	经济运行区（最佳运行区）	非经济运行区 次经济运行区 区界	实际运行点
线路负荷电流	$I_{jj}=7.05A$	$I_{jx}=6.7A(-5\%)$ $I_{jd}=8.5A(+21\%)$	$I_{Qj}=2.30A$（严重欠负荷）$I_e=21.54A$（严重超负荷）	$I_{pj}=4.61A$（欠负荷）
配电变压器综合负载率	$\beta_{jj}=36.0\%$	$\beta_{jx}=34.2\%(-5\%)$ $\beta_{jd}=43.4\%(+21\%)$	$\beta_{Qj}=10.7\%$（严重欠载）$\beta_e=100\%$（严重超载）	$\beta_{sz}=21.0\%$（欠载）
线损率	$\Delta A_{zj}\%=2.89\%$	$\Delta A_{zj}\%=2.90\%$（与前者相近）	$\Delta A_{Qj}\%=4.88\%$（比前者过高）	$\Delta A_L\%=3.14\%$ $\Delta A_s\%=4.09\%$（均较高）
固定损耗比例	$r=50\%$	$r_{jQ\cdot1}=52.6\%$ $r_{jQ\cdot2}=40.75\%$	$r_{Qj\cdot1}=83.66\%$（重欠载特点）$r_{Qj\cdot2}=9.68\%$（重超载特点）	$r_{sj}=70.32\%$（欠载特点）
可变损耗比例	$\lambda=50\%$	$\lambda_{jQ\cdot1}=47.4\%$ $\lambda_{jQ\cdot2}=59.25\%$	$\lambda_{Qj\cdot1}=16.34\%$（重欠载特点）$\lambda_{Qj\cdot2}=90.32\%$（重超载特点）	$\lambda_{sj}=29.68\%$（欠载特点）

第七节　系统电网与小水电的分网运行及环形电网的经济运行

一、同小水电并网的农村电网的运行概况

我国地域广阔，地形复杂，蕴藏着比较丰富的水力和煤炭等资源，在一些县市和地区的山区或边远地方星罗棋布地存在着众多的小水电站。这些小水电站从对附近的农村采石场、小矿藏开采场、抽水排灌站、农副产品加工和农民生活用电供电开始，逐步发展成为具有一定规模和容量的小农村电网。当这些小农村电网与系统电网并网后，对其受电压而言，就形成了双电源供电或多电源供电的较大农村电网，其电压一般为 10/0.4kV 级。

这些小农村电网由于线路拉得较长，用电负荷较小，所用导线线径较小，且接头较多，所安装的设备（配电变器、电动机、水泵等）比较陈旧，小水电站有功发的较多，而无功发的较少，尤其是在丰水季节这种情况更为明显（为了使无功在就地就近得以平衡，此时在系统电网的线路上不得不输送适量的无功负荷），此外，线路多处经常

碰树漏电，用户非法窃电和违章用电时有发生，管理水平不高，不明损失往往过大等原因，凡是在小水电站并网于系统电网运行的月份和季度，这些农村电网的 10kV 和 0.4kV 线损（率）比非并网运行时要高，而且长期居高不下，造成国家电能浪费，县乡供电成本增大（经济上倒贴），农民电费负担加重的不良局面。

要解决这些农村电网线损（率）过高的问题，除了针对上述症状，采取前面章节所述的相关降损措施外，本节将探讨系统电网与小水电站合理分网运行的问题。

二、系统电网与小水电并网分网运行的实例计算分析

【例 5-2】 图 5-17 为一个 10kV 农村配电网，电源 Ⅰ 表示系统电网，电源 Ⅱ 表示小水电站，电网的结构参数和运行参数均标明于图中，试对其进行系统电网与小水电站并网、分网运行状况的计算分析。

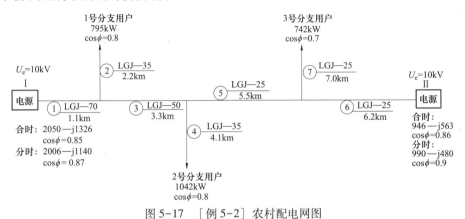

图 5-17　［例 5-2］农村配电网图

解　（1）分网运行时（设从联络线第⑤支路分闸）。

1）对于电源 Ⅰ（供电的电网部分）。

供出电流　　　　$I=\dfrac{P}{\sqrt{3}\,U\cos\phi}=\dfrac{2006}{\sqrt{3}\times10\times0.87}=133.12$（A）

负荷功率　　　　$\sum P_f=P_1+P_2=795+1042=1837$（kW）

支路电流　　　　$I_1=I=133.12$（A）

$$I_2=I\frac{P_1}{\sum P}=133.12\times\frac{795}{1837}=57.61\ (\text{A})$$

$$I_3=I\frac{P_2}{\sum P}=133.12\times\frac{1042}{1837}=75.51\ (\text{A})$$

$$I_4=I_3=75.51\ (\text{A})$$

或　　　　　　　$I_4=I-I_2=133.12-57.61=75.51$（A）

支路损耗

$$\Delta P_1=3I_1^2R_1\times10^{-3}=3\times133.12^2\times0.46\times1.1\times10^{-3}=26.9\ (\text{kW})$$

$$\Delta P_2=3I_2^2R_2\times10^{-3}=3\times57.61^2\times0.95\times2.2\times10^{-3}=20.81\ (\text{kW})$$

$$\Delta P_3 = 3I_3 R_3 \times 10^{-3} = 3 \times 75.51^2 \times 0.65 \times 3.3 \times 10^{-3} = 36.69 \ (\text{kW})$$

$$\Delta P_4 = 3I_4 R_4 \times 10^{-3} = 3 \times 75.51^2 \times 0.95 \times 4.1 \times 10^{-3} = 66.63 \ (\text{kW})$$

总损耗

$$\sum \Delta P = \Delta P_1 + \Delta P_2 + \Delta P_3 + \Delta P_4 = 26.9 + 20.81 + 36.69 + 66.63$$
$$= 151.03 \ (\text{kW})$$

式中　0.46、0.65、0.95——线路导线 LGJ—70、50、35 的 r_0（Ω/km）值。

线损率

$$\Delta P_L \% = \frac{\sum \Delta P}{P_1} \times 100\% = \frac{151.03}{2006} \times 100\% = 7.53\%$$

$$\Delta P_s \% = \frac{P_1 - \sum P_f}{P_1} \times 100\% = \frac{2006 - 1837}{2006} \times 100\% = 8.42\%$$

不明损失

$$\Delta P_{bm} = P_1 - \sum P_f - \sum \Delta P = 2006 - 1837 - 151.03 = 17.97 \ (\text{kW})$$

2）对于电源 Ⅱ（小水电供电的电网部分）。

供出电流
$$I = \frac{P}{\sqrt{3}\, U \cos \phi} = \frac{990}{\sqrt{3} \times 10 \times 0.9} = 63.51 \ (\text{A})$$

负荷功率　　$P_f = 742 \ (\text{kW})$

支路电流　　$I_6 = I = 63.51 \ (\text{A})$

$$I_7 = I \frac{P}{\sum P} = 63.51 \times \frac{742}{742} = 63.51 \ (\text{A})$$

支路损耗

$$\Delta P_6 = 3I_6^2 R_6 \times 10^{-3} = 3 \times 63.51^2 \times 1.38 \times 6.2 \times 10^{-3} = 103.53 \ (\text{kW})$$

$$\Delta P_7 = 3I_7 R_7 \times 10^{-3} = 3 \times 63.51^2 \times 1.38 \times 7.0 \times 10^{-3} = 116.89 \ (\text{kW})$$

总损耗

$$\sum \Delta P = \Delta P_6 + \Delta P_7 = 103.53 + 116.89 = 220.42 \ (\text{kW})$$

注：式中 1.38 为线路导线 LGJ-25 之 r_0（Ω/km）值。

线损率

$$\Delta P_L \% = \frac{\sum \Delta P}{P_1} \times 100\% = \frac{220.42}{990} \times 100\% = 22.26\%$$

$$\Delta P_s \% = \frac{P - P_f}{P_1} \times 100\% = \frac{990 - 742}{990} \times 100\% = 25.05\%$$

不明损失

$$\Delta P_{bm} = P_1 - P_f - \sum \Delta P = 990 - 742 - 220.42 = 27.58 \ (\text{kW})$$

从以上计算可以看出，系统电网与小水电站分网运行时，由系统电网电源 Ⅰ 供电的电网部分实际线损率和理论线损率都比较低，而且"两率"差距比较小，不明损失（即管理线损）也比较小；而由小水电站电源 Ⅱ 供电的电网部分实际线损率和理论线损率都比较高（比前者高出超过 16 个百分点，是前者的 3 倍多），而且"两率"差距比较大，不明损失（即管理线损）也比较大。

（2）并网运行时（设从联络线第⑤支路接通合并）。

1）假设电源 I 单独存在（供电）时。

供出电流

$$I = \frac{P}{\sqrt{3}\,U\cos\phi} = \frac{2050}{\sqrt{3}\times10\times0.85} = 139.24 \text{（A）}$$

负荷功率

$$\sum P_f = P_1 + P_2 + P_3 = 795 + 1042 + 742 = 2579 \text{（kW）}$$

支路电流

$$I_1 = I = 139.24 \text{（A）}$$

$$I_2 = I\frac{P_2}{\sum P_f} = 139.24\times\frac{795}{2579} = 42.92 \text{（A）}$$

$$I_3 = I\frac{P_2+P_3}{\sum P_f} = 139.24\times\frac{1042+742}{2579} = 93.32 \text{（A）}$$

$$I_4 = I\frac{P_2}{\sum P_f} = 139.24\times\frac{1042}{2579} = 56.26 \text{（A）}$$

$$I_5 = I\frac{P_3}{\sum P_f} = 139.24\times\frac{742}{2579} = 40.06 \text{（A）}$$

$$I_7 = I_5 = I\frac{P_3}{\sum P_f} = 139.24\times\frac{742}{2579} = 40.06 \text{（A）}$$

2）假设电源 II 单独存在（供电）时。

供出电流

$$I = \frac{P}{\sqrt{3}\,U\cos\phi} = \frac{946}{\sqrt{3}\times10\times0.86} = 63.51 \text{（A）}$$

负荷功率

$$\sum P_f = P_1 + P_2 + P_3 = 795 + 1042 + 742 = 2579 \text{（kW）}$$

支路电流

$$I_2 = \frac{P_2}{\sum P_f}I = \frac{795}{2579}\times63.51 = 19.58 \text{（A）}$$

$$I_3 = I_2 = \frac{P_2}{\sum P_f}I = \frac{795}{2579}\times63.51 = 19.58 \text{（A）}$$

$$I_4 = \frac{P_2}{\sum P_f}I = \frac{1042}{2579}\times63.51 = 25.66 \text{（A）}$$

$$I_5 = \frac{P_1+P_2}{\sum P_f}I = \frac{795+1042}{2579}\times63.51 = 45.24 \text{（A）}$$

$$I_7 = \frac{P_3}{\sum P_f} I = \frac{742}{2579} \times 63.51 = 18.27 \ (\text{A})$$

$$I_6 = I = \frac{P_1 + P_2 + P_3}{\sum P_f} I = \frac{795 + 1042 + 742}{2579} \times 63.51 = 63.51 \ (\text{A})$$

3）电源Ⅰ和电源Ⅱ实际同时都存在（供电）时。

支路电流

$$I_1 = \frac{P}{\sqrt{3} U \cos\phi} = \frac{2050}{\sqrt{3} \times 10 \times 0.85} = 139.24 \ (\text{A})$$

$$I_2 = I_2' + I_2'' = 42.92 + 19.58 = 62.5 \ (\text{A})$$

$$I_3 = I_3' - I_3'' = 96.32 - 19.58 = 76.74 \ (\text{A})$$

$$I_4 = I_4' + I_4'' = 56.26 + 25.66 = 81.92 \ (\text{A})$$

$$I_5 = I_5' - I_5'' = 40.06 - 45.24 = -5.18 \ (\text{A})$$

$$I_7 = I_7' + I_7'' = 40.06 + 18.27 = 58.33 \ (\text{A})$$

$$I_6 = \frac{P}{\sqrt{3} U \cos\phi} = \frac{946}{\sqrt{3} \times 10 \times 0.86} = 63.51 \ (\text{A})$$

　　在两电源同时供电时假设电源Ⅰ向电网供出的电流方向为正方向，电源Ⅱ向电网供出的电流方向为负方向；在这些支路上两电流相加，表示它们方向相同，两电流相减表示它们方向相反。

支路损耗

$$\Delta P_1 = 3 \times 139.24^2 \times 0.46 \times 1.1 \times 10^{-3} = 29.43 \ (\text{kW})$$

$$\Delta P_2 = 3 \times 62.5^2 \times 0.95 \times 2.2 \times 10^{-3} = 24.49 \ (\text{kW})$$

$$\Delta P_3 = 3 \times 76.74^2 \times 0.65 \times 3.3 \times 10^{-3} = 37.90 \ (\text{kW})$$

$$\Delta P_4 = 3 \times 81.92^2 \times 0.95 \times 4.1 \times 10^{-3} = 78.42 \ (\text{kW})$$

$$\Delta P_5 = 3 \times 5.18^2 \times 1.38 \times 5.5 \times 10^{-3} = 0.61 \ (\text{kW})$$

$$\Delta P_6 = 3 \times 63.51^2 \times 1.38 \times 6.2 \times 10^{-3} = 103.53 \ (\text{kW})$$

$$\Delta P_7 = 3 \times 58.33^2 \times 1.38 \times 7.0 \times 10^{-3} = 98.60 \ (\text{kW})$$

总损耗

$$\sum \Delta P = \Delta P_1 + \Delta P_2 + \Delta P_3 + \cdots + \Delta P_7 = 372.98 \ (\text{kW})$$

线损率

$$\Delta P_L \% = \frac{\sum \Delta P}{\sum P_1} \times 100\% = \frac{372.98}{2050 + 946} \times 100\% = 12.45\%$$

$$\Delta P_s \% = \frac{\sum P_1 - \sum P_2}{\sum P_1} \times 100\% = \frac{2996 - 2579}{2996} \times 100\% = 13.92\%$$

不明损失

$$\Delta P_{bm} = \sum P_1 - \sum P_2 - \sum \Delta P$$
$$= 2996 - 2579 - 372.98 = 44.02 \ (\text{kW})$$

　　为了便于比较和分析，现将上述系统电网与小水电站并网运行时和分网运行时的相关计算结果汇总列于表 5-34 中。

表 5-34 并网运行和分网运行计算结果汇总表

运行情况 计算参数	系统电网与小 水电并网运行	分 网 运 行	
		系统电网	小水电网
总功率损耗 $\sum \Delta P$（kW）	372.98	151.03	220.42
不明损失 ΔP_{bm}（kW）	44.02	17.97	27.58
理论线损率 ΔP_L（%）	12.45	7.53	22.26
实际线损率 ΔP_S（%）	13.92	8.42	25.05

从表 5-34 可见，对于系统电网来说，并网运行比分网运行总功率损耗增加量达 146.96%，即增加近 1.5 倍；不明损失（即管理线损）增加量达 144.96%，即增加 1.4 倍；实际线损率和理论线损率升高均达 0.65 倍。反之，分网运行比并网运行总功率损耗减少量达 59.51%；不明损失（即管理线损）减少量达 59.18%；实际线损率和理论线损率降低量分别达 5.5% 和 4.92%。综上所述，系统电网与小水电还是分网运行比较经济合理（对系统电网来说）；为了提高管理系统电网的县级供电企业的降损节能效益和经济效益，在不缺电的情况下，两者应该分网运行。

三、系统电网与小水电分网运行分网点的选择

在小水电网管理单位（或部门）与系统电网管理企业签订并网协议时，协议中既要包含并网运行条款内容，也要包含再分网运行条款内容。小水电网与系统电网之间如果有联络线，并且两者是通过该联络线接通实现并网运行的，那么，两者要分网运行，最好也要通过将该联络线断开实现分网运行。否则两者就需再协商，寻找另外合理的分网点。下面以实例计算的方式介绍一种合理选择分网点的方法。

【例 5-3】 如图 5-18 所示，两台 S_9—35/10kV 变压器向某 10kV 线路三个配电负荷供电，两台变压器的额定容量均为 1600kVA，空载损耗均为 2.10kW，短路损耗均为 17.15kW，低压侧（即 10kV 侧）的额定电流均为 92A，线路有 A 和 B 两个可断开的分网点，试通过线损理论计算，从有利于电网降损节能或经济合理考虑，选择一个点作为分网运行的断开点。

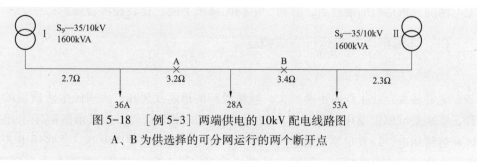

图 5-18 ［例 5-3］两端供电的 10kV 配电线路图
A、B 为供选择的可分网运行的两个断开点

解 （1）对于断开点 A。

变压器 Ⅰ 、Ⅱ的功率损耗分别为

$$\Delta P_1 = \Delta P_o + \Delta P_k \left(\frac{I_1}{I_e} \right)^2 = 2.1 + 17.15 \times \left(\frac{36}{92} \right)^2 = 4.73 \ （kW）$$

$$\Delta P_2 = \Delta P_o + \Delta P_k \left(\frac{I_2}{I_e} \right)^2 = 2.1 + 17.15 \times \left(\frac{53+28}{92} \right)^2 = 15.39 \ （kW）$$

10kV 配电线路的功率损耗为

$$\Delta P_{xc} = 3I^2 R \times 10^{-3}$$
$$= 3 \times \left[36^2 \times 2.7 + 28^2 \times 3.4 + (28+53)^2 \times 2.3 \right] \times 10^{-3}$$
$$= 63.77 \ （kW）$$

变压器和线路的总功率损耗为

$$\Delta P_A = \Delta P_1 + \Delta P_2 + \Delta P_{xc} = 4.73 + 15.39 + 63.77 = 83.89 \ （kW）$$

（2）对于断开点 B。

变压器 Ⅰ 、Ⅱ的功率损耗为

$$\Delta P_1 = \Delta P_o + \Delta P_k \left(\frac{I_1}{I_e} \right)^2 = 2.1 + 17.15 \times \left(\frac{36+28}{92} \right)^2 = 10.40 \ （kW）$$

$$\Delta P_2 = \Delta P_o + \Delta P_k \left(\frac{I_2}{I_e} \right)^2 = 2.1 + 17.15 \times \left(\frac{53}{92} \right)^2 = 7.79 \ （kW）$$

10kV 配电线路的功率损耗为

$$\Delta P_{xc} = 3I^2 R \times 10^{-3}$$
$$= 3 \times \left[(36+28)^2 \times 2.7 + 28^2 \times 3.2 + 53^2 \times 2.3 \right] \times 10^{-3}$$
$$= 60.09 \ （kW）$$

变压器和线路的总功率损耗为

$$\Delta P_B = \Delta P_1 + \Delta P_2 + \Delta P_{xc} = 10.40 + 7.79 + 60.09 = 78.28 \ （kW）$$

比较断开点 A 的功率总损耗和断开点 B 的功率总损耗，有

$$\Delta P_A = 83.89 > \Delta P_B = 78.28$$

减少线损 $$\Delta(\Delta P) = \Delta P_A - \Delta P_B = 83.89 - 78.28 = 5.61 \ （kW）$$

这就是说，从 A 点断开时 10kV 配电网的分网运行造成的功率损耗较大；反之，从 B 点断开时 10kV 配电网的分网运行造成的功率损耗较小。因此，应该选择 B 点作为该配电网的分网运行的断开点，有利于电网的降损节能，比较经济合理。

四、环形电网及其运行方式概述

1. 县城环形电网出现的背景及其运行的经济性

随着县乡企业生产的不断扩大，城镇经济的迅速发展和广大居民生活质量的日益提升，特别是城镇重要用电负荷（一级用电户）的相继呈现，如城镇医院手术用电、冶炼和熔铸用电，以及重要交通枢纽、地段、隧道、桥涵照明用电等。这些用电若一旦停电，将造成重大经济损失，引发交通事故和引起社会秩序混乱，甚至刑事犯罪案件等。显然，这在技术上涉及电网供电可靠性的问题。

为了满足上述用户的用电要求，也为了提高电网供电可靠性、安全性和稳定性，当今有相当多的县城甚至乡镇，架设起了环形电网，并采用环网方式运行。从理论上讲，环形电网供电使线路电流分布更合理，运行也更经济，这就是说，环形电网具备优于辐射形电网的性能。

但是实际情况电网是千变万化的。环形电网在合环运行时，假定不考虑各段线路中有功功率损耗和无功功率损耗时，其功率分布为"近似功率分布"，也称为"自然功率分布"。即"自然功率分布"是按各线段的阻抗关系分布的。反之，环形电网在合环运行时，当考虑各段线路中有功功率损耗最小时，其功率分布称为"经济功率分布"；即经济功率分布是按各线段的电阻关系分布的。

如果环形电网是"均一电网"，即各线段的 R/X 值为常数，则"自然功率分布"与"经济功率分布"是一致的。此时，环形电网合环运行可取得较佳的降损节能效果。

2. 非均一环形电网不宜合环运行

在实际中，环形电网一般是"非均一电网"，非均一程度愈大，自然功率分布与经济功率分布的差别愈大，有功功率损耗的差值也就愈大。当电网是通过变压器连接成环形电网时，由于变压器的电抗对电阻的比值大于线路的电抗对电阻的比值，所以使此环网的非均一程度增大。同样，当连接成环网的线路各线段导线截面积相差很大时，环形电网的非均一程度也增大。此时，环形电网合环运行将造成线损增大。

当各变电站的负荷曲线形状系数基本相同时，只需要比较不同断开点开环运行或合环运行方式的功率损耗；当各变电站的负荷曲线形状系数差别较大时，则需要比较不同断开点开环运行或合环运行方式的电能损耗，才能确定哪一种运行方式及方案比较经济合理。

同时，合环运行时将出现循环电流，又使线损再度增加。显然，此时将此网开环运行对降损节能是有利的。

而且，在电力系统中，有时因为合环运行时断路器容量不足，或使得继电保护的配置比较复杂，对电网的安全和供电可靠性反而不利，所以往往将环网开环运行，而让有些线路处于带电的热备用状态。

为了使降损节能效果达到最佳，对于非均一的环形电网的开环运行的开环点应该有所比较和选择。

五、环形电网的合环与开环运行的实例计算分析

下面以实例计算的方式阐述环形电网为了有较好的降损节能效果，在均一的结构下应采取合环的运行方式，而在非均一的结构下应采取开环的运行方式之内涵，以及如何选择确定开环运行的合理开环点。

【例5-4】　图 5-19 为一个 35kV 输电网，B、C 两负荷点分别由电源 A 供电分列运行。当第Ⅲ线路投入运行时，形成线路Ⅰ、Ⅱ、Ⅲ环形网络，线路导线电阻及最大负荷标于图中，负荷损失因数为 0.64。试计算求解该环形电网的开环与合环运行的降损节能效果。

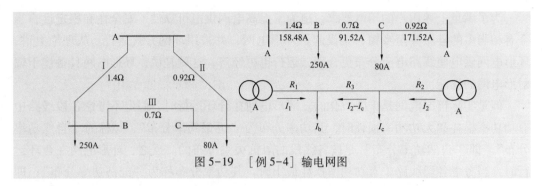

图 5-19 ［例 5-4］输电网图

解 在环形电网中，当电网内的电流（或功率）按各线段（或线路）的电阻分布时，其电能损耗最小，这种电流（功率）分布一般称为经济电流（功率）分布，其表示式见式（5-180），即

$$I_1 = \frac{I_h(R_2+R_3)+I_cR_2}{R_1+R_2+R_3}$$
$$\left.\begin{array}{c}\\ \\ I_2 = \frac{I_c(R_1+R_3)+I_bR_1}{R_1+R_2+R_3}\end{array}\right\} \quad 或 \quad \left.\begin{array}{c}P_1 = \frac{P_b(R_2+R_3)+P_oR_2}{R_1+R_2+R_3}\\ \\ P_2 = \frac{P_c(R_1+R_3)+P_bR_1}{R_1+R_2+R_3}\end{array}\right\} \quad (5-180)$$

电流（功率）分布求出之后，便可以求出各线段的功率损耗和电能损耗。

按照式（5-180）可求取该环形电网的功率分布，即

$$I_1 = \frac{250\times(0.92+0.7)+80\times0.92}{1.4+0.92+0.7} = 158.48\,(A)$$

$$I_2 = \frac{80\times(1.4+0.7)+250\times1.4}{1.4+0.92+0.7} = 171.52\,(A)$$

（1）当Ⅲ线路未投入时，即分列运行时，其功率损耗为

$$\Delta P_1 = 3I^2R\times10^{-3} = 3\times(250^2\times1.4+80^2\times0.92)\times10^{-3}$$
$$= 280.16\,(kW)$$

（2）当Ⅲ线路投入运行即环网运行时，其功率损耗为

$$\Delta P_2 = 3\times[158.48^2\times1.4+(171.52-80)^2\times0.7+171.52^2\times0.92]\times10^{-3}$$
$$= 204.27\,(kW)$$

环网运行后一个月的降损节电量为

$$\Delta A = (\Delta P_1-\Delta P_2)Ft = (280.16-204.27)\times0.64\times720$$
$$= 34\,970\,(kW\cdot h)$$

一年降损节电量达

$$34\,970\times12 = 419\,640\,(kW\cdot h) \approx 42\,万\,kW\cdot h$$

可见环形电网合环运行降损节电效果相当可观。

【例 5-5】 如图 5-20 所示，有两条 35kV 线路向一座 35kV 变电站供电，其中Ⅰ线路是电缆线路，$\dot{Z}_1 = 0.92+j0\Omega$（其电抗很小，可忽略不计）；另一条Ⅱ线路是架空线路，$\dot{Z}_2 = 0.92+j0.72\Omega$。该变电站有两段母线，其中Ⅰ段母线负荷 $\dot{S}_{jf.1} = 10\,000-j5000kVA$，Ⅱ段母线负荷 $\dot{S}_{jf.2} = 10\,000-j4000kVA$，两段母线装有母线联络开关 B，试

计算分析合环与开环两种运行方式哪一种更经济?

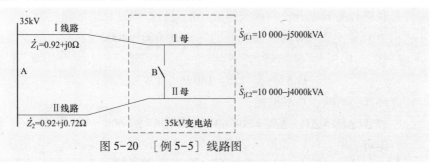

图 5-20　[例 5-5] 线路图

解　若联络开关 B 合上，两回线路并列运行，则两回线路中的功率分布分别为

$$\dot{S}_1 = (20\,000 - \text{j}9000) \times \frac{0.92 + \text{j}0.72}{0.92 + 0.92 + \text{j}0.72}$$

$$= (20\,000 - \text{j}9000) \times \frac{(0.92 + \text{j}0.72)(1.84 - \text{j}0.72)}{(1.84 + \text{j}0.72)(1.84 - \text{j}0.72)}$$

$$= (20\,000 - \text{j}9000) \times \frac{1.692\,8 + \text{j}1.324\,8 - \text{j}0.662\,4 + 0.518\,4}{3.385\,6 + 0.518\,4}$$

$$= (20\,000 - \text{j}9000) \times \frac{2.211\,2 + \text{j}0.662\,4}{3.904}$$

$$\approx \frac{44\,224 - \text{j}19\,900.8 + \text{j}13\,248 + 5961.6}{3.904}$$

$$= \frac{50\,185.6 - \text{j}6652.8}{3.904}$$

$$= 12\,854.92 - \text{j}1704.1\ (\text{kVA})$$

即　　　　$$S_1 = \sqrt{12\,854.92^2 + 1704.1^2} = 12\,967.38\ (\text{kVA})$$

$$\dot{S}_2 = (20\,000 - \text{j}9000) \times \frac{0.92}{1.84 + \text{j}0.72}$$

$$= (20\,000 - \text{j}9000) \times \frac{0.92 \times (1.84 - \text{j}0.72)}{(1.84 + \text{j}0.72)(1.84 - \text{j}0.72)}$$

$$= (20\,000 - \text{j}9000) \times \frac{1.692\,8 - \text{j}0.662\,4}{3.904}$$

$$= \frac{33\,856 - \text{j}15\,235 - \text{j}13\,248 - 5961.6}{3.904}$$

$$= 7145.08 - \text{j}7295.85\ (\text{kVA})$$

即　　　　$$S_2 = \sqrt{7145.08^2 + 7295.85^2} = 10\,211.84\ (\text{kVA})$$

两回线路总功率损耗为

$$\Delta P_\text{n} = \Delta P_1 + \Delta P_2$$

$$= \frac{12\,854.92^2 + 1704.1^2}{35^2} \times 0.92 + \frac{7145.08^2 + 7295.85^2}{35^2} \times 0.92$$

$$= 126\ 286 + 73\ 318 = 204\ 604\ (\text{W})$$

若联络开关 B 断开，两回线路成环形运行，则其总功率损耗为

$$\Delta P_k = \frac{10\ 000^2 + 5000^2}{35^2} \times 0.92 + \frac{10\ 000^2 + 4000^2}{35^2} \times 0.92$$

$$= 93\ 878 + 87\ 118 = 180\ 996\ (\text{W})$$

开环运行可减少功率损耗

$$\Delta(\Delta P) = \Delta P_n - \Delta P_k = 204\ 604 - 180\ 996 = 23\ 608\ (\text{W}) = 23.608\ (\text{kW})$$

一年可节电

$$\Delta A = \Delta(\Delta P) \times 8760 = 23.608 \times 8760 = 20\ 680.08\ (\text{kW} \cdot \text{h})$$

可见其降损节电效果相当可观，但是开环运行供电可靠性较差。

从合环运行时的电流分布可以看出

$$I_1 = \frac{S_1}{\sqrt{3}\,U} = \frac{12\ 967.38}{\sqrt{3} \times 35} = 213.91\ (\text{A})$$

$$I_2 = \frac{S_2}{\sqrt{3}\,U} = \frac{10\ 211.87}{\sqrt{3} \times 35} = 168.45\ (\text{A})$$

$$I_h = I_1 + I_2 = 213.91 + 168.45 = 382.36\ (\text{A})$$

而开环运行时的电流分布为

$$I_1 = \frac{S_1}{\sqrt{3}\,U} = \frac{11\ 180.34}{\sqrt{3} \times 35} = 184.43\ (\text{A})$$

$$I_2 = \frac{S_2}{\sqrt{3}\,U} = \frac{10\ 770.33}{\sqrt{3} \times 35} = 177.66\ (\text{A})$$

$$I_k = I_1 + I_2 = 184.43 + 177.66 = 362.09\ (\text{A})$$

显然，合环运行时总电流大于开环运行时总电流。对于非均一结构电网，合环运行将出现循环电流，因而使线损增加，即其运行非经济合理。

【例 5-6】 如图 5-21 所示，为单相两线制环形低压配电线路，假设三个负荷点的电流不变，其功率因数为 1.0，图中所标出的电阻为各段往返线路的总电阻。现在需要将该配电线路于某一线段解环，并要使开环后的线路总线损为最小，请问应在哪一线段解环？

解 假设在线路 AB 段解环，就可获得如图 5-22 所示电流分布。

由该图可计算求得 AB 间电压为

$$U_{AB} = 76 \times 0.9 + 138 \times 0.6 + 230 \times 0.3$$
$$= 220\ (\text{V})$$

根据戴维南定理，可计算求得环路电流为

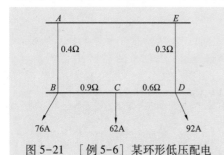

图 5-21 [例 5-6] 某环形低压配电
线路示意图

$$I_{AB} = \frac{U_{AB}}{0.4+0.9+0.6+0.3} = \frac{220}{2.2} = 100 \text{ （A）}$$

故得该环形低压配电线路合环后的电流分布如图 5-23 所示。

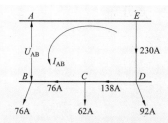

图 5-22　某环形低压配电线路在
AB 段解环后电流分布示意图

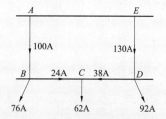

图 5-23　某环形低压配电线路
合环后电流分布示意图

欲求解在哪一线段解环，使开环后的线路总线损为最小，不妨将图 5-23 中 4 个线段逐一解环后的线路总线损都计算出来，以便对比分析，从中悟出一个规律，或总结出一个原理，以后遵循或者直接使用。

AB 线段解环后线路的总线损为

$$\left. \begin{array}{l} 230^2 \times 0.3 = 15\ 870.0 \\ 138^2 \times 0.6 = 11\ 426.4 \\ 76^2 \times 0.9 = 5198.4 \end{array} \right\} = 32\ 494.8 \text{ （W）}$$

DE 线段解环后线路的总线损为

$$\left. \begin{array}{l} 92^2 \times 0.6 = 5078.4 \\ 154^2 \times 0.9 = 21\ 344.4 \\ 230^2 \times 0.4 = 21\ 160.0 \end{array} \right\} = 47\ 582.8 \text{ （W）}$$

BC 线段解环后线路的总线损为

$$\left. \begin{array}{l} 76^2 \times 0.4 = 2310.4 \\ 62^2 \times 0.6 = 2306.4 \\ 154^2 \times 0.3 = 7114.8 \end{array} \right\} = 11\ 731.6 \text{ （W）}$$

CD 线段解环后线路的总线损为

$$\left. \begin{array}{l} 92^2 \times 0.3 = 2539.2 \\ 62^2 \times 0.9 = 3459.6 \\ 138^2 \times 0.4 = 7617.6 \end{array} \right\} = 13\ 616.4 \text{ （W）}$$

比较上述 4 个断开点的线路总线损，是 $\Delta P_{BC} < \Delta P_{CD} < \Delta P_{AB} < \Delta P_{DE}$，这就是说该环形低压配电线路，欲使开环后的线路总线损为最小，就应该在 BC 线段解环。

从图 5-22 和图 5-23 的电流分布情况可以看出：① 电网（或线路）合环运行和开环运行时，BC 线段的电流比其他线段的电流相应为最小；② BC 线段开环运行电流与合环运行电流之间的值差比其他线段这两个电流之间的值差也为最小（前者值差仅为

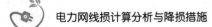

52A，而后值差同为 100A）；这就是说，*BC* 线段开环运行电流与合环运行电流最接近。这两个特点，特别是第二个特点，就是环形电网（或线路）解环运行使电网（或线路）的总线损为最小的原则或原理。反过来说，如果欲使解环之后的环形电网运行经济，必须找到具有上述特点（或规律）的一个断开点，在这一点开环。

第六章

电力网线损计算分析软件

第一节　线损软件的开发运用及其前景

一、线损软件的研发及应用

随着电力网线损管理的日益深入和现代计算机技术手段的不断发展，线损计算分析已经较以往人工计算的状况有了很大的改变。众所周知，人工计算费时费力，并且只能对电网典型线路进行计算，覆盖面窄，对线损的影响因素考虑较少，实际应用的计算方法单一，计算复杂繁琐难度大，且缺乏有效的分析手段，已经不能适应新形势下对线损管理的要求。

近年来，随着网络、通信技术的发展，和企业精细化管理的要求，在新一轮电网改造升级工程中推广配电自动化以及智能配电台区等新设备新技术、推广智能电子表并集中安装，建设智能计量系统的基础上，国家电网有限公司推出"一体化电量与线损管理系统"，从用电信息采集系统、D5000系统、大数据平台、PMS2.0、电能采集系统等，采集电网线路结构参数（包括线路导线型号及其长度、配电变压器的型号容量及台数等）和线路运行参数（包括有功供电量、无功供电量、运行时间、负荷曲线特征系数等），极大地降低了供电公司营销、线损管理人员的劳动强度。可每月、每10天、每周、甚至每天对各级电能表远抄采集数据、电脑自动汇总核算，计算出各类电量和线损，并自动或按条件进行分析，指导线损管理工作。

二、关于线损计算软件性能和功能的要求

目前，电力系统普遍进行了电网数据的自动采集，并从制度上和管理上逐渐细化对电网基础资料的管理，这就对线损计算管理工作提供了良好的保障。

线损计算分析软件应该达到以下要求：

（1）可视化图形界面，方便直观。

（2）灵活设置线路信息，颜色、字体和着色。

（3）自动统计线路基础数据并打印输出。

（4）较强的容错能力，对错误能够自动查处并进行定位显示等。

（5）在电网现有的仪器仪表配置下，计算用的数据或资料应易于采集获取；对有条件的场所，应逐步采用在线式部署方式，通过数据接口自动采用自动化采集系统数据。

（6）理论线损计算软件所采用的方法不应过于复杂或繁琐，而应较为简便、易于操作，计算过程应简洁明了。

（7）所采用的办法、计算的结果应达到足够的精确度，应能满足实际工作需要，如果存在误差，应在允许范围内。

（8）进行准确的全网汇总。

第二节　输电网理论线损计算软件

输电网潮流计算软件共分为几个模块，具体包括通用模块、图形绘制与编辑模块、查询模块、线损计算分析模块、报表模块等。

一、软件登录

根据事先设定好的用户名称和使用级别、密码用户可以登录软件进行操作，不同的用户级别可以设置不同的使用功能，这样的设置可以使用户进行方便的分布式维护和集中化管理。

用户登录后界面见图6-1。

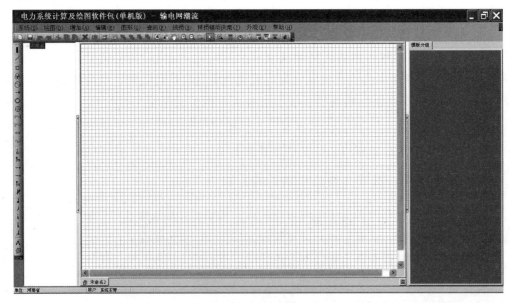

图6-1　登录后界面

二、通用模块

1. 元件库设计

软件定义了电网主要设备的标准元件库，如果用户有需要，还可以通过元件库设计模块进行自定义设置。

元件库设计流程如下：

（1）单击"系统"菜单中"元件库设计"选项。

（2）在"元件"菜单下选择"潮流元件设计"，出现界面，见图6-2。

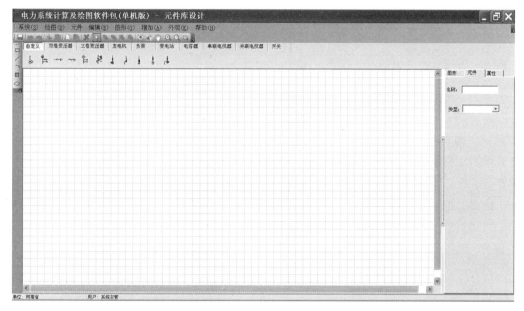

图 6-2　元件库设计

（3）在图形区域绘制需要的元件图标，定义好图形及属性。

（4）保存。

2. 数据维护

单击系统菜单中的"数据维护"选项卡，在数据维护界面中可以进行基础数据维护、数据备份、数据恢复和代表日设置等操作。

（1）基础数据维护。基础数据库是理论线损计算的基础，主要包含导线参数库、配电变压器参数库、低压电表损耗库和负荷曲线库等。软件内置了常用参数库，用户也可以进行自定义添加、修改等操作，并可进行参数库的恢复、比较等操作。基础数据维护界面见图6-3。

（2）数据备份与恢复。备份的数据可以选择全部数据备份和原始数据备份。对原始数据备份时可以对潮流计算数据、6~10kV计算数据、低压400V计算数据、多电源计算数据一齐备份，也可以选择某个模块单独备份。输入备份文件名，点击备份即可进行备份操作。数据恢复根据备份的数据类型选择是全部数据还是原始数据恢复。选择恢

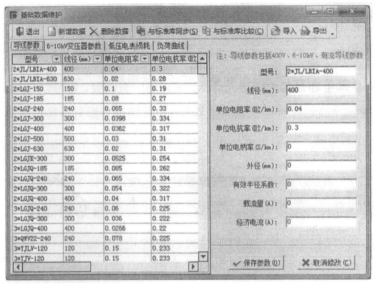

图 6-3　基础数据维护

复数据的文件名，点击恢复即可。在恢复时有两种模式：增加和替换。参见图 6-4、图 6-5。

1）增加是在原来的数据库里增加新的数据库的内容。

2）替换是用新的数据库替换原数据库里的内容。

图 6-4　数据备份

图 6-5　数据恢复

3. 权限设置

用户可以在【用户编辑】页面进行权限设置，软件可以对不同的角色进行单独的权限设置，见图 6-6。

4. 系统设置

用户可以在"系统设置"选项卡中进行绘图区设置、颜色设置、显示样式设置、参数格式设置、电压等级设置等类型的设置。

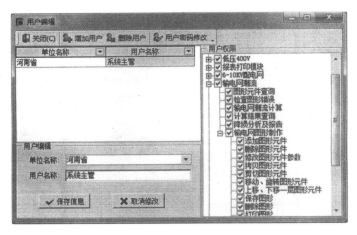

图 6-6 权限设置

（1）绘图区设置。绘图区设置主要用于设置网格的大小、颜色等。在这里可以设置是否显示网格，默认为显示。显示网格可以方便用户在画图中进行准确的定位。推荐显示网格，如有必要可以取消显示。

（2）颜色设置。颜色设置中可以对 4 种类型的颜色进行设置。

1）选中元件的颜色。

2）连接点的颜色。

3）停用元件的颜色。

4）检修元件的颜色。

（3）显示样式设置。显示样式设置界面见图 6-7。

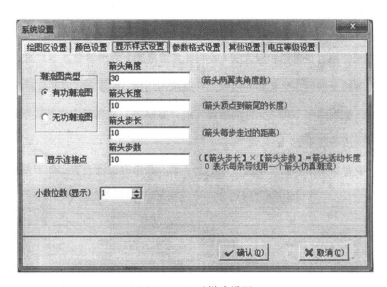

图 6-7 显示样式设置

【潮流图类型】计算完成后在图形中所显示的实时潮流流向类型，可以显示有功潮流和无功潮流。

【显示连接点】 显示连接点可以在绘制图形的过程中确定导线或其他元件的连接状态。在输电网潮流中，连接点主要位于内层结构即变电站内部结构，例如母线连接线与母线的连接点、母线连接线与变压器的连接点、负荷与母线的连接点等。

对潮流图中箭头的角度、长度、步长、步数等也可以进行设置。

【小数位数】 用来设置结果中显示的小数点位数，一般设置 2 位即可。

（4）参数格式设置。用户可以自定义需要显示的参数和字体，需要保存一次当前的设置。每种电气元件都有正常图和潮流图（或叫计算结果图）两种参数显示设置。正常图是指未经过计算的单纯反映网络结构和各电气元件参数的图形。潮流图（或叫计算结果图）是指在经过计算后，把网络中各个电气元件的潮流（或计算结果）在图形中进行显示的图形，参见图 6-8。

（5）电压等级设置。电压等级设置是用来对归算电压、电压上下限、颜色等进行设置，如图 6-9 所示。

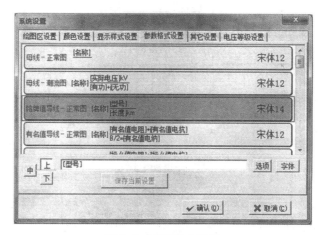

图 6-8　参数格式设置

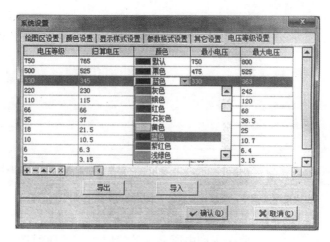

图 6-9　电压等级设置

三、图形绘制与编辑

1. 图形绘制

输电网的图形绘制为分层式结构，分为外层和内层，外层图形为变电站级，内层图形为变电站站内结构级，这样的处理可以更方便地对站内结构进行局部调整而不影响到整个电网的接线和线路走向。

由上所述，输电网外层图形是电力网络的整体结构图，如图 6-10 所示，内层图形见图 6-11。

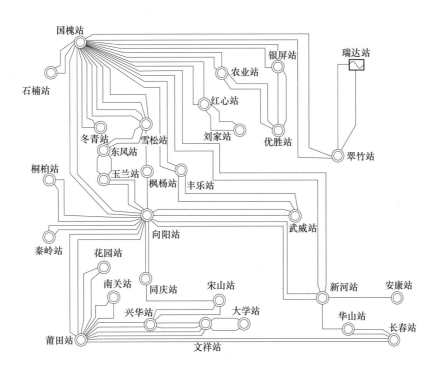

图 6-10 外层图形

2. 模板定义

模板功能可以使用户快速、方便、准确地绘制图形，当一个电网中变电站的内部结构大致相同时，用户只需将所有类似的变电站内结构画出一个，在选中所画的图形后就可以通过定义模板功能，将画好的图形作为一个模板添加到数据库中，在需要绘制类似图形的时候直接调用模板中的图形即可，见图 6-12。

3. 打印输出

双层绘制的输电网图形可以按照图册方式进行打印输出。

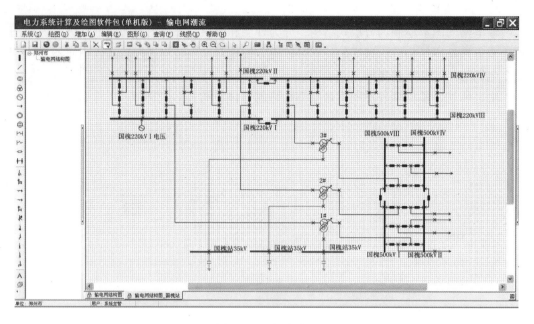

图 6-11　内层图形

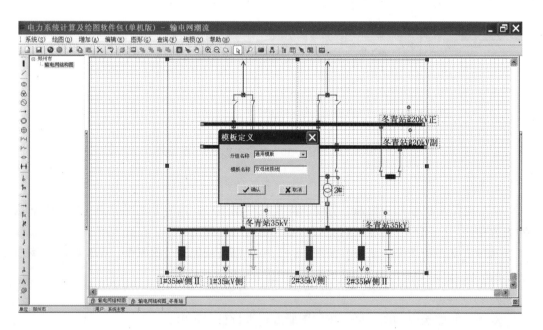

图 6-12　模板定义

（1）输电网图形目录。

（2）一次接线图。

（3）站内结构图。

4. 图形编辑

软件提供各种图形编辑操作，如剪切、复制、粘贴、撤销、删除、修改等；还可以通过图层控制功能进行图形的显示设置。见图6-13。

5. 查询

通过"查询"选项卡中的"查询"和"检查错误"选项可以对图形元件进行准确定位和错误查询。查询出的结果在图形界面下方进行展示，并可以通过定位功能准确定位。见图6-14。

图6-13 图层控制

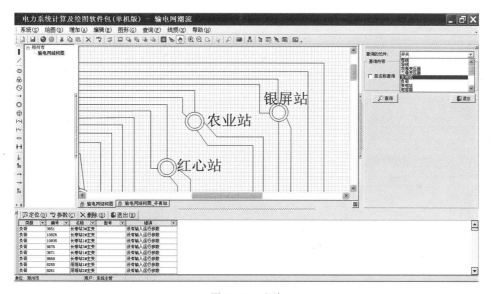

图6-14 查询

四、数据准备与计算

1. 数据准备

输电网理论线损计算采用下拉法进行潮流计算，计算所需数据见表6-1。

2. 数据录入

数据的录入有两种方法，一种是随图形绘制的时候直接输入，另一种是先绘制完所有图形，然后通过计算数据编辑进行数据导入。

（1）图形录入。用户可以绘制图形的通过双击图标或右键选择的方式打开元件参数框在图形界面中进行数据的录入，如图6-15所示变压器参数的录入。

表 6-1

潮流计算数据表

类型	变压器	导线	负荷	电容器	电抗器	开关	母线
基础数据	(1) 额定电压 (2) 额定容量 (3) 短路损耗 (4) 短路电压 (5) 空载损耗 (6) 空载电流 (7) 高/中压侧分接头挡位信息	(1) 铭牌型号和长度 (2) 有名值电阻、电抗、电纳 (3) 标幺值电阻、电抗、电纳	(1) 名称 (2) 是否过网 (3) 是否无损	(1) 额定电压 (2) 额定容量 (3) 介质损耗角正切值	(1) 额定电压 (2) 电抗百分数 (3) 额定电流 (4) 一相功率损耗	名称	(1) 名称 (2) 额定电压
运行数据	(1) 状态：运行/停运 (2) 高中压侧运行挡位	状态：运行/检修	(1) 有功功率 (2) 无功功率 (3) 有功电量 (4) 无功电量	(1) 电容器投运组数 (2) 投运容量	投运容量	状态：开启/闭合	实际电压

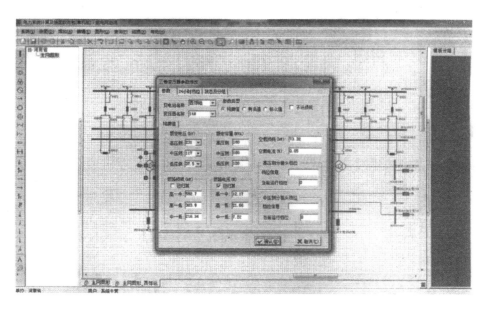

图 6-15 图形输入

（2）数据导入。由于输电网负荷节点多，数据量大，人工图形输入的方式工作量大，效率较低，且容易出错，所以目前大多数用户都已采用数据导入的方式进行数据的录入，导入过程如下：

1）选择"计算数据编辑"选项卡，进入编辑界面，在计算数据编辑中，可以进行母线、导线、双卷变压器、三卷变压器、发电机、负荷、电容器、电抗器等数据的编辑、修改和导入。如图 6-16 所示。

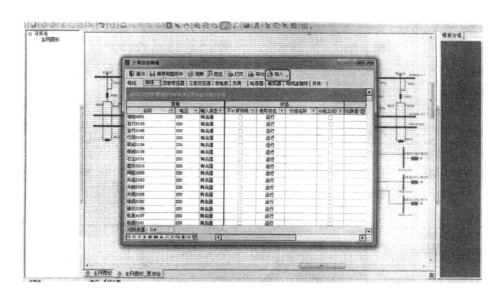

图 6-16 计算数据编辑

2）选择需要导入的参数类型，如负荷、发电机等。

3）单击"导入"进入导入操作，选择需要导入的文本格式。

4）按照操作流程提示完成导入流程。

3. 潮流计算

选择"线损"菜单的"潮流计算"选项卡，或直接在工具栏中选择"潮流计算"按钮，即可进入潮流计算界面。

（1）计算设置。计算设置是进行每一次计算前必须进行的工作，不同的计算设置可以得到不同的计算结果，计算设置的界面见图6-17。

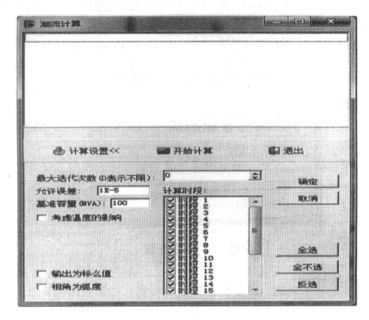

图6-17　计算设置

用户可以进行最大迭代次数、允许误差、基准容量、是否考虑温度的影响、输出方法、计算时段等的设置。

【最大迭代次数】用户可以设定在潮流计算中迭代的次数，如果计算时到达最大迭代次数而仍没有收敛，则程序停止迭代。默认输入最大迭代次数为0，0表示不限制迭代次数，直到收敛为止。

【允许误差】允许误差是指两次迭代之间的差值如果小于某个值（一般取1E—5），将认为收敛。允许误差越小，迭代的精度越高。

【基准容量】当输出的结果需要以标幺值来显示时，需要在这里设定基准值的容量，一般为100MVA。

【考虑温度的影响】不同的温度条件下，导线的电阻电抗将不一样，如果选中此选项，将根据温度修正导线的电阻和电抗（只对使用铭牌值的导线有影响）。

【输出为标幺值】计算结果按照输入的基准容量自动转换为标幺值输出。

【相角为弧度】系统内部显示的相角都为角度，选中此项后，将以弧度形式输出相角，弧度和角度的对应关系为：角度=弧度×180/3.141 592 6。

【计算时段】在这里可以选择要计算的时段，一般为全天 24h，也可以具体地计算某一个时段。

（2）线损计算。当设置好计算设置中的各项内容时，就可以开始计算，点击开始计算按钮，计算过程将在图中加以显示，计算完成后，软件提示计算完成，如图 6-18 所示。

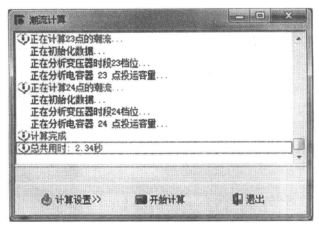

图 6-18　线损计算

五、结果输出

在潮流计算完成后，软件可以输出多种结果以供分析。

1. 全网报表输出

全网报表输出包括以下几种类型。

（1）全网线损表（如图 6-19 所示）。全网线损表是输电网计算结果的汇总报表，分为以下几种：

1）全网线损表（含无损电量）；

2）全网线损表（不含无损电量）；

3）分压线损表（含无损电量）；

4）分压线损表（不含无损电量）。

（2）导线损耗表。由于输电网中经常存在 T 接结构，一段导线被 T 节点分开，所以导线的损耗汇总就有两种情况：

1）被 T 节点分开的两段导线，其计算结果汇总到一起显示，称为导线潮流损耗汇总表。如果需要将 T 接的几条导线的计算结果汇总到一起，有以下两种方法：

第一种：将 T 接的几条导线取名一致；

第二种：T 接线路取名例如："＊＊线"、"＊＊线 T 接 1"、"＊＊线 T 接 2"，即当线路名中"T 接"之前的名称一致时，程序也将其汇总到一起。

2）被 T 节点分开的两段导线，其计算结果分开显示，称为导线潮流损耗明细表。

277

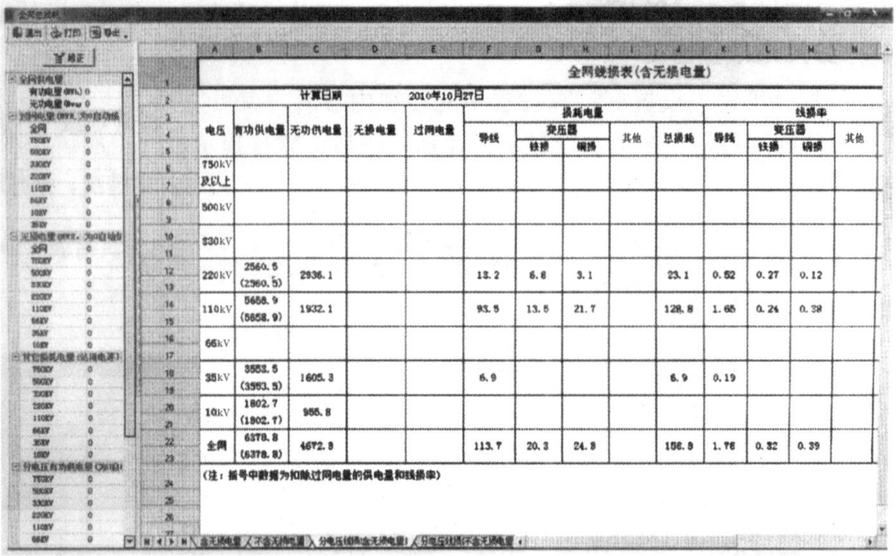

全网线损表(含无损电量)

电压	有功供电量	无功供电量	无损电量	过网电量	导线	变压器 铁损	变压器 铜损	其他	总损耗	导线	变压器 铁损	变压器 铜损	其他
					损耗电量					线损率			
750kV及以上													
500kV													
330kV													
220kV	2560.5 (2560.5)	2936.1			13.2	6.6	3.1		23.1	0.52	0.27	0.12	
110kV	5658.9 (5658.9)	1932.1			93.5	13.5	21.7		128.8	1.65	0.24	0.39	
66kV													
35kV	3553.5 (3553.5)	1605.3			6.9				6.9	0.19			
10kV	1802.7 (1802.7)	955.8											
全网	6378.8 (6378.8)	4672.9			113.7	20.3	24.9		158.9	1.76	0.32	0.39	

计算日期 2010年10月27日

(注:括号中数据为扣除过网电量的供电量和线损率)

图 6-19　全网线损表

（3）变压器损耗表。该表中显示每台变压器的所属变电站、供电量、铁损、铜损、总损耗、损耗率、各电压侧潮流等理论线损计算结果及计算信息。

（4）节点电压功率表。显示每个节点（母线）电压、相角、有功电量、无功电量、力率的值。显示方式与功能同变压器损耗明细表。

（5）出力负荷表。显示 24h 及全天的有功出力、无功出力、有功负荷、无功负荷、有功损耗、无功损耗、有功线损率、无功线损率等计算结果与计算信息。

2. 分片线损表输出

实际运行中，由于运行方式的变化和供电可靠性等因素的影响，经常导致一个地区的电网分片运行，软件可以根据电网的运行方式自动划分片区，根据图形分片的情况，分时段地显示出每一片的总损耗表、导线损耗表、变压器损耗表、节点电压功率表、出力负荷表、24h 各电压线损表等结果，如图 6-20 所示。

3. 分组结果表输出

各个地区在管理中经常将电网进行分组计算考核，如按照变电站进行分组，用以考核变电站所属站及导线的综合线损率，软件可以通过对元件属性的设定完成分组的设定，通过潮流计算得出该分组的综合线损率。

（1）分组的设定。通过对元件属性的编辑可以完成分组的设定，如图 6-21 所示。

（2）分组结果输出。根据图形分组的情况，可以分时段、分组地显示出每一组的总损耗表、导线损耗表、变压器损耗表、节点电压功率表、出力负荷表、24h 各电压线损表、其他损耗表。

分组线损表还提供了全网分组分压分元件线损总表，如图 6-22 所示。

图 6-20　分片线损表

图 6-21　分组设定

六、线损分析

1. 线损随边界条件变化分析

边界条件改变对线损影响的分析是在理论线损计算的基础上进行的，在电网结构不变的基础上，通过改变影响线损的边界条件，对电网的理论线损进行重新计算，从而分析边界条件对电网理论线损值的影响，可以为降损节能提供理论依据，参见图 6-23。

边界条件包括：温度、负荷、电压。

2. 技术降损分析

系统能够在理论线损在线计算的基础上，对电网进行技术降损分析。用户通过模拟各种降损措施对电网进行计算，分析不同网架结构中对线损影响较大的设备和元件；可列出重损线路和重损变压器等设备，并自定义降损方案，计算所需的资金和取得的效果。

（1）更换导线分析。更改导线分析是基于理论线损计算进行的，计算分析前先对电网进行理论线损计算分析，计算出电网中导线的理论线损值，并列出重损线路。依据导线的更换条件，确定所要更换的导线，对更换导线后的电网重新进行计算，得出分析结果，如图 6-24 所示。

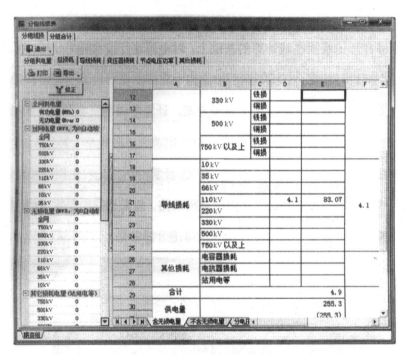

图 6-22　分组线损表

（2）调整变压器分析。变压器的运行状态对线损值影响较大，通过选取最佳运行方式和调整负荷，使变压器的负载率达到一个合理值，在此运行状态下变压器效率最高，损耗最低。对单台变压器而言，铜铁损值相同时，该变压器达到最佳运行状态，参见图 6-25。

（3）线损分析报告。输电网的计算结果输出内容较多，用户对结果进行分析时，需要从大量输出结果中进行筛选所需数据，较为复杂，参见图 6-26。

从实用性原则出发，考虑到用户应用的便利性，系统提供了报告生成功能，用户可以通过对计算时间的设置来生成输电网理论线损分析报告，有效降低了用户工作量和出错概率。

图 6-23　边界条件对线损影响分析

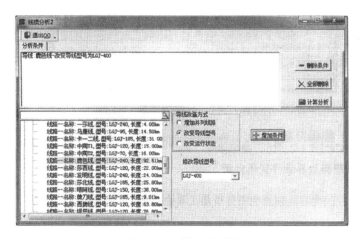

图 6-24　更换导线分析

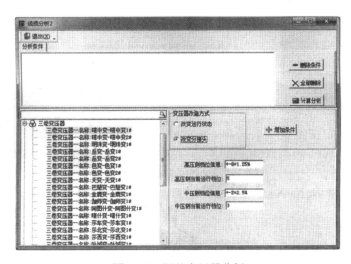

图 6-25　调整变压器分析

该报告主要包含如下信息：

1）电网整体信息统计，如变电站数、供电量、损耗电量、理论线损率等。

2）重损变压器情况统计。

3）重损线路情况统计等。

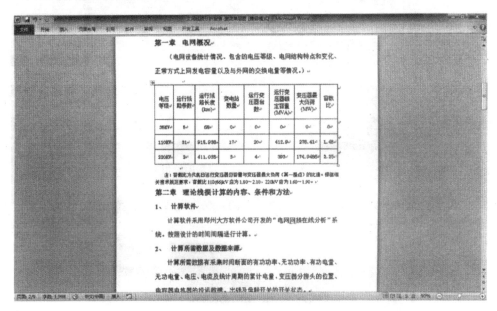

图 6-26　线损分析报告

第三节　10kV 配电网理论线损计算软件

本节以某配电线路的理论线损计算来介绍一下 10kV 理论线损计算软件的应用。

【例 6-1】某 10kV 配电线路，有导线型号 LGJ—25、LGJ—35、LGJ—50、LGJ—120 四种，配电变压器 25 台，其中公用变压器 22 台，专用变压器 3 台，总容量 6500kVA，某月实际投入运行时间 720h，有功供电量 1 008 536kW·h，已测算得线路负荷曲线特征系数为 1.10，试对该线路进行理论线损计算和线损分析。

一、软件登录

软件安装完成后电脑桌面上自动生成"大方电力计算软件包"图标，双击后进入，用户登录界面见图 6-27。

输入用户名称和密码，点击【登录】后进入软件界面，如图 6-28 所示。

6～10kV 配电网菜单是系统菜单中的主选项之一，点击即可进入 6～10kV 配电网模块界面。

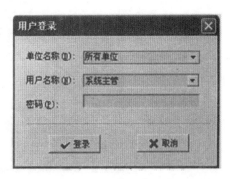

图 6-27　用户登录界面

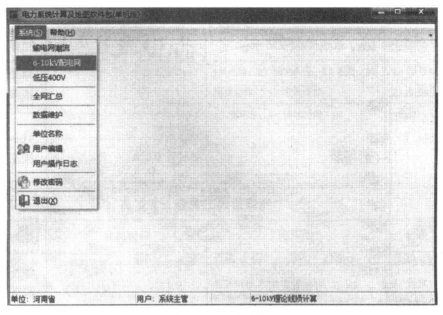

图 6-28　登录后界面

二、图形绘制

10kV 配网线路单线图是进行理论线损计算的基础，单线图的绘制需要准备以下基础资料：

（1）本地区配电线路的网络结构信息。

（2）配网线路中导线的参数信息（型号/长度）。

（3）一条线路有几种不同型号线段的情况下，应分别标注各线段参数信息。

（4）配网线路中变压器的参数信息（名称/编号/型号/容量/类型等）。

在基础资料准备完成后，即可运用软件提供的智能电气 CAD 平台进行线路单线图的绘制，为提高绘图效率，降低出错几率，软件提供以下功能辅助用户进行图形的绘制操作：

（1）热点吸附功能；

（2）错误识别功能；

（3）快速绘图功能等。

在"图形"菜单下选择"快速绘图模式"，在绘图区按下鼠标左键并松开，移动鼠标，将出现用圆形或方形间隔的直线，直线越长，圆形或方形间隔越多，滚动鼠标的滚轮，同长度的直线上圆形或方形间隔的数量也将随之改变，按下键盘上的"CapsLock"键（大小写切换键）会改变间隔的形式为圆形或方形，圆形代表线杆，方形代表变压器。按下鼠标左键将创建一系列的导线，在圆形或方形间隔的位置将产生线杆或变压器。

导线的参数（型号、长度、类型）会跟前一次修改的导线参数一样。线杆的画法也会跟前一次修改的线杆画法保持一致。

绘制完成的 10kV 单线图如图 6-29 所示，图形信息统计见图 6-30。

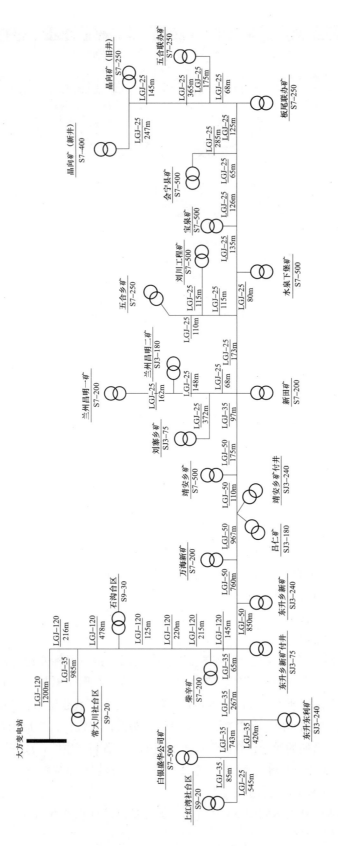

图 6-29 10kV 线路单线图

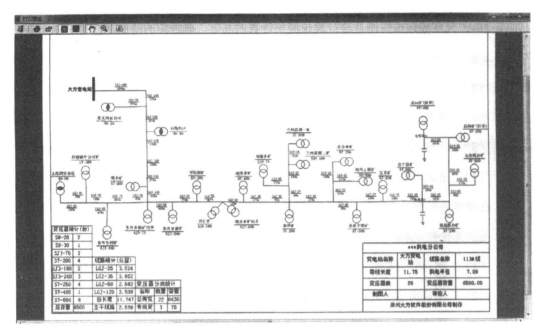

图 6-30　图形信息统计

三、数据录入及计算

1. 数据准备

10kV 配电网的理论线损计算依据算法的不同，所需的数据也不尽相同，计算精确度也有所差别，表6-2、表6-3 中详细列出常用的 10kV 配电线路线损计算方法所需的数据。

表 6-2　　　　　　　　　　　　　电 量 法 数 据 表

类型	线路首端	变压器	导线
基础数据	① 线路名称；② 变电站名称	① 名称；② 额定电压；③ 容量；④ 短路损耗；⑤ 空载损耗	① 型号；② 长度
运行数据	① 运行电压；② 供电时间；③ K系数；④ 有功电量；⑤ 无功电量；⑥ 功率因数；⑦ 代表日24h 电流	① 售电量；② 停运时间	NULL

表 6-3　　　　　　　　　　　　　容 量 法 数 据 表

类型	线路首端	变压器	导线
基础数据	① 线路名称；② 变电站名称	① 名称；② 额定电压；③ 容量；④ 短路损耗；⑤ 空载损耗	① 型号；② 长度
运行数据	① 运行电压；② 供电时间；③ K系数；④ 有功电量；⑤ 无功电量；⑥ 功率因数；⑦ 代表日24h 电流	停运时间	NULL

2. 数据录入

确定好需要采用的算法和数据后，即可进行数据的录入，由于各地区应用情况和操作习惯的不同，数据录入可以采用两种方式：图形界面录入和表格导入；有条件的地区还可以采用数据接口的方式进行数据的自动提取。

（1）图形界面录入，直观不易出错，参见图 6-31。

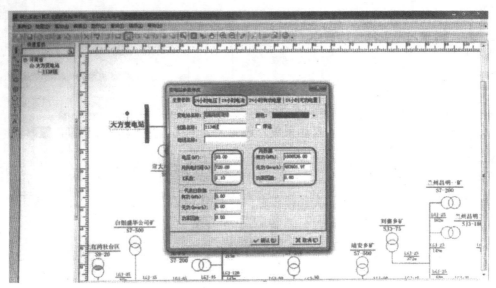

图 6-31　图形界面录入

（2）表格导入，可批量进行，效率较高。导入流程如图 6-32 所示。

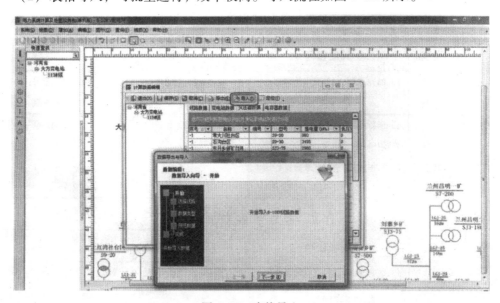

图 6-32　表格导入

1）从电量营销系统等数据源系统中导出电量数据（数据保存格式类型为 Excel）。

2）将导出的电量数据文档进行修改，ABC 列分别设置为以下几项：① 线路名称；② 变压器编号或名称；③ 售电量。

3）在"编辑"菜单下选择"计算数据编辑"。

4）选择数据来源，即我们从电量营销系统中导出的电量数据表格。

5）确认数据列的——对应关系，无效的数据列清零。

6）将导入检索的选项选中，即线路名称、变压器名称或者编号（具体选择变压器名称还是编号则取决于来源文件）。

7）导入并核对数据。

（3）数据接口方式。自动采集、避免人为干扰，有效减轻工作量，效率较高。

3. 线损计算

在数据录入完成后即可进入线损计算，界面见图 6-33。

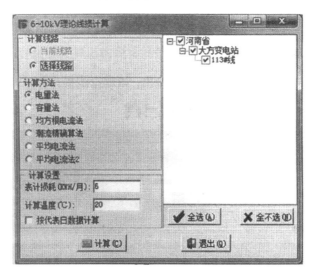

图 6-33　线损计算

（1）计算线路。

1）当前线路：是指当前图形中打开的线路。

2）选择线路：是指从所有线路中手动进行选择线路进行计算。

（2）计算方法。6~10kV 软件提供多种计算方法：电量法、容量法、均方根电流法、平均电流法。

（3）计算设置。

1）表计损耗：设定电表的损耗。

2）计算温度：设定代表日的环境温度。

10kV 配电线路一般采用电量法进行理论线损计算，该算法无论线路中变压器负载率差异大小，计算出的理论线损结果均较为准确，由于本算例中变压器负载率差异不大，故采用电量法和容量法均可计算。计算过程见图 6-34（以电量法为例）。

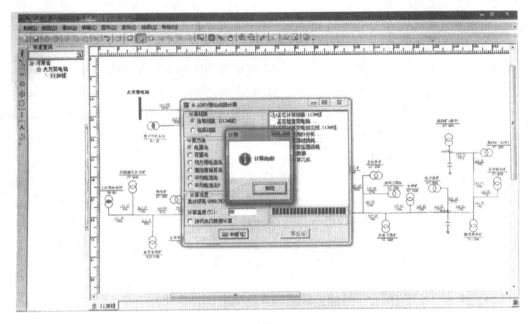

图 6-34　计算设置及过程

四、结果输出

（1）报表输出。计算完成后，可进行各种结果报表的输出，如理论线损计算结果的输出和线路设备信息的统计输出等，参见图 6-35、图 6-36。

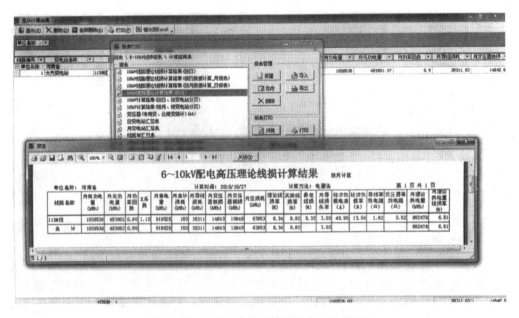

图 6-35　月理论线损计算结果表（电量法）

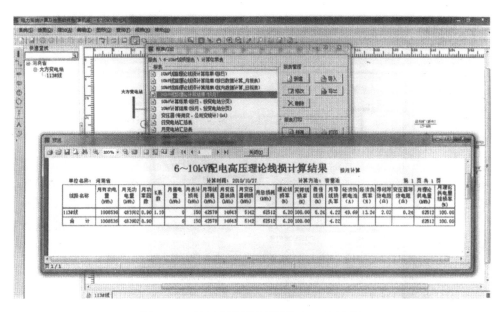

图 6-36 月理论线损计算结果表（容量法）

可以看出，该线路理论线损率为 6.34%，统计线损为 8.92%，由于变压器的负载率的差异不大，采用电量法和容量法计算出的理论线损结果分别为 6.34% 和 6.20%，误差率为 2.2%，在允许范围之内。

（2）定制报表。由于各地区需求的不同，除常规结果输出外，软件可针对不同需要进行报表的定制，如图 6-37 所示。

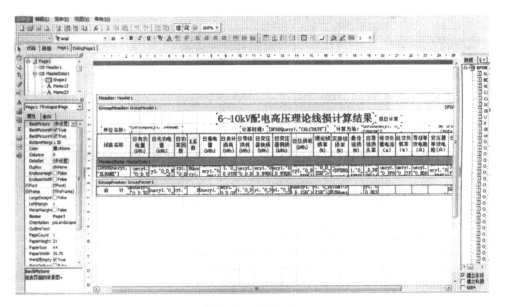

图 6-37 定制报表

（3）中间结果输出。线路中线段和变压器元件的损耗分布情况是进行线损分析和降损措施制定的重要依据，了解线损具体分布情况后，可以有针对性地对重损线段或变压器进行改造处理，所以对整条线路或任意选定区域的中间计算结果进行输出非常必要，参见图6-38。

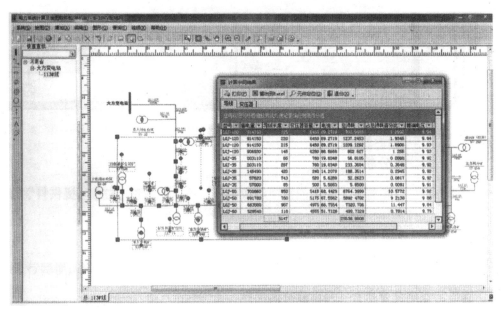

图6-38　中间结果展示

（4）图形结果展示。根据需要可对图形中设备属性的显示类型进行配置管理，并依据设置好的图形显示配置进行计算结果的图形展示和打印输出，参见图6-39、图6-40。

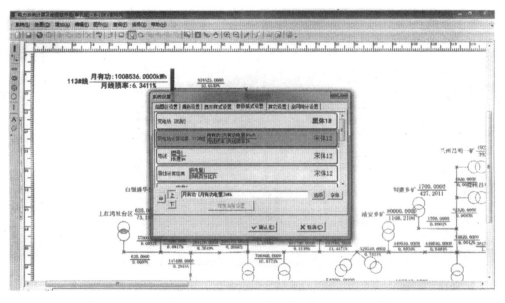

图6-39　显示类型配置

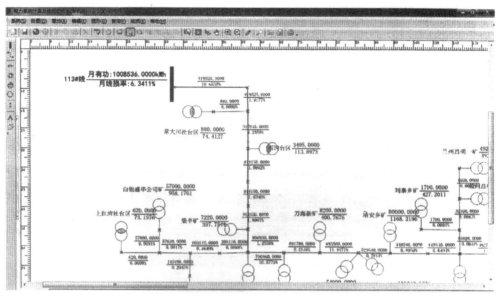

图 6-40　图形结果展示

五、线损分析

线损分析是线损管理工作中的重要组成部分，可以为基建、技改等提供科学的理论和数据支撑。

1. 线损分析方案制定

降损方案的制定共有 6 种措施可供选择，参见图 6-41。

（1）改变线路电压。

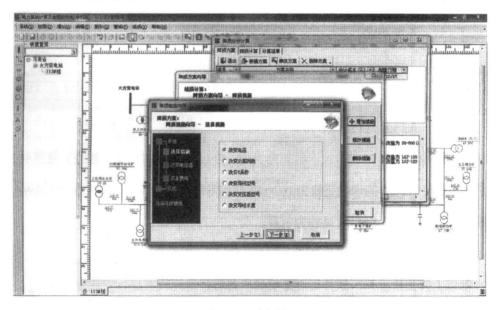

图 6-41　降损措施

291

（2）改变线路功率因数。

（3）改变 K 系数。

（4）改变导线型号。

（5）改变变压器型号。

（6）改变导线长度。

该算例以中间计算结果为依据，有针对性地对线路中损耗比重过大的线段和变压器进行改造来进行线损分析，制定的降损方案如图 6-42 所示。

图 6-42　降损方案

进行降损计算后，降损结果输出见图 6-43。

6~10kV理论线损降损计算结果分析表

单位名称：河南省　计算时间：2010年10月27日　计算方法：电量法

线路名称		供电电压(KV)	K系数	月计算结果：有功电量(KWh)	无功电量(KWh)	功率因数	导线损耗(KWh)	变压器铁损(KWh)	变压器铜损(KWh)	电表损耗(KWh)	总损耗(KWh)	理论线损率(%)	日计算结果：有功电量(KWh)	无功电量(KWh)	功率因数	导线损耗(KWh)	变压器铁损(KWh)
113#线	降损前	10	1.1	1008536.00	483901.97	0.90	38311.03	14642.64	10848.95	0.00	63802.61	6.33	33617.87	16130.07	0.90	1277.03	488.09
	降损后	10	1.1	1004104.43	481775.61	0.90	34031.23	14621.04	10718.77	0.00	59371.04	5.91	33470.15	16059.19	0.90	1134.37	487.37
	比较(%)	0	0	-0.44	-0.44	0.00	-11.17	-0.15	-1.20	0.00	-6.95	-6.64	-0.44	-0.44	0.00	-11.17	-0.15
降损措施		改变变压器型号 线路113#砂石线的型号 S7-500 改造为 S9-500(名称：水泉下盘矿) 成本费用：30000.00元 改变导线型号 线路113#砂石线的型号 LGJ-50 改造为 LGJ-120(名称：导线630) 线路113#砂石线的型号 LGJ-35 改造为 LGJ-120(名称：导线547) 成本费用：20000.00元															

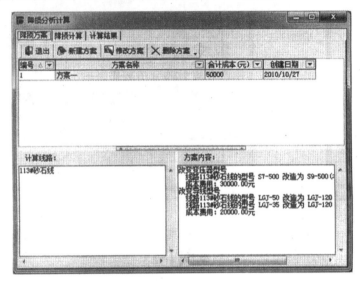

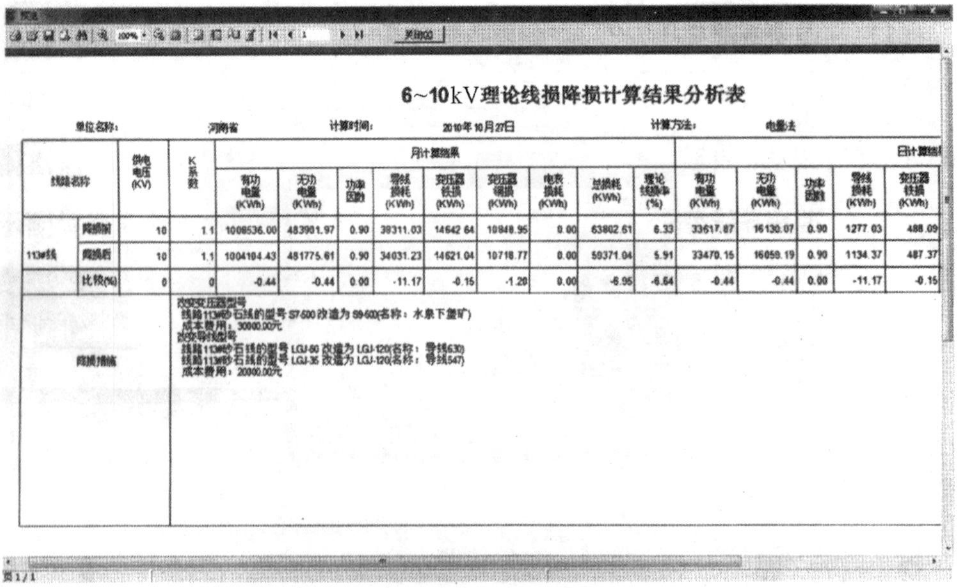

图 6-43　降损结果比对表

可以看出，该线路负荷大，损耗电量大，经过对该线路重损（瓶颈）线路的改造，将主干线上两段 LGJ—50 的导线更换为 LGJ—120 的导线，月导线损耗将减少 4282kW·h，线损率降低 0.42 个百分点，降损效果较为明显。

2. 边界条件因素的定量分析

除以上降损措施外，软件可对影响线损的边界条件因素进行定量分析。

（1）功率因数变化对线损的影响分析见图 6-44。

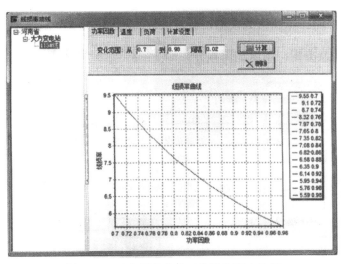

图 6-44　功率因数变化对线损的影响分析

（2）温度变化对线损的影响分析见图 6-45。

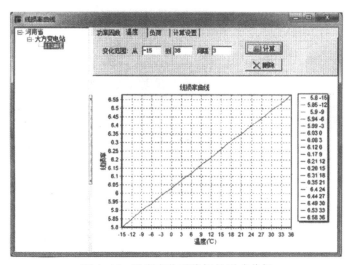

图 6-45　温度变化对线损的影响分析

（3）负荷变化对线损的影响分析见图 6-46。

可以看出该条线路负荷较大，当负荷为当前负荷的 0.8 倍附近时，该线路的线损率为最小值。

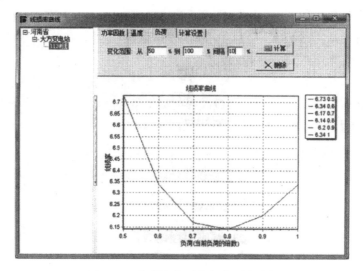

图 6-46　负荷变化对线损的影响分析

3. 降损分析报告

在经过理论线损计算、降损措施制定和计算分析后，软件可生成对该线路的降损分析报告，该报告包括线路本月基本概况、线损计算结果、损耗分布情况、降损措施比对结果、效益分析等内容，参见图 6-47。

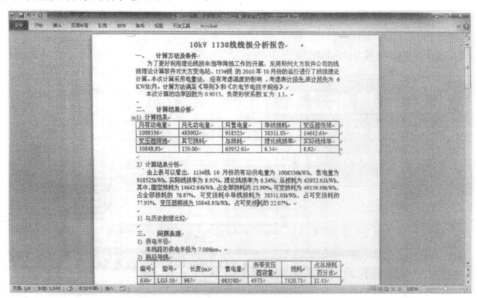

图 6-47　线损分析报告

🌱 第四节　0.4kV 配电网理论线损计算软件

某低压 400V 公用台区，供电半径 0.47km，导线总长 1.36km，表箱数量 37 个，低压用户数量为 151，该台区月供电量 5850kW·h，功率因数 0.85，实际投入运行时间 720h，已测算得台区负荷曲线特征系数为 1.03，试应用理论线损计算分析软件对该线路进行理论线损计算和线损分析。

一、软件登录

软件安装完成后电脑桌面上自动生成"大方电力计算软件包"图标，双击后进入，用户登录界面如图 6-48 所示。

输入用户名称和密码，点击【登录】后进入软件界面，如图 6-49 所示。

低压 400V 菜单是系统菜单中的主选项之一，点击即可进入低压 400V 模块界面。

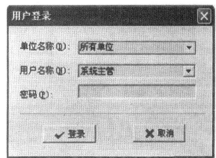

图 6-48　软件登录

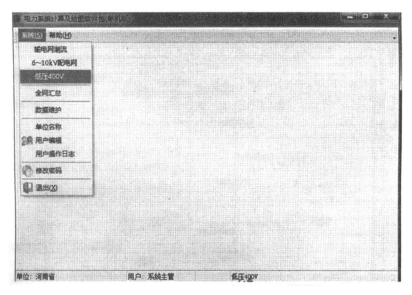

图 6-49　登录后界面

二、图形绘制

低压台区单线图是进行理论线损计算的基础，单线图的绘制需要准备以下基础资料：

（1）本台区的网络结构信息。

（2）台区中导线的参数信息（型号/长度/线制）。

（3）一条线路有几种不同型号线段的情况下，应分别标注各线段参数信息。

（4）表箱及用户信息（位置/名称/编号等）。

（5）电能表类型（电子式/机械式/其他）。

在基础资料准备完成后，即可运用软件提供的智能电气 CAD 平台进行线路单线图的绘制，为提高绘图效率，降低出错几率，软件提供以下功能辅助用户进行图形的绘制操作：

（1）热点吸附功能。

（2）错误识别功能。

（3）快速绘图功能等。

与 6~10kV 理论线损软件中快速绘图功能一样，通过大小写键可以切换表箱和电杆的绘制。绘制完成的低压 400V 台区单线图如图 6-50 所示。

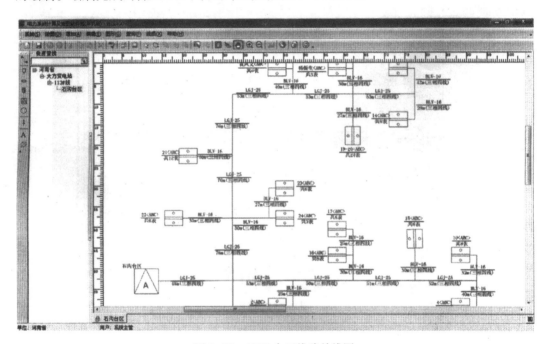

图 6-50 400V 台区线路单线图

三、数据录入及计算

1. 数据准备

低压 400V 台区的理论线损计算依据算法的不同，所需的数据也不尽相同，计算精确度也有所差别，表 6-4~表 6-6 中详细列出常用的低压台区线损计算方法所需的数据。

表 6-4　　　　　　　　　　　电 量 迭 代 法 数 据 表

类型	线路首端	表箱及用户	导线
基础数据	① 线路名称；② 台区名称	① 名称；② 用户或表箱编号；③ 电表类型	① 型号；② 长度；③ 线制
运行数据	① 运行电压；② 供电时间；③ K 系数；④ 有功电量；⑤ 无功电量；⑥ 功率因数；⑦ 代表日 24h 电流	售电量	NULL

表 6-5　　　　　　　　　　　　　　容 量 迭 代 法 数 据 表

类型	线路首端	表箱及用户	导线
基础数据	① 线路名称；② 台区名称	① 名称；② 用户或表箱编号；③ 电表类型	① 型号；② 长度；③ 线制
运行数据	① 运行电压；② 供电时间；③ K系数；④ 有功电量；⑤ 无功电量；⑥ 功率因数；⑦ 代表日 24h 电流	—	—

表 6-6　　　　　　　　　　　　　　三相不均衡法数据表

类型	线路首端	表箱及用户	导线
基础数据	① 线路名称；② 台区名称	① 名称；② 用户或表箱编号；③ 电表类型；④ 用户接入相	① 型号；② 长度；③ 线制
运行数据	① 运行电压；② 供电时间；③ K系数；④ 有功电量；⑤ 无功电量；⑥ 功率因数；⑦ 代表日 24h 电流	—	—

2. 数据录入

确定好需要采用的算法和数据后，即可进行数据的录入，由于各地区应用情况和操作习惯的不同，数据录入可以采用两种方式：图形界面录入和表格导入；有条件的地区还可以采用数据接口的方式进行数据的自动提取。

（1）图形界面录入，见图 6-51。

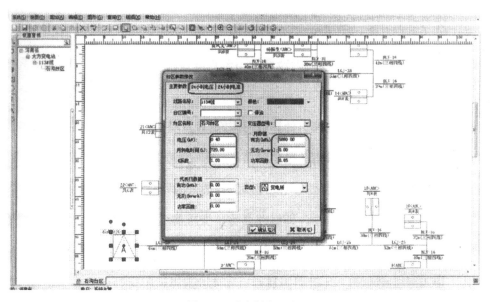

图 6-51　图形界面录入

（2）表格导入。导入流程如图 6-52 所示。

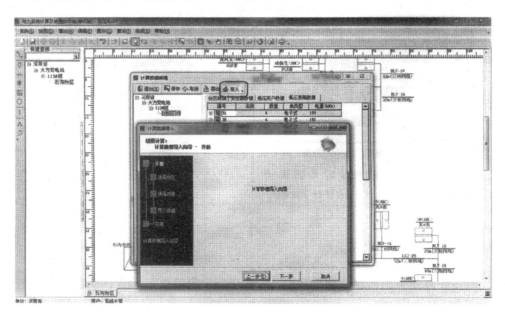

图 6-52　表格导入

1）从电量营销系统等数据源系统中导出电量数据（数据保存格式类型为 Excel）。

2）将导出的电量数据文档进行修改，ABC 列分别设置为以下几项：① 用户名称；② 用户编号；③ 售电量。

3）在"编辑"菜单下选择"计算数据编辑"。

4）选择数据来源，即我们从电量营销系统中导出的电量数据表格。

5）确认数据列的一一对应关系，无效的数据列清零。

6）将导入检索的选项选中，即线路名称、变压器名称或者编号（具体选择变压器名称还是编号则取决于来源文件）。

7）导入并核对数据。

（3）数据接口方式：自动采集、避免人为干扰，有效减轻工作量，效率较高。

3. 线损计算

在数据录入完成后即可进入线损计算，界面如图 6-53 所示。

（1）计算线路。

1）当前线路：是指当前图形中打开的线路。

2）选择线路：是指从所有线路中手动进行选择线路进行计算。

（2）计算方法。低压 400V 台区软件提供多种计算方法：电量迭代法、容量迭代法、三相不均衡法等。

（3）计算设置。

1）电表损耗：设定是否计算电能表的损耗。

2）计算温度：设定代表日的环境温度。

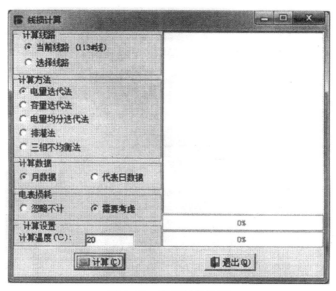

图 6-53　线损计算界面

需要注意的是由于低压台区中电表损耗所占总损耗的比例一般情况较大，所以在通常情况下需要考虑电表损耗。

低压 400V 台区一般采用电量迭代法进行理论线损计算，该算法无论台区中用户用电是否均衡，计算出的理论线损结果均较为准确。计算过程见图 6-54（以电量法为例）。

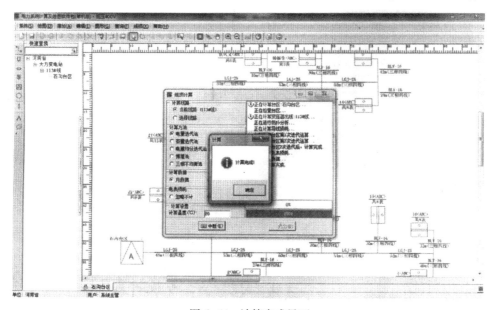

图 6-54　计算完成界面

四、结果输出

（1）报表输出。计算完成后，可进行各种结果报表的输出，如理论线损计算结果

299

电力网线损计算分析与降损措施

的输出和线路基础信息的统计输出等。

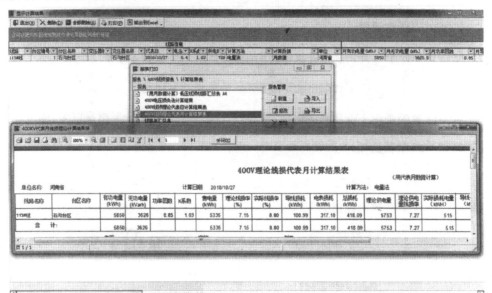

图 6-55　月理论线损计算结果表（电量迭代法）

由图 6-55 可以看出，该线路理论线损率为 7.15%，统计线损为 8.80%。

（2）定制报表。由于各地区需求的不同，除常规结果输出外，软件可针对不同需要进行报表的定制。与 10kV 理论线损计算软件类似，详见本章第二节。

（3）中间结果输出。线路中线段损耗分布情况是进行线损分析和降损措施制定的重要依据，了解线损具体分布情况后，可以有针对性地对重损线段进行改造处理，所以对整条线路或任意选定区域的中间计算结果进行输出非常必要，参见图 6-56。

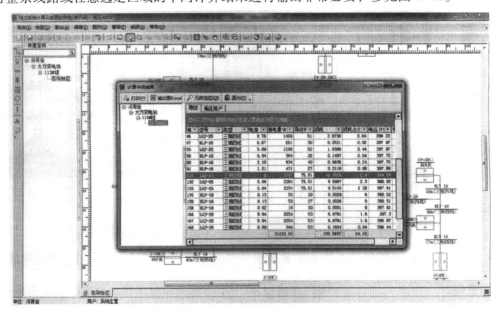

图 6-56　中间结果展示

300

（4）图形结果展示。根据需要可对图形中设备属性的显示类型进行配置管理，如图 6-57 所示，并依据设置好的图形显示配置进行计算结果的图形展示和打印输出，参见图 6-58。

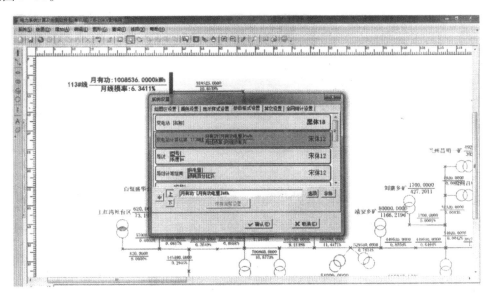

图 6-57　显示类型配置

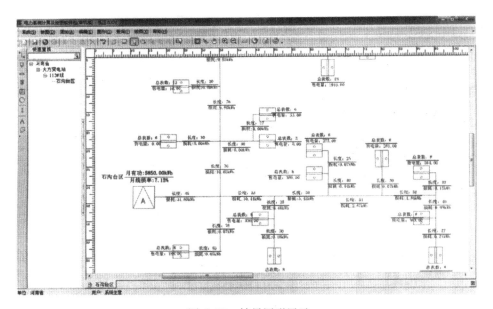

图 6-58　结果图形展示

五、线损分析

线损分析是线损管理工作中的重要组成部分，可以为基建、技改等提供科学的理论和数据支撑。

1. 线损分析方案制定

降损方案的制定共有4种措施可供选择，如图6-59所示。

（1）改变线路电压。

（2）改变线路功率因数。

（3）改变 K 系数。

（4）改变导线型号。

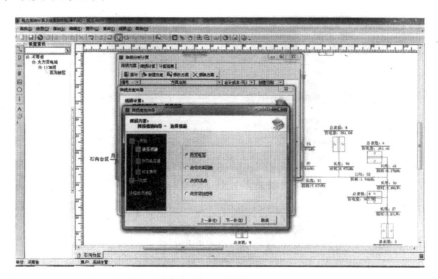

图6-59　降损方案

该算例以中间计算结果为依据，有针对性地对线路中损耗比重过大的线段和来进行线损分析，制定的降损方案如图6-60所示。

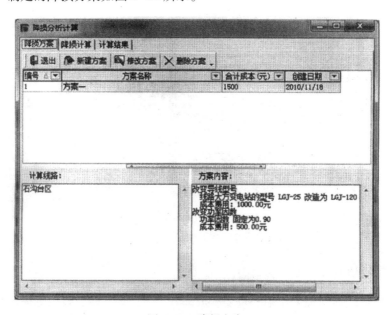

图6-60　降损方案

进行降损计算后，降损结果输出如图 6-61 所示。

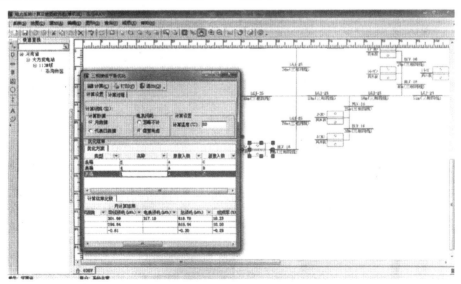

图 6-61　降损结果比对表

可以看出，该线路负荷大，损耗电量大，经过对该线路重损（瓶颈）线路的改造，将主干线上一段段 LGJ—25 的导线更换为 LGJ—120 的导线，月导线损耗将减少 33.27kW·h，线损率降低 0.58%。

2. 三相接线平衡优化

计算完成后，软件可以依据当前台区负荷分布情况进行三相接线平衡优化，计算出合理的三相接线分布并给出建议，如图 6-62 所示。

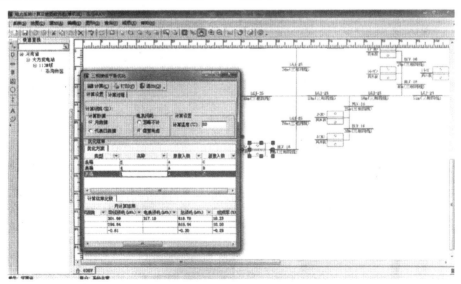

图 6-62　三相接线平衡优化

（2）温度变化对线损的影响分析，见图 6-65。

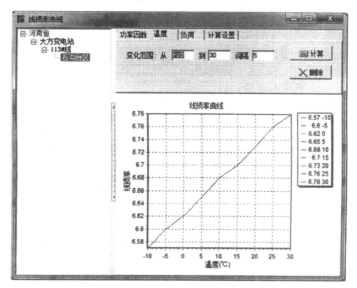

图 6-65 温度变化对线损的影响曲线图

（3）负荷变化对线损的影响分析，见图 6-66。

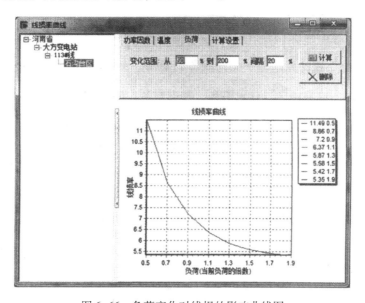

图 6-66 负荷变化对线损的影响曲线图

5. 降损分析报告

在经过理论线损计算、降损措施制定和计算分析后，软件可生成对该线路的降损分析报告，该报告包括线路本月基本概况、线损计算结果、损耗分布情况、降损措施比对结果、效益分析等内容，如图 6-67 所示。

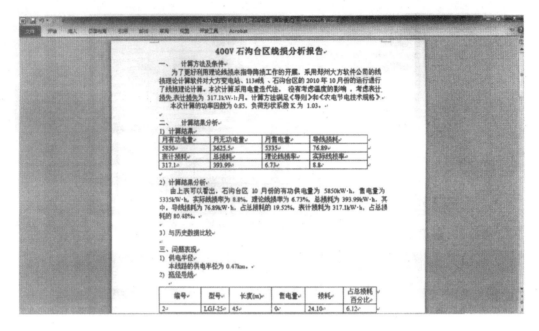

图 6-67　线损分析报告

第五节　电网线损"四分"统计系统

线损"四分"统计计算分析系统，是利用电能量采集系统、配电变压器监测系统、负荷控制系统等电量数据源系统的电量数据，结合电网实际结构和结算关系，对电网进行综合性分区、分压、分线、分台区的线损统计计算的软件系统，通过该系统的应用，可以以全局的视角对线损情况进行统一的审视、分析，进而为降损、规划、技改、防窃电等工作提供支持。

线损"四分"统计系统基于面向服务的架构，支持统一的数据接口和计算接口，整合系统的权限服务、报表服务、日志服务、查询服务、报警服务，实现分线、分压、分层、分台区的计算、统计和展示。

一、基础数据建立

（1）电网结构建立。电网结构是进行线损"四分"统计计算的基础，软件采用树状结构进行电网结构的建立，在树状结构中用户可以对计量点属性进行设置，如图 6-68 所示。

（2）统计项目设置。在统计项目设置中可以对当前电网的分区、分压项进行设置，需要注意的是分区项需要按照管理分区进行设置。

分压项除了按照当前电网的电压等级进行设置外，还需要设置 35kV 及以上和 10kV 及以下两个特殊分压项，需要说明的是这两个分压项的统计不是将 35kV 以上或 10kV

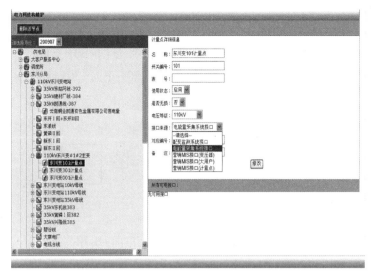

图 6-68　电网结构

以下各电压等级结果相累加，而是需要进行单独的统计设定。

二、逻辑关系建立

（1）统计关系设置。各关口计量点因现场潮流方向不同分为正、反两个方向，所以线损"四分"统计计算需要对计量点采集数据进行约定。该约定遵循统一性原则进行，它是电网能否进行智能统计的基础。

对计量点采集数据的方向约定如下：

"正向"：流出母线的方向。

"反向"：流入母线的方向。

1）分压统计关系设置，以 500kV 为例，参见图 6-69。

500kV 线损率=（500kV 上网电量−500kV 下网电量）/500kV 上网电量×100%

500kV 上网电量=电厂 500kV 出线正向电量+500kV 省际联络线输入电量+下级电网向上倒送电量（主变压器中、低压侧输入电量合计）

500kV 下网电量=500kV 省际联络线输出电量+送入下级电网电量（主变压器中、低压侧输出电量合计）

其他电压等级计算公式以此类推。

2）分区统计关系设置，以河南省公司为例。

线损率=（供电量−售电量）/供电量×100%

供电量=购统调电厂电量+购地方电厂电量（县公司、小水火电）+购外部网电量

外部网包括外省网、外国网。

售电量=Σ各供电单位售电量+外送电量

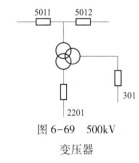

图 6-69　500kV 变压器

3）变压器统计关系设置。

$$线损电量=5011 正向+5012 正向+2201 正向+301 正向-$$
$$5011 反向-5012 反向-2201 反向-301 反向$$

$$线损率=线损电量/（5011 正向+5012 正向+2201 正向+301 正向）×100\%$$

其他主变压器统计关系以此类推。

4）输电线路统计关系设置，如图 6-70 所示。

图 6-70　输电线路

$$线损电量=A 开关 1 正向+A 开关 2 正向+B 开关正向$$
$$-A 开关 1 反向-A 开关 2 反向-B 开关反向$$

$$线损率=线损电量/（A 开关正向+A 开关 2 正向+B 开关正向）×100\%$$

5）10kV 配电线路统计关系设置，如图 6-71 所示。

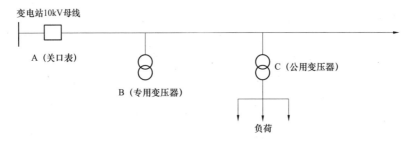

图 6-71　单放射线路

$$线路总线损率 = \left(A 正向 - \sum 终端用户侧电量\right) /A 正向 × 100\%$$

$$线路 10kV 线损率 = \left(A 正向 - \sum 配电变压器总表电量\right) /A 正向 × 100\%$$

6）台区统计关系设置，如图 6-72 所示。

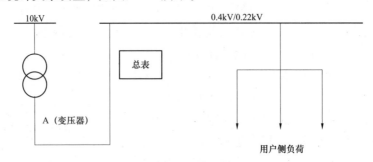

图 6-72　单台变压器

$$低压台区线损率 = \left(A 正向 - \sum 用户侧电量\right) /A 正向 × 100\%$$

（2）智能统计关系。系统可以通过智能统计关系设置对下列项目统计关系进行自动设置，大大节约了时间，使线损管理工作从繁琐的手工操作中解脱出来，避免了因手工操作所带来的错误，提高了工作效率，提升了系统的先进性和实用性，更易于维护和管理。可以智能设置统计关系的项目有：

1）分线统计关系；

2）分台区统计关系；

3）变压器损耗统计关系；

4）母线不平衡率统计关系。

（3）计量点信息转换。实际工作中经常有表计计量方向设置不规范、表计安装错误等原因导致的数据问题，系统提供了计量点读取转换功能，用户可以通过该功能对正反向倒置等问题进行转换而不必对表计进行重新安装。

（4）分线时间读取。在统计计算的过程中可能存在由于主配网关口计量点采集时间不统一导致的采集数据不能同时适用于主、配网统计计算的问题。为解决此问题，系统对主配网关口计量点的采集时间进行了双重定义，可以由用户对主配网的采集时间单独设定，保持了同一类型统计计算数据采集时间的一致性，参见图6-73。

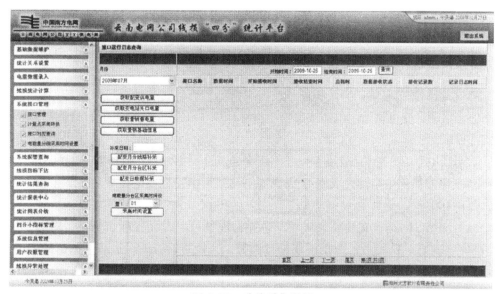

图6-73　分线采集设置

三、数据录入与计算分析

（1）电量、底度录入。系统提供多种电量、底度信息录入方式，方便了用户操作，提升了系统的实用性。

系统还可以对旁路电量进行录入，减少了由于数据统计缺失造成的误差，使统计结果更为准确、可靠。录入方式包括：

1）数据接口导入。

2）Excel 批量导入。

3）人工录入、补录。

（2）统计计算，如图 6-74 所示。

1）"四分"统计计算。依据数据采集的周期，系统按照日、月、年等时间维度对读取电量进行线损统计计算设定、计算，也可以按照数据源系统数据发送周期进行自定义设定。

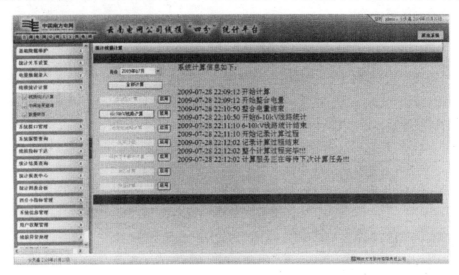

图 6-74　统计计算

2）小指标统计计算。系统提供了线损小指标计算管理功能。可以进行如母线不平衡率的合格率、变电站站用电完成率等小指标计算统计。该小指标的统计计算按照下列公式进行统计：

a. 母线电量不平衡率的合格率=（不平衡率合格的母线条数÷母线条数）×100%

b. 变电站站用电指标完成率=（完成变电站站用电指标变电站数÷35kV 及以上变电站总数）×100%

（3）冻结、解冻。在计算完成后，系统管理员可以在设置截止日期，对数据进行冻结和解冻操作，冻结后的数据不能进行修改，只能进行查看，提高了数据的安全性，同时方便了工作的检查、督促。

（4）结果告警。

1）告警设置。用户可以在系统报警查询页面进行告警设置，告警阈值通过人工设定，可以设定下列统计结果的告警阈值，如图 6-75 所示。

a. 变压器损耗报警；

b. 馈线损耗报警；

c. 6~10kV 配电线路损耗报警；

d. 低压台区损耗报警；

e. 分层统计报警；

f. 分压统计报警。

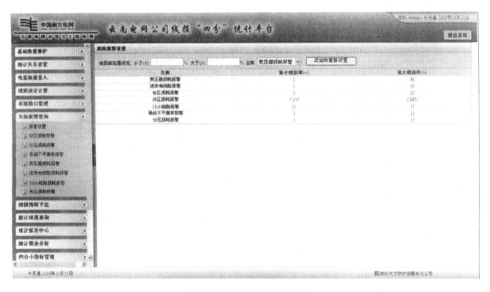

图 6-75　系统告警设置

2）告警输出。系统对结果中异常状况进行判断，对于不符合告警阈值设定的结果认定为异常，可以对告警结果进行汇总，生成汇总报表并打印工作单。系统通过对重要关口进行单独告警范围设置提供对重要关口电量异动情况的告警处理功能。告警结果自动显示在 WEB 发布界面上，不需要人工设置查询条件进行查询，参见图 6-76。

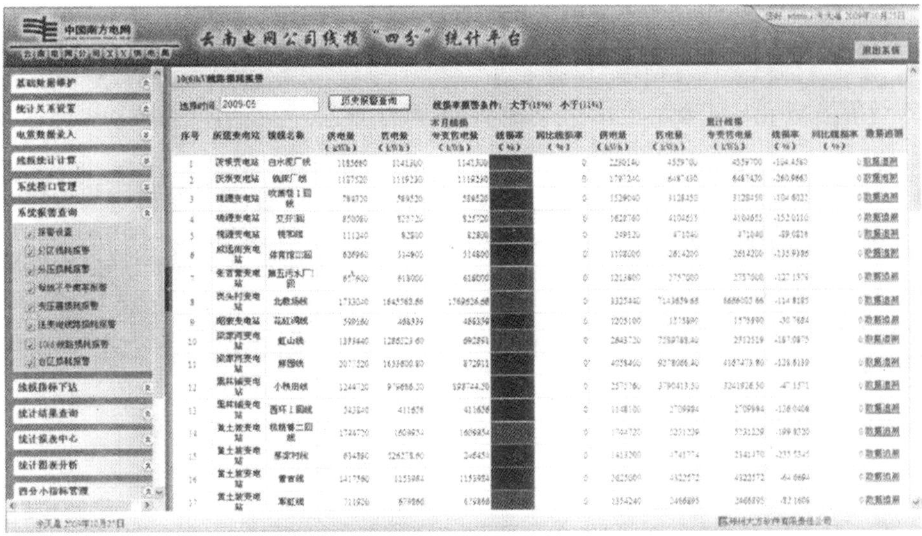

图 6-76　告警输出

（5）数据追溯。用户可以通过数据追溯功能对任意计算结果的数据组成进行来源的追溯，支持多重条件下的数据追溯，直至追溯到最小的关口计量点数据，参见图 6-77。

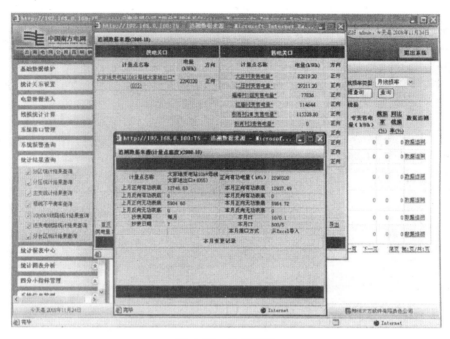

图 6-77　数据追溯

四、查询与输出

（1）数据查询。系统对全网基础统计数据进行了整合，用户可以方便地进行查询、管理。

1）基础数据归类管理查询。

2）采用树状结构实现对电网网架结构的管理、查询。

3）计量点表计更换情况管理、查询。

4）各关口点属性的管理、查询：关口类型（小火电、直供、趸售等）、状态（启用/未启用）、是否无损、电压等级、编码等。

5）各计量点 TV、TA 变比管理、查询。

6）各计量点抄表周期的管理查询。如单月抄、双月抄、每月抄。

电量归类查询：

1）按单位（如供电所、变电站）进行关口计量点电量、底度信息管理、查询。

2）依据关口属性进行供售电量的归类查询。

（2）输出方式。

1）按照标准报表格式进行结果输出。

2）图表方式输出。如柱图、饼图、曲线图、仪表盘等（如图 6-78 所示，为分压损耗饼图）。

3）通过报表编辑器按照自定义方式输出。

（3）输出内容。

312

图 6-78 分压损耗图

1）分层统计。

a. 供电量、供电量累计值；

b. 售电量、售电量累计值；

c. 统计线损率、统计线损率累计值；

d. 供电量同比、累计值同比、环比；

e. 售电量同比、累计值同比、环比；

f. 线损率同比、累计值同比、环比。

2）分压统计。

a. 供电量；

b. 售电量；

c. 变压器损失电量；

d. 线路损失电量；

e. 损失合计值；

f. 变损占比；

g. 各电压等级损耗占比；

h. 统计线损率、累计值同比、环比；

i. 无损电量；

j. 有损线损率，累计值同比、环比。

3）馈线统计。

a. 电压等级；

b. 线损率、累计值同比、环比；

c. 累计线损率、累计值同比、环比。

4）6~10kV 线路统计。

a. 供电量、累计供电量；

b. 售电量、累计售电量；

c. 专用变压器售电量、累计专用变压器售电量；

d. 线损率、累计值同比、环比；

e. 累计值同比、环比。

5）低压台区统计。

a. 供电量、供电量累计值；

b. 售电量、售电量累计值；

c. 线损率、累计值同比、环比。

6）变压器线损统计。

a. 变压器高侧电量、累计值同比、环比；

b. 变压器中侧电量、累计值同比、环比；

c. 变压器低侧电量、累计值同比、环比；

d. 线损率、线损率同比、环比、累计值同比、环比。

7）母线不平衡率统计。

a. 电压等级；

b. 母线输入电量；

c. 母线输出电量；

d. 母线不平衡率；

e. 累计值同比、环比。

第六节 线损软件的发展趋势

随着电力网线损管理的日渐深入、电网结构的不断变化和自动化采集系统逐步覆盖应用，从线损管理工作的角度出发，现有的线损软件由于存在着理论与实际分离、缺少综合性分析手段、计算与考核脱离、维护量大等问题，已经不能适应当前的要求。在这种情况下，就必然要求线损软件要从以往的单纯线损计算上升到综合性的线损管理分析系统，从而实现线损的全方位、全过程、精益化管理。

根据电力网实际情况和线损管理中的一些方法和创新，结合各地区线损管理系统建设中的一些情况，本书对以后线损管理模式和线损软件的发展方向进行了探讨。

"精"即为精确，需要加大信息化技术的应用，提高线损管理的准确性；

"细"即为细致，需要建立健全线损管理体系，增进线损管理的细致性；

"新"即为创新，需要创新营销管理手段，夯实线损管理的基础性。

作为线损管理的重要工具，线损综合管理系统应该具备以下特点：

（1）实现符合标准的电网数据集成。电力企业目前应用的自动化系统较多，数据分布较广，这就要求线损综合管理系统在软件体系结构设计上应符合国际或国家标准（如 IEEE 标准等），进行电网的统一数据、统一模型、统一编码设计，将电力网线损计算基础数据进行数据集成整合，实现数据的抽取、清洗、转换（ETL）和统一存储、处理、管理，使数据源系统在标准的接口下实现安全、可靠的信息互通互联、互动共享和二次开发。线损综合管理系统的各种数据采集整合应是透明的和一致的，保证来自不同系统、不同格式的数据的一致性和完整性，并按要求装入数据库，不对现有运行的 EMS 系统、计量计费系统、集抄系统等进行改动，保证现有应用系统稳定可靠运行。

（2）覆盖全网理论和统计的线损计算、汇总。在数据集成的基础上，线损综合管理系统应实现理论线损、统计线损的在线计算于一体，保证线损分析的对象、时间断面保持统一，提高线损分析的有效性。用于线损计算的数据应经过状态估计和数据校验后方可使用，以保证源数据的准确度。

系统中应能设置线损结果的上报审批流程，各单位线损计算结果应按照线损上报流程上报至上级单位进行自动汇总。

（3）强大的线损分析功能。线损综合管理系统应能基于理论线损计算结果和实际线损值，结合四分统计计算结果，从结果趋势、重损线路、变压器损耗、母线不平衡率等多角度进行分析；并应具备模拟各种技术降损措施的功能，对模拟各种技术降损措施的计算结果进行综合图表分析，绘制线损统计结果曲线图、柱状图等。

（4）网络化线损指标考核。在理论线损和线损"四分"统计计算的基础上，系统应能够基于考核制度进行考核规则的制定和程序编制，以满足各电力企业对线损指标进行自动考核的需求。

（5）具备较强的降损辅助决策功能。在把握电力网线损分布的基础上线损综合管理系统应能为线损管理人员提供反窃电、电力网优化运行、降损收益和电力网投资规划等方面的决策提供辅助支持。

（6）全面的信息交流平台。系统应实现线损管理工作中各种信息的发布、文件的上传下达、数据的汇总，作为实现网络化指标下达与考核评价的工作手段，应实现单线图、准实时数据显示、历史数据查询、报表、曲线显示等服务功能。

第七章

就 地 平 衡 降 损 法

就地平衡降损法，包含两个方面内容：三相负荷就地平衡和无功就地平衡。前面几章已对其降损机理、重要性、实施方法以及理论计算进行了论述，本章把其从降损措施中单独提出来讲述，是因为如下考虑：

（1）就地平衡降损法是创新的降损方法，有别于已实施了多年的传统的配电网降损方法，如改造高损耗变压器，把配电变压器放置到负荷中心，增添配电变压器数量缩短供电半径，加大导线直径，增加低压线路、提高变压器负载率、提高线路负荷率、变压器和高压线路无功补偿等。

（2）就地平衡降损法主要在低压配电网施行，其不仅低压降损效果显著，还能穿越层级、明显降低 6~10kV 高压配电网线损。

（3）就地平衡降损法是农电体制改革和电网改造升级后，进一步降低线损的基本方法。农电体制改革前，农村低压电网是地方资产，设备维护和线损自负；电网改造升级完成后硬件基本定型多年不动，传统降损方法中改变硬件的方法基本上不再实施；乡村用电负荷有固定规律，难于做大的、硬性的调整。故就地平衡降损法成为新形势下配电网的主要降损方法。

 第一节　就地平衡降损法简介

一、就地平衡降损法的研发过程

1999 年农电体制改革、农村电网改造前，农村低压线损率很高，一般 30% 左右，高的超过 40%，平均约 30%。

通过 3 年农网改造，把配电变压器放置到负荷中心，增添（低损耗）配电变压器的数量，缩短供电半径，加大导线直径，增加低压线路等，显著降低了农村低压线损。2001 年左右，搞得好的下降到 12% 及以下，平均约 15%，即下降了一半。

"两改一同价"完成后，低压线损管理成为县局、乡所、农村电工最重要的工作。

电网改造完成线损却仍然较高，为降低农村电价、稳定农村电工队伍、提高市县供电企业经济效益带来困难。还需进一步降损。

2001 年，深入线损居高不下的农村台区深入调研，探索降损方法，并先后在两个乡镇 6 个农村进行降损实践，发现"三相负荷就地平衡"和"无功就地平衡"有较好的降损效果。在实践成功基础上，又深入研讨机理，归纳总结，统一命名，于是"就地平衡降损法"应运而生。

二、就地平衡降损法创新点

1. 理论观点上有 7 项突破

（1）提出调整最基层的用电户在三相上的分配以调平三相负荷，并提出以用电户为单位，以平均月用电量为调整依据。

（2）提出把用户分为 5 类，平衡分配到三相上，以实现多数时间三相负荷平衡。

（3）提出 4kW 及以下电动机要无功补偿，电焊机也要无功补偿。

（4）提出把无功补偿系数提高到 0.5~0.6。

（5）提出市县供电企业应把无功补偿的重点从高压转到低压。

（6）提出由点到面、自下而上，通过五级平衡实现三相负荷精确平衡。

（7）提出由点到面、自下而上，通过五级平衡实现配电网无功就地平衡。

2. 实施方法上有 5 项突破

（1）提出接点就地或就近平衡方法。

（2）提出图表结合、通过填表积算以实现精确平衡。

（3）提出从线路末端开始进行调整。

（4）提出对特别大户（如学校等），单独把其内三相调平。

（5）提出把动力户的单相负荷也均衡分配到三相上，并总结出查找动力户单相负荷相的方法。

三、揭示就地平衡降损法实质的观点

就地平衡降损法，是现阶段和以后较长一段历史时期内，降低高低压配电网线损的新方法，也是用户节电的新方法，是降损节电技术与时俱进的产物。农网改造改变了电网硬件，就地平衡挖掘出电网的内部潜力。

就地平衡，就是电网资源平衡、合理利用，改变畸重畸轻、不合理使用的状况。

三相负荷就地平衡针对单相负荷，无功就地平衡针对三相负荷，电网负荷仅此两种。

三相负荷不平衡是电网的软故障，即虽然不像硬故障（如断路、短路）危害那样致命，但也决不可小看。

降低低压线损有多种方法，可以使用新型节能变压器，加装补偿电容器，改造低压电网，缩短供电半径，换粗截面导线等，但这些方法都需要投资，而且周期长，见效慢。而三相负荷就地平衡是降低低压线损最简便实用的方法。

四、三相负荷就地平衡降损法具体实施方法

（一）基本思路

（1）户是最基本的用电单位，平衡的基点只有放在最底层的用电户上，才能取得最精确的平衡。

（2）农网改造后，低压线路遍布农村大街小巷，若干路下户线从某杆基上引下，此处即接火点，简称接点。接点平衡，即该接点处的单相负荷均衡地分配到三相上，则负荷就地平衡。平衡的顺序为所有接点平衡→所有区段平衡→线路出口平衡；所有线路出口平衡→变压器出口平衡。可见，接点平衡，即用电户就地平衡，夯实基础，自下而上，才能达到低压电网处处平衡。

（3）具体实施需要对低压线路各相上用户分配现状进行调查，之后根据三相负荷就地平衡的原则进行规划，使三相上的单相负荷尽量平衡；然后组织人员上杆调整接线，落实规划。

（二）精细调整的步骤和要点

（1）人员需3人及以上，一人上杆调整，另两人在下面：一人填表记录、累积计算，另一人看抄表卡片、查对表计。

（2）线路停电，开始调整。

（3）从末端开始调整。把低压线路分为三级：主线路、支线路、末段线路。从线路末端开始调整，具体过程是：参调人员从线路首端出发，沿着主线路→分支线路→末段线路，观察相序变化规律，认准中性线，边走边画线路图，如图7-1所示，并标出相序，走到末端。然后转过头来，从线路末端开始调整，开始上杆，查用户接在哪一相上，应该接在哪相上，查清后进行调整，并在线路单相负荷分配情况表（见表7-1）上记录。

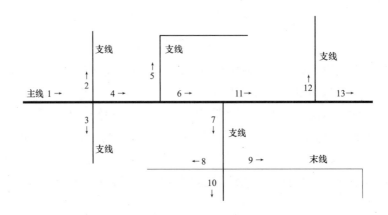

图7-1 线路分级及勘查顺序

表 7-1　　　　　　　村　　　　　台区　　　　线路单相负荷分配情况表

主支名称	杆基编号	相			中相			相		
		下线名称	户数	月均电量	下线名称	户数	月均电量	下线名称	户数	月均电量

调查人　　　　　　　　　　　　　　　　　　　　202　年　　月　　日

　　"线路单相负荷分配情况表"中以方位区别 3 根相线，如南相、中相、北相，或东相、中相、西相，而不用 A 相、B 相、C 相，这是因为虽然配电盘上一般都标识出了 A、B、C 相线，但经地埋线上杆，已难分辨，故调整时只要按方位区别开 3 根相线就行了。当然，若线路出口及分岔处都挂了 A、B、C 相序牌，则用 A 相、B 相、C 相。每条线路分别平衡，配电盘上三相母线自然平衡。

　　（4）对用电大户（如学校、村委办公处、小企业等），有较大的照明等负荷，还要单独把其内三相调平。这句话包含两层含义：① 原来单相供电的，因其负荷较大，要改为三相供电；② 原来就是三相供电，但三相不平衡的，要调整平衡，如图 7-2 所示。图中，设每个房间单相负荷电流为 I，在房间 C，中性线电流为 I；在房间 B，中性线电流仍为 I；在房间 A，实现了中性线电流为 0。这样，该大户三相平衡，中性线电流为 0，线路上就无需别的用户与其就近平衡了。否则，若该大户单相供电，其电流很大，则线路上需要很多家庭用户与其就近平衡，要流经很长线路，才能达到平衡，会导致电能损失较大。

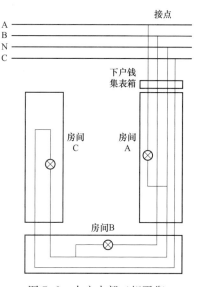

图 7-2　大户内部三相平衡

　　（5）以接点平衡，即就地平衡为主，就近平衡为辅。农网改造中多从某杆基上引下多路下户线，则杆基上端导线上的接火点称为接点，接点平衡，则中性电流仅在下户线中流动，不流入低压线路，节能效果最好。但实际上由于种种原因（如仅下一路或两路下户线，或虽下三路但电量差距太大），不能就地平衡，则考虑就近平衡。

　　善加利用线路单相负荷分配情况表，"户数""月用电量"要增加 1 户累计一次，在就近平衡时填谷降峰，是搞好就近平衡的基础。累计的方法，可在"月均电量"栏右侧增加累计列填写累计数字（或增加小计列，填写末段线路、分支线路小计数字）。若有小型笔记本电脑，利用 EXCEL 自动表记录及自动求和，则能既快又准，使分配非常精确，是最理想了。

　　例如某线路，累计 A 相上接负荷较大，C 相较小，现在到了 5 号杆，应做如下调整（见表 7-2）。

表 7-2　　　　　　　　利用累计结果降峰填谷，搞好就近平衡

说明	杆基编号	A 相			B 相			C 相		
		下线名称	户数	月均电量（kWh）	下线名称	户数	月均电量（kWh）	下线名称	户数	月均电量（kWh）
原来	5	张某	3	100	金某	3	30			
					王某	1	50			
调整为	5	金某	3	30	王某	1	50	张某	3	100

（6）以用电户为单位，以平均月用电量为调整依据。一般用电户，按户数平均分配到三相上就行了。高水平用电户不仅用电时间长，而且在灯峰期间，其一家用电能抵住低水平户数家，因此，户数与电量冲突时，应以电量为依据，见表 7-3。

表 7-3　　　　　　　　户数与电量冲突时，以电量为调整依据

说明	杆基编号	A 相			B 相			C 相		
		下线名称	户数	月均电量（kWh）	下线名称	户数	月均电量（kWh）	下线名称	户数	月均电量（kWh）
原来	3	金某	4	40	李某	4	180	张某	3	60
					王某	4	90			
调整为	3	王某	4	90	李某	4	180	张某	3	60
								金某	4	40

（7）检查动力用户的单相负荷，参予调整。农村电网改造后接三相动力用户（4线）较多，但由于农村农副业加工量基本不变，故三相动力利用率低，这些用户平时还是只有照明等单相负荷。由于动力用户多，其单相负荷不可忽视，否则三相还是不平衡。

在调整中查明某动力用户的单相负荷接在哪一相，并不容易。因下户线到瓷头后，穿管进入集表箱，再穿管入户，无法清晰辨识。可采用测量电阻法查之。

在线路停电情况下，用导线（两头两个电夹子）将该户的照明等单相负荷相线、中性线短接。最好打开集表箱，把相应电能表（动力用户 3 块表中电量最多的一块）进L、N 线短接（新装电能表接线柱光洁，接触电阻小，测量效果好）；也可在户内短接，但要注意碰到旧电器接线柱表面氧化或脏污时需刮擦。杆上电工用万用表小电阻挡测量3 根相线对中性线电阻，实践证明阻值为 0.5Ω 左右，所搭相线为该户单相负荷所接相线，其他相线为 $3\sim6\Omega$。此法随调整进程施行。

动力用户的单相负荷电量，为相应电能表（动力用户 3 块表中电量最多的一块）总电量减去动力电量，动力电量的数值在另外两块表上都呈现。

知道该动力户单相负荷接在哪一相，和单相负荷电量后，即视其为单相用户，平衡分配。至于其动力电量，由于三相平衡，在调整中不必考虑。

（8）在接点就地平衡（使中性线电流仅在下户线中流动）和相邻就近平衡（使中性线电流走得尽量短）的基础上，先实现末段线路单独平衡，使中性线电流不出境；再实现支线路单独平衡，使中性线电流不流入主线路；再实现主线路平衡，最终达到线路出口平衡，使中性线电流不上溯。

这样上（杆上人员）下（地面人员）结合，卡（抄表卡）表结合，图表结合，务求查得准、决策正确、执行到位，步步为营，最终达到三相平衡的目的。

（9）调整时切记只动下户线中的相线，不动中性线，以免 220V 接成 380V。若中性线连接不牢固，须重新连接，应放在相线调整之后。相线换接有些需加长，应准备一些与原下户线同规格的导线，并细心按正规接法连接好，完成后要核对一遍，保证无误再下杆。

（10）调整结束，线路送电。

大量试点证明精细调整可降低低压线损 20%～50%，可降低中压线损 5% 以上。

五、无功就地平衡降损法具体实施

（一）基本思路

（1）由过去对无功负荷的围追堵截，转变为对电感性元件的随元件补偿。具体来说，专门对异步电动机需求的无功负荷进行补偿，即随机补偿，则配电网无功功率减少 60%；专门对配电变压器需求的无功负荷进行补偿，即随器补偿。则配电网无功功率减少 30%；两者都做了，则配电网无功功率减少 90%。

（2）由重视变电站和高压线路补偿，转变为重视低压电网补偿和用户补偿，则高低压配电网可基本上实现无功就地平衡。

无功就地平衡即五级平衡：电感性元件无功就地平衡→因条件限制，不能就地补偿的，就近无功平衡→用电基本单位（家庭、车间）单独无功平衡→工矿企业用户单独无功平衡，低压电网单独无功平衡→高压电网无功平衡。

无功就地平衡，无功功率不再穿越变压器长距离大功率输送，则：

1）高低压线损大幅度降低。

2）电压波动明显减小，电压质量明显提高。

3）极大地减轻了变电站集中补偿投切和变压器分接头调压、有载调压的工作压力。

因此，无功就地平衡是无功优化的核心内容。

（二）基本做法

（1）对低压电网中的电动机进行随机补偿。重点解决农村低压电网的功率因数、中小电动机补偿、补偿容量的确定、电容器的额定电压的确定、具体安装位置等具体问题。对电动机较多的公用配电台区进行随机补偿试点，表明可降低低压线损率 30% 左右，线路末端电压提升 30V 左右，电动机启动加快，工作效率提高。

（2）对配电变压器进行随器补偿。重点解决随器补偿与中压线路分散补偿关系、安装位置、补偿容量、保护形式等具体问题。对 6~10kV 公用配电线路进行随机补偿试点，表明可降低高压线损率 20% 左右，线路功率因数提高、供电电流减小、线路末端电压升高 10V 左右等。

六、就地平衡降损法前景

1. 三相负荷就地平衡降损法科研进展

为了解决人工绘图制表录入数据、计算、规划过程繁琐、工作量大，计算容易出现差错，资料难以保存和利用等难题，研制出"低压电网三相负荷精确平衡系统"，在低压线路现场进行三相负荷的调查数据录入，快速精确地进行调整规划计算，生成规划表供调整使用，大大降低三相负荷调整的劳动强度，提高效率和降损效果。且实现调整资料方便地保存和以后利用，持续完善提高平衡度。试点证明可降低低压线损 40% ~ 62%，可降低中压线损 10% 左右。

2. 无功就地平衡降损法科研进展

运用无功就地平衡理念，对 6~10kV 单元线路进行总体的无功优化设计，并以降低线损及改善电压质量为目标设计控制算法，避免配电变压器无功在线路上流动。研制成功全无功随器自动补偿装置，比现有的控制技术多节电 20%；随器补偿与用户补偿结合，高压线路的补偿可以不再投入，与常规补偿形式相比，本装置结构简单，成本降低 1/3 以上，一般一年半即可回收投资。并具有功能强大、超强的安全性等明显优点。

目前，由于种种原因，就地平衡降损法推广应用的范围和深度还很不够。就地平衡降损法进一步研发还有巨大降损潜力。

第二节　就地平衡是配电网降低线损的利器

就地平衡降损法包含两个方面内容：三相负荷就地平衡和无功就地平衡，是农电体制改革和电网改造升级后，进一步降低线损的基本方法。若低压配电网同时实现两个平衡，降损幅度必然更大，降损效果必然更显著，本节就此进行分析评述。

一、就地平衡降低低压配电网线损分析

设某配电台区，配电变压器 100kVA，额定电流 144A。低压电网负荷有三相动力负荷 40kW，单相负荷 40kW，基本匹配，如图 7-3 所示。

三相负荷电流，根据 $P = \sqrt{3}\,UI\cos\phi$　没搞无功就地平衡前系自然功率因数，设 $\cos\phi = 0.7$

$$I = P/\sqrt{3}\,U\cos\phi = 40/\sqrt{3} \times 0.4 \times 0.7 = 82.48\ （A）$$

进行随机补偿后，电流下降 30%，即降为 $82.48 \times 0.7 = 57.74$（A）

图 7-3　低压电网设备简图

这一结果与 $I=P/\sqrt{3}\,U=40/\sqrt{3}\times0.4=57.74$（A）（即 $\cos\phi=1$）相比，惊人地相同！说明农副加工电动机补偿系数取 0.5~0.6 是正确的。

设单相负载全为电阻性，即 $\cos\phi=1$。当单相负载全部接到一相上时，$I=P/U=40/0.22=181.82$（A），单相负载在三相上均衡分配时，每相电流 $I=181.82/3=60.61$A。

由以上数据，可得出以下结论。

（1）单相负载全部接到一相且无补偿时，此相线电流为 $82.48+181.82=264.30$（A），其他相线电流为 82.48A，中性线电流为 181.82A。

（2）单相负载在三相上均衡分配但无补偿时，各相线电流均为 $82.48+60.60=143.08$（A），正好小于等于配电变压器的额定电流，中性线电流为 0。

（3）单相负载在三相上均衡分配且进行随机补偿后，各相线电流均为 $57.74+60.60=118.34$（A），小于配电变压器的额定电流，中性线电流为 0。

把这 3 组数据标在同一线路图上，可直观地进行对比，如图 7-4 所示。

图 7-4　三种情况下的线路电流

从电流绝对值之和看，第一种情况下电流绝对值之和为 611.08A；第二种为 429.24A，较第一种下降了 30%；第三种为 355.02A，较第一种下降了 42%。

再看单根导线电流下降率，第三种情况的 118.34A 与第一种情况的 264.30A 相比，$118.34/264.30=44.77\%$，即下降了 55%，下降幅度惊人。

再计算线损，根据 $\Delta A=I^2R$，设每根相线的电阻都是 R，中性线是 $2R$，则

第一种情况，$\Delta A_1=(264.30^2+2\times82.48^2+2\times181.82^2)R=149\,577.42\,R$

323

第二种情况，$\Delta A_2 = (3 \times 143.08^2) R = 61\,415.66\,R$

第三种情况，$\Delta A_3 = (3 \times 118.34^2) R = 42\,013.07\,R$

最差情况与最好情况相比：$\Delta A_1 / \Delta A_3 = 3.56$（倍）

设该配电台区每月供电量 5 万 $kW \cdot h$，原来线损率 15%，即损耗 7500 $kW \cdot h$；实施就地平衡降损法后，损耗降为 2107 $kW \cdot h$，则线损率降为 4.21%，降低 72%，降损幅度惊人。

上述是极端情况。一般来说，在农网改造的基础上，实现三相负荷就地平衡，可降低低压线损 30%~50%；实现无功就地平衡可再降损 10% 左右，对于少数主要动力负荷在线路末端、且线路很长的情况，可降得更多。两者都实现，可降损 40%~60%。

农网改造前，农村低压电网线损率，低的 20% 多，高的超过 40%。平均约 30%。

通过农网改造，把配电变压器放置到负荷中心，增添配电变压器数量，缩短供电半径，加大导线直径，增加低压线路等，显著降低了农村低压线损率，可下降到 12% 及以下，高的超过 20%。平均约 15%，即下降了一半。

如严格实行就地平衡降损法，可使农村低压线损率在约 15% 的基础上，再下降约一半，即可达 6%~8%，少数（受客观条件限制）在 12% 左右，平均约 8%。

二、就地平衡降低高压配电网线损分析

1. 低压三相负荷不平衡对高压配电网线损的影响

低压三相负荷不平衡还依次反应到配电变压器低压侧、高压侧和高压线路上。

（1）三相负荷不平衡将增加配电变压器低压侧的损耗。变压器的损耗包括空载损耗和负载损耗。正常情况下，变压器运行电压基本不变，即空载损耗是一个恒量。而负荷损耗随变压器运行负载的变化而变化，且与负载电流的平方成正比，设变压器每相低压绕组的电阻都为 R。

当变压器三相平衡运行时（对应图 7-4 中的第三种情况），即 $I_a = I_b = I_c = I$ 时，损耗为 $3I^2R$；

当变压器运行在最大不平衡时（对图 7-4 中的第一种情况），即 $I_a = 3I$，$I_b = I_c = 0$ 时，损耗为 $(3I)^2R = 9I^2R = 3\,(3I^2R)$。

即最大不平衡时的变压器低压侧损耗是平衡时的 3 倍。

（2）三相负荷不平衡将增加配电变压器高压侧和高压线路的损耗。

如图 7-5 所示，图中配电变压器为 Yy 结线组别。低压侧三相负荷平衡时（对应图 7-4 中第三种情况），高压侧也平衡，设高压绕组每相的电流为 I，电阻都为 R，其功率损耗为 $3I^2R$。

低压电网三相负荷不平衡将反映到高压侧，在最大不平衡时（对图 7-4 中第一种情况），高压对应相为 $1.5I$，另外两相都为 $0.75I$，功率损耗为

$$2 \times (0.75I)^2R + (1.5I)^2R = 3.375I^2R = 1.125 \times (3I^2R);$$

即最大不平衡时的变压器高压侧损耗是平衡时的 1.125 倍，即增加 12.5%。高压线

路上电能损耗同样增加 12.5%。

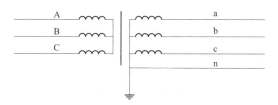

图 7-5 配电变压器高低压映射

现在各地配电变压器多采用低压计量箱计量供出电能，计量关口在变压器低压侧出口，因而三相负荷不平衡增加的配电变压器低压侧、高压侧和高压线路的损耗，属于高压线损范畴，其数量同样是可观的。

2. 无功不就地平衡对高压配电网线损的影响

电网中 60% 的无功功率是异步电动机消耗掉的，30% 是配电变压器消耗的。因此，搞好随机补偿，低压电网无功功率不上溯，高压线路上传输的无功功率可减少 60%；搞好随器补偿，相对于高压线路分散补偿，高压线路区段上传输的无功功率可减少 30%；两项相加，高压线路上传输的无功功率可减少 60%～90%，则至少降低高压线损 30% 以上。

实现两个就地平衡，从根源上避免了无谓的电能损失，净化了电网，挖掘出电网的内部潜力，并能显著地降低上一级电网的线损，意义重大。

大幅降低低压线损和高压线损，是地平衡降损法的主要意义之一。

三、实例

以一般中等县为例，农网改造后低压线损率约 15%，每年农村公用线路用电 1 亿 kW·h 左右，每年损失 10 000×0.15＝1500（万 kW·h）。推广就地平衡降损法后，按下降 50% 计算，节电 1500×0.5＝750 万 kW·h。按 0.56 元/度计算，价值 420 万元。

6～10kV 高压公用线路，一般中等县年供电量 4 亿 kW·h、线损率 6% 左右，每年损失 40 000×0.06＝2400（万 kW·h）。推广就地平衡降损法后，高压线损率按降低 30% 计，则节电 720 万 kW·h，按 0.48 元/kW·h 计算，则价值 346 万元。

以上两项合计，则一个中等县每年可节电 1470 万 kW·h，价值 766 万元。

第三节 就地平衡全面提升配电网技术性能

实施就地平衡降损法实现低压配电网三相负荷就地平衡和高低压配电网无功就地平衡，除了降损效果显著外，还有以下作用吗。

一、就地平衡可显著提高剩余电流保护器的运行率

三相平衡（包括三相负荷平衡和三相阻抗平衡）从根本上改善了剩余电流动作保

护器（简称剩余电流保护器，以前叫漏电保护器）运行的外部环境，实现梦寐以求的剩余电流保护器的理想运行，即发生触、漏电事故才动作，无事故则可靠供电，显著提高剩余电流保护器的运行率，圆满地解决了漏电保护和供电的矛盾。这对于保护人民生命财产安全、减少市县供电企业触电伤亡事故赔付，有重大作用。

二、就地平衡可明显提高电网的供电能力，有利于解决增容问题

城乡电网建设与改造完成后，仅过了六七年，市县高低压配电网又发生了不少变化，其中最大的变化，是经济较发达地区的公用低压电网，因负荷发展快，供电设备跟不上负荷发展需要，变压器、配电盘、线路频频烧坏，急需增加供电容量。

例如某县某配电台区，配电变压器 100kVA，460 户，主线 35mm^2，有几条支线 16mm^2。负荷发展快（主要是电磁灶、豆浆机、空调、小水泵等家用电器增加较多），改造后每月用电 6000~7000kW·h，六七年后发展到 1.2~2.3 万 kW·h。动力电量每月约 2000kW·h，占 1/7 左右。东线路长达一千余米，约 500m 处有 2 户动力用户，末端电压 170V。线损情况：供电量越大线损率越高，供电量为 1 万 kW·h，线损率为 8%~9%；1.6 万 kW·h 以上线损率为 11%，超过 2 万 kW·h 线损率为 13%~14%。

另一台区，配电变压器 200kVA，500 户，主线 35mm^2、25mm^2。负荷发展快，改造时每月用电 6000~7000kW·h，六七年后发展到 2 万余 kW·h，最高的月 2.3 万 kW·h。3 条出线因负荷大烧坏，都已更换过。东南线路半径长，最长达 20 档约一千余米。线损率为 10%~15%。

类似问题很多，全县约 1/3 的公用配电台区都有增容需求，如何解决？

首先，考虑增加供电容量，即调换容量较大的变压器、配电盘，主线路换线径较大的导线，或新增一个配电台区。但这样做每个台区需要投资数万元。再者，农村负荷峰谷差大，变压器容量扩大，必引起高压线路空载损耗增加，有可能出现一些"大马拉小车、夜马拉空车"的现象，使高压线路线损升高。

如使用就地平衡降损法改造，三相负荷平衡可恢复线路设备的设计容量，无功就地平衡可增加变压器、高低压开关设备、线路供电能力 20%~30%，两者共同作用，可使城乡低压电网的供电能力在设计容量之上再增加 20%~30%。

因此，解决增容问题的方法如下：

（1）首先实施就地平衡降损法，挖掘电网内部潜力。实际上提出过增容要求的公用配电台区，有相当数量仅是一相或两相负荷大，并没有用尽供电设备容量资源；或仅是负荷高峰时段负荷大，平时并不大。按这些台区只用了 60% 供电设备容量资源计算，则实施就地平衡降损法，可增加 40%+30%=70% 的容量资源，完全可以解决问题。

（2）对于负荷发展确实超出现有供电设备能力的台区，也要首先实施就地平衡降损法，尽量挖掘电网内部潜力，之后争取上级电网完善工程资金，再适当增容，不使配电变压器容量过大。

三、就地平衡是配电网安全可靠供电的基础

仍然模拟实际情况，参见图 7-4，用数据说明问题。已知 100kVA 配电变压器额定电流 144A，若实现三相负荷就地平衡和无功就地平衡，单根相线上电流（118.34A）仅是负荷最偏、最不平衡时（264.30A）的 44.50%，即降低了 55.50%，且中性线电流为零。这些数据表征了什么？

1. 主要电力设备过流规定

（1）变压器可以过载运行，一般三相变压器可有负载率不大于 1.5 倍（负载电流/额定电流）的偶发性过载。

正常情况下，室外变压器过负荷不得超过 30%，室内变压器则不得超过 20%。

事故情况下，自然冷却油浸变压器允许的过负荷能力如表 7-4 所示。

表 7-4　　　　　　　事故情况下，自然冷却油浸变压器允许的过负荷能力

过负荷倍数	1.30	1.45	1.60	1.75	2.00
允许持续时间（min）	120	80	45	20	10

变压器运行时各部分的温度是不同的，绕组温度最高，其次是铁心，绝缘油的温度最低，故用上层油温来确定变压器运行中的允许温度。正常运行时，当周围空气温度最高为 40℃ 时，变压器绕组的极限工作温度为 105℃，由于绕组的平均温度比油温高 10℃，为防止油质劣化，规定变压器上层油温不得超过 95℃。而在正常情况下，为使绝缘油不致过速氧化，上层油温不应超过 85℃。

若变压器的温度长时间超过允许值，则变压器的绝缘容易损坏。因为绝缘长期受热后要老化，温度越高，绝缘老化越快。当绝缘老化到一定程度时，在运行振动和电动力作用下，绝缘容易破裂，可能发生电气击穿而造成故障。

此外，当变压器绝缘的工作温度超过允许值后，由于绝缘的老化过程加快，其使用寿命将缩短。使用年限的减少一般可按"八度规则"计算，即温度每升高 8℃，使用年限将减少一半。例如，绝缘工作温度为 95℃ 时，使用年限为 20 年；绝缘工作温度为 105℃ 时，使用年限为 7 年；绝缘工作温度为 120℃ 时，使用年限为 2 年。

三相变压器的三相负荷不平衡，将会造成局部过热。经研究指出：在变压器额定负荷下，电流不平衡度为 10% 时，其绝缘寿命约缩短 16%。

（2）电气开关设备（无论总开关或分路开关），其额定电流和电压不应小于工作电流和电压。

（3）导线有"允许载流量（安全载流量）"规定，当通过该导线的电流不大于它的安全载流量时，就不会出现导线过热而发生故障。

2. 过负荷与电气设备烧坏的关系

不超过额定电流，一般不会烧坏电气设备；但超过多少会烧坏、烧毁情况如何，目前还没有定论。考虑到偶发性短时过负荷一般来说不会造成严重问题，因此，以较长时

间（如几十分钟至数小时）过负荷来研究，根据上述主要电力设备过流规定，大致应为：超限 20%~30% 范围内，为隐性损坏区。之所以称作"隐性"，是说损伤开始发生，程度悄悄地加重，但一般还未达到损坏的程度，但少数质量低劣、电路有缺陷的电气设备已经损坏。超限 30% 以上，损坏开始发生、逐渐增多。超限 50% 以上，损坏大量发生。见图 7-6。

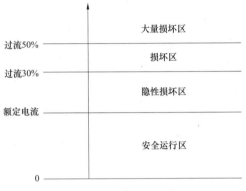

图 7-6 过负荷与电气设备烧坏的关系

电气设备是一个整体，一相烧坏即告损坏，一点烧坏即告损坏。实际上，损坏的电气设备多是一相或两相烧坏，三相都烧坏的情况极少。由此想到：三相负荷不平衡时，一相或两相负荷畸重是供电设备（配电变压器、母线、接触器、隔离开关、低压线路等）烧坏的主要原因，大量无功电流上溯加重了严重程度。

而实现两个就地平衡，负荷较最不平衡时下降 55.50%，且中性线电流为零，把供电设备从经常工作在"大量损坏区、损坏区和隐性损伤区"拉回到安全运行区，将使供电设备损坏情况大量减少，估计可减少 60%~80%。

实现两个就地平衡，不仅大大降低了低压电网电流，也使高压线路电流减小许多。因为单相负荷集中于低压某一相的情况，相应引起高压线路同名相电流增大，另两相减小；输送无功电流，亦引起高压线路电流增大。因此，实现两个就地平衡，估计至少使高压线路过流、速断事故减少 30%，跌落式熔断器烧坏事故减少 50%，同时减少高压线路烧断事故、和变电站开关设备烧坏事故 30%。

3. 实例

某县供电局对麦场用电前后配电台区缺陷进行检查、处理，情况如表 7-5 所示。

表 7-5 　　　　　　　　　　　某县供电局麦场用电前后损坏设备统计表

序号	项目	数量
1	更换及维修 10kV 跌落熔断器	102 只
2	更换避雷器	84 只
3	更换高压熔丝	490 根
4	更换配电屏及控制柜	6 面
5	更换或维修隔离开关	14 台

序号	项目	数量
6	更换低压出线石板闸刀	55 台
7	更换交流接触器	29 台
8	更换或维修漏电继电器（鉴相鉴幅型）	68 台
9	更换熔断器	477 只
10	更换电流表、TA	56 块
11	更换空气开关	40 台
12	更换计量箱或变压器低压出线螺钉	69 条
13	更换低压母线（计量箱~配电屏）	2100m
14	更换配电屏上铝排	33kg
15	更换配电屏上铜、铝导线	385m
16	更换配电屏上铜铝过渡线夹	239 个
17	更换配电变压器油	1020kg
18	烧坏低压计量箱	26 台
19	烧坏配电变压器	45 台
	总价值	36 万元

全年供电设备损坏开支，除麦场用电是高峰外，暑期、冬季也是高峰，还有大风大雨倒杆断线事故的换杆、换铝导线，雷击造成高低压电气设备损坏等，全年开支可达百万元。

现在较之 2003 年，供电设备数量增加 3 倍以上，但设备容量较大且维护水平提高，综合考虑全年支出可达 200 余万元。

若实现两个就地平衡，使供电设备损坏数量减少 60%~80%，每年可减少县级供电企业支出 120 万~160 万元。

四、就地平衡可显著提高供电可靠性，多供电量

由上述可见，就地平衡能显著提高低压剩余电流动作保护器的运行率，和有效地防止高低压配电网供电线路设备损坏，明显减少停电次数和停电时间，连续供电，多供电量。两个平衡共同作用，估计可减少事故跳闸和检修停电次数 60% 以上，增加供电量 5%~10%，这对农业生产、农民生活和农村经济对电能的需求，是强有力的支持。

五、就地平衡可明显提高电能质量

三相负荷就地平衡加上无功就地平衡，使各相负荷电流都降为最低水平，中性线电流为零，线路电阻一定，则线路电压降 $\Delta U = IR$ 降到最低水平，三相电压平衡度达到最高水平，电压合格率达到最高，真正起到了提高电压合格率的作用，极大地提高了各类电力用户的电能质量，真正使用户用上了"优质电""放心电"，提高了全社会的生产

效能和人民群众的生活质量。

六、就地平衡可明显提高安全生产水平

安全生产越来越受到各级政府和电力行业的重视，提高电网技术性能，是电网企业安全生产的根本保证。就高低压配电网来说，实现两个就地平衡，则人身触电事故大幅下降，供电设备损坏事故大幅下降，停电事故大幅下降，则自然而然提高了安全生产水平。

七、就地平衡是配电网安全经济运行的基础

实现两个就地平衡，从根源上避免了无谓的电能损失，清除了"泡沫"，净化了电网，挖掘出电网的内部潜力，电网技术性能达到最优，夯实了供电基础，从而实现安全经济运行。

第四节　厂矿企业节电降耗

厂矿企业的电能消费占社会电能消费总量的 3/4，节电降耗潜力巨大。

本书"电力网线损计算分析及降损措施"主要是针对市县供电企业的供电网络，但对厂矿企业的用电网络也同样适用。

市县供电公司管理的用户有 3 类：特大用户和大用户（例如大企业、大矿山等，110kV 或 35kV 供电）、中等用户（一般工矿企业、事业单位、行政单位、大商场、学校、大中型居民小区等，10kV 供电）、小用户（小企业、小商业、小型居民小区等，0.4kV 供电）。

就是说，特大用户和大用户内部有 110kV 或 35kV 线路、降压变电站、10kV 配电线路、配电变压器、低压配电网；中等用户内部有配电变压器、低压配电网；小用户内部有低压配电网。有线路、有变压器，就会有线路损耗，故本书内容同样适用于工矿企业。

供电企业的供电网络与厂矿企业的用电网络最大的不同是：① 供电网络是国有资产，用电网络是用户自己出资建设的，产权属用户，电网中的电能损耗也由自己负责。② 供电网络中线路长、不含用电设备，而用电网络中有众多用电设备，虽有供电线路、但长度较短、局限在一个不大的区域内。因而厂矿企业节电降耗更有动力、也更有潜力，搞得好了，损耗可以降得很低。

厂矿企业用电网络内部，亦可分为"供电线路"与"用电设备"。所以"供电"与"用电"是相对的。厂矿企业节电降耗，是个很大的题目。作者曾在十余年间，受邀到百余家各种类型厂矿企业进行节电降耗等技术改造指导，积累了大量成功经验，但也受地域、企业经济条件等局限。水平和篇幅所限，这里只做简要论述。

一、厂矿企业为什么需要节电

能效经济时代到来，节电势在必行。

工业革命以来至 20 世纪，人类经济的突出特点是以劳动生产率（Labor Efficiency）的提升为中心和重点的。在劳效经济主导的时代，谁的物料成本低，谁的劳工工资低廉，谁能够获得便宜的土地，谁就能够赢取足够的利润空间。然而近年来，依靠劳效的企业已经越来越难以成功了。人们发现，企业的成功，除与劳动生产率有关外，更取决于企业的资源生产率（Resource Efficiency），更具体地说，就是能效（Energy Efficiency）。在能效经济主导的时代，谁的能效高，谁就能够成为赢家。

除物料成本和人工成本外，电费开支通常为企业的第三大项成本。在许多企业，尤其是乡村个体企业负责人的传统观念中，电费成本是生产成本的一部分，因此直接控制的压力不大，无须单独加以考量，这是一个错误的概念。

企业往往花费大量的投资用于对物料和人工成本的控制，但普遍认为电费开支是难以控制的，交电费天经地义，因为用电设备消耗多少电，是由其机电特性所决定的，主观的控制无能为力。其实依靠技术进步，通过一系列的技术和管理措施，企业可以节电 10%～30%，技术和管理水平低下的乡村个体企业可以节电更多。

二、厂矿企业也应加强电能损耗管理

模拟供电企业线损管理，可采取以下措施：
（1）成立线损管理组织、结合自身特点建立规章制度、配备专业人员。
（2）进行理论线损计算，定时开展分析、考核，奖惩兑现。

三、厂矿企业节电降耗的主要措施

1. 加大无功补偿力度，实现企业无功就地平衡

厂矿企业有多台、较大容量的配电变压器，有大量的三相电动机负载，设备集中，用电有固定规律，用电量大，故应首先采用无功就地平衡节电降耗，可收到极好的经济效益，产生谐波危害的要结合无功补偿进行谐波治理。

2. 企业内部线路技术改造

把配电变压器放置到负荷中心，缩短供电半径，加大导线直径。

厂矿企业三相负荷就地平衡，有多个方面：① 某些企业的高压电气设备（如电炉变压器等）有接两相的，应配接均衡，使高压线路三相负荷平衡。② 低压电热设备容量较大的，要三相均衡配接，使低压线路三相负荷平衡。③ 办公、管理、后勤、服务、家属区低压单相负荷容量较大，要实现三相负荷就地平衡。

企业线路复杂繁多，开关刀闸、控制装置、用电设备众多，有大量的电气连接，存在许多隐患。要按技术要求搞好电气连接。

以电弧炉为主要生产设备的高能耗企业，降低变压器至电极间的短网的电能损耗，可节电 5%～10%。

3. 节热

以炉窑为主要生产设备的高能耗企业，生产过程中热量大量散失，又由电能转化为热能来补充。采用节热新设备新技术防止热量流失，利用余热，有很大的节热潜力。节

热就是节电，并改善工人的劳动条件，保护生态环境。

4. 生产过程自动控制

一些厂矿企业，尤其是众多乡村个体企业，生产方式原始落后，生产过程主要靠肉眼观察、人工按控制按钮操作，不能精确控制。

解决这个问题，需做到精确测量、自动控制。可使生产稳定进行，最高效率地生产（如加热），通电时间缩短，设备（如炉窑）散热最少，既最大限度地节能，又提高了产品的产量和质量。

5. 选用专业节电器具

近年来随着资源短缺、节能力度加大，各地生产出多种类别的专业节电器具，如表 7-6 所示，厂矿企业可根据自己的实际情况选用。

表 7-6   专 业 节 电 器 具 简 介

名称	简要工作原理
通用系统保护节电器	抑制瞬变、谐波，改善功率因数
超高速净化节电保护器	对电弧炉电压、电流冲击和浪涌的滤除和抑制效果可达到最佳，对畸变的交流电压波形进行校正，从而优化电源质量
电弧炉电效控制专家系统	实现对三相工频电弧炉的测量、控制、管理于一体
电弧炉能效控制系统	滤除瞬变、浪涌及高次谐波，利用先进成熟的工业控制技术和专用模块，实现了电弧炉参数测量、智能分析、动态控制、快速响应、设备保护、信息反馈、数据存储等多个方面的全方位数字化，整个系统集当代电弧炉能效控制技术之大成
系统降损节电器	无功补偿、抑制谐波
单晶炉高效节电器	抑制低次谐波、浪涌、瞬变及高次谐波，实现了全频域覆盖
智能广谱节电器	采用智能数字调控电磁选加耦合技术，全智能跟踪电网参数变化，实现无谐波、无污染、绿色环保式自适应参数控制匹配
抽油机专用节电器	可预置负载种类最佳运行匹配；独有的油田磕头机；节能运行模式；自动电压调整（AVR）功能
电石炉节电器 黄磷炉节电器	清除电压、电流冲激、高次谐波和供电环境的污染
单相电动机节电器	调整触发角而对相位角进行实时和动态的优化，从而提高电机在低负荷或轻负荷状态下的功率因数和运行效率
三相电动机节电器	用微处理器控制，在轻负载情况下电机电压自动降至最低需求而转速保持恒定；如果负荷增加，电压将自动上升以防止电机失速，实现电机的负载和供电之间"所供即所需"
电动机变频调速器	使电机工作在 50~70Hz 之间，实现电机按工艺要求进行自动化转速调节，不需改装电机和设备即可实现无级变速和控制正反方向运行。它具有软启动和软停车功能，使开、停机冲击电流大为降低，避免了恒定转速状态下的电能浪费现象
高压设备节电器	清除高压供电线路普遍存在的浪涌、瞬变、高次谐波
商业节电器	采用特制的节能电抗式器件，输出完整的正弦波，提高功率因数
三相灯光节电器	自动净化电网波动、闪变、谐波，动态校正电压偏移，完美的正弦波交流电输出

名称	简要工作原理
E-SAVER 省电器	让用户能够自主地去选择调节适当的工作电压，以节电，并延长用电器具的使用寿命
泵浦专用节电器	水泵电机软起动，运行自动控制，取代传统阀门调节

6. 选用专业节电方案（方法）

近年来各地研究、总结出一些专业节电方案（方法），如表 7-7 所示，厂矿企业可根据自己的实际情况选用。

表 7-7　　　　　　　　　专业节电方案（方法）简介

名称	采取的主要接电措施
矿山节能降耗改造	使用变频调速器；工艺、设备的优化；新工艺、设备的应用；合理组织生产，提高设备利用率，减少设备低效运转；提高线路功率因数，减少无功电流
水泥厂整体节电改造	变压器节能、无功补偿节能、变频调速节能、线路降损节能、自控节能、滤波节能、生产工艺、设备技术改造
纸厂节电改造	建立健全节能奖惩管理制度；采用变频调速新技术；调整峰谷负荷，降低购电费用；推广节能照明灯具
三相异步电动机的节电技术改造	通过可控硅电压斩波来调整输出电压的大小，通过调压的方法来节电
锅炉鼓风、引风及水泵变频改造	用变频器进行流量（风量）控制
空压机节电改造	采用变频控制恒压供气智能控制系统
电梯节电改造	利用势能、动能的电梯变频调速系统
中央空调系统节电改造工程方案	运用变频技术、模糊自适应控制等最新的技术
建筑节能	运用太阳能热水系统、节能型空调系统、节能照明系统、外墙隔热技术等
商场照明节能设计	采用新颖高效节能新灯具、无功就地平衡、三相负荷就地平衡
超市节电改造	采用高效自耦变压器，调节电压，达到最安全、合理的节电方式

附录 I　电网设备或元件的技术性能参数

1. 6种标准系列 30~1000kVA/10kV 配电变压器技术性能参数表

S_e (kVA)	JB1300—73组I P_0 (W)	JB1300—73组I P_K (W)	JB1300—73组I I_0 (%)	SL_7 P_0 (W)	SL_7 P_K (W)	SL_7 I_0 (%)	S_9 P_0 (W)	S_9 P_K (W)	S_9 I_0 (%)	新S_9 P_0 (W)	新S_9 P_K (W)	新S_9 I_0 (%)	S_{11} P_0 (W)	S_{11} P_K (W)	S_{11} I_0 (%)	S_{13} P_0 (W)	S_{13} P_K (W)	S_{13} I_0 (%)	6种标准 U_K (%)
30	240	810	14	150	800	7	130	600	2.4	130	600	2.1	100	600	0.54	80	570	0.38	JB1300—73（I）、SL_7、S_9、新S_9、S_{11}、S_{13}: 30~500kVA; U_K=4.0%; 630~1000kVA; U_K=4.5%
50	350	1200	12	190	1150	6	170	870	2.2	170	870	2	130	870	0.42	110	830	0.3	
63	390	1420	10	220	1400	5	220	1040	2.2	200	1040	1.9	150	1040	0.37	120	1000	0.26	
80	470	1700	9.5	270	1650	4.7	250	1250	2	240	1250	1.8	180	1250	0.36	150	1200	0.25	
100	540	2100	8.5	320	2000	4.2	290	1500	2	290	1500	1.6	200	1500	0.35	180	1430	0.25	
125	650	2500	8	370	2450	4	350	1750	1.8	340	1800	1.5	240	1800	0.33	210	1710	0.23	
160	770	3000	7	460	2850	3.5	420	2100	1.7	400	2200	1.4	270	2200	0.32	240	2100	0.23	
200	900	3600	7	540	3400	3.5	500	2500	1.7	480	2600	1.3	330	2600	0.32	310	2550	0.23	
250	1060	4300	6.5	640	4000	3.2	590	2950	1.5	560	3050	1.2	400	3050	0.31	340	2900	0.22	
315	1260	5200	6.5	760	4800	3.2	700	3500	1.5	670	3650	1.1	480	3650	0.3	400	3470	0.21	
400	1500	6300	6.5	920	5800	3.2	840	4200	1.4	800	4300	1	570	4300	0.3	470	4090	0.21	
500	1780	7700	6	1080	6900	3.2	1000	5000	1.4	960	5150	1	680	5100	0.29	580	4850	0.2	
630	2160	9200	6	1300	8100	3	1230	6000	1.2	1200	6200	0.8	810	6200	0.28	700	5890	0.2	
800	2700	11 200	5.5	1540	9900	2.5	1450	7200	1.2	1400	7500	0.8	980	7500	0.27	800	7100	0.19	
1000	3250	13 700	5	1800	11 600	2.5	1720	10 000	1.1	1700	10 300	0.7	1150	10 300	0.25	1000	9780	0.17	

2. 4种标准系列 800～10 000kVA/35kV 主变压器技术性能参数表

额定容量 S_e (kVA)	空载损耗 P_0 (kW)				短路损耗 P_K (kW)				空载电流 I_0 (%)				阻抗电压 U_K (%)	
	JB1301—1973组Ⅰ标准	SL_7系列	S_9系列	S_{11}系列	JB1301—1973组Ⅰ标准	SL_7系列	S_9系列	S_{11}系列	JB1301—1973组Ⅰ标准	SL_7系列	S_9系列	S_{11}系列	JB1301—1973组Ⅰ标准SL_7系列	S_9 S_{11}系列
800	3.1	1.8	1.23	0.975	11.5	10.6	9.9	9.35	6	1.58	1.5	1.5	6.5	6.5
1000	3.6	2.1	1.45	1.16	13.7	12.8	12.15	11.50	5.5	1.5	1.4	1.3	6.5	6.5
1250	4.2	2.5	1.75	1.37	16.2	15.3	14.70	13.90	5.5	1.3	1.3	1.2	6.5	6.5
1600	5.05	2.9	2.10	1.66	19.0	17.5	17.15	16.60	5	2.5	1.2	1.1	6.5	6.5
2000	5.8	3.4	2.70	2.03	22.5	19.8	18.80	18.30	4.5	2.5	1.1	1.0	6.5	6.5
2500	6.8	4.0	3.20	2.45	26.4	23.0	20.70	19.60	4.5	2.2	1.1	1.0	6.5	6.5
3150	8.0	4.75	3.80	3.01	31.0	27.0	24.50	23.00	4	2.2	1.0	0.9	7.0	7.0
4000	9.5	5.65	4.55	3.61	36.5	32.0	28.80	27.20	4	2.2	1.0	0.9	7.0	7.0
5000	11.2	6.75	5.40	4.27	44.0	36.7	33.05	31.20	3.5	2.0	0.9	0.9	7.0	7.0
6300	13.2	8.20	6.55	5.11	52.0	41.0	36.9	34.90	3.5	2.0	0.8	0.8	7.0	7.0
8000	15.1	9.80	9.20	7.00	62.0	50.0	40.50	38.30	3.5	1.0	0.8	0.8	7.5	7.5
10 000	17.8	11.5	10.90	8.26	73.0	59.0	47.70	45.10	3.5	1.0	0.8	0.8	7.5	7.5

3. 10 种标准系列 6300～63 000kVA/110kV 电力变压器技术性能参数表

额定容量 S_e (kVA)	SFL₇ 110/35kV 双绕组磁调压无变压器 P_0(kW)	P_k(kW)	I_0(%)	S₁₁系列 110/35kV 双绕组磁调压无变压器 P_0(kW)	P_k(kW)	I_0(%)	老系列三绕组无励磁调压变压器 P_0(kW)	P_k(kW)	I_0(%)	老系列三绕组有载调压变压器 P_0(kW)	P_k(kW)	I_0(%)	SFS₇系列三绕组无励磁调压变压器 P_0(kW)	P_k(kW)	I_0(%)	SFSJ₇系列三绕组无励磁磁调压变压器 P_0(kW)	P_k(kW)	I_0(%)	SFSZ₇系列三绕组有载调压变压器 P_0(kW)	P_k(kW)	I_0(%)	SFSZ₉系列三绕组有载调压变压器 P_0(kW)	P_k(kW)	I_0(%)	S₁₁系列三绕组无励磁磁调压变压器 P_0(kW)	P_k(kW)	I_0(%)	S₁₁系列三绕组有载调压变压器 P_0(kW)	P_k(kW)	I_0(%)
6300	12.5	44	1.5	7.49	37.4	1.1	14	53	1.3	15	53	1.3	14	53	1.1	14	53		18	63		12	47.7	0.6	8.4	45.1	8.1	45.1
8000	15.0	53	1.5	9.1	45.1	1.1	16.6	63	1.3	18	63	1.3	16.6	63	1.0	16.6	63		18	63		14.4	50.4	0.6	10.2	53.6	11	53.6
10 000	17.5	62	1.4	10.6	52.1	1.0	19.8	74	1.2	21.3	74	1.2	19.8	74		19.8	74		21.3	74		17.2	66.6	0.5	12	63	13	62.9
12 500	20.5	74	1.4	12.5	62.2	1.0	23	87	1.2	25.2	87	1.2	23	87		23	87		25.2	87		20	78.3	0.5	14	74	18.1	74
16 000	24.5	91	1.3	14.9	77.4	0.9	28	106	1.1	30.3	106	1.1	25	104	1.1	25	104	1.2	30.3	106	1.5	24.2	95.4	0.45	17	90	22.4	90.1
20 000	29.0	110	1.3	17.8	93.5	0.9	33	125	1.1	35.8	125	1.1	33	123	1.0	33	125	1.1	35.8	125	1.5	28.6	112.5	0.4	20	106	26.4	106
25 000	34.2	129	1.2	20.7	110	0.8	38.5	148	1.0	42.3	148	1.0	38	143	0.8	38.5	148		38	160	0.8	33.8	133.2	0.4	23.6	126	31.2	126
31 500	40.5 (41.13)	156 (180)	1.2 (0.65)	24.5	134	0.8	46	175	1.0	50.3	175	1.0	46	175	1.0	46	175	1.0	50.3	175	1.1	40.2	157.5	0.35	28	149	37.2	149
40 000	48.3	183	1.1	29.1	153	0.7	54	210	0.9	60.2	210	0.9	54	193	1.1				60.2	210	1.3	48	189	0.3	33.5	179	44.5	179
50 000	57.8	227	1.1	34.2	193	0.7	65	250	0.9	71.2	250	0.9							71.2	250	1.3	56.9	225	0.25	39.6	213	52.6	213
63 000	68.3	273	1.0	40.5	232	0.6	77	300	0.8	81.7	300	0.8							84.7	300	1.2	67.8	270	0.25	46.9	255	62.6	255
阻抗电压 U_k (%)	U_k=10.5(10.46)% 带括号者为SFZL₇双绕组有载调压变压器			阻抗电压全都为 U_k=10.5%			U_k高-中=10.5% U_k高-低=17%~18% U_k中-低=6.5%			U_k高-中=10.5% U_k高-低=17%~18% U_k中-低=6.5%			U_k高-中=10.5% U_k高-低=17%~18% U_k中-低=6.5%			U_k高-中=10.5% U_k高-低=17%~18% U_k中-低=6.5%			U_k高-中=10.5% (17%~18%) U_k高-低=17%~18%(10.5%) U_k中-低=6.5%			U_k高-中=10.5% U_k高-低=17%~18% U_k中-低=6.5%			U_k高-中=10.5% U_k高-低=17%~18% U_k中-低=6.5%			U_k高-中=10.5% U_k高-低=17%~18% U_k中-低=6.5%		
电压(kV)组合及分接范围	高压 110±2×2.5% 121±2×2.5% 低压 35,38.5			高压 110±2×2.5% 121±2×2.5% 低压 35,38.5			高压 110±2×2.5% 中压 35/38.5±2×2.5% 低压 11			高压 110±8×1.25% 中压 38.5±5% 低压 10.5,11			高压 110(121) ±2×2.5% 中压 38.5±2×2.5% 低压 10.5,11			高压 110(121) ±2×2.5% 中压 38.5(35) ±2×2.5% 低压 10.5,11			高压 110(121) ±8×1.25% 中压 38.5(35) ±2×2.5% 低压 10.5,11			高压 110±1.25% 中压 38.5±2×2.5% 低压 10.5,11			高压 110±2×2.5% 121±2×2.5% 中压 38.5,38.5 低压 10.5,11			高压 110±8×1.25% 中压 35,38.5 低压 10.5,11		
连接组标号	YNd11			YNd11			YNyn0d11			YNyn0d11			YNyn0d11			YNyn0d11			YNyn0d11			YNyn0d11			YNyn0d11			YNyn0d11		

注 （ ）内的数字为SFZL₇系列双绕组有载调压变压器的数据。

4. 架空线路中铝绞线（LJ 型）、钢芯铝绞线（LGJ 型）的电阻 r_0 值和钢芯铝绞线（LGJ 型）的电抗 x_0 值表

导线截面 (mm²)	16	25	35	50	70	95	120	150	185	240
铝绞线 LJ 型 r_0 (Ω/km)	1.98	1.28	0.92	0.64	0.46	0.34	0.27	0.21	0.17	0.132
r_0 (Ω/km)	2.04	1.38	0.95	0.65	0.46	0.33	0.27	0.21	0.17	0.132

钢芯铝绞线 LGJ 型

导线电抗值 x_0 (Ω/km)

$x_0 = 0.319 \sim 0.445$ (Ω/km)

有时常用：$x_0 = 0.4$ (Ω/km) 来作近似计算

三相导线间几何均距 D_{pj} (m)

$$D_{pj} = \sqrt[3]{D_1 D_2 D_3}$$

D_{pj} (m)	35	50	70	95	120	150	185	240
1.0	0.366	0.353	0.343	0.334	0.326	0.319		
1.5	0.385	0.374	0.364	0.353	0.347	0.340		
2.0	0.403	0.392	0.382	0.371	0.365	0.358		
2.5	0.417	0.406	0.396	0.385	0.379	0.372	0.365	0.357
3.0	0.429	0.418	0.408	0.397	0.391	0.384	0.377	0.369
3.5	0.438	0.427	0.417	0.406	0.400	0.398	0.386	0.378
4.0	0.446	0.435	0.425	0.414	0.408	0.401	0.394	0.386
4.5			0.433	0.422	0.416	0.409	0.402	0.394
5.0			0.440	0.429	0.423	0.416	0.409	0.401
5.5			0.446	0.435	0.429	0.422	0.415	0.407
6.0				0.440	0.433	0.426	0.419	0.412
6.5				0.445	0.438	0.432	0.425	0.416

5. $\dfrac{JO_2}{Y}$系列电动机空载电流表

A

转速（r/min）极数 功率（kW）	3000 2	1500 4	1000 6	750 8
2.2	1.7 2.0	2.4 2.7	3.2 3.3	4.2 —
3.0	2.3 2.7	2.7 3.9	3.3 3.8	4.4 —
4.0	2.7 3.0	3.5 4.3	4.0 4.7	4.6 —
5.5	3.5 3.8	4.3 4.8	4.9 5.5	5.8 —
7.5	4.6 4.1	4.5 6.0	6.1 8.7	8.8 —
10	6.1 —	5.9 —	10.1 —	10.5 —
11	— 6.2	— 8.5	— 11.3	— —
13	6.5 —	8.6 —	11.6 —	12.6 —
15	— 7.4	— 11.0	— 13.6	— —
17	7.1	12.2	9.8	15.2
18.5	— 8.7	— 13.3	— —	— —
22	7.7 11.9	9.6 14.3	12.8 —	21.0 —
30	9.2 —	11.7 —	14.8 —	22.5 —
40	14.0 —	15.1 —	24.0 —	15.7 —
55	9.7 —	11.0 —	15.7 —	19.7 —
75	12.8 —	14.3 —	22.8 —	— —
100	17.9 —	18.4 —	— —	— —

注　电动机的空载电流约为其额定电流的 20%～30%。

附录Ⅱ　线损管理相关法规、制度及标准

1. 国家电网公司电力网电能损耗管理规定

第一章　总　则

第一条　电力网电能损耗（简称线损）是电能从发电厂传输到客户过程中，在输电、变电、配电和营销各环节中所产生的电能损耗和损失。线损率是综合反映电力网规划设计、生产运行和经营管理水平的主要经济技术指标。为规范国家电网公司系统各单位的线损管理，提高电网经济运行水平，依据国家有关法律、法规，特制定本规定。

第二条　各电网经营企业要根据电力市场运营机制的需要，把线损率降低到合理的水平，努力提高企业的经济效益，结合本企业的具体情况，制定实施细则。

第三条　本规定适用于国家电网公司系统各级电网经营企业。

第二章　管　理　措　施

第四条　管理体制与职责

（一）线损管理按照统一领导、分级管理、分工负责的原则，实行线损的全过程管理。

（二）各级电网经营企业要建立健全线损管理领导小组，由公司主管领导担任组长。领导小组成员由有关部门的负责人组成，分工负责、协同合作。日常工作由归口管理部门负责，并设置线损管理岗位，配备专责人员。

（三）线损管理职责：

（1）国家电网公司负责贯彻国家节能方针、政策和法律、法规，根据国家电网公司系统各单位的运营情况研究节能降损技术，制定规则、标准、奖惩办法等；组织、协调各电网经营企业的节能降损工作，制定、审批节能规划和重大节能措施。

（2）各级电网经营企业负责贯彻国家和国家电网公司的节能降损方针、政策、法律、法规及有关指令，制定本企业的线损管理制度，负责分解下达线损率指标计划；制订近期和中期的控制目标；监督、检查、考核所属各单位的贯彻执行情况。

（四）线损管理范围以产权范围为基础进行划分或按有关各方的合同约定执行。

第五条　指标管理

（一）线损率指标实行分级管理，国家电网公司向各电网有限公司或省（自治区、直辖市）电力公司下达年度线损率计划指标，各级电网公司要将年度线损率指标分解下达、确保完成。同时要认真总结管理经验，分析节能降损项目的经济效益。

（二）线损指标中要考虑穿越电量产生的过网损耗。

（三）月、季及年度线损的统计是线损率指标管理及考核的基础，定义如下：

$$线损率=[(供电量-售电量)/供电量]\times100\%$$

式中，供电量=发电公司（厂）上网电量+外购电量+电网输入电量-电网输出电量（详见附录）。售电量=所有终端客户的抄见电量。

为了分级统计线损的需要，本网把输往本公司下一级电网的电量视为售电量。

（四）抽水蓄能电厂的上网线路视同联络线，其线损按联络线线损统计、计算。

（五）为减少电量损失、便于检查和考核线损管理工作，各电网经营企业应建立线损小指标内部统计与考核制度。具体指标由各电网经营企业制定。

第六条　关口计量点的设置与电能计量管理

（一）关口计量点指与各电网经营企业贸易结算电量及企业内部考核结算的电量计量分界点。

（二）关口计量点设置原则：

（1）跨省、地区电网间联络线两端装表计量，联络线线损承担原则按双方合约执行。

（2）发电公司（厂）上网电量关口计量点一般设在产权分界点，特殊情况按合同规定的计量点执行。

（3）各区域电网有限公司、省（自治区、直辖市）电力公司内部考核结算电量的计量点由各单位自定。

（4）客户关口计量点一般设在产权分界点，有合约规定的按合约执行。

（三）关口计量管理：

（1）所有关口计量装置配置的设备和精度等级要满足《电能计量装置技术管理规程》规定的要求。

（2）新建、扩建（改建）的关口计量装置必须与一次设备同步投运，并满足本电网电能采集系统要求。

（3）按月做好关口表计所在母线电量平衡。220kV及以上电压等级母线电量不平衡率不超过±1%；110kV及以下电压等级母线电量不平衡率不超过±2%。

第七条　营销管理

（一）各电网经营企业必须加强电力营销管理，建立健全营销管理岗位责任制，减少内部责任差错，防止窃电和违章用电，充分利用高科技手段进行防窃电管理，坚持开展经常性的用电检查，对发现由于管理不善造成的电量损失应采取有效措施，以降低管理线损。

（二）严格抄表制度，所有客户的抄表例日应予固定。每月的售电量与供电量尽可能对应，以减少统计线损的波动。

（三）严格供电企业自用电管理，变电站站用电纳入考核范围。变电站的其他用电（如大修、基建、办公、三产）应由当地供电单位装表收费。

（四）电力营销部门要加强客户无功电力管理，提高无功补偿设备的补偿效果，按照《电力供应与使用条例》和国家电网公司有关电压质量和无功电力的管理规定促进客户采用集中和分散补偿相结合的方式，提高功率因数。

（五）低压线损分台变（区）管理：

根据低压电网的特点，实现线损分台变（区）管理是加强低压线损全过程管理的重要措施，各电网经营企业要结合本单位实际情况，制定落实低压线损分台变（区）的考核管理制度和实施细则。

第八条 工作质量要求

（一）各电网经营企业要做好年度降损项目的经济效益分析。定期进行情况调查，特别要加强定量分析。

（二）各区域电网有限公司、省（自治区、直辖市）电力公司每月6日（节假日顺延）前通过国家电网公司线损管理网页上报线损完成快报，对线损率波动大的原因要进行分析，及时沟通信息。

（三）各电网有限公司、省（自治区、直辖市）电力公司对线损情况每季度应进行一次分析（分线、分压、分区）、每半年进行一次小结，每年2月15日前向国家电网公司上报年度线损工作总结报告电子版，2月底以前以正式文件上报。

年度报告中要总结与分析的内容包括：

（1）线损指标完成情况。

（2）线损构成情况分析：

1）按综合线损率、网损率、地区线损率分析。

2）按电压等级分析线损率。

3）扣除无损电量、趸售电量的线损分析。

（3）存在问题和所采取的措施。量化分析造成线损率升、降的原因和影响程度（比例）。

（4）提高解决问题的对策和下一步工作的重点措施。

（四）各电网经营企业要定期组织负荷实测，进行线损理论计算，35kV及以上输电网每一年一次；10kV及以下配电网每两年一次，为电网建设、技术改造和经济运行提供依据。

（五）各电网经营企业要重视线损管理人员素质的提高，定期组织线损专业培训，每三年对线损管理专业人员至少进行一次轮训。定期组织线损专业培训和学术交流活动。

第三章　技　术　措　施

第九条 各电网经营企业在进行电力网的规划建设时，应遵照国家及国家电网公司颁布的有关规定，完善网络结构，降低技术线损，不断提高电网的经济运行水平。

第十条 各电网经营企业应制定年度节能降损的技术措施计划，分别纳入大修、技改、科技等工程项目中安排实施。要采取各种行之有效的降损措施，重点抓好电网规划、升压改造等工作。要简化电压等级，缩短供电半径，减少迂回供电，合理选择导线截面和变压器规格、容量，制订防窃电措施，淘汰高能耗变压器。

第十一条 根据《电力系统电压和无功电力技术导则》、国家电网公司有关电压质量和无功电力的管理规定及其他有关规定，按照电力系统无功优化计算结果，合理配置无功补偿设备，提高无功设备的运行水平，做到无功分压、分区就地平衡，改善电压质量，降低电能损耗。

第十二条 积极应用推广新技术、新工艺、新设备和新材料，利用科技进步的成果降低技术线损。

第十三条 积极利用现代化技术，提高线损管理水平。

第十四条 各级电网调度部门要根据电网的负荷潮流变化及设备的技术状况及时调整运行方式，实现电网的安全、经济运行。

第四章 奖 惩

第十五条 根据《中华人民共和国节约能源法》和财政部、国家电网公司的有关规定，各电网经营企业要建立与电力市场运营机制相适应的线损奖励制度并制定相应的奖励措施。加大线损考核管理力度，激励广大职工降损积极性、挖掘节电潜力、提高企业效益。

第十六条 国家电网公司、各区域电网有限公司、省（自治区、直辖市）电力公司应对节能降损工作中有突出贡献的单位和个人进行表彰、奖励。

第十七条 对完不成线损指标计划、虚报指标、弄虚作假的单位和个人，要给予处罚，并通报批评。

第五章 附 则

第十八条 本规定由国家电网公司负责解释。

第十九条 本规定自颁发之日起执行。

有 关 电 量 含 义 解 释

（1）发电公司（厂）上网电量：指本地区统调电厂（独立发电公司、直属电厂、地方电厂）记录的上网电量。

（2）外购电量：指各供电（电力）公司从本公司供电区域外的电网购买的电量。

（3）电网输入电量：主要是高于本供电区域管理的电压等级的电网输入电量。

（4）电网输出电量：指各供电（电力）公司从本公司供电区域向外部电网输出的电量。

2. 县供电企业电能损耗规范化管理标准（试行）

第一章 总 则

1.1 目的和依据

为适应建设节约型社会的发展要求，加强农村电力网电能损耗（以下简称"线损"）的规范化管理工作，依据《中华人民共和国节约能源法》《国家电网公司电力网电能损耗管理规定》《国家电网公司农村电力网电能损耗管理办法》和国家电网公司"农村电网电能损耗管理模式"研究成果，制定本标准。

1.2　适用范围

本标准适用于国家电网公司系统县供电企业（包括直供直管、控股和代管）的线损管理工作。各区域电网公司、省（自治区、直辖市）电力公司可根据本标准要求，并结合当地具体情况，制定实施细则。

1.3　基本原则

县供电企业在进行线损规范化管理工作中，应遵循"综合体系、科学管理、公众参与"的基本原则，并建立起"管理体系、技术体系、保证体系"为支撑的科学、规范、高效线损管理方式。

第二章　线损组织管理

2.1　线损管理网络（见附图2-1）

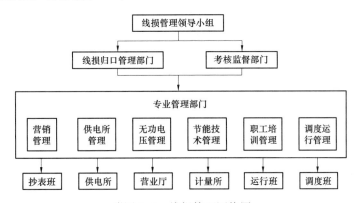

附图2-1　线损管理网络图

2.1.1　县供电企业应按照"统一领导、归口管理、分级负责、监督完善"的原则，建立健全科学、完善的线损管理网络。

2.1.2　线损管理网络应当由线损管理领导小组、线损归口管理部门、考核监督部门、专业管理部门及班组站所组成，形成体系健全、运行有效的管理机构。

2.1.3　线损管理人员配置

线损管理领导小组：县供电企业主管领导任组长，有关分管领导任副组长，各相关部门负责人为成员，负责整个单位的线损决策性管理与领导。

线损归口管理部门：设置专职线损管理人员，负责整个单位的日常线损管理工作。

考核监督部门：设置专（兼）职人员，负责组织对线损管理的考核和监督。

专业管理部门：设置专（兼）职线损管理人员，负责本部门管理范围内的线损工作。

班组站所：设置专（兼）职线损管理人员，配合相关部门做好本班组站所的线损工作。

2.2 线损管理网络职责

线损管理网络各层次、各部门的职责、职能应明确、清晰。

2.2.1 线损管理领导小组

2.2.1.1 线损管理领导小组是县供电企业线损管理的最高领导机构。

2.2.1.2 负责研究落实上级有关节能及线损管理的法律、法规、方针、政策和管理制度、办法，监督、检查贯彻执行情况。

2.2.1.3 负责审定中长期节能降损规划，批准年度节能降损计划及措施，组织落实重大降损措施。

2.2.1.4 负责审批县供电企业有关线损管理制度、线损指标分解及考核方案。

2.2.1.5 定期召开线损分析例会，分析线损完成情况及线损管理过程中存在的问题，研究制定整改措施，并监督、检查有关部门整改实效。

2.2.2 线损归口管理部门

2.2.2.1 在线损管理领导小组的领导下，负责贯彻落实上级节能降损方针、政策、文件，并督促有关部门认真贯彻执行。

2.2.2.2 负责组织编制县供电企业线损管理标准、制度、办法，经批准后组织实施。

2.2.2.3 研究制定本企业的中长期节能降损规划，负责日常线损管理。

2.2.2.4 参加本单位电网发展规划审查及基建、技改等工程项目的设计审查和竣工验收。

2.2.2.5 负责有关线损数据的收集、统计、分析和上报工作。

2.2.2.6 负责组织编制县供电企业降损措施和线损指标建议计划。

2.2.2.7 负责组织召开线损分析例会及线损经验交流会，总结线损管理经验，对存在的问题提出整改措施。

2.2.2.8 组织做好县供电企业自用电管理工作。

2.2.2.9 负责推广应用节能降损新技术，并组织制定相关管理制度。

2.2.2.10 负责编制线损管理人员培训建议计划。

2.2.3 考核监督部门

2.2.3.1 在线损管理领导小组的领导下，负责线损管理各部门和单位的线损率指标考核及奖惩兑现。

2.2.3.2 负责对线损管理各部门和单位进行经常性的监督检查和不定期抽查。

2.2.3.3 配合公安机关查处违约用电和窃电行为。

2.2.4 营销管理部门

2.2.4.1 负责用电 MIS 管理工作。

2.2.4.2 负责客户的电费、电价管理。

2.2.4.3 负责报装接电管理工作，并组织监督检查。

2.2.4.4 负责各户无功管理的监督、检查和考核工作。

2.2.4.5 负责大客户管理工作。

2.2.4.6 负责编制用电稽查和普查计划，组织开展用电稽查和普查工作，并编报稽查和普查工作总结。

2.2.5 供电所管理部门

2.2.5.1 负责组织供电所开展所辖 10kV 及以下电网线损管理工作。

2.2.5.2 负责分解供电所低压线损计划指标，并开展对供电所的低压线损考核。

2.2.5.3 负责组织编制供电所节能降损措施建议计划，经批准后组织实施。

2.2.5.4 负责组织检查和考核供电所日常线损管理工作。

2.2.5.5 负责组织农村低压电网的线损理论计算工作。

2.2.5.6 负责农村低压电网线损统计、分析工作。

2.2.5.7 负责组织开展农村低压电网无功电压管理工作。

2.2.6 调度运行管理部门

2.2.6.1 负责编制电网经济运行方案及有关管理制度。

2.2.6.2 负责组织进行电网潮流计算，按照电网经济运行方案监督做好电网的经济运行及主变的经济运行工作。

2.2.6.3 负责电网停电检修计划的制定。

2.2.6.4 负责电网经济运行的日常管理工作。

2.2.6.5 指导调度、运行班做好电网经济运行的相关调度和操作任务。

2.2.7 无功电压管理部门

2.2.7.1 负责全网无功电压日常管理和考核工作。

2.2.7.2 负责贯彻落实上级无功电压管理政策，编制公司无功电压管理标准、制度、办法，经批准后组织实施。

2.2.7.3 负责做好各电压等级电网及线路功率因数、电容器可投运率及电压合格率等指标的管理、控制和考核。

2.2.7.4 负责无功电压管理指标的统计、分析和上报工作。

2.2.7.5 负责编制电压监测点调整方案，并做好电压监测点的设置工作。

2.2.7.6 负责开展无功电压优化运行管理工作。

2.2.7.7 负责电网谐波管理，并组织落实谐波治理措施。

2.2.8 节能技术管理部门

2.2.8.1 负责组织编制降损技术措施计划。

2.2.8.2 负责组织落实节能降损技术措施，并组织编报降损技术措施完成情况和降损效益分析报告。

2.2.8.3 负责组织开展电网线损理论计算工作。

2.2.9 职工培训管理部门

负责编制线损管理人员培训计划，经批准后组织实施。

2.2.10 供电所

2.2.10.1 负责组织开展本所线损日常管理工作。

2.2.10.2 负责贯彻落实上级线损管理制度。

2.2.10.3 负责组织做好本所线损指标的统计、分析和上报工作。

2.2.10.4 负责做好线损指标分解和考核工作。

2.2.10.5 根据县供电企业降损措施计划，编制本所降损措施计划，经批准后组织实施。

2.2.10.6 负责组织开展本所所辖电网和客户无功电压管理工作。

2.2.10.7 负责组织开展本所营业普查工作。

2.2.10.8 负责开展本所配电变压器经济运行管理工作。

2.2.10.9 负责开展本所所辖客户抄表管理工作。

2.2.11 计量管理部门

2.2.11.1 负责公司计量全过程的监督管理。

2.2.11.2 组织编制年度计量工作计划。

2.2.11.3 负责对有关计量方面的线损小指标进行统计、分析。

2.2.11.4 归口管理计量用互感器、各类计量装置的台账，运行档案，故障、差错处理档案。

2.2.12 抄表管理部门

2.2.12.1 按照规定抄录变电站和客户电能表指示数。

2.2.12.2 检查电能计量装置运行情况，对发现的计量异常情况及时上报主管部门。

2.2.12.3 变电站抄表人员检测变电站出线无功力率变化情况，并及时上报该出线的线损管理部门。

2.2.12.4 客户抄表人员及时统计抄表同步率和电能表实抄率。

2.2.13 调度、运行班

2.2.13.1 按照规定，配合调度运行管理部门做好电网调度和经济运行工作。

2.2.13.2 按时巡视变电站设备运行情况，发现异常及时上报。

2.2.13.3 统计分析线路和变电相关设备的停电检修情况。

2.3 线损管理的工作流程

线损管理的流程应清晰、明确、科学，并形成闭环管理，如附图 2-2~附图 2-4 所示。

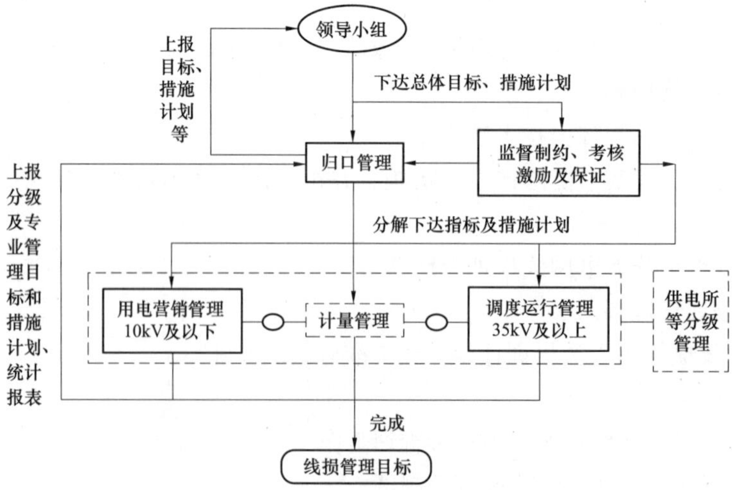

附图 2-2　线损管理的工作流程

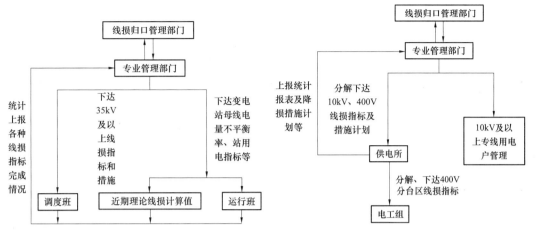

附图 2-3 35kV 及以上电网线损管理子工作流程　　附图 2-4 10kV 及以下电网线损管理子流程

第三章　线损指标管理与波动控制

3.1　线损指标管理

线损管理是以指标管理为核心的全过程管理。线损指标管理工作流程如附图 2-5 所示。

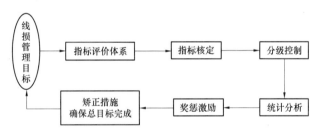

附图 2-5　线损指标管理工作流程图

3.1.1　建立线损指标评价体系

线损指标的构成应包括线损率指标和线损管理小指标；线损评价体系应由线损指标和评价标准构成。

3.1.1.1　线损率指标。

（1）全网线损率（综合线损率）。

（2）35kV 及以上电网综合线损率。

（3）35kV 及以上单条线路线损率。

（4）10kV 及以上高压综合线损率（高压线损率）。

（5）10kV 综合线损率。

（6）10kV 公用线路综合线损率。

（7）10kV 单条线路线损率。

（8）0.4kV 低压综合线损率（低压线损率）。

（9）0.4kV 城区低压综合线损率。

（10）0.4kV 农村低压综合线损率。

（11）0.4kV 单台区线损率。

3.1.1.2 线损管理小指标。

（1）变电站用电量。

（2）母线电量不平衡率。

（3）功率因数。

（4）电容器可投运率。

（5）企业供电综合电压合格率。

（6）电压允许偏差值（客户端）。

（7）电能表周期轮换率。

（8）电能表修调前检验率。

（9）电能表修调前检验合格率。

（10）电能表现场检验率。

（11）电能表现场检验合格率。

（12）计量故障差错率。

（13）电能表实抄率。

（14）电量差错率。

（15）配电变压器三相负荷不平衡率。

（16）电压互感器二次回路电压降周期受检率。

（17）抄表例日抄见售电量的比重（%）。

各项指标的评价标准按照有关电力规程、标准或上级下达的指标制定。未作规定的，各县供电企业可根据实际情况自行制定。

3.1.2 线损率指标的确定

线损率指标管理应建立考核和激励双指标管理模式，实行重奖重罚。县供电企业根据上级部门每年下达的年度指标计划，由线损归口管理部门分电压等级、分部门进行分解，其确定依据是线损理论计算值、历史线损统计值和影响线损率的技术和管理方面的修正因素等。指标编制完成后，由线损归口管理部门报线损管理领导小组批准。

3.1.2.1 10kV 及以上线损指标。

分别由相应的专业管理部门在下个考核期之初，提出下个考核期的降损指标计划，上报线损归口管理部门。

3.1.2.2 低压台区线损指标。

供电所根据各类配电台区的上个考核期实际完成线损、理论计算结果和各台区用电量、用电户数、线路长度及用电结构测算制定各台区线损指标，供电所管理部门汇总测算后报线损归口管理部门。

3.1.3 线损指标的分级控制

按照线损管理职责范围，对指标实行分级、分压、分线、分台区管理控制，制定指标分类、分级控制和考核工作标准，工作标准应包含：指标分类、指标标准、控制部门、考核部门、考核周期等。

综合线损率、高压线损率和低压线损率由线损归口管理部门负责管理与控制。

10kV 及以上线损指标由相应的专业管理部门负责管理与控制。

低压线损指标以及配变台区线损指标、供电所自用电管理由供电所管理部门负责管理与控制。

过程管理的各种小指标由各相关责任部门分别负责管理与控制。

全部线损指标由线损归口管理部门负责专业管理，并由考核监督部门负责考核和监督。

3.2 线损统计分析

3.2.1 线损统计的总体要求

指标种类完整，报表设计科学，计算口径统一，统计及时，数据正确。

3.2.2 线损统计分析制度

各部门、班组站所和责任人应按照管理范围、周期、程序和要求，对各种（类）线损率指标和线损管理小指标进行统计分析，并形成线损指标（小指标）完成情况统计分析报告制度；一般按月进行分析，每半年进行一次小结，全年进行一次总结，并报送有关上级单位。

3.2.3 线损统计分析应坚持的原则

（1）抄、管分离原则。线损指标的责任者不负责表计抄录，抄表员仅对表计抄录的正确性负责。

（2）分压、分线、分台区实行定期统计、定量分析的原则。定期统计就是分月度、季度、年度统计；定量分析就是做到分电压等级、分线路、分台区进行分析。分析工作不仅要找出影响线损的主要因素，而且要做到对影响程度进行量化分析，重点突出，针对性强。

（3）选择合理（有可比性）的分析统计口径原则。在进行线损统计分析时，剔除无关因素。

（4）重点分析原则。对电量大、线损率波动大的线路进行重点分析。

（5）线损率指标与线损管理小指标分析并重的原则。

（6）横向分析的原则。对与电量、售电均价变化等影响关系紧密的其他指标同时进行分析。

3.2.4 线损统计基本报表

（1）各部门线损考核表、供电所线损报表。

（2）高压、低压综合线损考核统计表。

（3）35kV 及以上电网分线线损报表。

（4）10kV 公用线路线损报表。

（5）供电所 0.4~10kV 公用线路线损考核表。

（6）低压台区线损报表。

（7）各级线损综合报表。

（8）变电站母线电量不平衡率统计报表（含配电室总表与分表的不平衡率）。

（9）专线无损电量报表。

（10）35、10kV 线路功率因数报表。

（11）各变电站主变压器二次侧功率因数报表。

3.2.5 线损分析的主要内容

线损分析应包括：指标完成情况，实际线损与计划、同期及理论线损相比波动情况，线损波动的原因分析，需要采取的降损措施。

线损分析报告要求做到分析全面，针对性强，既有定性分析，又有定量分析。

3.3 线损波动控制

3.3.1 营销管理控制

3.3.1.1 制定营销管理控制制度。

主要包括：抄表核算管理制度、业扩报装（含变更用电、临时用电）管理制度、大客户用电管理制度、客户无功电力管理制度、用电检查与营业普查制度、预防与查处窃电管理制度、营业差错管理制度等。

3.3.1.2 建立抄、核、收监督制约机制。

在抄、核、收各个环节中，实行"抄、管分离"，坚持电量、电价、电费"三公开"，实行抄表环节的监抄、会抄、轮抄制度，定期开展用电检查和营业普查，并建立社会监督机制。

3.3.1.3 建立营销信息化管理系统，避免违规操作，并进行科学分析。

3.3.1.4 按计划开展用电检查，对违章用电、窃电进行查处。

3.3.1.5 经常性检查与营业普查相结合，营业普查每年至少组织一次，并保证营业普查记录及资料的准确完整。

3.3.2 计量管理控制

3.3.2.1 控制计量装置的准确性。

对计量装置要实行表计质量控制、校验质量控制、安装质量控制、运行维护质量控制。

表计质量控制——把好设计关，合理确定表计型号、容量、变比配置，实行采购计划管理，并做到"阳光采购"；做好表计的入库验收和存放，搜集表计运行信息。

校验质量控制——加强计量人员培训，做到持证上岗；校验环境、设备符合规程要求；计量中心制度完善。

安装质量控制——按照《电能计量装置管理技术规程》（DL/T 448—2000）要求确定安装队伍，表计运输必须有防震措施；主管部门、计量部门与安装、运行部门共同验收并做好资料移交。

运行维护质量控制——按照《电能计量装置管理技术规程》（DL/T 448—2000）要

求做到周期轮换和现场校验；运行管理部门要做到定期巡视；电力稽查部门要将电能计量装置管理作为重要稽查项目；计量部门和运行管理部门要做好档案、资料管理。

3.3.2.2 规范计量工作流程。

主要包括：业扩配表流程、计量工作票传递流程、营业计量差错处理流程、客户计量和计费信息变更流程等。

3.3.3 生产运营管理控制

3.3.3.1 加强运行方式管理，及时根据负荷变化调整运行方式。

3.3.3.2 做好无功规划、建设、管理和调度，避免无功的不合理流动。

3.3.3.3 进行配电台区低压三相负荷不平衡监控和治理工作。

3.3.3.4 合理调度，促使电网经济运行。

第四章 线损技术管理

4.1 电网规划与建设

4.1.1 科学制定电网规划，充分考虑节能降损，从供电范围、变电容量、网络布局及电压等级组合等方面做好规划、建设工作。

4.1.1.1 根据《农村电网建设与改造技术导则》（DL/T 5131—2001）和《农村低压电力技术规程》（DL/T 499—2001），优化供电范围，合理确定供电半径。

4.1.1.2 优化变压器容量，在满足规划设计期最大负荷需求的前提下，使整个规划期的变压器年计算费用总和为最低。

4.1.1.3 优化网络布局，变电所的布点应根据同电压等级的优化供电半径长度和负荷容量来确定，尽可能位于供电区负荷中心，使10（6）kV线路呈辐射状向四周供电。

4.1.1.4 优化电压等级，根据供电区负荷密度，采用合理的电压等级组合方案，简化变压层次。

4.1.2 无功规划与建设

开展无功规划、设计、建设工作，合理配置无功补偿设备。坚持集中补偿与分散补偿相结合，以分散补偿为主；高压补偿与低压补偿相结合，以低压补偿为主；调压与降损相结合，以降损为主。做到无功电力分级补偿、就地平衡，从而改善电能质量、降低损耗。

4.2 电网经济运行

4.2.1 开展输电网的经济调度和运行

编制年度电网运行方式及主变压器经济运行曲线。依据设备健康状况、电网负荷潮流的变化，及时调整电网运行方式，调整无功、电压，保证电能质量。

4.2.2 加强中低压配电网的经济运行工作

合理调整变压器，及时停运空载变压器，做好低压三相负荷就地平衡工作。

4.3 线损理论计算及分析

4.3.1 定期进行线损理论计算，分析电网中的薄弱环节，指导电网建设、节能降损改造及经济运行工作，并为指标分解、考核提供管理依据。

4.3.2 35kV 及以上电网线损理论计算和分析，至少每半年组织一次；10kV 及以下电网的线损理论计算和分析，至少每年一次；低压配电台区应选取典型台区进行计算和分析。

4.4 新技术应用

4.4.1 重视新技术的开发应用，合理降低技术线损。

4.4.2 重视设备选型工作，大力推广新型节能设备的应用，逐步更换和淘汰高耗能设备。

4.4.3 建立和完善新技术应用的管理制度，强化运行管理工作，充分发挥新技术对管理的促进作用。

第五章 线损管理的保障措施

5.1 线损管理的组织保障

5.1.1 健全组织机构

要从完成线损指标、落实降损节能管理和技术措施及相关专业、相关部门业务特点出发，进行线损管理的组织设计，做到网络层次清晰、岗位合理、信息沟通流畅、运转高效。

5.1.2 明晰线损管理职责

单位领导、部门负责人及各个专责的岗位职责明确，人员配备合理并相对稳定，组织模式和关系要随电网、市场的变化及时进行调整。

5.1.3 强化线损管理的全员参与性

加强教育宣传，建立有效机制，形成人人关注、支持节能降损，全员参与节能降损的意识和氛围。

5.1.4 各相关部门和岗位要制定切实可行的线损工作标准和工作质量要求。

5.2 线损管理的制度保障

为保障对节能降损全过程的管理、控制，必须建立完善的线损管理制度，主要包括：

（1）线损管理考核办法。

（2）线损率指标管理办法。

（3）线损小指标管理办法。

（4）线损分析例会制度。

（5）电力营销管理有关制度。

（6）电能计量管理有关制度。

（7）电网经济运行有关制度。

（8）线损管理与节能降损培训管理制度。

（9）新技术、新设备运行管理制度。

5.3 线损管理人员素质保障

5.3.1 从事线损管理的人员应具备一定素质，根据不同情况提出上岗学历、业务知识、工作经历和培训要求。

5.3.2　建立完善的线损培训体系，确定适当的线损培训内容，采取多种多样的培训方式和方法，严格考试和考核制度。

5.4　线损管理的监督与激励保障

5.4.1　应从管理体制、权利配置、程序控制三个环节建立保障防范体系。设立考核监督部门，对线损指标和线损管理进行有效的考核和监督，形成线损全过程管理的制约因素，保证线损工作的闭环管理。

5.4.2　定期公示或通报指标完成情况，做好用电检查、营业普查和电力稽查工作，设立信息反馈和民主建议信箱，形成上级监督、内部监督和社会监督的线损监督机制。

5.4.3　建立风险与利益统一、适应多层次和多渠道需求、公平合理的综合激励机制。

综合激励的方式应包括：目标激励、示范激励、荣誉激励、物质激励和处罚。

综合激励的方法应包括：年度考核激励、日常考核激励、单项考核激励、重点激励等。

第六章　附　　则

6.1　本标准自发布之日起执行。

6.2　本标准解释权属于国家电网公司农电工作部。

3. 国家电网公司电力系统无功补偿配置技术原则

第一章　总　　则

第一条　为保证电压质量和电网稳定运行，提高电网运行的经济效益，根据《中华人民共和国电力法》等国家有关法律法规、《电力系统安全稳定导则》《电力系统电压和无功电力技术导则》《国家电网公司电力系统电压质量和无功电力管理规定》等相关技术标准和管理规定，特制定本技术原则。

第二条　国家电网公司各级电网企业、并网运行的发电企业、电力用户均应遵守本技术原则。

第二章　无功补偿配置的基本原则

第三条　电力系统配置的无功补偿装置应能保证在系统有功负荷高峰和负荷低谷运行方式下，分（电压）层和分（供电）区的无功平衡。分（电压）层无功平衡的重点是 220kV 及以上电压等级层面的无功平衡，分（供电）区就地平衡的重点是 110kV 及以下配电系统的无功平衡。无功补偿配置应根据电网情况，实施分散就地补偿与变电站集中补偿相结合，电网补偿与用户补偿相结合，高压补偿与低压补偿相结合，满足降损和调压的需要。

第四条　各级电网应避免通过输电线路远距离输送无功电力。500（330）kV 电压等级系统与下一级系统之间不应有大量的无功电力交换。500（330）kV电压等级超高压输电线路的充电功率应按照就地补偿的原则采用高、低压并联电抗器基本予以补偿。

第五条 受端系统应有足够的无功备用容量。当受端系统存在电压稳定问题时，应通过技术经济比较，考虑在受端系统的枢纽变电站配置动态无功补偿装置。

第六条 各电压等级的变电站应结合电网规划和电源建设，合理配置适当规模、类型的无功补偿装置。所装设的无功补偿装置应不引起系统谐波明显放大，并应避免大量的无功电力穿越变压器。35～220kV变电站，在主变压器最大负荷时，其高压侧功率因数应不低于0.95，在低谷负荷时功率因数应不高于0.95。

第七条 对于大量采用10～220kV电缆线路的城市电网，在新建110kV及以上电压等级的变电站时，应根据电缆进、出线情况在相关变电站分散配置适当容量的感性无功补偿装置。

第八条 35kV及以上电压等级的变电站，主变压器高压侧应具备双向有功功率和无功功率（或功率因数）等运行参数的采集、测量功能。

第九条 为了保证系统具有足够的事故备用无功容量和调压能力，并入电网的发电机组应具备满负荷时功率因数在0.85（滞相）～0.97（进相）运行的能力，新建机组应满足进相0.95运行的能力。为了平衡500（330）kV电压等级输电线路的充电功率，在电厂侧可以考虑安装一定容量的并联电抗器。

第十条 电力用户应根据其负荷性质采用适当的无功补偿方式和容量，在任何情况下，不应向电网反送无功电力，并保证在电网负荷高峰时不从电网吸收无功电力。

第十一条 并联电容器组和并联电抗器组宜采用自动投切方式。

第三章　500（330）kV电压等级变电站的无功补偿

第十二条 500（330）kV电压等级变电站容性无功补偿配置

500（330）kV电压等级变电站容性无功补偿的主要作用是补偿主变压器无功损耗以及输电线路输送容量较大时电网的无功缺额。容性无功补偿容量应按照主变压器容量的10%～20%配置，或经过计算后确定。

第十三条 500（330）kV电压等级变电站感性无功补偿配置

500（330）kV电压等级高压并联电抗器（包括中性点小电抗）的主要作用是限制工频过电压和降低潜供电流、恢复电压以及平衡超高压输电线路的充电功率，高压并联电抗器的容量应根据上述要求确定。主变压器低压侧并联电抗器组的作用主要是补偿超高压输电线路的剩余充电功率，其容量应根据电网结构和运行的需要而确定。

第十四条 当局部地区500（330）kV电压等级短线路较多时，应根据电网结构，在适当地点装设高压并联电抗器，进行无功补偿。以无功补偿为主的高压并联电抗器应装设断路器。

第十五条 500（330）kV电压等级变电站安装有两台及以上变压器时，每台变压器配置的无功补偿容量宜基本一致。

第四章 220kV变电站的无功补偿

第十六条 220kV变电站的容性无功补偿以补偿主变压器无功损耗为主,并适当补偿部分线路的无功损耗。补偿容量按照主变压器容量的10%~25%配置,并满足220kV主变压器最大负荷时,其高压侧功率因数不低于0.95。

第十七条 当220kV变电站无功补偿装置所接入母线有直配负荷时,容性无功补偿容量可按上限配置;当无功补偿装置所接入母线无直配负荷或变压器各侧出线以电缆为主时,容性无功补偿容量可按下限配置。

第十八条 对进、出线以电缆为主的220kV变电站,可根据电缆长度配置相应的感性无功补偿装置。每一台变压器的感性无功补偿装置容量不宜大于主变压器容量的20%,或经过技术经济比较后确定。

第十九条 220kV变电站无功补偿装置的分组容量选择,应根据计算确定,最大单组无功补偿装置投切引起所在母线电压变化不宜超过电压额定值的2.5%。一般情况下无功补偿装置的单组容量,接于66kV电压等级时不宜大于20Mvar,接于35kV电压等级时不宜大于12Mvar,接于10kV电压等级时不宜大于8Mvar。

第二十条 220kV变电站安装有两台及以上变压器时,每台变压器配置的无功补偿容量宜基本一致。

第五章 35~110kV变电站的无功补偿

第二十一条 35~110kV变电站的容性无功补偿装置以补偿变压器无功损耗为主,并适当兼顾负荷侧的无功补偿。容性无功补偿装置的容量按主变压器容量的10%~30%配置,并满足35~110kV主变压器最大负荷时,其高压侧功率因数不低于0.95。

第二十二条 110kV变电站的单台主变压器容量为40MVA及以上时,每台主变压器应配置不少于两组的容性无功补偿装置。

第二十三条 110kV变电站无功补偿装置的单组容量不宜大于6Mvar,35kV变电站无功补偿装置的单组容量不宜大于3Mvar,单组容量的选择还应考虑变电站负荷较小时无功补偿的需要。

第二十四条 新建110kV变电站时,应根据电缆进、出线情况配置适当容量的感性无功补偿装置。

第六章 10kV及其他电压等级配电网的无功补偿

第二十五条 配电网的无功补偿以配电变压器低压侧集中补偿为主,以高压补偿为辅。配电变压器的无功补偿装置容量可按变压器最大负载率为75%,负荷自然功率因数为0.85考虑,补偿到变压器最大负荷时其高压侧功率因数不低于0.95,或按照变压器容量的20%~40%进行配置。

第二十六条 配电变压器的电容器组应装设以电压为约束条件,根据无功功率(或无功电流)进行分组自动投切的控制装置。

第七章　电力用户的无功补偿

第二十七条　电力用户应根据其负荷特点，合理配置无功补偿装置，并达到以下要求：100kVA 及以上高压供电的电力用户，在用户高峰负荷时变压器高压侧功率因数不宜低于 0.95；其他电力用户，功率因数不宜低于 0.90。

第八章　附　则

第二十八条　本技术原则由国家电网公司负责解释。

第二十九条　本技术原则自颁发之日起执行。

4. 国家电网公司电力系统电压质量和无功电力管理规定

第一章　总　则

第一条　电压质量是电能质量的重要指标之一。电力系统的无功补偿与无功平衡，是保证电压质量的基本条件，对保证电力系统的安全稳定与经济运行起着重要的作用。为保证国家电网公司系统电压质量，降低电网损耗，向用户提供电压质量合格的电能，根据国家有关法律法规及相关技术标准，特制订本规定。

第二条　本规定适用于国家电网公司所属各单位。

第三条　公司所属各区域电网公司、省（自治区、直辖市）电力公司可根据本规定结合本企业具体情况制定实施细则。

第二章　电压质量标准

第四条　本规定中电压质量是指缓慢变化（电压变化率小于每秒 1% 时的实际电压值与系统标称电压值之差）的电压偏差值指标。

第五条　用户受电端供电电压允许偏差值

（一）35kV 及以上用户供电电压正、负偏差绝对值之和不超过额定电压的 10%。

（二）10kV 及以下三相供电电压允许偏差为额定电压的 ±7%。

（三）220V 单相供电电压允许偏差为额定电压的 +7%、−10%。

第六条　电力网电压质量控制标准

（一）发电厂和变电站的母线电压允许偏差值

（1）1000kV 母线正常运行方式时，最高运行电压不得超过 1100kV；最低运行电压不应影响电力系统同步稳定、电压稳定、厂用电的正常使用及下一级电压的调节。

（2）750kV 母线正常运行方式时，最高运行电压不得超过 800kV；最低运行电压不应影响电力系统同步稳定、电压稳定、厂用电的正常使用及下一级电压的调节。

（3）500（330）kV 母线正常运行方式时，最高运行电压不得超过系统额定电压的 +10%；最低运行电压不应影响电力系统同步稳定、电压稳定、厂用电的正常使用及下一级电压的调节。

（4）发电厂 220kV 母线和 500（330）kV 变电站的中压侧母线正常运行方式时，电压允许偏差为系统额定电压的 0～+10%；事故运行方式时为系统额定电压的−5%～+10%。

（5）发电厂和 220kV 变电站的 35～110kV 母线正常运行方式时，电压允许偏差为系统额定电压的−3%～+7%；事故运行方式时为系统额定电压的±10%。

（6）带地区供电负荷的变电站和发电厂（直属）的 10（6）kV 母线正常运行方式下的电压允许偏差为系统额定电压的 0～+7%。

（二）特殊运行方式下的电压允许偏差值由调度部门确定。

第七条　发电厂和变电站母线电压波动率允许值

电压波动率是指在一段时间内母线电压的变化限度。本规定中电压波动率按日进行计算，即每日母线电压变化幅度与系统标称电压值之比的百分数为日电压波动率。日电压波动率及电压波动合格率计算公式见本规定附录 A。

发电厂和变电站的母线电压在满足第六条规定的电压偏差的基础上，日电压波动率应满足以下要求：

（1）500（330）kV 变电站高压母线：3%；

（2）发电厂 220kV 母线和 500（330）kV 变电站中压母线电压：3.5%；

（3）特殊运行方式下的日电压波动率由调度部门确定。

第三章　管 理 机 构 与 职 责

第八条　公司系统电压质量和无功电力管理工作，实行公司总部统一领导下的分级管理负责制，实行电压质量的全过程管理。各级生产部门是电压质量和无功电力归口管理部门。

第九条　公司总部生产部门主要职责

（一）组织贯彻、执行国家有关电压质量和无功电力法规、标准。

（二）负责提出公司有关电压质量和无功电力的管理规定，并组织实施。

（三）负责协调公司系统电压质量和无功电力管理工作，指导、督促网省公司电压质量管理工作，负责对公司系统电压质量技术指标的统计、考核工作。

（四）根据公司系统无功补偿设备运行中出现的问题，提出反事故技术措施，并组织对重大无功补偿设备事故的调查。

（五）组织公司系统电压无功专业会议，开展公司系统的电压质量和无功电力管理的相关技术培训和交流。

第十条　各区域电网公司、省（自治区、直辖市）电力公司由各职能部门分工做好本地区电压质量和无功电力专业管理工作。各级电压质量和无功电力管理部门均应设置专责人，并明确工作职责。

第十一条　各区域电网公司、省（自治区、直辖市）电力公司生产部门的主要职责

（一）贯彻执行国家有关法规、政策和国家电网公司有关规定，组织制定和实施改善电压质量的计划及措施。

（二）参与或组织规划、设计、基建及技改等阶段中涉及电网（地区电网）无功平衡、补偿容量、设备和调压装置选型、参数、配置地点的审核、工程质量验收及试运行等工作。

（三）组织确定供电电压监测点方案并监督实施。

（四）负责对电压质量和无功补偿装置及调压装置的运行维护，并对运行状况进行监督、统计、分析、考核。

（五）每年对本单位电压质量指标进行评估，针对电压质量问题提出改进措施。对于无功补偿配置和设备原因引起的电压质量问题，应列入技术改造项目。

（六）定期召开专业工作会议，并组织相关技术培训。

（七）每年进行电压无功专业的技术和工作总结，并按要求定期上报。

第十二条 各级规划部门和基建部门的主要职责

（一）规划部门负责所辖电网的无功电源规划、配置，在电源及电网建设与改造工程的规划、设计过程中，按照《国家电网公司电力系统无功补偿配置技术原则》确定无功补偿装置容量和调压装置、选型及安装地点。对由于电网结构造成的电压质量问题应列入基建工程项目予以解决。

（二）对于新建工程，无功补偿设备和电压监测设备的建设应与工程同步设计、建设和投产。

（三）基建部门应按照规划设计要求保证无功补偿设备和电压监测设备的按时验收、投产。

第十三条 各级调度部门主要职责

各级调度部门根据调度范围，负责电网电压的运行管理。

（一）根据电网结构、运行方式以及负荷特性确定电网电压控制曲线，负责确定电网电压监测点方案并监督实施。

（二）对电网无功电源和无功补偿设备进行合理调度。

（三）保证正常方式下电网电压合格率和电压波动率符合要求，事故方式下应尽快将电网电压合格率和电压波动率调整至合格范围。

（四）负责所辖地区电网电压质量指标评估，针对电网电压质量问题提出改进措施。

（五）监督各并网运行的发电机组遵守并网调度协议中的有关发电机无功出力和升压站电压质量的要求。

（六）参与规划、设计、基建及技改等阶段中涉及电网（地区电网）无功平衡、补偿容量、设备和调压装置选型、参数、配置地点的审核、工程质量验收及试运行等工作。

第十四条 各级电力营销部门主要职责

（一）负责按照国家有关技术标准、国家电网公司《电力系统无功补偿配置技术原则》规定，对电力客户无功补偿装置设计、安装进行验收。

（二）负责督促、指导电力用户履行供用电合同中关于无功补偿装置投入、功率因数达到的标准以及不发生向电网倒送无功电力等义务。

（三）做好用户无功补偿装置控制和节能宣传工作。

（四）负责受理用户关于电压质量的投诉，对供电电压质量问题组织协调计划、生产、调度等部门在规定时间内完成整改，并做好与用户的沟通解释工作；对用户自身原因造成的电压质量问题应积极帮助指导用户制定解决方案并督促解决。

（五）负责做好用户电压监测点的设置、调整、统计及抄、报表等管理工作。负责建立用户无功设备台账，并及时更新。

第四章 电压质量和无功电力管理

第十五条 对电网企业的电压质量和无功电力管理要求

（一）认真贯彻执行上级部门的有关规定和调度命令，负责做好本地区无功补偿装置及调压装置的合理配置、安全运行及调压工作，认真做好年度电压质量的统计分析工作，查找电压不合格点的原因，并根据原因提出整改措施，保证电网无功分层分区就地平衡和各结点的电压质量达到要求。

加强无功设备的运行管理，对无功设备的投运时间和投运前后系统电压变化情况进行详细记录，定期对无功设备的投运率和投运效果进行评估，为电网运行、建设提供参考。

（二）对所安装的无功补偿装置及调压装置，应保持完好状态，按期进行巡视检查。无功补偿装置及调压装置应定期维护，发生故障时，应及时处理修复，保证无功补偿设备及调压装置可用率达到要求。

（三）对无功补偿设备故障情况应有完整、准确记录，并认真分析原因，对设备严重损坏的事故应有书面分析报告。

（四）为便于无功补偿装置的运行管理，电容器组、电抗器组、调相机等无功补偿装置应配齐相应的无功功率表，开展无功补偿装置运行情况分析工作。

（五）应根据调度下达的电压曲线及时投入或切除无功补偿装置，并逐步实现自动控制方式。

（六）应对电力用户无功补偿装置的安全运行、投入（或切除）时间、电压偏差值等状况进行监督和检查。既要防止低功率因数运行，也应防止在低谷负荷时向电网反送无功电力。

（七）应建立对电力用户电压质量状况反映或投诉受理制度，对较严重的电压质量问题，应查清具体原因，提出解决方案，制订计划实施。

第十六条 对发电企业的电压质量和无功电力管理要求

（一）发电企业应按调度部门下达的无功出力或电压曲线，严格控制高压母线电压。

（二）发电机的无功出力及进相运行能力，应达到制造厂规定的额定值，并入电网的发电机组应具备满负荷时功率因数在 0.85（滞相）~0.97（进相）运行的能力。对于新建机组应满足进相 0.95 运行的能力。发电机自带厂用电时，进相能力应不低于 0.97。

现役发电机组不具备进相运行能力的，应根据需要开展进相运行试验及技术改造工作，并以此确定发电机组进相运行范围。

（三）发电机组的励磁系统应具有自动调差环节和合理的调差系数。强励倍数、低励限制等参数，应满足电网安全运行的需要。

第十七条 对电力用户的电压质量和无功电力管理要求

（一）电力用户装设的各种无功补偿装置（包括调相机，电容器、静补和同步电动机）应按照负荷和电压变动及时调整无功出力。

（二）电力用户功率因数应达到：

（1）35kV 及以上供电的电力用户，在变压器最大负荷时，其一次侧功率因数应不低于 0.95，在任何情况下不应向电网倒送无功。

（2）100kVA 及以上 10kV 供电的电力用户，其功率因数宜达到 0.95 以上。

（3）其他电力用户，其功率因数宜达到 0.90 以上。

第十八条 无功补偿装置管理

（一）各级电网企业在选用无功补偿装置时，应选择符合电力行业技术标准和国家电网公司有关标准的产品，以保证无功补偿装置的运行可靠性。

（二）各级电网企业的生产管理部门应建立无功补偿装置管理台账，并定期更新上报。

（三）各级电网企业应根据有关标准，做好无功补偿装置的运行、维护，保证无功补偿装置的完好率。

（四）各级电网企业应按时报告无功补偿装置因故障停运时间超过 24h 的各类故障，并按时统计、上报无功补偿装置的可用率。电容器和并联电抗器的可用率计算公式详见附录 C。

（五）各级电网企业每月对无功补偿装置运行和故障情况进行统计、分析、上报，并对故障率较高的设备，提出改进措施。

第十九条 电压质量技术监督

（一）电压质量技术监督工作是生产管理工作的重要内容之一，各级技术监督部门应根据有关技术监督规定对规划、设计、基建、运行等环节实行全过程监督管理。

（二）各级电网企业要建立完善电压质量技术监督工作制度体系、组织体系和技术标准体系并贯彻实施。

（三）并网运行的发电企业与当地电网企业签订并网协议时，应包括电压质量技术监督方面的内容。各级电网企业与并网的发、供电设备根据国家有关规定和并网协议等约定，进行电压质量技术监督的归口管理。

（四）电压质量技术监督要依靠科技进步，采用和推广成熟、行之有效的新技术、新方法，不断提高电压质量技术监督的专业水平。

第五章 无功补偿规划与建设

第二十条 各级电网企业均应根据电网结构、负荷特性编制本地区无功电源和无功补偿的规划，无功电源的规划应纳入电网建设的统一规划中，并应根据电网发展定期编制、修订。

第二十一条 新建变电站和主变压器增容改造时，应合理确定无功补偿装置容量，以保证 35~220kV 变电站在主变压器最大负荷时，其高压侧功率因数应不低于 0.95；在低谷负荷时功率因数不应高于 0.95，且不应低于 0.92。

第二十二条 电力系统配置的无功补偿装置应在系统有功负荷高峰和负荷低谷运行方式下，保证分（电压）层和分（供电）区的无功平衡。无功补偿配置应根据电网情况，从整体上考虑无功补偿设备在各电压等级变电站、10kV 及以下配电网和用户侧配置的协调关系，实施分散就地补偿与变电站集中补偿相结合，电网补偿与用户补偿相结合，高压补偿与低压补偿相结合，满足电网安全、经济运行的需要。

第二十三条 电力系统应有事故无功备用，无功电源中的事故备用容量，应主要储备于运行的发电机、调相机和动态无功补偿设备中，保证电力系统的稳定运行。

第二十四条 应避免通过远距离线路输送无功电力，330kV 及以上系统与下一级系统间不应有大量的无功电力交换。在电网规划设计、电网技术改造阶段，对 330kV 及以上线路充电功率应按照就地补偿的原则采用高、低压并联电抗器基本予以补偿。

第二十五条 在大量采用 10~220kV 电缆线路的城市电网中新建 110kV 及以上电压等级变电站时，应根据电缆出线情况配置适当容量的感性无功补偿装置。

第二十六条 电压质量和无功电力的控制宜采用自动控制方式。

第二十七条 35~220kV 变电站主变压器高压侧应装设双向有功功率表和无功功率表（或功率因数表）。对于无人值班变电站，应在其集控站自动监控系统实现上述功能。

第六章 无功电力调度与电压调整

第二十八条 无功电力调度

（一）各级调度运行部门应根据本地区无功电源容量以及可调节能力制定正常运行方式（含计划检修方式）下的无功电力调度方案，并按此实施调度。

（二）无功电力调度实行按调度权限划分的分级管理，应对网省间联络线及各级调度分界点处的无功电力送出（或受入）量进行监督和控制。

（三）各级调度应根据负荷变化情况和电压运行状况，及时调整调压装置及投切无功补偿装置。

第二十九条 电压调整

（一）在满足电压合格的条件下，电压调整应遵循无功电力分层分区平衡原则。

（二）按调度权限划分，进行电压质量和无功电力相关计算，定期编制调整各级电网主变压器运行变比的方案，定期下达发电厂和枢纽变电站的运行电压或无功电力曲线。

（三）电网电压超出规定值时，应采取调整发电机、调相机无功出力、增减并联电容器（或并联电抗器）容量等措施解决。

（四）局部（地区、站）电网电压的下降或升高，可采取改变有功与无功电力潮流的重新分配、改变运行方式、调整主变压器变比或改变网络参数等措施加以解决。

（五）在电压水平影响到电网安全时，调度部门有权采取限制负荷和解列机组、线路等措施。

第七章　电压质量监测与统计

第三十条　电压监测装置应符合相关国家、电力行业标准，确保监测的数据准确、可靠、有效。电压监测装置的校验应纳入电测仪表技术监督范围。

第三十一条　电压质量监测点设置原则

（一）电网电压质量监测点的设置

并入 220kV 及以上电网的发电厂高压母线电压、220kV 及以上电压等级的母线电压，220kV 及以上电压等级的母线电压，均设置为电网电压质量监测点。其中发电厂 220kV 母线和 500kV（330kV）变电站高、中压母线电压质量监测点，应计算电网电压波动率和电网电压波动合格率，并列入指标考核范围。

（二）供电电压质量监测点的设置

供电电压质量监测分为 A、B、C、D 四类监测点。

1. A 类

带地区供电负荷的变电站的 10（6）kV 母线电压。

（1）变电站内两台及以上变压器分列运行，每段 10kV 母线均设置一个电压监测点。

（2）一台变压器的 10kV 为分裂母线运行的，只设置一个电压监测点。

2. B 类

35（66）kV 专线供电和 110kV 及以上供电的用户端电压。B 类电压监测点设置及安装应符合下列要求：

（1）35（66）kV 及以上专线供电的可装在产权分界处，110kV 及以上非专线供电的应安装在用户变电站侧。

（2）对于两路电源供电的 35kV 及以上用户变电站，用户变电站母线未分裂运行，只需设一个电压监测点；用户变电站母线分裂运行，且两路供电电源为不同变电站的应设置两个电压监测点；用户变电站母线分裂运行，两路供电电源为同一变电站供电，且上级变电站母线未分裂运行的，只需设一个电压监测点；用户变电站母线分裂运行，双电源为同一变电站供电的，且上级变电站母线分裂运行的，应设置两个电压监测点。

（3）用户变电站高压侧无电压互感器的，电压监测点设置在给用户变电站供电的上级变电站母线侧。

3. C 类

35（66）kV 非专线供电的和 10（6）kV 供电的用户端电压。每 10MW 负荷至少应设一个电压质量监测点。C 类电压监测点设置及安装应符合下列要求：

（1）C类电压监测点应安装在用户侧。

（2）C类负荷计算方法为C类用户售电量除以统计小时数。

（3）应选择高压侧有电压互感器的用户，不考虑设在用户变电站低压侧。

4. D类

380V/220V低压网络和用户端的电压。每百台公用配电变压器至少设2个电压质量监测点，不足百台的按百台计算，超过百台的按每50台设1个电压质量监测点。监测点应设在有代表性的低压配电网首末两端和部分重要用户。

（三）供电电压监测点的调整

各类监测点每年应随供电网络变化进行动态调整。

各单位应根据供电网络变化对各类电压监测点进行动态调整，其中10（6）kV母线电压应在变电站新投产次月列入A类电压监测点，进行统计考核；B、C、D类电压监测点应每季度进行监测点数量校核，并在次季度首月末完成增减工作。

第三十二条 电压监测点的台账

各单位应建立电压监测点的台账，内容包括监测点名称、安装地点、电压等级、监测点类别（分A类、B类、C类、D类）、电压监测装置类型、电压监测装置厂家、监测装置型号、通信方式，电压上限下限值、监测装置制造、投运、校验日期等信息数据。

第三十三条 电压质量的统计

（一）电压质量的统计内容包括各监测点电压合格率、电网电压合格率、电网电压波动合格率和供电电压合格率。

（二）电压合格率是实际运行电压在允许电压偏差范围内累计运行时间与对应的总运行统计时间的百分比。电压合格率计算公式见本规定附录B。

第三十四条 电压合格率管理

（一）区域电网公司、省（自治区、直辖市）电力公司应认真做好电压质量数据的统计分析工作。

（二）年、月度电网电压合格率、电压波动合格率由区域电网公司、省（自治区、直辖市）电力公司调度部门按设备隶属关系负责统计，并按有关规定报上级有关归口管理部门。

（三）年、月度供电电压合格率由各级生产管理部门负责统计，并在每月利用网络系统逐级上报归口管理部门。

（四）电网电压合格率、电压波动合格率、A类供电电压合格率除采用电压监测仪以外也可以利用具有电压监测和统计功能的自动化系统和变电站综合自动化系统进行统计。B、C、D类供电电压合格率，可采用电压监测仪、配电综合测控仪、负荷管理终端（系统）以及其他电能质量监测装置进行统计。

第八章 考 核

第三十五条 考核内容及考核标准

（一）电压质量和无功管理考核内容包括电网电压合格率、电网电压波动合格率、供电电压合格率、无功设备可用率。

（二）电压质量考核标准。各级电压质量指标应当控制在第五条和第六条所要求的电压偏差范围内，且电压波动率应符合第七条的规定。

（三）无功补偿设备可用率应在96%以上；调相机每年因检修和故障停机时间不应超过45天。

第三十六条 考核办法

（一）电压质量工作在公司系统实行分级考核，对各项电压质量指标实行统计考核，各网省公司应建立电压质量考核制度。

（二）按年度对电网电压合格率、电压波动合格率、供电电压合格率、无功设备可用率进行考核。

（三）工作考核从信息报送及时性、工作的规范性以及对公司管理贡献性三个方面进行。

（四）按照公司相关规定和工作要求，按时完成生产管理数据、信息、报告和总结以及重要事故信息等材料的上报，上报信息数据真实、统计口径符合要求、项目齐全、格式规范、表达清晰。依据报送信息不及时的次数进行定量考核。

（五）贯彻公司有关规程规定，措施具体可行，执行迅速到位以及上报的年度分析报告、专业总结、调研报告、工作方案等材料内容详实，分析透彻，针对性和有效性强。依据对年度分析报告、专业总结以及基础管理工作等工作质量水平进行定性考核。

（六）完成公司下达的重点课题研究和试点、专业管理标准和规章编制任务，以及对有关标准、规章提出建设性意见情况和承办有关专业会议和培训等。依据承担项目数量、工作复杂程度以及对生产技术管理和企业管理工作贡献水平等内容进行定量考核。

第九章 附　则

第三十七条 各级电网企业与并网运行的发电企业、电力用户、相关设备制造企业签订并网调度协议、供用电合同、购售电合同等相关合同协议时，应按照本规定明确相关电压质量和无功电力管理的要求。

第三十八条 本规定由国家电网公司生产技术部负责解释，并监督执行。

第三十九条 本规定自颁发之日起执行，原《国家电网公司电力系统电压质量和无功电力管理规定》（国家电网生〔2004〕203号）同时废止。

附录A　日电压波动率及电压波动合格率计算公式

（1）电网电压监测点日电压波动率 U_b：

$$U_\mathrm{b}(\%)=\frac{日最高电压值-日最低电压值}{系统标称电压值}\times100\%$$

电网电压监测点日电压波动率满足允许值（正文第七条）要求为合格，不满足为不合格。

（2）电网电压监测点月电压波动合格率 $U_{b月}$：

$$U_{b月}(\%) = \frac{该月日电压波动率合格的天数}{该月统计天数} \times 100\%$$

（3）电网电压波动合格率 $U_{b网}$：

$$U_{b网}(\%) = \frac{\sum\limits_{i=1}^{n} 监测点\,i\,该月日电压波动率合格天数}{n \times 该月统计天数} \times 100\%$$

注：n 为电网电压监测点数。

附录 B 电压合格率计算公式

1. 监测点电压合格率 U_i

$$U_i(\%) = \left(1 - \frac{电压超上限时间+电压超下限时间}{电压监测总时间}\right) \times 100\%$$

2. 电网电压合格率

（1）城市供电公司电网电压合格率 $U_{地市(电网)}$：

$$U_{地市(电网)}(\%) = \left(1 - \frac{\sum\limits_{i=1}^{n} 电压超上限时间 + \sum\limits_{i=1}^{n} 电压超下限时间}{\sum\limits_{i=1}^{n} 电压监测总时间}\right) \times 100\%$$

式中：n 为该类供电电压监测点数。

（2）区域电网公司、省（自治区、直辖市）电力公司电网电压合格率 $U_{网省(电网)}$：分别为其所属地市公司电网电压合格率 $U_{地市(\%)}$ 与其对应测点数 n 的加权平均值。

$$U_{网省(电网)}(\%) = \left(\frac{\sum\limits_{i=1}^{k} U_{地市(电网)} \times n_{地市(电网)}}{\sum\limits_{i=1}^{k} n_{地市(电网)}}\right) \times 100\%$$

3. 各类供电电压合格率 $U_{(A、B、C、D)}$

（1）地市供电公司各类供电电压合格率 $U_{地市(A、B、C、D)}$：

$$U_{地市(A、B、C、D)}(\%) = \left(1 - \frac{\sum\limits_{i=1}^{n} 电压超上限时间 + \sum\limits_{i=1}^{n} 电压超下限时间}{\sum\limits_{i=1}^{n} 电压监测总时间}\right) \times 100\%$$

式中：n 为该类供电电压监测点数。

（2）区域电网公司、省（自治区、直辖市）电力公司各类供电电压合格率 $U_{网省(A、B、C、D)}$：分别为其所属地市公司相应类的供电电压合格率 $U_{地市(\%)}$ 与其对应测点数 n 的加权平均值。

$$U_{网省(A、B、C、D)}(\%) = \left(\frac{\sum\limits_{i=1}^{k} U_{地市(A、B、C、D)} \times n_{地市(A、B、C、D)}}{\sum\limits_{i=1}^{k} n_{地市(A、B、C、D)}} \right) \times 100\%$$

式中：$n_{地市(A、B、C、D)}$ 为地市公司各类电压监测点数，k 为网省公司地市公司数。

4. 综合供电电压合格率

$$U_{综合(\%)} = 0.5U_A + 0.5\left(\frac{U_B + U_C + U_D}{3} \right)$$

注：（1）式中 U_A、U_B、U_C、U_D 分别 A、B、C、D 类的电压合格率。

（2）如单位没有 B 类监测点，式中的"3"则变为"2"。

（3）统计电压合格率的时间单位为"分"。

附录 C 并联电容器和并联电抗器的可用率计算公式

1. 单组电容（抗）器可用率 K_i

$$K_i = \left(1 - \frac{故障小时数}{月历小时数} \right) \times 100\%$$

2. 公司电容（抗）器可用率 K

$$K = \left(1 - \frac{\sum\limits_{i=1}^{n} 故障容量 \times 故障小时数}{\sum\limits_{i=1}^{n} 电容（抗）器组容量 \times 月历小时数} \right) \times 100\%$$

注：1. 并联电容（抗）器容量统计范围：各单位产权范围内所管辖的变电站、发电厂以及受委托运行维护管理的 6~66kV 并联电容（抗）器组，其中包括直供直管县和控股县的设备。

2. 并联电容器与并联电抗器分别统计、上报。

3. 公式中只统计故障停运时间超过 24h 的各类故障。

5. 农村电网节电技术规程（DL/T 738—2000）

1 范围

本标准规定了农村电网的线损率指标，提出了农村电网的节电技术措施。

本标准适用于农村电网降损节电工作的实施、监督、检查和管理。

2 引用标准

下列标准所包含的条文，通过在本标准中引用而构成为本标准的条文。本标准出版时，所示版本均为有效。所有标准都会被修订，使用本标准的各方应探讨使用下列标准最新版本的可能性。

《全国农村节电实施细则》（试行）原能源部　能源农电〔1989〕1039 号 1990 年 1
月 19 日。

3　名词术语

3.1　农村电网综合线损率（rural electric synthesize line loss power network）

农村电网供、售电量之差对供电量的百分比率。

3.2　供电半径（supply radius）

线路首端至末端（或最远）变电站（或配电台区）的供电距离。

3.3　主干线（main line）

在 10（6）kV 和 0.38kV 线路中，线路首端到某分界点之间的一段线路。该分界点
处线路潮流电流为线路首端电流的 25%。

3.4　逆调压法（back regulating voltage）

在系统高峰负荷时升高电压 5%，低谷负荷时降低到电网的额定电压。

4　节电降损指标

4.1　线损率指标

4.1.1　10（6）~110（220）kV 综合线损率降到 8% 及以下。

4.1.2　低压线损率降到 12% 及以下。

4.2　功率因数指标

4.2.1　高压供电的工业用户和高压供电装有带负荷调整电压装置的电力用户，功率因
数为 0.9 及以上。

4.2.2　设备容量为 100kVA 及以上电力用户和大、中型电力排灌站，功率因数为 0.85
及以上。

4.2.3　趸售和农业用户综合功率因数为 0.8 及以上。

4.2.4　35~110kV 变电所二次侧功率因数为 0.90 及以上。

4.3　电压允许偏差值指标

4.3.1　35kV 及以上用户的电压变动幅度，应不大于系统额定电压的 ±10%，其电压允
许偏差值应在系统额定电压的 90%~110% 范围内。

4.3.2　10（6）kV 用户的电压允许偏差值，为系统额定电压的 ±7%。

4.3.3　0.38kV 动力用户的电压允许偏差值，为系统额定电压的 ±7%。

4.3.4　0.22kV 用户的电压允许偏差值，为系统额定电压的 +7%~−10%。

4.4　供电半径指标

4.4.1　35kV 及以上线路供电半径一般应不超过下列要求：35kV 线路为 40km；66kV 线
路为 80km；110kV 线路为 150km（参见《全国农村节电实施细则》）。

4.4.2　10kV 线路供电半径推荐值见附表 5-1。

附表 5-1　　　　　　　　　　　　　　10kV 线路供电半径推荐值

负荷密度（kW/km²）	<5	5~10	10~20	20~30	30~40	>40
供电半径（km）	20	20~16	16~12	12~10	10~8	<8

4.4.3　0.38kV 及 0.22kV 线路供电半径宜按电压允许偏差值确定，但最大允许供电半径不宜超过 0.5km。

5　变电站节电

5.1　变压器的台数为两台及以上时，其运行方式应始终遵循电能损耗最小为目标，按电能损耗最小曲线改变其运行方式。

5.2　新建变电所或更新变压器必须选用低损耗节能型变压器，有条件的宜选用低损耗节能型有载调压变压器。

5.3　有载调压变压器电压调整宜采用逆调压法进行。

5.4　变电站的所用配电变压器必须选用低损耗节能型。

6　高低压线路节电

6.1　高低压线路导线截面积宜按经济电流密度选择，并以电压允许偏差值进行校验。经济电流密度推荐值如附表 5-2 所示。

附表 5-2　　　　　　　　　　　　　导线经济电流密度　　　　　　　　　　　　　A/mm²

导线材料	年最大负荷利用小时数（h）		
	<3000	3000~5000	>5000
铝线	1.65	1.15	0.9
铜线	3.0	2.25	1.75

6.2　应重视线路的改造，改造的重点是：10（6）kV 及以上"瓶颈"线路、迂回线路、瓷件不符合要求的线路及接地电阻不满足要求的两线一地线路。

6.3　0.38kV 三相四线制线路，三相负荷均匀分配使零线电流不宜超过首端相线电流的 15%。

6.4　0.38kV 主干线、分支线、下户线、进户线，有条件的宜采用防老化绝缘导线或防老化绝缘集束线。

7　配电台区节电

7.1　按照 20 世纪七八十年代原机械部老标准生产的配电变压器必须淘汰，更换或新投入的配电变压器应选用低损耗节能型，有条件的宜选用非晶铁心低损耗节能型配电变压器。

7.2　配电变压器三相负荷不平衡电流不应超过变压器额定电流的 25%。

7.3　配电变压器应布置在负荷中心。当负荷密度高供电范围大时，通过经济技术比较可采用两点或多点布置。

7.4 对于山区根据负荷分散情况宜选用单相配电变压器。

7.5 排灌站专用配电变压器应按季节投切。

7.6 对于用电季节性变化大的综合配电台区宜采用调容配电变压器。

8 无功补偿节电

8.1 农网的无功补偿应遵循"全面规划、合理布局、分级补偿、就地平衡"的原则，采用"集中补偿与分散补偿相结合，以分散补偿为主；高压补偿与低压补偿相结合，以低压补偿为主；调压与降损相结合，以降损为主"的补偿方法。

8.2 对110kV及以下变电所，宜按主变压器容量的10%～15%进行无功补偿。

8.3 10（6）kV配电变压器按容量的5%～10%进行随器补偿；对容量在100kVA及以上的配电变压器宜采用自动投切方式。

8.4 当10（6）kV线路上采用无功补偿时，补偿点可设在线路的无功负荷中心处。

8.5 电动机容量在7.5kW及以上时，年运行小时超过4500h的，宜采用随电机补偿方式，补偿容量按下式确定为

$$Q = (0.9 \sim 0.95)\sqrt{3}\, U_{\mathrm{N}} I_0 \quad (\mathrm{kvar})$$

式中 U_{N}——电动机额定电压，kV；

  I_0——电动机空载电流，A。

9 电动机及弧焊机节电

9.1 高能耗电动机是指JO（J）系列，凡是7.5kW及以上的高能耗电动机应更新或采用"磁性槽泥技术"进行改造。

9.2 新装电动机应采用Y系列高效节能型电动机。

9.3 电动机负载率应达到40%以上。通风机、鼓风机效率达不到70%应进行更换或改造。

9.4 容量较大且频繁起动的电动机宜采用调速（变频调速或变压调速）电机。

9.5 作为控制电动机的交流接触器宜选用无压运行方式。

9.6 交流弧焊机应选用节能型，非节能型弧焊机应加装空载控制装置。

10 仪表节电

110kV及以下变电所仪表及配电台区电能表应选用低损耗节能型。

11 线损理论计算与管理

11.1 农村电网线损理论计算的推荐方法〔见附录一（A）、附录一（B）、附录一（C）、附录一（D）〕为电量法（即电能表取数法），也可采用线路均方根电流法（即代表日负荷电流法）或结点功率法等。

11.2 农村电网在进行线损理论计算时，应将理论线损率计算出来，以便与实际线损率

对比分析；还应将固定损耗电量（或可变损耗电量）在总损耗电量中所占的比例计算出来，以便为采取降损措施提供可靠的依据。

附录一（A） 10（6）kV 线路线损理论计算的推荐方法

A1 根据有关技术规定，10（6）kV 线路首端应装设有功电能表、无功电能表、电压表等表计，此时，线损理论计算用"电量法"（即电能表取数法）较为方便、精确、快捷。

A1.1 理论线损电量的计算。

线路导线线损

$$\Delta A_1 = \left(A_{p \cdot g}^2 + A_{Q \cdot g}^2\right) \frac{K^2 R_{d \cdot d}}{U_{av}^2 t_1} \times 10^{-3} \quad (kW \cdot h)$$

线路上变压器的负载损耗

$$\Delta A_b = \left(A_{p \cdot g}^2 + A_{Q \cdot g}^2\right) \frac{K^2 R_{d \cdot b}}{U_{av}^2 t_b} \times 10^{-3} \quad (kW \cdot h)$$

线路的可变损耗

$$\Delta A_{kb} = \Delta A_1 + \Delta A_b$$

或

$$\Delta A_{kb} = \left(A_{p \cdot g}^2 + A_{Q \cdot g}^2\right) \frac{K^2 R_{d \cdot \Sigma}}{U_{av}^2 t_{\Sigma}} \times 10^{-3} \quad (kW \cdot h)$$

线路的固定损耗

$$\Delta A_{gd} = \left(\sum_{i=1}^{m} \Delta P_{0 \cdot i}\right) t_b \times 10^{-3} \quad (kW \cdot h)$$

线路的总损耗

$$\Delta A_{\Sigma} = \Delta A_{kb} + \Delta A_{gd} \quad (kW \cdot h)$$

式中 $A_{p \cdot g}$、$A_{Q \cdot g}$——线路有功供电量，kW·h，无功供电量，kvar·h；

$\qquad K$——线路负荷曲线形状系数；

$\quad R_{d \cdot d}$、$R_{d \cdot b}$——线路导线等值电阻、变压器绕组等值电阻，Ω；

$\qquad R_{d \cdot \Sigma}$——线路总等值电阻，$R_{d \cdot \Sigma} = R_{d \cdot d} + R_{d \cdot b}$，$\Omega$；

$\qquad U_{av}$——线路平均运行电压，kV；

$\quad t_1$、t_b——线路运行时间、变压器平均运行时间，h；

$\qquad t_{\Sigma}$——线路和变压器的综合运行时间，h；

$\qquad \Delta P_{0 \cdot i}$——线路上投运的第 i 台变压器的空载损耗，kW；

$\qquad m$——线路上投运的配电变压器台数。

A1.2 式中有关参数的计算确定。

1）线路导线等值电阻计算。在计算之前，首先按照导线型号、长度、输送负荷均相同者为一线段的原则，从线路末端到首端，从分支线到主干线（即按负荷递增方式）的次序，将计算线段（或支路）划分出来，编上序号，然后按线段逐一进行

计算

$$R_{\text{d} \cdot \text{d}} = \frac{\sum\limits_{j=1}^{n} A_{j\Sigma}^2 R_{\text{j}}}{\left(\sum\limits_{i=1}^{m} A_{\text{bi}}\right)^2} \quad (\Omega)$$

$$R_{\text{j}} = r_{0\text{j}} L_{\text{j}} \quad (\Omega)$$

式中　A_{bi}——线路上第 i 台变压器二次侧总表的实抄电量，$\text{kW} \cdot \text{h}$；

$A_{j\Sigma}$——由第 j 段线路供电的所有变压器实抄见电量之和，$\text{kW} \cdot \text{h}$；

R_{j}、L_{j}——任意线段的电阻，Ω，长度，km；

$r_{0\text{j}}$——任意线段导线单位长度电阻值，Ω/km；

m——线路上投运变压器的台数；

n——线路分段的总数。

2）线路上变压器绕组等值电阻的计算。在计算之前，将线路上投运的变压器按台（或台区）编上序号，然后按序号逐一进行计算

$$R_{\text{d} \cdot \text{b}} = \frac{\sum\limits_{i=1}^{m} A_{\text{bi}}^2 R_{\text{i}}}{\left(\sum\limits_{i=1}^{m} A_{\text{bi}}\right)^2} \quad (\Omega)$$

$$R_{\text{i}} = \Delta P_{\text{k} \cdot \text{i}} \cdot \left(\frac{U_{1\text{N}}}{S_{\text{N} \cdot \text{i}}}\right)^2 \quad (\Omega)$$

式中　　　R_{i}——变压器归算到一次侧的电阻，Ω；

$U_{1\text{N}}$——变压器一次侧额定电压，kV；

$S_{\text{N} \cdot \text{i}}$、$\Delta P_{\text{k} \cdot \text{i}}$——每台变压器的额定容量，$\text{kVA}$，短路损耗，$\text{W}$。

3）t_1、t_b、t_Σ 的计算确定

$$t_1 = 24 \times 天数 - 停电时间 \quad (\text{h})$$

$$t_\text{b} = \frac{\sum\limits_{i=1}^{m} t_{\text{i}} S_{\text{N} \cdot \text{i}}}{\sum\limits_{i=1}^{m} S_{\text{N} \cdot \text{i}}} \quad (\text{h}) \quad 或 \quad t_\text{b} = \frac{\sum\limits_{i=1}^{m} t_{\text{i}}}{m} \quad (\text{h})$$

$$t_\Sigma = \frac{t_1 R_{\text{d} \cdot \text{d}} + t_\text{b} R_{\text{d} \cdot \text{b}}}{R_{\text{d} \cdot \text{d}} + R_{\text{d} \cdot \text{b}}} \quad (\text{h})$$

式中　t_{i}——每台变压器装设的计时钟的记录时间。

4）线路负荷曲线形状系数 K 值的计算确定。一般 $K \geqslant 1$，首先计算出对应于线路供用电高峰月份，有较大有功供电量的较小的负荷形状系数 K_x 值，以及对应于线路供用电低谷月份，较小有功供电量的较大的负荷曲线形状系数 K_d 值，K_x 值和 K_d 值均可按下式计算确定。

$$K = \frac{I_{jf}}{I_{av}} = \frac{\sqrt{\frac{1}{24}\sum_{i=1}^{24}I_i^2}}{\frac{1}{24}\sum_{i=1}^{24}I_i} \text{ 或 } K = \frac{\sqrt{\frac{1}{n}\sum_{i=1}^{n}I_i^2}}{\frac{1}{n}\sum_{i=1}^{n}I_i}$$

式中　I_i——第 i 小时或任意一时段内的电流，A；

I_{jf}、I_{av}——均方根电流、平均负荷电流，A；

24——一天的小时数；

n——一天内电流值抄录的数目或次数。

然后绘制出线路 $K=f(A_{p \cdot g})$ 曲线坐标图，其他月份的 K 值可根据当月有功供电量从图中直接查取，不必每月都计算一次，参见图A1。

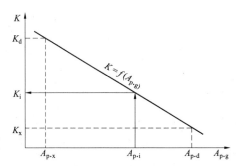

图 A1　某线路的 $K=f(A_{p \cdot g})$ 坐标图

$A_{p \cdot i}$—某月有功供电量；K_i—某月查取的 K 值

5）线路平均运行电压的确定。由于线路平均运行电压的确定较为麻烦，为简单方便起见，并考虑运行电压对可变损耗和固定损耗影响的互补性，一般可取 $U_{av} \approx U_N$（kV）。

6）线路负荷功率因数的计算

$$\cos\phi = \frac{A_{p \cdot g}}{\sqrt{A_{p \cdot g}^2 + A_{Q \cdot g}^2}}$$

A1.3　对比分析所需的参数计算（即终结计算）。

线路理论线损率

$$\Delta A_L\% = \frac{\Delta A_\Sigma}{\Delta A_{p \cdot g}} \times 100\% = \frac{\Delta A_{kb} + \Delta A_{gd}}{A_{p \cdot g}} \times 100\%$$

式中　ΔA_Σ——线路的总损耗，kW·h；

$\Delta A_{p \cdot g}$——线路有功供电量，kW·h；

ΔA_{kb}——线路的可变损耗，kW·h；

ΔA_{gd}——线路的固定损耗，kW·h。

线路中固定损耗所占比重

$$\Delta A_{gd}\% = \frac{\Delta A_{gd}}{\Delta A_\Sigma} \times 100\%$$

线路最佳理论线损率（或称经济运行线损率）

$$\Delta A_{zj}\% = \frac{2K \times 10^{-3}}{U_N \cos\phi} \sqrt{R_{d \cdot \Sigma} \sum_{i=1}^{m} \Delta P_{0 \cdot i}} \times 100\%$$

式中　$\Delta P_{0 \cdot i}$——线路上投运的第 i 台变压器的空载损耗，kW；

K——线路负荷曲线形状系数；

$R_{d \cdot \Sigma}$——线路总等值电阻，Ω；

m——线路上投运的配电变压器台数；

U_N——线路额定电压，kV。

线路经济负荷电流

$$I_{jj} = \sqrt{\frac{\sum\limits_{i=1}^{m} \Delta P_{0 \cdot i}}{3K^2 R_{d \cdot \Sigma}}} \quad (A)$$

附录一（B） 0.38kV 线路线损理论计算的推荐方法

B1 理论线损电量的计算为

$$\Delta A = NI_{av}^2 K^2 R_{dz} t \times 10^{-3} \quad (kW \cdot h)$$

式中　N——配电变压器低压出口电网结构常数，三相三线制取 $N=3$，三相四线制取

　　　　　$N=3.5$，单相两线制取 $N=2$；

　　　I_{av}——线路首端平均负荷电流，A；

　　　K——线路负荷曲线形状系数（取值方法同 10kV 线路）；

　　　R_{dz}——低压线路等值电阻，Ω；

　　　t——配电变压器向低压线路供电的时间，即低压线路的运行时间，h。

B2 线路首端平均负荷电流的计算。对于 100kVA 及以上的配电变压器，其二次侧应装设有功电能表和无功电能表，此时则有

$$I_{av} = \frac{1}{U_{av} t} \sqrt{\frac{1}{3} \left(A_{p \cdot g}^2 + A_{Q \cdot g}^2 \right)} \quad (A)$$

式中　$A_{p \cdot g}$——线路有功供电量，kW·h；

　　　$A_{Q \cdot g}$——线路无功供电量，kvar；

　　　U_{av}——低压线路平均运行电压，可取 $U_{av} \approx U_N \approx 0.38$kV；

　　　t——计算线损时段的时间，即配变供电时间，h。

　　　对于 100kVA 以下的配电变压器，其二次侧可装设有功电能表和功率因数表，此时则有

$$I_{av} = \frac{A_{p \cdot g}}{\sqrt{3} U_{av} t \cos\phi} \quad (A)$$

B3 低压线路等值电阻的计算。同 10kV 线路线损计算一样，计算前将低压线路的计算线段划分出来，此时则有

$$R_{dz} = \frac{\sum\limits_{j=1}^{n} N_j A_{j\Sigma}^2 R_j}{N \left(\sum\limits_{i=1}^{m} A_i \right)^2} \quad (\Omega)$$

$$R_j = r_{0j} L_j$$

式中　A_i——第 i 个 380/220V 用户电能表的实抄电量，kW·h；

　　　$A_{j\Sigma}$——第 i 个计算线段供电的所有低压用户电能表抄见电量之和，kW·h；

　　　N_j——第 i 个计算线段线路结构常数，取值方法与 N 相同（见 B1）；

　　　R_j——第 i 个计算线段导线电阻，Ω；

n——计算线段数；

r_{0j}——计算线段导线的单位长度电阻，Ω/km；

L_j——计算线段长度，km。

B4 低压线路的理论线损率

$$\Delta A_L\% = \frac{\Delta A}{A_{p \cdot g}} \times 100\%$$

式中　ΔA——低压线路理论线损电量，$\text{kW} \cdot \text{h}$；

　　　$A_{p \cdot g}$——低压线路供电量，$\text{kW} \cdot \text{h}$。

附录一（C）　35kV 线路线损理论计算的推荐方法

C1　35kV 线路的线损的计算宜分：线路导线中的电阻损耗、变压器的空载损耗、变压器的负载损耗等三部分分别进行。

C1.1　线路导线中的电阻损耗

$$\Delta A_L = (A_{p \cdot g}^2 + A_{Q \cdot g}^2)\frac{K^2 R_{d \cdot d}}{U_{av} t_1} \times 10^{-3} \quad (\text{kW} \cdot \text{h})$$

式中符号含义和取值方法与 10kV 线路相同，此处省略。

C1.2　变压器的空载损耗

$$\Delta A_0 = \Delta P_0 t_b \times 10^{-3} \quad (\text{kW} \cdot \text{h})$$

或　　　　　　　$$\Delta A_0 = \Delta P_0 (t_0 + t_f) \times 10^{-3} \quad (\text{kW} \cdot \text{h})$$

$$t_0 + t_f = t_b \leqslant t_1$$

式中　t_0、t_f、t_b——变压器空载运行时间、带负荷运行时间、总运行时间，h；

　　　　　t_1——线路运行时间。

C1.3　变压器的负载损耗

$$\Delta A_f = \beta^2 \Delta P_k t_f \times 10^{-3} \quad (\text{kW} \cdot \text{h})$$

或　　　　　　　$$\Delta A_f = \left(\frac{I_{jf}}{I_N}\right)^2 \Delta P_k t_f \times 10^{-3} \quad (\text{kW} \cdot \text{h})$$

或　　　　　　　$$\Delta A_f = K^2\left(\frac{I_{av}}{I_N}\right)^2 \Delta P_k t_f \times 10^{-3} \quad (\text{kW} \cdot \text{h})$$

式中　β——变压器负载率；

　I_{jf}、I_{av}——通过变压器绕组的均方根电流、平均负荷电流，A；

　　　I_N——变压器一次侧额定电流，$I_N = \dfrac{S_N}{\sqrt{3}\,U_N}$，$\text{A}$。

C1.4　35kV 线路的总损耗 ΔA_Σ 及理论线损 ΔA_L、可变损耗 ΔA_{kb} 所占比例

$$\Delta A_\Sigma = \Delta A_L + \Delta A_f + \Delta A_0 \quad (\text{kW} \cdot \text{h})$$

$$\Delta A_L\% = \frac{\Delta A_\Sigma}{A_{p \cdot g}} \times 100\%$$

$$\Delta A_{kb}\% = \frac{\Delta A_{kb}}{A_\Sigma} \times 100\% = \frac{\Delta A_L + \Delta A_f}{\Delta A_\Sigma} \times 100\%$$

附录一（D） 110kV 线路线损理论计算的推荐方法

D1 在 110kV 线路中，除了存在与 35kV 线路相同的三部分损耗外，还存在着电晕损耗和绝缘子的泄漏损耗。而且 110kV 变压器大都为三绕组变压器，空载损耗计算同 35kV 变压器，但负载损耗计算要复杂些。

D1.1 线路导线中的电阻损耗（同 35kV 线路，略）。

D1.2 线路的电晕损耗按 110kV 线路电阻损耗的 0.3%~4.7% 估算，好天愈少（如有冰雪、雨、雾），其比值的取值愈靠上，反之取下限值。

D1.3 线路的绝缘子泄漏损耗按 110kV 线路电阻损耗的 1% 估算。

D1.4 变压器的空载损耗（同 35kV 变压器，略）。

D1.5 变压器的负载损耗

$$\Delta A_{f1} = \Delta P_{k1} \left(\frac{I_{fj \cdot 1}}{I_{N \cdot 1}} \right)^2 \times t_f \quad (kW \cdot h)$$

$$\Delta A_{f2} = \Delta P_{k2} \left(\frac{I_{fj \cdot 2}}{I_{N \cdot 2}} \right)^2 \times t_f \quad (kW \cdot h)$$

$$\Delta A_{f3} = \Delta P_{k3} \left(\frac{I_{fj \cdot 3}}{I_{N \cdot 3}} \right)^2 \times t_f \quad (kW \cdot h)$$

$$\Delta P_{k1} = \frac{1}{2} \left(\Delta P_{k1-2} + \Delta P_{k1-3} - \Delta P_{k2-3} \right) \quad (kW)$$

$$\Delta P_{k2} = \frac{1}{2} \left(\Delta P_{k1-2} + \Delta P_{k2-3} - \Delta P_{k1-3} \right) \quad (kW)$$

$$\Delta P_{k3} = \frac{1}{2} \left(\Delta P_{k1-3} + \Delta P_{k2-3} - \Delta P_{k1-2} \right) \quad (kW)$$

式中 ΔP_{k1}、ΔP_{k2}、ΔP_{k3}——三个绕组的额定负载损失，kW；

ΔP_{k1-2}、ΔP_{k1-3}、ΔP_{k2-3}——变压器每两相绕组的额定负载损失，kW；

ΔA_{f1}、ΔA_{f2}、ΔA_{f3}——三个绕组变压器的负载损耗，kW·h；

$I_{fj \cdot 1}$、$I_{fj \cdot 2}$、$I_{fj \cdot 3}$——变压器三个绕组的均方根电流，A；

$I_{N \cdot 1}$、$I_{N \cdot 2}$、$I_{N \cdot 3}$——变压器三个绕组的额定电流，A。

D1.6 110kV 线路的总损耗 ΔA_Σ、理论线损率 $\Delta A_L\%$ 与可变损耗 $\Delta A_{k \cdot b}\%$ 所占比例

$$\Delta A_\Sigma = \Delta A_L + \Delta A_{dy} + \Delta A_{x1} + \Delta A_{f1} + \Delta A_{f2} + \Delta A_{f3} + \Delta A_0 \quad (kW \cdot h)$$

$$\Delta A_L\% = \frac{\Delta A_\Sigma}{A_{p \cdot g}} \times 100\%$$

$$\Delta A_{kb}\% = \frac{\Delta A_{kb}}{\Delta A_\Sigma} \times 100\%$$

$$= \frac{\Delta A_L + \Delta A_{dy} + \Delta A_{x1} + \Delta A_{f1} + \Delta A_{f2} + \Delta A_{f3}}{\Delta A_\Sigma} \times 100\%$$

$$=\frac{\Delta A_\Sigma-\Delta A_0}{\Delta A_\Sigma}\times100\%$$

式中　ΔA_L——110kV 线路电阻中电能损耗，kW·h；

ΔA_{dy}——110kV 线路电晕损耗，kW·h；

ΔA_{x1}——110kV 线路绝缘子泄漏损耗，kW·h；

ΔA_0——变压器的空载损耗，kW·h。

6. 电力网线损指标的规范化管理（分级管理）

线损计划指标是考核各级供电企业生产技术管理、经营效益管理、电网运行及设备管理等的重要指标，由电力企业的上级主管部门下达，并对下级完成指标情况有相应的奖惩制度。

各级供电企业在编制线损计划时，要以近期理论线损计算值和近几年线损统计值为基础，并根据影响线损升、降的下列因素及时进行修正：① 系统电源分布的变化；② 用电负荷增长和结构的变化；③ 电网结构的变化；④ 电网运行方式和潮流分布的变化；⑤ 基建、改造及降损技术措施工程投运的影响；⑥ 新增大宗工业用户投运的影响；⑦ 电网中主要输、变电设备的更换及通过负荷的变化；⑧ 其他重大因素的影响。

各级供电企业在接到上级主管单位下达的年度、季度线损计划指标后，要及时按照线损管理职责范围分级、分压、分线、分台区进行分解，尽快落实到基层单位，并严格考核管理。

转供电、互供电及两个以上供电单位共用线路的线损，由双方根据具体情况协商或经上一级主管单位协调解决；跨省、市电网的过境网损，由双方共同协商解决。

用户专用线路、专用变压器的电能损耗由产权所有者承担。如专用线路、变压器产权虽然移交供电局，但该线路、变压器又是专供特定用户者，其电能损耗和负担也可经双方协调确定。趸售部分在趸购单位管理范围内发生的电能损耗由趸购单位承担。

电力网线损指标的规范化管理（分级管理）用附图 6-1 表示。

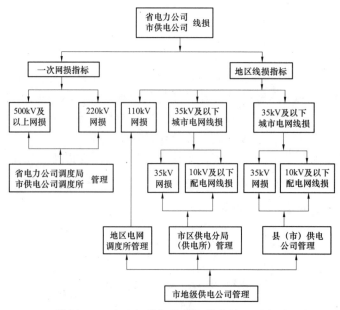

附图 6-1　电力网线损指标规范化管理示意图

7. 关于电力网线损小指标的统计计算

为了加强线损管理，各网省、供电局可根据本网情况建立以下与线损管理有关的小指标进行内部统计，即

（1）母线电量不平衡率。计算公式为

$$母线电量不平衡率（\%）= \frac{输入电量-输出电量}{输入电量} \times 100\%$$

输入母线的电量为输入电量，由母线输出的电量为输出电量。

变电站内电容器的有功损耗，每千乏按 0.004kW 或 0.03kW 计算。

发电厂和 220kV 及以上变电站母线的电量不平衡率不应超过±1%。220kV 以下变电站母线的电量不平衡率不应超过±2%。

（2）月末及月末日 24 点抄见电量比重，计算公式如下

$$月末及月末日 24 点抄见电量比重（\%）= \frac{月末及月末日 24 点抄见电量}{月售电量} \times 100\%$$

月末一般系指月末最后 1~3 天，各单位可根据当地情况自行规定月末的抄表期限。

各一、二次变电站及厂矿专用变电站、农电变电站及趸售农电所均应在月末日 24 点抄表，负荷在 320kVA 及以上的用户应在月末抄表。月末日 24 点及月末抄见电量一般占总售电量的 70% 以上。

该指标由供电（电业）局的用电管理部门负责统计计算，由供电（电业）局负责线损工作的归口部门汇总上报。

（3）高压电能表校前合格率。计算公式如下

$$高压电能表校前合格率（\%）= \frac{校验合格只数}{实际校验只数} \times 100\%$$

高压电能表系指电压在 6~10kV 及以上的高压供售电电能表，现场校验和调换拆回校验的电能表，校前损坏者均应统计为不合格，校前合格率还可按系统表和用户表分开统计。

高压电能表校前合格率由负责校验表计部门统计计算上报并接受考核。

（4）电能表校验率。计算公式为

$$电能表校验率（\%）= \frac{实际校验的电能表数}{按规定周期应校电能表数} \times 100\%$$

电能表的校验周期应按《电能计量装置技术管理规程》（DL/T 448—2000）的规定执行。系统表与用户表可分开计算。各级电压出口计量的专用线电能表按用户表考核。该指标由负责校验表计部门统计计算，上报，并接受考核。

（5）低压电能表轮换率。计算公式如下

$$低压电能表轮换率（\%）= \frac{实际轮换电能表数}{按规定周期应轮换表数} \times 100\%$$

应轮换表数由现装表数和换表周期来确定。现装表数一律取前一年年末统计数；轮换周期按《电能计量装置技术管理规程》（DL/T 448—2000）的规定执行。一般照明表

为五年一次，动力表为两年一次。实际轮换表数取当年逐月的累计数；照明表和动力表可分别计算其轮换率。

该指标由表计部门负责统计计算和上报，并接受考核。

（6）电压监视点电压合格率。电压监视点分系统电压监视点（中枢点）和供电电压监视点。系统电压监视点（中枢点）由系统调度部门确定。供电电压监视点按《电力系统电压和无功电力管理条例》中第五条确定。计算公式分别为

$$对一个监视点电压合格率（\%）=\frac{电压合格时间}{运行时间}\times100\%$$

$$电压合格时间=运行时间-电压不合格时间（小时数）$$

日、月、季、年电压合格率分别对应日、月、季、年监视点的运行时间和监视点电压合格时间（小时数）计算。

系统电压监视点（中枢点）、供电电压监视点的电压合格率系同级电压监视点电压合格率的算术平均值，即

$$A级电压监视点电压合格率（\%）=[A_1电压监视点合格率（\%）+A_2$$
$$电压监视点合格率（\%）+\cdots+$$
$$A_n电压监视点合格率（\%）]/n\times100\%$$

（7）电力电容器高峰投运率、可调率。计算公式如下

$$电容器高峰投运率（\%）=\frac{实投电容器容量\times高峰时投入天数}{电容器总容量\times月的日历天数}\times100\%$$

$$电容器可调率（\%）=\frac{电容器可调容量\times可调小时数}{电容器总容量\times月的日历小时数}\times100\%$$

该指标由变电站（所）统计计算，并接受考核；由供电（电业）局负责线损的归口部门汇总后上报相关单位。

（8）变电站（所）用电率。计算公式如下

$$站（所）用电率（\%）=\frac{月、季、年变电站（所）用电量}{月、季、年变电站（所）主变一次供电量}\times100\%$$

站（所）用电率由各变电站（所）统计计算，并接受考核；由供电（电业）局负责线损归口部门汇总上报相关单位。

（9）降损措施节电量，包含下列各项内容：

1）新建输变配电工程和大修改造（升压、换导线、改走径等）工程投运后，起到或发挥降损节电效果者。

2）新装补偿设备、调压设备投运后，起到或发挥降损节电效果者。

3）改善运行方式、加强经济调度，起到或发挥降损节电效果者。

4）主变压器、配电变压器的调大、调小、增投、停投，起到或发挥降损节电效果者。

5）其他措施如以低损耗优质变压器更换高耗能变压器、日光灯加装电容器提高用电客户力率等，起到或发挥降损节电效果者。

（10）营业普查中的追补电量，包含下列各项内容：

1）由于计量不准，计量装置的故障而追补的电量。

2）由于漏抄、错抄、错算倍率等而追补的电量。

3）改善对用电客户专用线和趸售线的电压互感器回路压降、更换大比数电流互感器等追补的电量。

4）用电客户违章用电追补的电量。

5）查处窃电追补的电量。

8. 无功电量对有功电量比值、功率因数、用户力率电费调整标准三对照表

$\dfrac{无功电量}{有功电量}$（$\tan\phi$）	功率因数 $\cos\phi$	电费调整标准			$\dfrac{无功电量}{有功电量}$（$\tan\phi$）	功率因数 $\cos\phi$	电费调整标准		
		80%	85%	90%			80%	85%	90%
0.175 2~0.227 9	0.98				0.950 0~0.977 7	0.72	4.0	6.5	9.0
0.228 0~0.271 7	0.97				0.977 8~1.005 9	0.71	4.5	7.0	9.5
0.271 8~0.310 5	0.96	−1.35	−1.00	−0.65	1.006 0~1.034 5	0.70	5.0	7.5	10.0
0.310 6~0.346 1	0.95	−1.30	−0.95	−0.60	1.034 6~1.063 5	0.69	5.5	8.0	11.0
0.346 2~0.379 3	0.94	−1.25	−0.90	−0.55	1.063 6~1.093 0	0.68	6.0	8.5	12.0
0.379 4~0.410 7	0.93	−1.20	−0.8	−0.45	1.093 1~1.123 0	0.67	6.5	9.0	13.0
0.410 8~0.440 9	0.92	−1.15	−0.7	−0.30	1.123 1~1.153 6	0.66	7.0	9.5	14.0
0.441 0~0.470 0	0.91	−1.10	−0.6	−0.15	1.153 7~1.184 7	0.65	7.5	10.0	15.0
0.470 1~0.498 3	0.90	−1.00	−0.5	0.0	1.184 8~1.216 5	0.64	8.0	11.0	17.0
0.498 4~0.526 0	0.89	−0.9	−0.4	0.5	1.216 6~1.249 0	0.63	8.5	12.0	19.0
0.526 1~0.553 2	0.88	−0.8	−0.3	1.0	1.249 1~1.282 1	0.62	9.0	13.0	21.0
0.553 3~0.580 0	0.87	−0.7	−0.2	1.5	1.282 2~1.316 0	0.61	9.5	14.0	23.0
0.580 1~0.606 5	0.86	−0.6	−0.1	2.0	1.316 1~1.350 7	0.60	10.0	15.0	25.0
0.606 6~0.632 8	0.85	−0.5	0.0	2.5	1.350 8~1.386 3	0.59	11.0	17.0	27.0
0.632 9~0.658 9	0.84	−0.4	0.5	3.0	1.386 4~1.422 8	0.58	12.0	19.0	29.0
0.659 0~0.685 0	0.83	−0.3	1.0	3.5	1.422 9~1.460 3	0.57	13.0	21.0	31.0
0.685 1~0.710 9	0.82	−0.2	1.5	4.0	1.460 4~1.498 8	0.56	14.0	23.0	33.0
0.711 0~0.737 0	0.81	−0.1	2.0	4.5	1.498 9~1.538 4	0.55	15.0	25.0	35.0
0.737 1~0.763 0	0.80	0.0	2.5	5.0	1.538 5~1.579 1	0.54	17.0	27.0	37.0
0.763 1~0.789 1	0.79	0.5	3.0	5.5	1.579 2~1.621 1	0.53	19.0	29.0	39.0
0.789 2~0.815 4	0.78	1.0	3.5	6.0	1.621 2~1.664 4	0.52	21.0	31.0	41.0
0.815 5~0.841 8	0.77	1.5	4.0	6.5	1.664 5~1.709 1	0.51	23.0	33.0	43.0
0.841 9~0.868 5	0.76	2.0	4.5	7.0	1.709 2~1.755 3	0.50	25.0	35.0	45.0
0.868 6~0.895 3	0.75	2.5	5.0	7.5	1.755 4~1.803 1	0.49	27.0	37.0	47.0
0.895 4~0.922 5	0.74	3.0	5.5	8.0	1.803 2~1.852 6	0.48	29.0	39.0	49.0
0.922 6~0.949 9	0.73	3.5	6.0	8.5	1.852 7~1.903 8	0.47	31.0	41.0	51.0

9. 农电线损统计表、统计示意图及统计方法说明

一、农电线损统计表（式样）

编报单位：　　　　　　　　　　　　　　　　　　　　电量：万 kW·h；损失率：%

统计范围	指标名称			指标项序	（本格写单位名称） 下面各格写指标数字
综合	总购电量			1	
	总售电量			2	
	损失电量			3	
	损失率			4	
35~110 (220) kV 送变电	购电量	全部		5	
		其中：直供		6	
		其中：公用		7	
	供电量	全部		8	
		其中：直供		9	
		其中：公用		10	
	损失电量	全部		11	
		其中：公用		12	
	损失率	抄见损失率		13	
		公用损失率		14	
6~10kV 配电	购电量	全部		15	
		其中：外购电量		16	
		其中：直供		17	
		其中：公用		18	
	售电量	全部		19	
		抄见 电量	其中：直供	20	
			其中：公用	21	
		其中：加计电量		22	
	损失电量	营业损失		23	
		抄见损失		24	
		公用损失		25	
	损失率	营业损失率		26	
		抄见损失率		27	
		公用损失率		28	

当一个单位的 28 项指标按照电量计量点的计量原则和线损划分范围的要求统计出来后，必须进行检查，看统计的数字是否正确；检查的方法可运用下列验证公式：

① 16+5＝1，② 10+9＝8

③ 18+17＝15，④ 22+21+20＝19

⑤ 6+7＝5，⑥ 5-6-10＝11

⑦ 25+21＝18，18-21-22＝23

⑧ 9＝6，12＝11，20＝17，25＝24

⑨ 24(25)+11(12)＝3

经验算，如果相等，则说明统计正确，否则为不正确

单位负责人：　　　　　　　　编报人：　　　　　　　　报出日期　　年　月　日

二、农电线损统计示意图

农电线损统计示意图见附图 9-1。

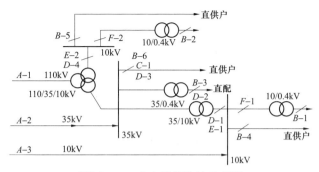

附图 9-1　农电线损统计示意图

注：A—总购电量。其中：(A-1) 为 110kV 购电量，(A-2) 为 35kV 购电量，(A-3) 为 6~10kV 购电量。

　　B—总售电量。其中：(B-1)、(B-2) 为 6~10/0.4kV 售电量，(B-3) 为 35/0.4kV 直配售电量，(B-4)、(B-5) 为 6~10kV 直供户售电量，(B-6) 为 35kV 直供户售电量。

　　C—35~110kV 送变电系统，35kV 直供户的购电量。

　　D—35~110kV 送变电系统全部供电量。其中：(D-1) 为 35/10kV 公用、直供供电量，(D-2) 为 35/0.4kV 直配户供电量，(D-3) 为 35kV 直供户供电量，(D-4) 为 110/10kV 公用、直供供电量。

　　E—6~10kV 配电系统从本县内 110kV 和 35kV 变电站购入的全部电量。

说明：当某单位没有 110kV 变电站时，则 (A-1) 购电量为零。

三、农电线损统计方法说明

1990 年 1 月起执行的《农电线损统计表》的统计范围为：农电部门管理的县及县以下，电压为 35~110kV 送变电系统和 6~10kV 配电系统的送配电线路、变配电设备的电能损耗。

统计时，要求电量不得有遗漏和重复。

（一）综合线损部分

第 1 项：总购电量，为 10（6）~110kV 电源电量购入总和。附图 9-1 中为：第 1 项 =（A-1）+（A-2）+（A-3）= 第 5 项 + 第 16 项。

第 2 项：总售电量，为 10（6）~110kV，售电量之总和。附图 9-1 中为：第 2 项 =（B-1）+（B-2）+（B-3）+（B-4）+（B-5）+（B-6）。

第 3 项：损失电量，即　第 3 项 = 第 1 项 - 第 2 项。

第 4 项：损失率，即　第 4 项 =（第 3 项 / 第 1 项）×100%。

（二）35~110kV 送变电系统

第 5 项：全部购电量，为 35~110kV 电源电量购入之和。附图 9-1 中为：第 5 项 =（A-1）+（A-2）= 第 1 项 - 第 16 项 = 第 6 项 + 第 7 项。

第 6 项：直供购电量，即 35~110kV 直供户的购电量。附图 9-1 中为：第 5 项 =（C-1）= 第 9 项。

第 7 项：公用购电量，为 35~110kV 除直供户之外的用户的购电量。附图 9-1 中为：第 7 项 =（A-1）+（A-2）-（C-1）= 第 5 项 - 第 6 项（母线损耗归公）。

第 8 项：全部供电量，为 35~110kV 供出的全部抄见电量。附图 9-1 中为：第 8 项 =（D-1）+（D-2）+（D-3）+（D-4）= 第 9 项 + 第 10 项。

第 9 项：直供供电量，为 35~110kV 直供户供出的抄见电量。附图 9-1 中为：第 9

项＝（D-3）＝第6项。

第10项：公用供电量，为35～110kV除直供户之外的用户供出的抄见电量。附图9-1中为：第10项＝（D-1）+（D-2）+（D-4）＝第8项-第9项。

第11项：全部损失电量，即　第11项＝第5项-第8项。

第12项：公用损失电量，即　第12项＝第7项-第10项。

第13项：抄见损失率，即　第13项＝（第11项/第5项）×100%。

第14项：公用损失率，即　第14项＝（第12项/第7项）×100%。

（三）6～10kV配电系统

第15项：全部购电量，为6～10kV电源电量购入之和。附图9-1中为：第15项＝（A-3）+（E-1）+（E-2）＝第17项+第18项。

第16项：外购电量，为从本县110kV站和35kV站之外的其他6～10kV电源购入的电量。附图9-1中为：第16项＝（A-3）＝第1项-第5项。

第17项：直供购电量，为6～10kV直供户的购电量。

附图9-1中为：第17项＝（B-4）+（B-5）＝第20项。

第18项：公用购电量，为6～10kV公用户的购电量。

附图9-1中为：第18项＝第15项-第17项（母线损耗归公）。

第19项：全部售电量。为6～10kV配电系统的抄见售电量与加计电量之和，即第19项＝第20项+第21项+第22项。附图9-1中为：第1项＝（B-1）+（B-2）+（B-4）+（B-5）+（加计电量）。

第20项：直供抄见售电量，为6～10kV直供户的抄见售电量。附图9-1中为：第20项＝（B-4）+（B-5）。

第21项：公用抄见售电量，为6～10kV公用户的抄见售电量。附图9-1中为：第21项＝（B-1）+（B-2）。

第22项：加计电量，指按电价政策规定实行低压计量、高压计费所加计的配电变压器损失电量。

第23项：营业损失电量，即　第23项＝第15项-第19项。

第24项：抄见损失电量，即　第24项＝第15项-第20项-第21项。

第25项：公用损失电量，即　第25项＝第18项-第21项。

第26项：营业损失率，即　第26项＝（第23项/第15项）×100%。

第27项：抄见损失率，即　第27项＝（第24项/第15项）×100%。

第28项：公用损失率，即　第28项＝（第25项/第18项）×100%。

几点说明：

（1）当某个县级供电单位没有或不管110kV变电站时，则（A-1）购电量为零。

（2）当出现10（6）kV和35kV的出线分表抄见电量之和大于其总表抄见电量之反常情况时，则以大者代之，即以较多电量者作为相应之量的计算依据。

（3）加计电量可作为售电量参加6～10kV配电营业损失率的计算（当加计电量很大时、营业损失率将很低，也可能为负值）；但它绝不能参加综合线损率的计算（如果参加，此线损率也将很低，也可能出现负值，就无意义了）。

附录Ⅲ　本书所用希腊字母的近似读音与表示意义

希腊字母	近似读音	在本书中表示的意义、意思
$\Delta\cdots$	德尔塔	功率损耗（kW）、线损电量（kW·h）、电压损失（kV）……
$\Delta(\Delta)\cdots$	（德尔塔）	功率损耗（kW）或线损电量（kW·h）的增加量或减小量……
δ	（Δ的小写）	线路运行电压降低比例系数，三相负荷不平衡度、计算误差率
α	阿尔法	导线或导体的温度系数（1/℃）
β	贝塔	变压器负载率、电动机的负载系数
γ	伽玛	电网线路的固定损耗在总损耗中所占比例
λ	兰姆达	电网线路的可变损耗在总损耗中所占比例
η	伊塔	变压器和电动机的效率
ϕ	弗艾	交流电中电压和电流之间的相位角（弧度或度）
τ	陶	最大负荷损耗时间（h）
ρ	柔	导线的电阻率（$\Omega\cdot mm^2/m$）
χ	凯	线路中工业负荷量在工农业负荷总量中所占比例
Σ	西格玛	总和、总计、总量、综合
μ	米欧	铁心磁导系数，$\mu=\dfrac{B_{(磁通密度)}}{H_{(磁场密度)}}$，真空中$\mu_0=4\pi\times10^{-7}$（亨/米）
π	派	圆周率 $\pi=3.141\ 592\ 654\cdots$
ω	欧米伽	交流电的角速度，$\omega=2\pi f$，当$f=50Hz$时，$\omega=314$（rad/s）

参 考 文 献

［1］霍宏烈，李金中.农村电力网规划.北京：水利电力出版社，1985.

［2］杨秀台.电力网线损的理论计算和分析.北京：水利电力出版社，1985.

［3］陈忠欣.线损理论计算与线损管理.北京：教育科学出版社，1990.

［4］翟世隆.新编线损知识问答.北京：北京科学技术出版社，1995.

［5］吴安官，倪保珊.电力系统线损.北京：中国电力出版社，1996.

［6］齐义禄.节能降损技术手册.北京：中国电力出版社，1998.

［7］金哲.节电技术与节电工程.北京：中国电力出版社，1999.

［8］张弘廷.漏电保护器安装运行维修.北京：中国电力出版社，1999.

［9］虞忠年，陈星莺，刘昊.电力网电能损耗.北京：中国电力出版社，2000.

［10］张弘廷.低压降损的金钥匙——就地平衡降损法.北京：中国电力出版社，2003.

［11］刘丙江.线损管理与节约用电.北京：中国水利水电出版社，2005.

［12］廖学琦.农网线损计算分析与降损措施（Ⅱ版）.北京：中国水利水电出版社，2008.

［13］广东电网公司.线损理论计算软件从入门到精通.北京：中国电力出版社，2009.

［14］张弘廷，张颢，杨洁.配网降损、用户节电的金钥匙——就地平衡降损法.北京：中国电力出版社，2010.

［15］廖学琦，郑大方.城乡电网线损计算分析与管理.北京：中国电力出版社，2011.

［16］张弘廷，张颢，杨洁.供用电知识入门.北京：中国电力出版社，2013.